单片微型机（A51版）
原理、应用与实验

张友德　涂时亮　赵志英·编著

复旦大学出版社

内容提要

本书是在《单片微型机原理、应用与实验（第五版）》基础上，根据教学要求和单片机发展重新修订而成。主要包括以下内容：单片机的基础知识和基本概念；51系统结构、引脚、片上资源、相关电路设计原理；中断系统结构和工作原理；51指令系统分析；汇编语言程序结构、设计步骤与方法；常用子程序设计原理与方法；汇编语言程序在Keil-C51平台上的调试方法；单片机片上外围模块结构、功能、典型应用与编程方法；51单片机系统扩展原理；典型扩展器件、模块的功能特性、接口技术、应用及编程方法；单片机应用系统的研制过程、典型应用实例的软硬件设计与系统调试方法。

本书具有如下特点：结构紧凑，将原理和相关硬件、程序设计放在一起阐述；例题、习题、实验紧密结合；使课堂教学与实验内容相联系，学与用能并举；含有大量经验证的例题，绝大多数都可以上机实习；兼顾教学的循序性、内容的系统性和先进性，各章节具有相对独立性，作为不同对象的教材使用时在内容上可以根据课时来增删。同时本书向相关任课教师赠送教学辅助光盘，该光盘含有本书所有例题、习题和实验题目的程序和调试现场文件。

本书可以作为本科、大专、高职等电子类专业的单片机基础教材，也可作为相关科技人员的参考书。

前　言

单片机是指在一个芯片上集成了中央处理器(CPU)、存储器(MEMORY)和各种输入输出接口(I/O)的微型计算机(MCU),它主要面向控制性应用领域,因此又称为嵌入式微控制器(Embedded Microcontroller)。单片机诞生 30 多年来,其品种、功能、应用技术、应用领域和应用系统开发工具都得到飞速发展。

培养电子产品设计工程师的各大专院校电子类专业,已将"单片机"作为一门必修课程。《单片微型机原理、应用与实验》一书作为教材已沿用了近 20 年,为了适应单片机技术的飞速发展和教学上的与时俱进,我们已对它进行了多次修订改版,也推出了 C51 版本。本书是对第五版重新改编的汇编语言版本,在内容、结构上和 C51 版本相似。

本版仍以 ATMEL 公司的 89C52 作为典型产品来阐明单片机的一般原理和应用技术,但不局限于该产品,内容上反映单片机的新部件、新技术,原理与软硬件设计方法上具有普遍性。本书具有如下特点:

1. 结构紧凑,将原理和相关硬件、程序设计放在一起阐述;
2. 例题多且绝大多数可以在 Keil C51 平台上进行模拟或在线仿真实验;
3. 将实验编排在各章节的习题之后,使课堂教学、习题训练与实验内容相联系,学与用能并举;
4. 兼顾循序性、系统性和先进性,各章节具有相对独立性,可以根据具体课时数来增删;
5. 向教师提供例题、习题、实验题在 Keil C51 平台上的调试现场文件;
6. 可根据实验安排,灵活选择有关在 Keil C51 平台上的在线仿真实验模块。

全书共分 7 章:第 1 章介绍单片机的基础知识、基本概念和典型的单片机产品;第 2 章介绍 51 系统的结构、引脚、片上资源、相关电路设计原理、中断系统结构和工作原理;第 3 章详细分析了 51 指令系统的功能和使用方法;第 4 章讨论汇编语言程序的结构、设计方法,常用子程序设计原理、算法、流程图和程序,并介绍在 Keil C51 平台上程序的调试方法;第 5 章综合论述单片机典型的片上外围模块的功能、结构、工作原理、典型应用电路与程序的设计方法;第 6 章论述单片机的扩展原理、典型扩展芯片、器件、模块、设备的功能、结构、接口技术、应用电路与程序设计方法;第 7 章概括介绍单片机应用系统的研制过程与方法,典型应用系统电路与程序的设计,并介绍开发工具的类型、功能、选择和应用系统的调试方法。

本书由张友德主编,涂时亮、赵志英参与了部分章节的编写和全书的审核。编写过程中得到陈章龙教授、唐志强博士、梁玲博士的指导和帮助,也采纳了有关师生和读者的建设性意见,上海联慧电子公司提供了程序验证的在线仿真实验模块。在此向他们深表谢意,也衷心希望读者指出本书还存在的错误和不当之处。

编　者

2011 年 6 月

目　录

第 1 章　单片机基础知识

本章首先阐述了计算机的类型和基本结构，硬件、软件、指令、地址等基本概念；接着介绍了二进制数、八进制数、十六进制数、ASCII 码的形式和相互转换方法，单片机内数据格式；最后介绍单片机的内部结构、一些典型产品的功能特性，单片机的应用和应用系统结构。

§1.1　概　　述

1.1.1　计算机

电子计算机是一种高速而精确地进行各种数据处理的机器，俗称电脑，这是人类生产和科学技术发展的产物，它的出现又有力地推动了生产力的发展。

世界上第一台电子计算机是在 1946 年由美国宾夕法尼亚大学的 J. W. Mauchly 和 J. P. Eckert 研制成的 ENIAC 计算机，这台计算机重 30t，占地 150m²，加法每秒5000 次，乘法每秒 56 次。现在看来性能并不好，但正是它开创了一个全新的计算机时代。当代社会、家庭已离不开计算机。

自从计算机诞生以来，经历了电子管、晶体管、集成电路、大规模集成电路、超大规模集成电路的发展历程，但计算机组成的基本架构没有太大变化。一个计算机系统由硬件和软件组成。硬件包括运算器、控制器、存储器和输入/输出设备。图 1-1 为电子计算机硬件结构示意图。

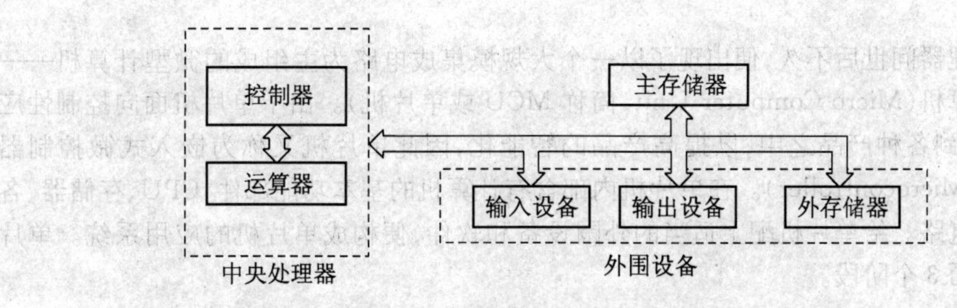

图 1-1　电子计算机硬件结构示意图

图 1-1 中的运算器是数据处理部件，控制器是协调整个计算机操作的部件，运算器和控制器是计算机硬件的核心，称为中央处理器 CPU(Central Processing Unit)。存储器是存放程序、原始数据和计算结果的部件，输入输出设备是将原始数据和程序输入到计算机和给出数据处理结果的部件。

计算机系统中的各类程序及文件统称为软件。它包括使系统自动工作或提高计算机工作效率的系统软件和实现某一应用目标的应用软件。软件是计算机系统工作的“灵魂”。

计算机的工作也可以认为是信息加工过程。计算机中的信息是指数据或指令,它们是以一定的编码形式表示的,其意义各不相同,大致可分为:

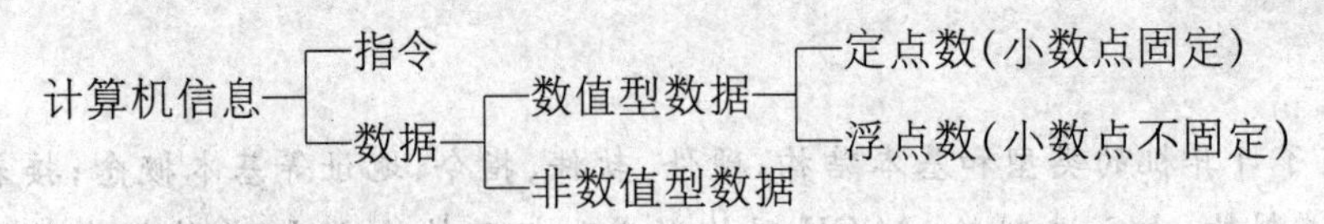

1.1.2 微型计算机

随着半导体技术的发展,20 世纪 70 年代出现了由一个大规模集成电路组成的中央处理器,称为微处理器(uP),同时出现了多种类型的大容量半导体存储器、各种 I/O 接口电路,输入输出设备的种类、功能、体积也发生了根本性变化,由微处理器、半导体存储器和新型的 I/O 接口和设备组成的各种微型计算机相继出现。图 1-2 给出了微型计算机的一般结构。

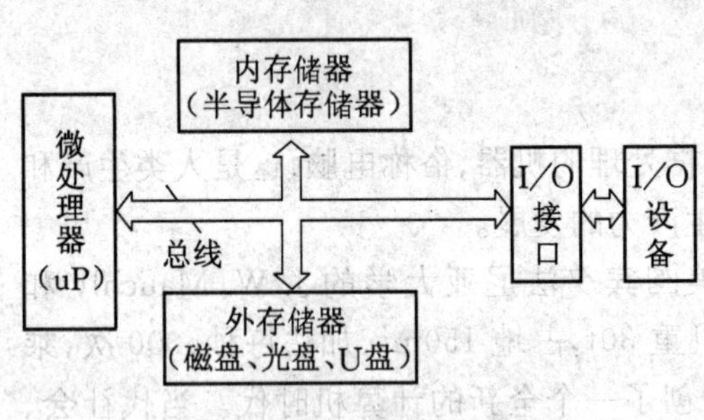

图 1-2 微型计算机结构

微型计算机中的微处理器通过总线和外部的存储器、I/O 接口相连,可以由多块印板组成(主机板和显示卡、声卡等各种 I/O 接口板),也可以由一块印板组成(所有器件安装在一块印板上),外形有柜式机、台式机和笔记本电脑。微型计算机的出现极大地推动了计算机的普及。

1.1.3 单片机

在微处理器问世后不久,便出现了以一个大规模集成电路为主组成的微型计算机——单片微型计算机(Micro Computer Unit,简称 MCU 或单片机)。由于单片机面向控制性应用领域,嵌入到各种产品之中,以提高产品的智能化,因此单片机又称为嵌入式微控制器(Embedded Microcontroller)。在单片机内部含有计算机的基本功能部件:CPU、存储器、各种外围接口电路。给单片机配上适当的外围设备和软件,便构成单片机的应用系统。单片机的发展经历 3 个阶段。

一、20 世纪 70 年代为单片机的初级阶段

这个阶段以 Intel 公司的 MCS-48 系列单片机为典型代表。因受工艺和集成度限制,单片机中的 CPU 功能低、存储器容量小、I/O 接口的种类和数量少,只能用在简单场合。

二、20 世纪 80 年代为单片机的成熟阶段

这个阶段以 Intel 的 MCS-51、MCS-96 系列单片机为典型代表。出现了性能较高的

8位和16位单片机。提高了CPU的功能、扩大了存储器的容量、增加了I/O接口种类和数量,单片机内包含了异步串行口、A/D、多功能定时器等特殊I/O电路。单片机应用也得到了推广。

三、20世纪90年代至今为单片机高速发展阶段

世界上著名半导体厂商不断推出各种新型的8位、16位和32位单片机,单片机的性能不断完善,品种大量增加,在功能、功耗、体积、价格等方面能满足各种复杂的或简单的应用场合需求,单片机的应用已深入到各行业和消费类的电子产品中。

1.1.4 嵌入式系统

嵌入式系统(Embedded System)是一种新型的以产品为对象的结构特殊的计算机系统,是将计算机嵌入到应用产品之中的系统。它将计算机的硬件技术、软件技术、通信技术、微电子技术等先进技术和具体应用对象相结合,达到提升产品功能的目的。

嵌入式系统硬件由嵌入式处理器和适应应用对象的I/O接口和设备组成。对于高档的嵌入式系统(如手机、机顶盒等),要求处理速度快、存储器容量大、I/O功能强,一般选用32位处理器或单片机。对于大量低端嵌入式系统主要选用8位单片机。因此8位单片机应用系统为低档的嵌入式系统。

§1.2 单片机中数的表示方法

1.2.1 数制及其转换

一、进位计数制

进位计数制可概括如下:

● 有一个固定的基数r,数的每一位只能取r个不同的数字,即符号集是{0, 1, 2, …, r-1};

● 逢r进位,它的第i个数位对应于一个固定的值r^i,r^i称为该位的“权”。小数点左面各位的权是基数r的正次幂,依次为0, 1, 2, …, m次幂,小数点右面各位的权是基数r的负次幂,依次为-1, -2, …, -n次幂。

以下我们用$(\ )_r$表示括号内的数是r进制数。将r进制数($a_m a_{m-1} \cdots a_1 a_0 \cdot a_{-1} a_{-2} \cdots a_{-n}$)按权展开,表达式为:

$$a_m \times r^m + a_{m-1} \times r^{m-1} + \cdots + a_1 \times r^1 + a_0 \times r^0 + a_{-1} \times r^{-1} + a_{-2} \times r^{-2} + \cdots + a_{-n} r^{-n}$$

1. 十进制数

十进制数的基数r=10,符号集为{0, 1, 2, 3, 4, 5, 6, 7, 8, 9},其权为:…, 10^2, 10^1, 10^0, 10^{-1}, 10^{-2}, …。

例 1.1 $(987.32)_{10} = 9\times10^2 + 8\times10^1 + 7\times10^0 + 3\times10^{-1} + 2\times10^{-2}$

2. 八进制数

八进制数的基数 r = 8，符号集为{0, 1, 2, 3, 4, 5, 6, 7}，其权为：…，8^2，8^1，8^0，8^{-1}，8^{-2}，…。

例 1.2 $(7061.304)_8 = 7\times8^3 + 0\times8^2 + 6\times8^1 + 1\times8^0 + 3\times8^{-1} + 0\times8^{-2} + 4\times8^{-3}$

3. 十六进制数

十六进制数的基数 r = 16，符号集为{0, 1, 2, 3, 4, 5, 6, 7, 8, 9, A, B, C, D, E, F}，其中 ABCDEF 也可以是小写字母，其权为：…，16^2，16^1，16^0，16^{-1}，16^{-2}，…。十六进制数有 2 种表示方法：一是以 0 开头 H 结尾形式表示，如 0C8H；另一种是以 0X 开头的形式，如 0XC8。

例 1.3 $(-A0.8F)_{16} = -(10\times16^1 + 0\times16^0 + 8\times16^{-1} + 15\times16^{-2})$

4. 二进制数

二进制数的基数 r = 2，符号集为{0, 1}，权为…，2^2，2^1，2^0，2^{-1}，2^{-2}，…。

例 1.4 $(1011.101)_2 = 1\times2^3 + 0\times2^2 + 1\times2^1 + 1\times2^0 + 1\times2^{-1} + 0\times2^{-2} + 1\times2^{-3}$

十进制、二进制、八进制和十六进制数码对照见表 1-1，二进制与十进制小数对照见表 1-2。

表 1-1 十进制、二进制、八进制、十六进制数码对照表

十进制	二进制	八进制	十六进制	十进制	二进制	八进制	十六进制
0	0000	00	0	8	1000	10	8
1	0001	01	1	9	1001	11	9
2	0010	02	2	10	1010	12	A
3	0011	03	3	11	1011	13	B
4	0100	04	4	12	1100	14	C
5	0101	05	5	13	1101	15	D
6	0110	06	6	14	1110	16	E
7	0111	07	7	15	1111	17	F

表 1-2 二进制与十进制小数对照表

二进制小数	十进制小数	二进制小数	十进制小数
0.1	0.5	0.00001	0.03125
0.01	0.25	0.000001	0.015625
0.001	0.125	⋮	⋮
0.0001	0.0625		

二、进位计数制之间的转换

不同基的进位计数制之间数的转换，一般有下面几种方法。

1. 直接相乘法

r进制数的M转换为t进制数。将基数r用基数t来表示,M的各位数字用t进制的数系来表示,然后作乘法和加法,结果便是t进制数。

例1.5 把十进制数725转换为二进制数。

$$
\begin{aligned}
(725)_{10} &= 7\times10^2+2\times10^1+5\times10^0\\
&= 111\times1010^2+10\times1010^1+101\times1010^0\\
&= (1011010101)_2
\end{aligned}
$$

2. 余数法(适合于整数部分转换)

r进制的整数M转换为t进制数的整数。采用将M除以t取余数的方法。

例1.6 把十进制数62转换为二进制数。

2|62 ……余数=0　　低位

2|31 ……余数=1

2|15 ……余数=1

2|7 ……余数=1

2|3 ……余数=1

1 ……余数=1　　高位

结果:$(62)_{10}=(111110)_2$

3. 取整法(适用于小数部分转换)

r进制数的小数M转换为t进制的小数。采用将M乘t取整数的方法。

例1.7 把十进制小数0.375转换为二进制数。

$0.375\times2=0.750$…… 整数 = 0　　高位

$0.75\times2=1.50$ …… 整数 = 1

$0.50\times2=1.00$　　整数 = 1　　低位

$(0.375)_{10}=(0.011)_2$

注意:将r进制小数转换为t进制小数时,有时会是无限循环小数,这时可根据误差要求进行取舍。

4. 递归法(适合于计算机转换)

r进制数M转换为t进制数。其方法是将M拆成整数和小数两个部分,然后把用递归算法产生的已转换成t进制数的整数和小数部分拼起来。

例1.8 将十进制数4827.625转换为二进制数。

$$
\begin{aligned}
(4827)_{10} &= (((4\times10+8)\times10+2)\times10+7)\times10^0\\
&= ((100\times1010+1000)\times1010+10)\times1010+111\\
&= (1001011011011)_2
\end{aligned}
$$

$$(0.625)_{10}=(6+(2+5\times10^{-1})\times10^{-1})\times10^{-1}$$

$$=(110+(10+101\times1010^{-1})\times1010^{-1})\times1010^{-1}$$
$$\approx(0.101)_2$$

结果：$(4827.625)_{10}=(1001011011011)_2+(0.101)_2$
$$=(1001011011011.101)_2$$

1.2.2 BCD 码

一、BCD 码

用二进制编码表示的十进制数有 8421BCD 码(简称 BCD 码)、2421 码、5211 码和余 3 码。其中 2421 码和 5211 码表示的十进制数不是唯一的，BCD 码和余 3 码唯一地表示一位十进制数，表 1-3 给出了这 4 种编码的关系。单片机中常用 BCD 码表示十进制数。

表 1-3 4 种编码的关系

8421BCD 码	2421 码	5211 码	余 3 码
0000	0000(或 0000)	0000(或 0000)	0011
0001	0001(或 0001)	0001(或 0010)	0100
0010	0010(或 1000)	0011(或 0100)	0101
0011	0011(或 1001)	0101(或 0110)	0110
0100	0100(或 1010)	0111(或 0111)	0111
0101	1011(或 0101)	1000(或 1000)	1000
0110	1100(或 0110)	1010(或 1001)	1001
0111	1101(或 0111)	1100(或 1011)	1010
1000	1110(或 1110)	1110(或 1101)	1011
1001	1111(或 1111)	1111(或 1111)	1100

二、BCD 码存储方式

- 单字节 BCD 码

能存放 8 位二进制数的存储单元(字节)只存储 1 位 BCD 码，高 4 位为 0，低 4 位为 1 位 BCD 码，这种存储方式称为单字节 BCD 码，常用在输入输出场合。如 4 的单字节 BCD 码形式为 00000100。

- 压缩 BCD 码

8 位存储单元存放 2 位 BCD 码，高 4 位存放高位 BCD 码，低 4 位存放低位 BCD 码，称为压缩 BCD 码，常用在计算场合。例如 65 的存储格式为 01100101。

1.2.3 ASCII 码

在计算机中，除了数字运算外，还需字符处理。例如在通信中需要识别很多特殊符号。

我们将字母和符号统称为字符,它们按特定的规则用二进制编码才能在计算机中表示。目前在计算机系统中,普遍采用 ASCII 编码表(American Standard Code for Information Interchange,美国信息交换标准码)。

基本 ASCII 码用 7 位二进制数表示,可表达 128 个字符,其中包括数字 0～9,英文字母 A～Z 和 a～z,标点符号和控制字符。表 1-4 为基本 ASCII 码编码表。

表 1-4 ASCII 字符编码表

b6b5b4 / b3b2b1b0	000	001	010	011	100	101	110	111
0000	NULL	DLE	SP	0	@	P	’	p
0001	SOH	DC1	!	1	A	Q	a	q
0010	STX	DC2	″	2	B	R	b	r
0011	ETX	DC3	#	3	C	S	c	s
0100	EOT	DC4	$	4	D	T	d	t
0101	ENQ	NAK	%	5	E	U	e	u
0110	ACK	SYN	&	6	F	V	f	v
0111	BEL	ETB	′	7	G	W	g	w
1000	BS	CAN	(	8	H	X	h	x
1001	HT	EM	)	9	I	Y	i	y
1010	LF	SUB	*	:	J	Z	j	z
1011	VT	ESC	+	;	K	[	k	{
1100	FF	FS	—	<	L	\	l	¦
1101	CR	GS	,	=	M	]	m	}
1110	SO	RS	.	>	N	∧	n	～
1111	SI	US	/	?	O	_	o	DEL

1.2.4 单片机中数的表示方法

计算机中的信息都是以二进制数字形式表示的,数据的传送、存储、运算也是以二进制数形式进行的。

一、真值和机器数

一个数是由符号和数值两部分组成的。例如:

$$N_1 = +1001010\ (+74)$$

$$N_2 = -1001010\ (-74)$$

在计算机中数的符号也是用二进制码表示的,一般正数的符号用“0”表示,负数的符号用“1”表示。例如:

$$N_1 = 01001010\ (+74)$$
$$N_2 = 11001010\ (-74)$$

一个数在机器中的表示形式称为机器数,而把这个数本身称为真值。

二、带符号数的表示方法

上面提到的机器数表示方法,以 0 表示正,1 表示负。这种表示数的方法,称为带符号数的表示方法。在机器中的一般表示形式为：

D_{n-1}	D_{n-2} …… D_0
符号位	数 值 部 分

机器数最高位为符号位,其余的(n－1)位为数值部分。

三、无符号数的表示方法

无符号数没有符号位,机器的全部有效位都用来表示数的大小。无符号数在机器中的一般形式为：

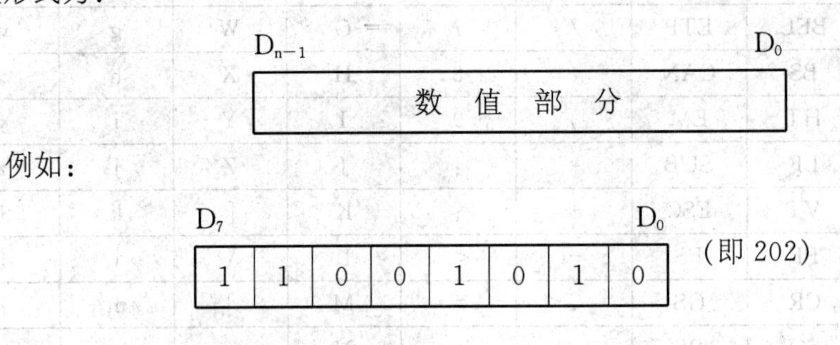

例如：

四、数的定点和浮点表示方法

十进制数 485.23 也可以表示为 0.48523×10^3 ,而在计算机内也有类似的两种数的表示方法,那就是定点数和浮点数。

1. 定点表示方法

计算机内的定点数格式为：

符 号	. 数值部分

或

符 号	数值部分 .

小数点固定在数值部分的最高位之前或最低位之后。

2. 浮点表示方法

浮点数格式

浮点表示法即指小数点的位置是不固定的,而是浮动的。例如：$N_1 = 2^1 \times 0.1011$ 和 $N_2 = 2^3 \times 0.1011$,这两个数的有效数字相同,但小数点的位置不一样。对于任何一个二进制数 N 都可以表示为：

$$N = \pm m \times 2^{\pm e}$$

其中 $m \geqslant 0$，称为N的尾数；m前面的符号称为数符；e为非负整数，称为N的阶码，其前面的符号称为阶符(阶码和阶符决定N的小数点位置)。

计算机内浮点数格式为：

阶 符	阶 码	数 符	尾 数

规格化数

由于一个数的浮点表示不是唯一的，为了使数据的有效位数最多，并使运算的精度尽可能高，计算机的浮点数采用规格化浮点数表示。规格化浮点数定义如下：

若 $N = \pm m \times 2^{\pm e}$，则

$$\frac{1}{2} \leqslant m < 1$$

五、原码、补码和反码

原码、补码和反码都是带符号数在机器中的表示方法。在介绍这3种编码方法之前，先介绍模的概念和性质。

我们把一个计量器的容量，称为模或模数，记为M或mod M。例如：一个n位二进制计数器，它的容量为 2^n，所以它的模为 2^n(即可表示 2^n 个不同的数)；又如：时钟可表示12个钟点，它的模为12。

模具有这样的性质，当模为 2^n 时，2^n 和0表示形式是相同的。例如：一个n位二进制计数器，可以从0计数到 2^{n-1}，如果再加1，计数器就变成了零。所以，2^n 和0在n位计数器中的表示形式是一样的。同样，时钟的0点和12点在钟表上的表示形式是相同的。

1. 原码

前面介绍的带符号数在机器中的表示方法，实际上就是原码表示法。原码表示方法是最简单的一种表示方法，只要把真值的符号部分用0或1表示即可。例如：

$$N_1 = +1001010$$

$$N_2 = -1001010$$

其原码记为：

$$[N_1]_{原} = 01001010$$

$$[N_2]_{原} = 11001010$$

由上述原码的表示形式，可将原码定义为：

$$[X]_{原} = \begin{cases} 2^n + X & 0 \leqslant X < 2^{n-1} \\ 2^{n-1} + X & -2^{n-1} < X \leqslant 0 \end{cases}$$

其中X为真值的(n－1)位绝对值，n为机器可表示的二进制码位数。

在原码表示中，“0”有两种表示形式(机器0)：

$$[+0]_{原} = \underbrace{00\cdots0}_{n个“0”} \quad (\text{mod } 2^n)$$

$$[-0]_{原} = \underbrace{100\cdots0}_{n-1个“0”} \quad (\text{mod } 2^n)$$

2. 补码

我们首先介绍同余的概念，然后从同余概念导出补码的概念，进而给出补码的定义和性质。

如果有两个整数 a 和 b，当用某一个正整数 M 去除所得余数相等时，则称 a 和 b 对模 M 是同余的。

当 a 和 b 对 M 同余时，就称 a、b 在以 M 为模时是相等的，记为：

$$a = b \quad (\text{mod } M)$$

例如：a = 16，b = 4，若模为 12，则 16 和 4 在以 12 为模时是同余的：

$$16 = 4 \quad (\text{mod } 12)$$

事实上 16 点和 4 点在以 12 为模的钟表上指示是一样的。

由同余的概念可以得出：

$$M + a = a \quad (\text{mod } M)$$
$$2M + a = a \quad (\text{mod } M)$$

因此，当 a 为负数时，如 a =－3，在以 10 和 12 为模时，分别有

$$10 + (-3) = -3 \quad (\text{mod } 10)$$
$$12 + (-3) = -3 \quad (\text{mod } 12)$$

钟表上的 9 点可以看成为到 12 点缺 3 个小时。

这样，以 10 为模时，负数(－3)可以转化为正数(＋7)了。这时我们说，当以 10 为模时，“－3”的补码为“7”，同理“－2”的补码为“8”。

在计算机中，可以表示的二进制码位数是一定的，如果是 n 位，那么它的模是 2^n，2^n 和 0 在机器中的表示形式是完全一样的。以 2^n 为模也称为以 2 为模。

如果 n 位二进制码的最高位表示符号位，则补码的表示形式为：

- $X = +X_{n-2}X_{n-1}\cdots X_1X_0$ 时：

$$[X]_{补} = 2^n + X = 0X_{n-2}X_{n-3}\cdots X_1X_0 \quad (\text{mod } 2^n)$$

- $X = -X_{n-2}X_{n-3}\cdots X_1X_0$ 时：

$$[X]_{补} = 2^n + X = 2^{n-1} + 2^{n-1} - X_{n-2}X_{n-1}\cdots X_1X_0$$
$$= 1\overline{X}_{n-2}\,\overline{X}_{n-3}\cdots\overline{X}_1\,\overline{X}_0 + 1 \quad (\text{mod } 2^n)$$

综上所述，X 的补码可定义为：

$$[X]_{补} = 2^n + X$$

当 X 为正数时[X]补码与 X 的区别只是符号位用零代替，当 X 为负数时，从 2^n 中减去 X 的绝对值。特殊地，当 X 为纯小数时，即 $X = \pm 0.X_{-1}X_{-2}\cdots X_{-n-1}$，补码可表示为：

$$[X]_{补} = \begin{cases} X & 1 > X \geqslant 0 \\ 2 + X & 0 > X \geqslant -1 \end{cases}$$

补码具有下列性质：

$$[X+Y]_{补} = [X]_{补} + [Y]_{补}$$
$$[X-Y]_{补} = [X]_{补} + [-Y]_{补}$$

请读者根据补码的定义加以证明。

3. 反码

在补码表示法中已提到负数的补码可以通过对原码(除符号位外)的各位求反后加“1”得到，如果只求反不加1，就得到另一种机器数的表示方法——反码表示法。因此，反码定义如下：

$$[X]_{反} = \begin{cases} 2^n + X & 0 \leqslant X < 2^{n-1} \\ (2^n - 1) + X & -2^{n-1} < X \leqslant 0 \end{cases}$$

从定义可看出，当X为正数时，$[X]_{反}$与X的差别只是用零代替符号位；当X为负数时，用“1”代替负号位，其他各位求反。

§1.3 单片机的内部结构

单片机是以一个大规模集成电路为主组成的微型计算机，在一个芯片内含有计算机的基本功能部件：中央处理器CPU、存储器和I/O接口，CPU通过内部的总线和存储器、I/O接口相连。典型的单片机内部结构如图1-3所示。

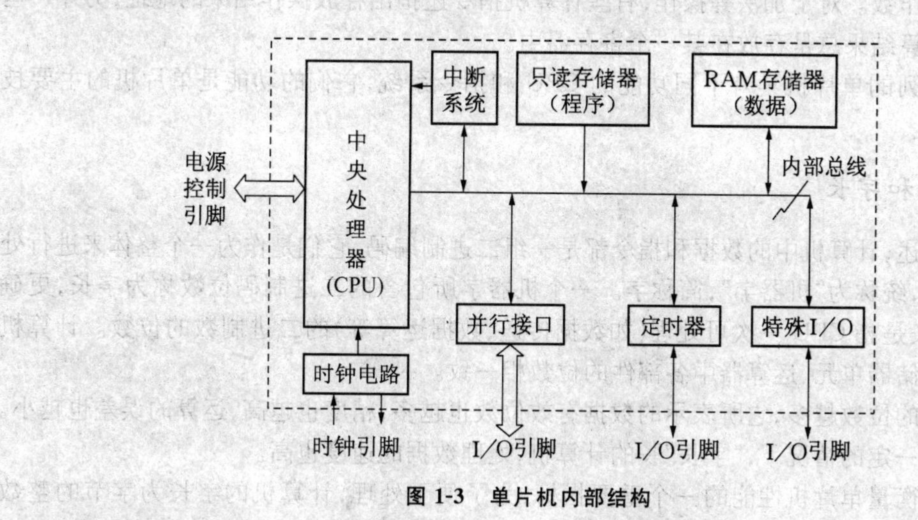

图1-3 单片机内部结构

1.3.1 中央处理器CPU

CPU是单片机的核心部件，它包括运算器和控制器。CPU控制数据的处理和整个单片机系统的操作。

一、CPU 的指令和指令系统

指令是指示计算机执行某种操作的命令，指令是以一组二进制码表示的，称为机器指令。计算机只能识别和执行机器指令。在计算机中，指令是依次地存储于存储器中的，这部分存储器常称之为程序存储器。

指令的编码规则称为指令格式，一条指令的二进制码位数称为指令的长度，不同类型的计算机，指令的长度和格式是不一样的，所能执行的指令类型和数目也不同，通常把一台计算机所能执行的全部指令的集合称为指令系统。

二、指令格式

指令的具体格式依赖于计算机的结构特征，但指令的组成是一样的，都包含操作码和操作数两个部分。指令的一般格式为：

操作码　　操作数

操作码用来表示执行什么样的操作，如加法、减法等。操作码的位数取决于一台计算机的指令系统中指令的条数。例如：对于 32 条指令的指令系统，操作码为 5 位；若指令系统中有 N 条指令，操作码的位数为 n，则有关系式：

$$N \leqslant 2^n$$

操作数用以指出参加操作的数据或数据的存储地址。

不同类型的指令，操作数的个数是不一样的。在具有多个操作数的指令中，把它们分别称为第一操作数、第二操作数等。例如：加法指令，把两个数 a 和 b 相加，a 和 b 就是参加操作的两个操作数。对于加法等操作，有些计算机指令还指出存放操作结果的地址，另外一些计算机把运算结果总是存放在某一个寄存器中。

不同系列的单片机具有不同功能的 CPU 和指令系统，它们的功能是单片机的主要技术指标之一。

三、字和字长

如前所述，计算机中的数据和指令都是一组二进制编码，它们是作为一个整体来进行处理和运算的，统称为“机器字”，简称字。一个机器字所包含的二进制码位数称为字长，更确切地说，字长是指 CPU 一次可处理(如数据传送、数据运算等)的二进制数的位数。计算机的字长和存储器单元、运算器中各部件的位数相一致。

机器字的位数越多，它所表示的数据有效位数也越多，精度也越高，运算的误差也越小。在运算速度一定的情况下，“字长”长的计算机，处理数据的速度也高。

字长是衡量单片机性能的一个重要指标，为了便于处理，计算机的字长为字节的整数倍，一个字节为 8 位二进制码。根据字长分类，单片机分为 8 位机、16 位机、32 位机等。

1.3.2 单片机中的数据运算

单片机中数据运算主要是算术运算和逻辑运算，CPU 中的运算器是执行算术逻辑运算的功能部件。

一、算术运算

算术运算包括加、减、乘、除四则运算。

1. 加法和减法运算

运算方法和数的表示形式有关,在计算机中,最常用的是补码,补码的加减法运算最简单,符号位可以和数值位一样参加运算。因为

$$\begin{aligned}[X]_{补}+[Y]_{补} &= 2^n+X+2^n+Y \\ &= 2^n+(X+Y) \\ &= [X+Y]_{补}\end{aligned}$$

所以有

$$[X+Y]_{补}=[X]_{补}+[Y]_{补}$$

例 1.9 若 $[X]_{补}=10111\ (-9)$

$[Y]_{补}=11110\ (-2)$

则

$$\begin{array}{rrr} & [X]_{补}=10111 & (-9) \\ +) & [Y]_{补}=11110 & (-2) \\ \hline & [X]_{补}+[Y]_{补}=10101 & (-11)\end{array}$$

所以 $[X+Y]_{补}=10101\quad (\text{mod } 2^5)$

若用真值表示: $X+Y=(-9)+(-2)=-11$

又

$$\begin{aligned}[X]_{补}-[Y]_{补} &= [X]_{补}+[-Y]_{补}=2^n+X+2^n+(-Y) \\ &= 2^n+X+(-Y) \\ &= [X-Y]_{补}\end{aligned}$$

例 1.10 $[X]_{补}=10111,\ [Y]_{补}=11110,\ [-Y]_{补}=00010$

$$\begin{array}{rr} & [X]_{补}=10111\ (-9) \\ +) & [-Y]_{补}=00010\ (+2) \\ \hline & [X]_{补}+[-Y]_{补}=11001\ (-7)\end{array}$$

$$[X-Y]_{补}=[X]_{补}+[-Y]_{补}=11001\ (-7,\ \text{mod } 2^5)$$

2. 乘法

乘法运算包括符号运算和数值运算。相同符号两数相乘之积为正,符号相异的两数相乘之积为负数。

数值运算是对两个数的绝对值相乘,它们可以被看作无符号的两个数相乘。

例 1.11 1011×1101

```
           1011      被乘数
     ×)    1101      乘数
   ─────────────────────
           1011  ┐
          0000   │
         1011    ├部分积
   +)   1011     ┘
   ─────────────────────
       10001111      乘积
```

可见,两个n位无符号数相乘,乘积的位数为2n,乘积等于各部分积之和。由乘数从低位到高位逐位去乘被乘数,当乘数的相应位为1时,则该次部分积等于被乘数;乘数相应位为0时,部分积为0。从低位至高位被乘数逐次左移一位,加在左下方,在乘数的相应位为0时加0。

我们也可以首先用乘数的高位去乘被乘数、求部分积、右移相加,其结果也一样。

3. 除法

除法运算也包括符号运算和数值运算。两个同符号数相除,商为正数;异号的两数相除,商为负数。

数值运算是对两个数的绝对值相除。

例 1.12　011010÷101

```
                101     商
   除数 101  √011010    被除数
            -) 101
            ──────
              00110     部分余数
             -)101
            ──────
                001     余数
```

从上例可见,商数是一位位求得的,首先将除数和被除数的高n位比较,如果除数小于被除数的高n位,商为1,然后从被除数中减去除数,从而得到部分余数;否则商为0。重复上述过程,将除数和新的部分余数(即改变了的被除数)进行比较,直至被除数所有的位都处理完为止,最后便得到商和余数。

由于减法可通过补码加法实现,因此加减乘除四则运算都可以用加法运算来代替。

二、逻辑运算

基本的逻辑运算有下面3种。

1. 按位逻辑或运算

逻辑或运算也称为逻辑加,用符号“∨”或“+”表示。函数关系为:

$$C = A \vee B$$

其中 $A = a_{n-1}a_{n-2}\cdots a_1a_0$, $B = b_{n-1}b_{n-2}\cdots b_1b_0$, $C = c_{n-1}c_{n-2}\cdots c_1c_0$。

a_i	b_i	c_i
0	0	0
0	1	1
1	0	1
1	1	1

$i = 0 \sim n-1$

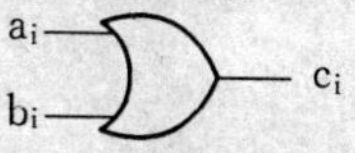

图 1-4　或门的逻辑符号

用以实现或运算的逻辑电路称为或门,其符号如图 1-4 所示。

2. 按位逻辑与运算

逻辑与运算也称为逻辑乘,运算符号为"∧"或"·"。函数关系为:

$$C = A \wedge B$$

其中 $A = a_{n-1}a_{n-2}\cdots a_1 a_0$, $B = b_{n-1}b_{n-2}\cdots b_1 b_0$, $C = c_{n-1}c_{n-2}\cdots c_1 c_0$。

a_i	b_i	c_i
0	0	0
0	1	0
1	0	0
1	1	1

$i = 0 \sim n-1$

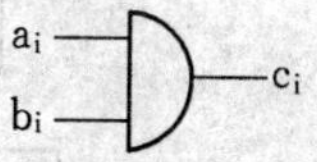

图 1-5　与门的逻辑符号

用以实现与运算的逻辑电路称为与门,其符号如图 1-5 所示。

3. 按位逻辑非运算

逻辑非运算又称为逻辑否定。如有变量 A, A 的上面加一横$\overline{A}$表示 A 的逻辑非。函数关系为:

$$C = \overline{A}$$

其中 $A = a_{n-1}a_{n-2}\cdots a_1 a_0$, $C = c_{n-1}c_{n-2}\cdots c_1 c_0$。

a_i	c_i
0	1
1	0

$i = 0 \sim n-1$

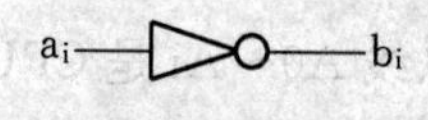

图 1-6　非门的逻辑符号

实现非运算的逻辑电路称为非门,逻辑符号如图 1-6 所示。

逻辑运算除上述 3 种基本运算以外,还有逻辑异或运算和逻辑同或运算等。

逻辑异或运算也称按位加或称半加,通常用符号⊕表示。函数关系为:

$$C = A \oplus B = \overline{A} \cdot B + A \cdot \overline{B}$$

逻辑同或运算通常用符号⊙表示。函数关系为:

$$C = A \odot B = A \cdot B + \overline{A} \cdot \overline{B}$$

1.3.3 单片机的存储器

单片机内部的存储器都是半导体存储器,半导体存储器由存储矩阵、地址寄存器、地址译码器驱动器、数据寄存器、读写时序控制逻辑等部分组成(见图1-7)。

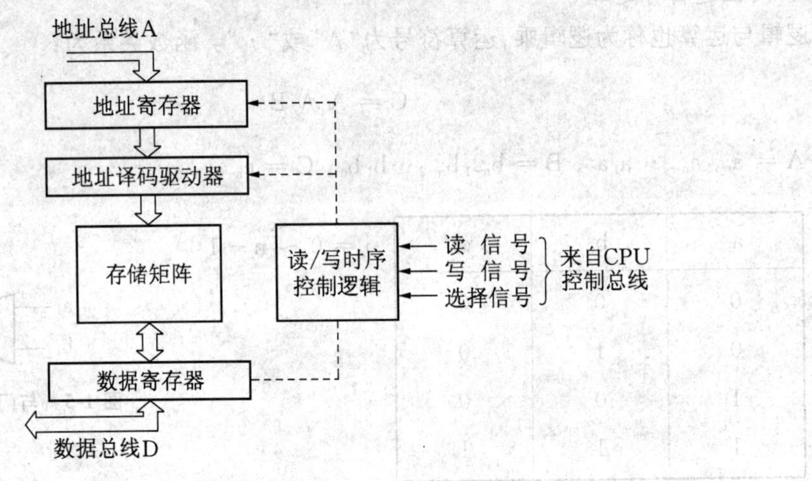

图1-7 半导体存储器的结构示意图

一、存储矩阵

存储矩阵也称存储体,它由若干存储单元组成,每个存储单元能存放一个机器字。存储矩阵结构犹如一幢楼房,存储单元如房间,存储单元的一位如一张床,存储单元中每一位可以是0或1,床位可以是空(0)或有人(1),每个房间都有一个编号,工作人员按房间编号查房。存储器中每个存储单元也有一个对应编号,称之为地址,CPU根据地址对存储单元读或写。地址用二进制数表示,位数和存储器容量有关。

二、地址总线、地址寄存器、地址译码驱动器

地址总线A0~Ai是CPU和其他部件之间的连接线,是内部总线的一部分,CPU对存储器操作时,首先将存储单元的地址输出到地址总线A0~Ai上,地址寄存器接收地址总线上的地址,经地址译码驱动器选中存储器中某一个单元。

三、数据总线和数据寄存器

数据总线是CPU和其他部件之间的数据传输线,也是内部总线的一部分。在读操作中,数据寄存器存放从存储单元中读出的信息并把它送到数据总线上。在写操作中,数据寄存器接收CPU在数据总线上输出的数据信息。

四、控制总线和读写时序控制逻辑

控制总线也是内部总线一部分,CPU 的操作命令(读、写等)通过控制总线输出到其他部件。读写控制逻辑接收 CPU 输出的读、写、选择信号,控制将数据写入相应的存储单元或将数据读到 CPU。

根据用途,单片机内的存储器分为程序存储器和数据存储器。

五、程序存储器

单片机内部的程序存储器一般为 1K～64K 字节,通常是只读存储器,因为单片机应用系统大多数是专用系统,一旦研制成功,其软件也就定型,程序固化到只读存储器,用只读存储器作为程序存储器,掉电以后程序不会丢失,从而提高系统的可靠性;另外,只读存储器集成度高、成本低。根据单片机内部程序存储器类型的不同又可分为下列产品:

(1) ROM 型单片机:内部具有工厂掩膜编程的只读程序存储器 ROM,这种单片机是定制的,用户将调试好的程序代码交给厂商,厂商在制作单片机时把程序固化到 ROM 内,而用户是不能修改 ROM 中代码的。这种单片机价格最低,但生产周期较长,适用于大批量生产。

(2) EPROM 型单片机:内部具有 EPROM 型程序存储器,对于有窗口的 EPROM 型单片机,可以通过紫外线擦除器擦除 EPROM 中的程序,用编程工具把新的程序代码写入 EPROM,且可以反复擦除和写入,使用方便,但价格贵,适合于研制样机。对于无窗口的 EPROM 型单片机,只能写一次,称为 OTP 型单片机。OTP 型单片机价格也比较低,既适合于样机研制,也适用于批量生产。

(3) FLASH Memory 型单片机:内部含有 FLASH Memory 型程序存储器,用户可以用编程器对 FLASH 存储器快速整体擦除和逐个字节写入,这种单片机价格也低、使用方便,是目前最流行的单片机。

六、数据存储器

单片机内部的数据存储器一般为静态随机存取存储器 SRAM,简称 RAM,容量为几十字节至几千字节,掉电以后 RAM 内容会丢失。也有 E^2PROM 型存储器(逐个字节擦除和写入)作为数据存储器,掉电以后内容不会丢失,常用作工作参数存储器。

1.3.4 单片机的输入/输出接口(I/O)

输入/输出接口简称为 I/O 接口,内部含有接口寄存器和控制逻辑。I/O 接口既和内部 CPU 联系又和外部设备联系。如同对存储器单元一样,通过内部总线,CPU 可以对 I/O 接口中的寄存器进行读或写。I/O 接口又将接口寄存器中内容通过单片机的引脚输出到外部设备,输入设备通过单片机的引脚将数据打入到 I/O 接口中寄存器。这样,单片机内 CPU 通过 I/O 接口和外部设备间接发生关系,实现数据的输入输出。

由于单片机的应用多种多样,单片机的 I/O 设备种类较多,因此单片机 I/O 接口的种类也很丰富,以适应不同应用领域的需求。

单片机一般都有并行接口和定时器,并行接口用于最基本的输入输出,定时器用于各种定时操作。除此以外,单片机还有如下类型的I/O接口。

(1) 串行接口:异步串行通信口UART,扩展串行口SPI,I^2C串行总线口,CAN局域网、USB接口等。

(2) 模数转换器A/D:一般为8~12位的逐次逼近式A/D转换器。

(3) 多功能定时器:一般是16位多功能定时器,具有多路输入捕捉、比较输出、PWM(脉冲宽度调制输出)、定时等多种功能。

(4) 显示器驱动器:发光显示器LED、液晶显示器LCD、荧光显示器VFT、屏幕显示OSD等驱动接口模块。

(5) 其他:监视定时器(Watchdog Timer)、双音频信号接收发送模块DTMF,马达控制模块,DMA通道等。

§1.4 典型单片机产品

1.4.1 单片机的类型和特性

一、8位、16位、32位单片机

单片机字长对数据处理的速度有重要影响,根据字长的不同,有8位、16位和32位单片机。16位和32位单片机主要用在中、高档电子产品中,8位单片机为普及型单片机,用在中、低档电子产品中,应用的面最广、量最大。

由于时钟频率的提高和取指令采用流水线方式,目前新型8位单片机速度大大提高,指令周期最小小于100ns。

二、通用和专用单片机

单片机大多是通用的,一些厂商也针对应用量特别大的领域推出一些专用单片机,如具有屏幕字符显示模块OSD的单片机,主要应用对象为TV和MTV。

三、不同封装形式的单片机

为满足用户在体积和生产上的要求,单片机封装已由当初单一的双列直插式(DIP)发展为DIP、SDIP、SOIC、PLCC、QFP、BGA等多种形式,单片机引脚从几个至上百个。

1.4.2 典型的单片机产品

目前,世界上生产单片机的厂商有几十家,本节介绍具有代表性的典型单片机产品。

一、Intel 单片机

Intel是最早推出单片机的公司之一，早在20世纪70年代末80年代初先后推出MCS-48、MCS-51 8位单片机和MCS-96 16位单片机。但现在Intel公司已不再生产单片机。

MCS-51是最典型的8位单片机，经典产品为8051，其他公司目前生产的新型51单片机都是在8051基础上，增加了存储器或I/O的种类和数量而构成的。基本的系统结构和指令系统没有改变。Intel的51系列单片机有ROM型、OTP型和无ROM型。表1-5列出了典型的Intel 51系列单片机。

二、Atmel 单片机

Atmel公司有ARM架构的32位嵌入式微处理器，RISC（精简指令系统）结构的AVR 8位、16位系列单片机，还有51系列单片机。Atmel 51系列单片机也有ROM型、OTP型、FLASH型。但最具特色的是FLASH型单片机，部分产品还具有在系统编程功能ISP和调用内部ROM中子程序擦写FLASH某一页的功能。表1-6列出了部分典型的51系列FLASH型单片机的产品特性。

三、Philips 单片机

Philips公司也具有ARM架构的嵌入式微处理器，80C51XA-G系列16位单片机，以及和MCS-51兼容的80C51系列8位单片机。80C51系列有很多型号产品，下面是一些特色产品：

- 89C52/54/58、89C51 RA+/RB+/RC+/RD+为CMOS FLASH型单片机；
- 83C055/87C055为适用于TV、MTV的单片机；
- 80C550/83C550/87C550为具有8位A/D、Watchdog的单片机；
- 80C552/83C552/87C552为具有10位A/D、比较输出、输入捕捉、PWM输出单片机；
- P80CL580/P83CL580为具有UART、I^2CBUS和A/D的单片机；
- P8XC592/P8XE598为具有控制器局部网接口CAN的单片机；
- P83C434/P83C834为具有液晶显示器LCD驱动器的单片机。

四、Winbond 单片机

Winbond（华邦）有FLASH型51系列单片机：W77×××和W78×××两个系列，其中W77E58等增强型51系列单片机的内核已重新设计，一个机器周期的时钟只有4个（Intel为12个），最高时钟频率为40MHz，最小指令周期为100ns左右，速度非常高。

五、Microchip 单片机

Microchip公司有PIC 1×××系列8位单片机和PIC 2×××系列16位单片机。Microchip的8位单片机为FLASH型单片机，采用RSIC精简指令系统，指令数量少，速度高，应用也很广泛。主要产品有PIC 10×××、PIC 12×××、PIC 16×××、PIC17×××系列多种型号。

表 1-5 典型的 Intel 51 系列单片机

型 号	ROM/OTP (KB)	RAM	时钟 (MHz)	I/O 脚	16 位定时器	PCA 多功能计数阵列	UART	WDT	中断源/优先级	其 他
8XC51	4	128	24	32	2	—	1	—	5/2	
8XC52/54/58	8/16/32	256	33	32	3	—	1	—	6/4	
8XC51SL	16	256	16	32	2	—	1	—	10/2	LED、KEY 接口
8XC51FA/FB/FC	8/16/32	256	33	32	3	√	1	—	7/4	
8XC51SA/SB	8/16	256	16	32	3	√	1	√	7/4	
8XC51GB	8	256	16	48	3	√	1	√	15/4	
8XC51RA/RB/RC	8/16/32	512	24	32	3	—	1	√	6/4	可编程脉冲
8XC152JA/JB/JC/JD	8	256	33	32	2	—	1	—	11/2	可编程脉冲、DMA,多通讯规约

注:√有此功能 —无此功能

表 1-6 Atmel 典型的 FLASH 型单片机

型 号	FLASH (KB)	ISP	自编程功能	E^2PROM (KB)	RAM (B)	时钟 (Max MHz)	V_{cc} (V)	IO 脚	UART	16 位定时器	WDT	SPI	TWI	10 位 A/D
AT89C2051	2	—	—	—	128	24	2.7—6	15	1	2	—	—	—	—
AT89C4051	4	—	—	—	128	24	2.7—6	15	1	2	—	—	—	—
AT89S2051	2	√	—	—	256	24	2.7—5.5	15	√	2	—	—	—	—
AT89S4051	4	√	—	—	256	24	2.7—5.5	15	√	2	—	—	—	—
AT89LP2051	2	√	—	—	256	20	2.4—5.5	15	1	2	√	√	—	—
AT89LP4051	4	√	—	—	256	20	2.4—5.5	15	1	2	√	√	—	—
AT89C51	4	—	—	—	128	33	4—6	32	1	2	—	—	—	—
AT89C52	8	—	—	—	256	33	4—6	32	1	3	—	—	—	—
AT89S51	4	√	—	—	128	33	4—5.5	32	1	2	√	—	—	—
AT89S52	8	√	—	—	256	33	4—5.5	32	1	3	√	—	—	—
AT89LS51	4	√	—	—	128	16	2.7—4	32	1	2	√	—	—	—
AT89LS52	8	√	—	—	256	33	2.7—4	32	1	3	√	—	—	—
AT89C51RC	32	—	—	—	512	33	4~6	32	1	3	√	—	—	—
AT89C51RC2	32	√	√	—	1280	60	2.7—5.5	32	1	3	√	√	—	—
AT89C51RB2	16	√	√	—	1280	60	2.7—5.5	32	1	3	√	√	—	—
AT89C51ID2	64	√	√	2	2048	60	2.7—5.5	32	1	3	√	√	√	—
AT89C51IC2	32	√	√	—	1280	60	2.7—5.5	34	1	3	√	√	√	—
AT89C51ED2	64	√	√	2	2048	60	2.7—5.5	32	1	3	√	√	—	—
AT89C51AC2	32	√	√	2	1280	40	3—5.5	34	1	3	√	—	—	8
AT89C51AC3	64	√	√	2	2304	60	3—5.5	32	1	3	√	√	—	8
AT89C5115	16	√	√	2	512	40	3—5.5	20	1	2	√	—	—	8

注:√有此功能 —无此功能

六、ANALOG DEVICE 的 51 系列单片机

该公司 51 系列单片机具有高精度 A/D 模块，如 ADVC815，片内有速度为 20ns 的 8 路 12 位 A/D，8K FLASH 程序存储器，640 字节 E^2PROM，256 字节 RAM，对外可寻址 16M 数据存储器，64K 程序存储器，3 个 16 位定时器、监视定时器、UART、SPI、I^2C 串行口等功能模块。

七、东芝单片机

东芝公司有 8 位、16 位、32 位单片机。8 位单片机主要有 TLCS-870、TLCS-870/X、TLCS-870/C 三个系列，其中 TLCS-870 和 TLCS-870/C 有国产的廉价开发工具，在家用电器领域得到广泛应用。

八、其他公司单片机

OKI、OALLAS、SGS、SIEMES、TDK 等 10 多家公司有 51 系列的单片机产品。FreeScale(原 Motorola)、Zilog、Epson、NS、NEC、SANSUN 等公司都有相应的单片机。

§1.5 单片机的应用和应用系统结构

1.5.1 单片机的应用

目前单片机的应用已深入到各个领域，对各个行业的技术改造和产品的更新换代起重要的作用。

一、单片机在智能仪表中的应用

单片机广泛地应用于实验室、交通运输工具、计量等各种仪器仪表之中，使仪器仪表智能化，提高它们的测量精度，加强其功能，简化仪器仪表的结构，便于使用、维护和改进。例如：电度表校验仪，电阻、电容、电感测量仪，船舶航行状态记录仪，烟叶水分测试仪，智能超声波测厚仪等。

二、单片机在机电一体化中的应用

机电一体化是机械工业发展的方向。机电一体化产品是指集机械技术、微电子技术、自动化技术和计算机技术于一体，具有智能化特征的机电产品。例如：单片机控制的铣床、车床、钻床、磨床等等。单片微型机的出现促进了机电一体化，它作为机电产品中的控制器，能充分发挥它的体积小、可靠性高、功能强、安装方便等优点，大大强化了机器的功能，提高了机器的自动化、智能化程度。

三、单片机在实时控制中的应用

单片机也广泛地用于各种实时控制系统中，如对工业上各种窑炉的温度、酸度、化学成

分的测量和控制。将测量技术、自动控制技术和单片机技术相结合,充分发挥数据处理和实时控制功能,使系统工作于最佳状态,提高系统的生产效率和产品的质量。在航空航天、通信、遥控、遥测等各种实时控制系统中很多产品可以用单片机作为控制器。

四、单片机在分布式多机系统中应用

分布式多机系统具有功能强、可靠性高的特点,在比较复杂的系统中,都采用分布式多机系统。系统中有若干台功能各异的计算机,各自完成特定的任务,它们又通过通信相互联系、协调工作。单片机在这种多机系统中,往往作为一个终端机,安装在系统的某些节点上,对现场信息进行实时的测量和控制。高档的单片机多机通信(并行或串行)功能很强,它们在分布式多机系统中发挥很大作用。

五、单片机在家用电器等消费类领域中的应用

家用电器等消费类领域的产品特点是量多面广。单片机应用到消费类产品之中,能大大提高它们的性能价格比,因而受到用户的青睐,提高产品在市场上的竞争力。目前家用电器几乎都是单片机控制的电脑产品,例如:空调、冰箱、洗衣机、微波炉、彩电、音响、家庭报警器、电子宠物等。

1.5.2 单片机应用系统的结构

一、基本系统

单片机的基本系统也称为最小系统,这种系统所选择的单片机内部资源已能满足系统的硬件需求,不需外接存储器或 I/O 接口。这种单片机内一定含有用户的程序存储器(用户程序已写入到内部只读程序存储器)。例如:OTP 型单片机、Flash Memory 型单片机、定制的 ROM 型单片机。单片机基本系统结构如图 1-8 所示。

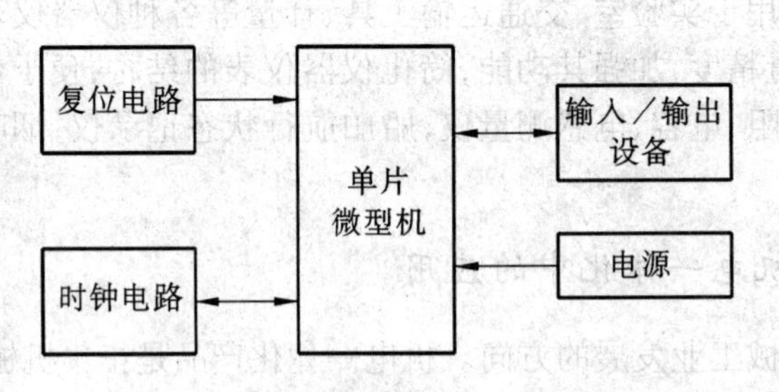

图 1-8 单片机基本系统结构

二、扩展系统

单片机的扩展系统通过单片机的并行扩展总线或串行扩展总线在外部扩展程序存储器、或数据存储器、或 I/O 接口电路,以弥补单片机内部资源的不足,满足特定的应用系统的硬件需求。有些单片机可使用并行总线扩展外部的存储器或 I/O 接口,有的单片机用串行扩展总线扩展 RAM 或 I/O 接口,还有的用软件模拟的并行扩展总线或串行扩展总线来

扩展 RAM 或 IO 口。典型的单片机扩展系统结构如图 1-9 所示。

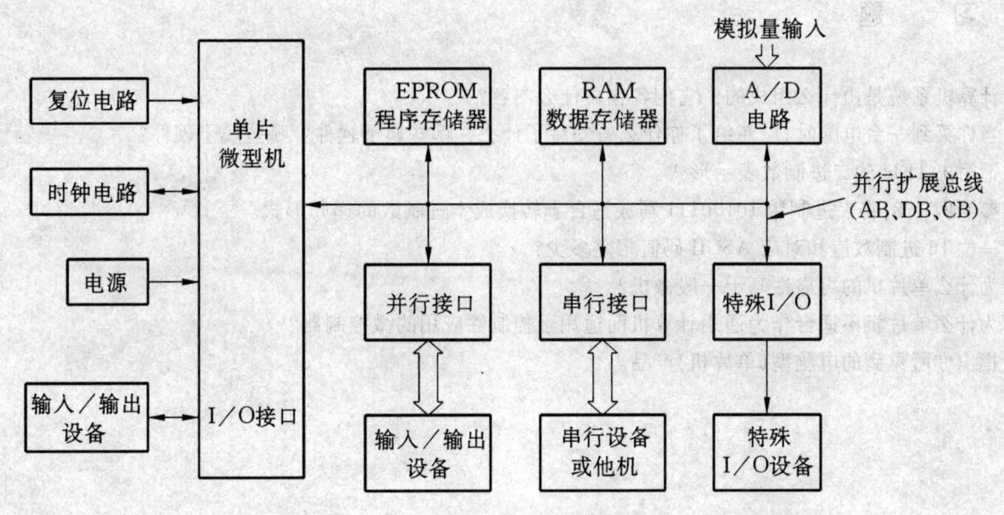

(a) 单片机并行扩展系统结构

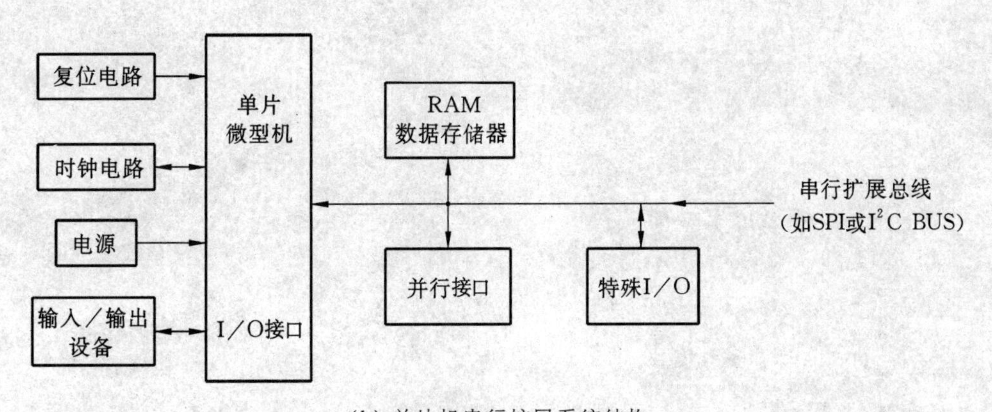

(b) 单片机串行扩展系统结构

图 1-9　单片机扩展系统典型结构

小　　结

通过本章学习，必须达到下面的要求：

● 了解单片机应用技术包括硬件和软件两方面的设计技术，硬件是软件的载体，软件是硬件的灵魂，后几章学习中两者都要重视；

● 掌握代码表示方法和数据格式，这是以后程序设计的基础之一，计算机内信息的基本形式为二进制数，八进制数、十六进制数主要是为书写方便而设置的；

● 单片机产品型号很多，应用中不局限于一个产品，在学习时应掌握一般的"原理"和"方法"，做到触类旁通。

● 了解单片机应用的广泛性、单片机技术的实用性，提高学习单片机的兴趣和动力。

习　　题

1. 计算机系统是由什么组成的？它们各包含什么内容？
2. 当你买到一台电脑时，厂商给了你什么？安装了什么？哪些属于软件？哪些属于硬件？
3. 请写出 1FH 的二进制数表示形式。
4. 参照例 1.8，将二进制数 10100111 写成适合于转换成十进制数的递归形式。
5. 一位 16 进制数值和对应 ASCII 码值相差多少？
6. 为什么单片机的可靠性高于一般微机？
7. 为什么单片机不适合作为通用计算机而适用于控制性应用的微控制器？
8. 指出你所见到的电脑型（单片机）产品。

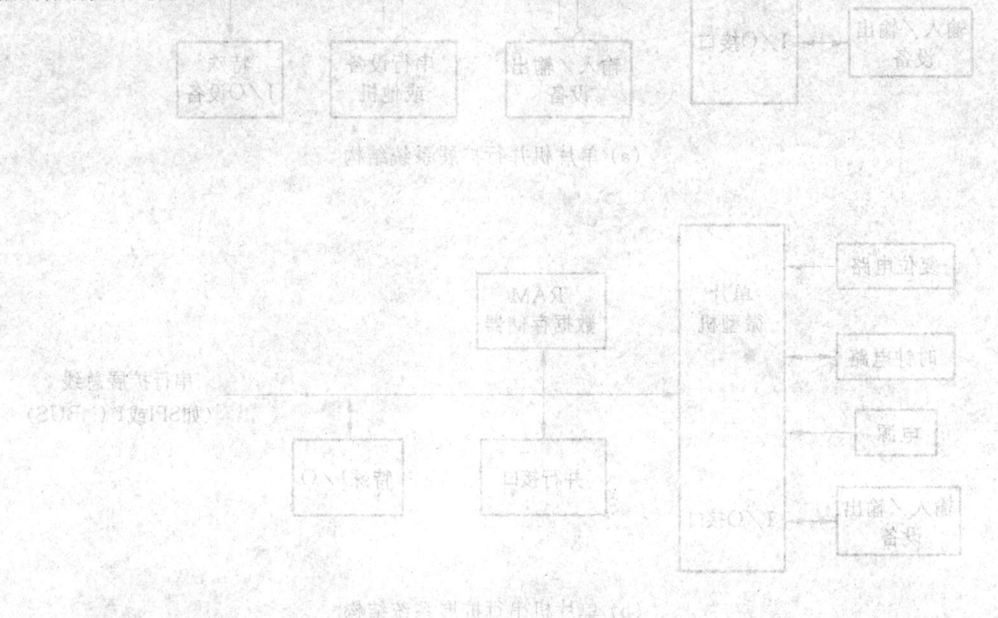

第2章　51系列单片机系统结构

本章以AT89C52为范例介绍了51系列单片机的系统结构。主要内容有总体结构框图，引脚分布、功能和使用方法，内部功能模块介绍，存储器空间和组织，程序存储器及其复位入口和中断入口地址；数据存储器RAM中的工作寄存器区、位寻址区、堆栈区和数据缓冲器区的功能和操作；特殊功能寄存器的分布、功能和操作；时钟和复位电路设计方法；中断的概念、工作原理和用途，51中断系统结构、中断寄存器的功能和操作。

§2.1　总 体 结 构

2.1.1　51系列单片机一般的总体结构

51系列单片机一般都包含有Intel 8051的基本功能模块：相同或相似的8位CPU，4K ROM程序存储器，128个字节RAM数据存储器，4个8位并行口，2个16位定时器T0、T1，一个异步串行口UART。图2-1为51系列单片机一般的总体结构框图，图中虚线框内部分即为8051的基本结构。在此基础上，新型51单片机扩大了ROM容量(最大为64K)，或增加了RAM(256字节)，有的把本在外部空间的部分RAM放到内部(称为XRAM)，有的增加了并行口，或多功能定时器T2或PCA计数阵列或A/D等特殊I/O部件。

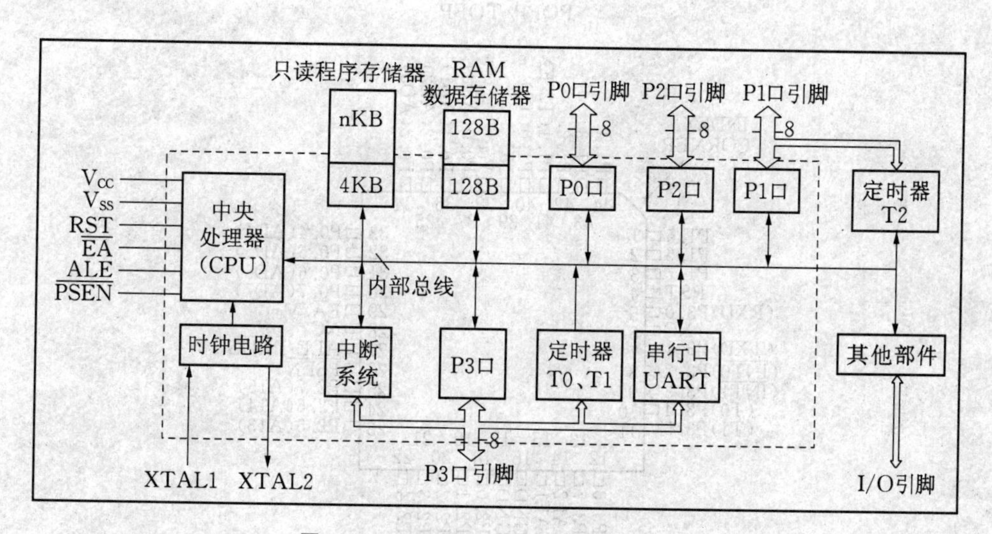

图2-1　51系列单片机一般的总体结构

2.1.2 89C52的总体结构

89C52和8051相比用8K FLASH ROM代替8051的4K ROM，RAM扩大到256字节,增加了一个16位定时器T2。其总体结构如图2-2所示。

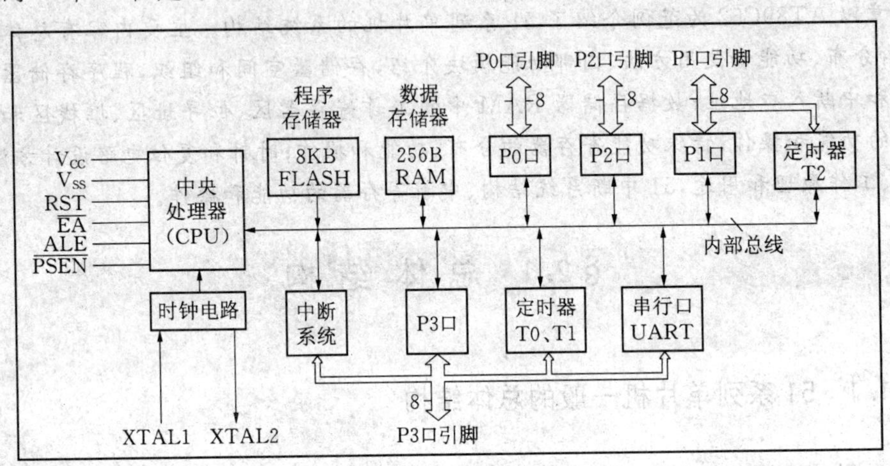

图 2-2 89C52总体结构框图

89C52的封装形式有PDIP-40、PQFP/TQFP-44、PLCC/LCC-44等,其引脚排列和逻辑符号如图2-3和2-4所示。

引脚功能:

- V_{CC}为电源正端,GND为地。V_{CC}为4～6V,典型值为5V;
- RST:复位引脚,输入高电平使89C52复位,返回低电平退出复位;

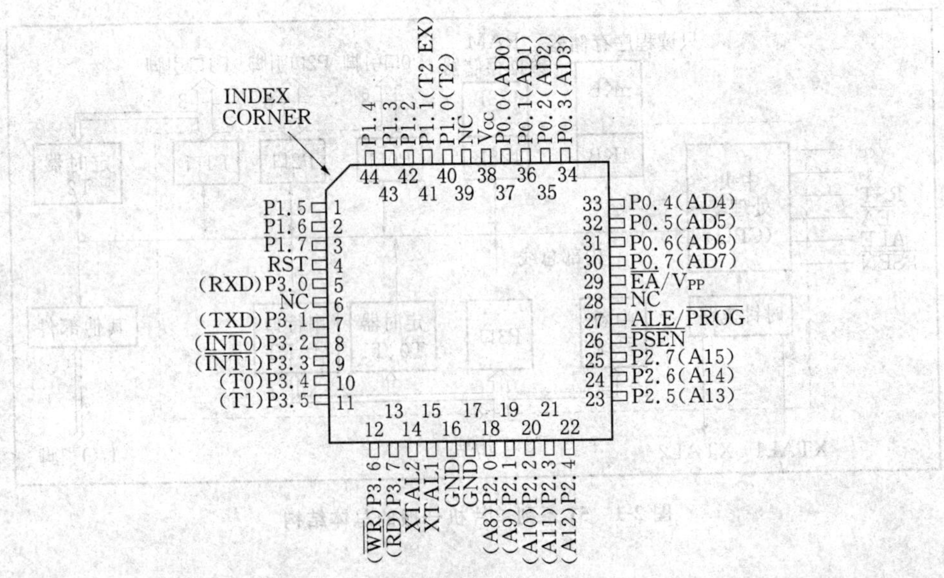

图 2-3

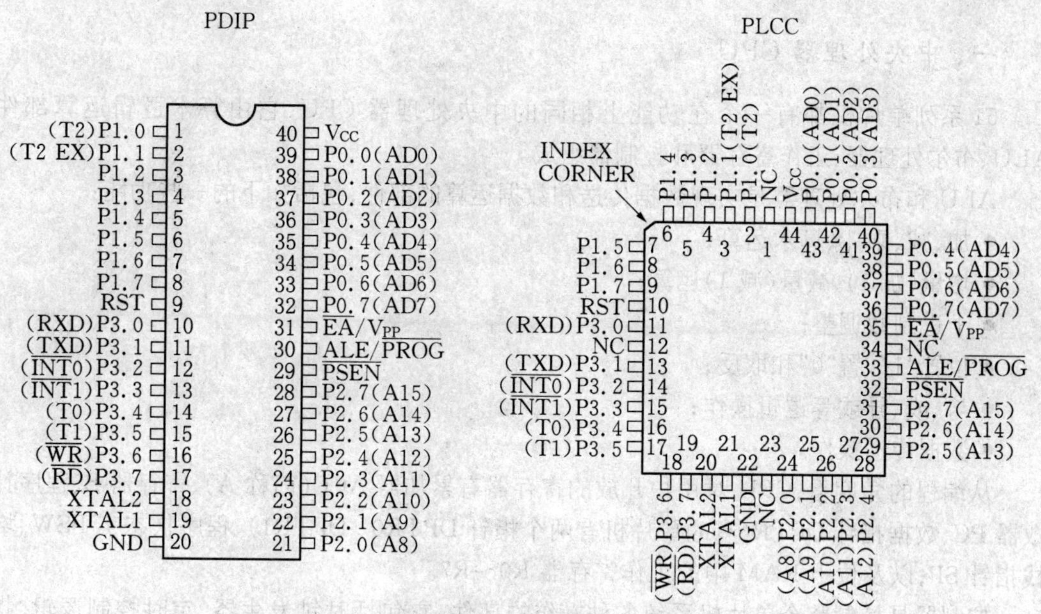

图 2-3 89C52 的封装形式和引脚排列

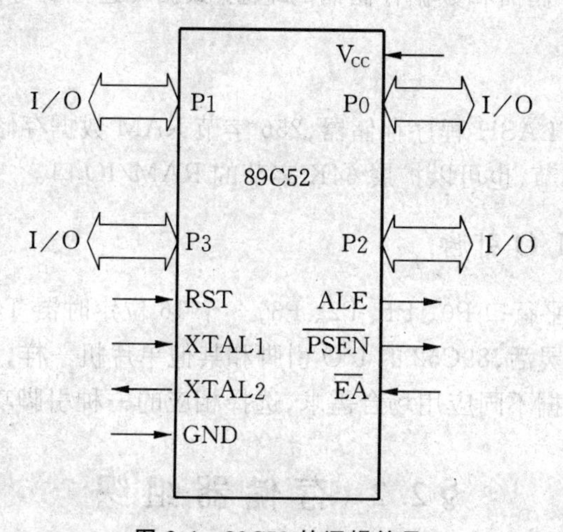

图 2-4 89C52 的逻辑符号

- $\overline{EA}/V_{PP}$:运行方式时,$\overline{EA}$为程序存储器选择信号,$\overline{EA}$接地时 CPU 总是从外部存储器中取指令,$\overline{EA}$接高电平时 CPU 可以从内部或外部取指令;FLASH 编程方式时,该引脚为编程电源输入端 V_{PP}(+5V 或 12V);
- $\overline{PSEN}$:外部程序存储器读选通信号,CPU 从外部存储器取指令时,从$\overline{PSEN}$引脚输出读选通信号(负脉冲);
- ALE/$\overline{PROG}$:运行方式时,ALE 为外部存储器低 8 位地址锁存信号,FLASH 编程方式时,该引脚为编程脉冲输入端;
- XTAL1、XTAL2 为内部振荡器电路(反相放大器)的输入端和输出端,外接晶振电路;
- P1.0~P1.7, P2.0~P2.7, P3.0~P3.7, P0.0~P0.7 为 4 个 8 位输入输出口引脚。

一、中央处理器 CPU

51 系列单片机都有一个在功能上相同的中央处理器 CPU,它由算术逻辑运算部件 ALU、布尔处理器、工作寄存器和控制器组成。

ALU 和布尔处理器是实现数据传送和数据运算的部件,包括如下的一些功能:

- 加、减、乘、除算术运算;
- 增量(加 1)、减量(减 1)运算;
- 十进制数调整;
- 位置“1”、置“0”和取反;
- 与、或、异或等逻辑操作;
- 数据传送操作。

从编程的角度看,CPU 对用户开放的寄存器有累加器 ACC(简称 A)、寄存器 B、程序计数器 PC、数据指针 DPTR(有的单片机有两个指针 DPTR0、DPTR1)、程序状态字 PSW、堆栈指针 SP,以及位于 RAM 中的工作寄存器 R0～R7。

控制器是控制整个单片机系统各种操作的部件,它包括时钟发生器、定时控制逻辑、指令寄存器译码器、程序存储器和数据存储器的地址/数据传送控制等。

二、存储器

89C52 内部有 8K FLASH 程序存储器,256 字节 RAM 数据存储器,另外可在外部将程序存储器扩展到 64K 字节,也可以扩展 64K 字节的 RAM/IO 口。

三、I/O 部件和 I/O 引脚

89C52 有 4 个 8 位平行口 P0、P1、P2、P3, 3 个 16 位定时器 T0、T1、T2,异步串行口 UART。为了使用方便灵活,89C52 的 I/O 引脚和其他单片机一样,大多数 I/O 引脚是复用的,称为多功能引脚,根据不同应用场合需求,选择相应的一种引脚功能。

§2.2 存储器组织

51 系列单片机有 5 个独立的存储空间:

- 64K 字节程序存储器空间(0～0FFFFH);
- 256 字节内部 RAM 空间(0～0FFH);
- 128 字节内部特殊功能寄存器空间(80H～0FFH);
- 位寻址空间(0～0FFH);
- 64K 字节外部数据存储器(RAM/IO)空间(0～0FFFFH)。

51 系列的存储器结构如图 2-5 所示。图中未表明位寻址区,因为位寻址区的物理寄存器包含在内部 RAM 和特殊功能寄存器的一些单元中。值得注意的是:51 系列中不同型号的单片机和不同的应用系统,各个空间中实际存在的物理单元有多有少。

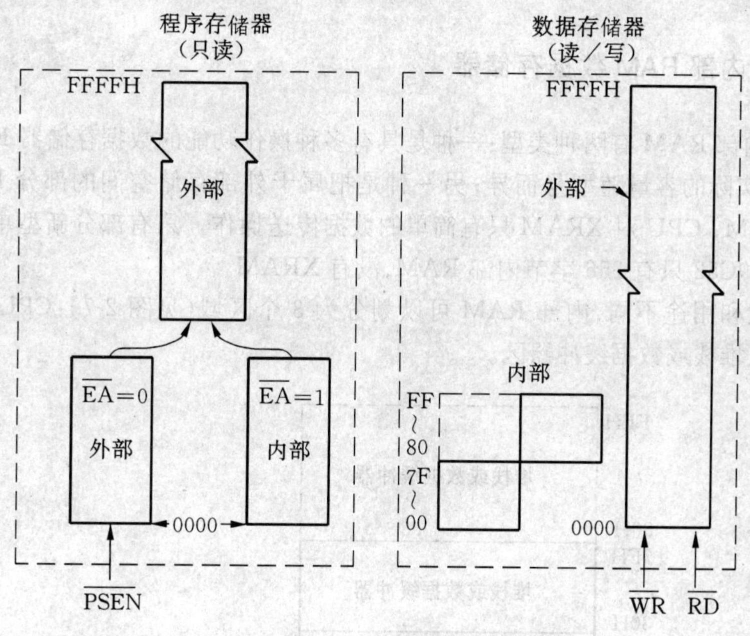

图 2-5 51系列单片机存储器结构

2.2.1 程序存储器

51系列单片机的程序存储器空间为64K字节，其地址指针为16位的程序计数器PC。0开始的部分程序存储器（4K, 8K, 16K, …）可以在单片机的内部，也可以在单片机的外部，这取决于单片机的类型，并由输入到引脚$\overline{EA}$的电平所控制。

对于内部有8K字节程序存储器的89C52，若引脚$\overline{EA}$接V_{CC}(+5V)，则程序计数器PC的值在0～1FFFH时，CPU取指令时访问内部的程序存储器，PC值大于1FFFH时则访问外部的程序存储器。如果$\overline{EA}$接地，则CPU总是从外部程序存储器中取指令。仅当CPU访问外部的程序存储器时，引脚$\overline{PSEN}$才输出负脉冲（外部程序存储器的读选通信号）。

复位以后，程序计数器PC为0，CPU从地址0开始执行程序，即地址0为复位入口地址。另外，51系列的中断入口也是固定的，程序存储器的地址3、0BH、13H、1BH、23H、2BH……为相应的中断入口，51系列单片机的中断源数目是因型号而异的，中断入口有多有少。但总是从地址3开始，每隔8个字节安排一个中断入口（见图2-6）。

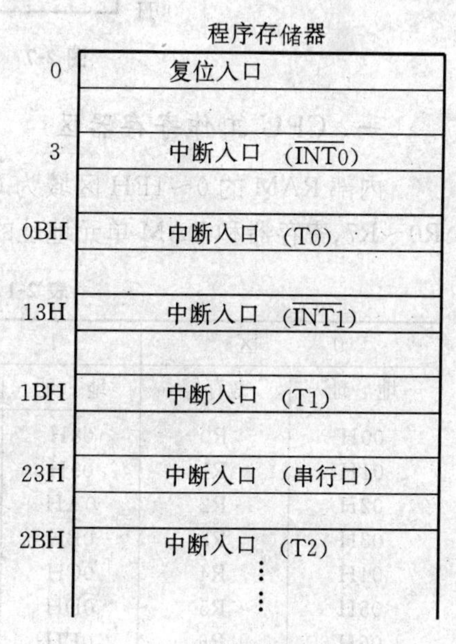

图 2-6 51系列单片机的复位入口和中断入口

2.2.2 内部 RAM 数据存储器

51 系列内部 RAM 有两种类型:一种是具有多种操作功能的数据存储器 RAM,其空间为 256 字节,实际的容量随型号而异;另一种是把属于外部存储空间的部分 RAM 放到内部,称为 XRAM, CPU 对 XRAM 只有简单的数据传送操作。只有部分新型单片机内部才有 XRAM。89C52 只有 256 字节内部 RAM,没有 XRAM。

根据功能和用途不同,内部 RAM 可以划分为 3 个区域(见图 2-7):CPU 工作寄存器区、位寻址区、堆栈或数据缓冲器区。

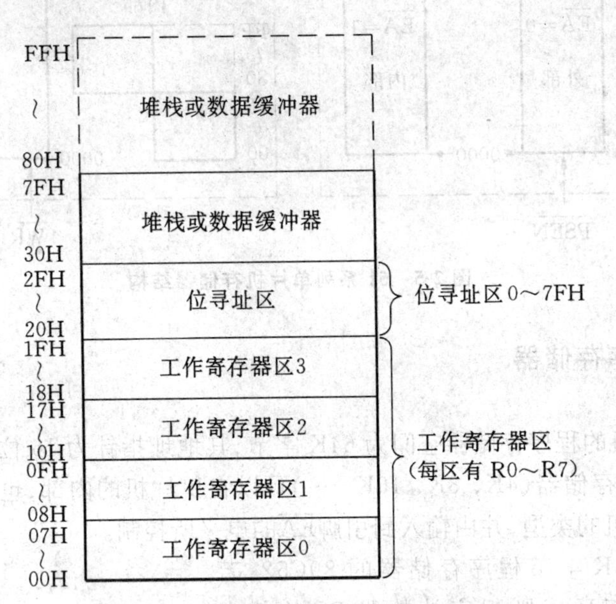

图 2-7 51 系列内部 RAM 区域的功能

一、CPU 工作寄存器区

内部 RAM 的 0~1FH 区域为 CPU 的四组工作寄存器区,每个区有 8 个工作寄存器 R0~R7,寄存器和 RAM 单元地址的对应关系如表 2-1 所示。

表 2-1 寄存器和 RAM 地址映照表

0 区		1 区		2 区		3 区	
地 址	寄存器	地 址	寄存器	地 址	寄存器	地 址	寄存器
00H	R0	08H	R0	10H	R0	18H	R0
01H	R1	09H	R1	11H	R1	19H	R1
02H	R2	0AH	R2	12H	R2	1AH	R2
03H	R3	0BH	R3	13H	R3	1BH	R3
04H	R4	0CH	R4	14H	R4	1CH	R4
05H	R5	0DH	R5	15H	R5	1DH	R5
06H	R6	0EH	R6	16H	R6	1EH	R6
07H	R7	0FH	R7	17H	R7	1FH	R7

CPU当前使用的工作寄存器区是由程序状态字PSW的第三和第四位指示的,PSW中这两位状态和所使用的寄存器对应关系如表2-2所示。CPU通过修改PSW中的RS1、RS0两位的状态,就能任选一个工作寄存器区。这个特点提高了CPU现场保护和现场恢复的速度。这对于提高CPU的工作效率和响应中断的速度是很有利的。若在一个实际的应用系统中,不需要4组工作寄存器,那么这个区域中多余单元可以作为一般的数据缓冲器使用。对于这部分RAM,CPU对它们的操作可视为工作寄存器(寄存器寻址),也可视为一般RAM(直接寻址或寄存器间接寻址)。

表2-2 工作寄存器区选择

PSW.4 (RS1)	PSW.3 (RS0)	当前使用的工作寄存器区 R0~R7	PSW.4 (RS1)	PSW.3 (RS0)	当前使用的工作寄存器区 R0~R7
0	0	0区(00~07H)	1	0	2区(10~17H)
0	1	1区(08~0FH)	1	1	3区(18~1FH)

二、位标志区

内部RAM的20H~2FH为位寻址区域,这16个单元的每一位(16×8)都有一个位地址,它们占据位地址空间的0~7FH。这16个单元的每一位都可以视作一个软件触发器,用于存放各种程序标志、位控制变量。同样,位寻址区的RAM单元也可以作为一般的数据缓冲器使用。CPU对这部分RAM可以字节操作,也可以位操作。

三、堆栈和数据缓冲器

在实际应用中,往往需要一个后进先出的RAM缓冲器用于保护CPU的现场,这种后进先出的缓冲器称之为堆栈(堆栈的用途详见§2.5"中断系统"的章节)。51的堆栈原则上可以设在内部RAM(0~7FH或0~0FFH)的任意区域,但由于0~1FH和20H~2FH区域具有上面所述的特殊功能,堆栈一般设在30H~7FH(或30H~FFH)的范围内。栈顶位置由堆栈指针SP所指出。进栈时,51系列的堆栈指针(SP)先加"1",然后数据进栈(写入SP指出的栈区);而退栈时,先数据退栈(读出SP指出的单元内容),然后(SP)-1。复位以后(SP)为07H。这意味着初态堆栈区设在08H开始的RAM区域,而08H~1FH是工作寄存器区。所以应对SP初始化来具体设置堆栈区,如0EFH→SP,则堆栈设在0F0H开始区域。

内部RAM中除了作为工作寄存器、位标志和堆栈区以外的单元都可以作为数据缓冲器使用,存放输入的数据或运算的结果。CPU对20H~2FH单元可以位寻址,也可以字节寻址,对0~7FH单元可以直接寻址也可以寄存器间接寻址,对80H~0FFH单元只能用寄存器间接寻址。

2.2.3 特殊功能寄存器

51系列内部的CPU寄存器、I/O口锁存器以及定时器、串行口、中断等各种控制寄存器和状态寄存器都作为特殊功能寄存器(SFR),它们离散地分布在 80H～0FFH 的特殊功能寄存器地址空间。因为不同型号的单片机内部 I/O 模块的种类和数量不同,实际存在的特殊功能寄存器数量差别较大。表 2-3 列出了 89C52 的 SFR 及其对应地址。表中上半部分为 8051 的 21 个 SFR,下半部分为 89C52 增加的与定时器 T2 所对应的 6 个 SFR。

表 2-3　89C52 特殊功能寄存器地址映象

特殊功能寄存器	字节地址	特殊功能寄存器	字节地址
* P0	80H	* P1	90H
SP	81H	* SCON	98H
DPL	82H	SBUF	99H
DPH	83H	* P2	0A0H
PCON	87H	* IE	0A8H
* TCON	88H	* P3	0B0H
TMOD	89H	* IP	0B8H
TL0	8AH	* PSW	0D0H
TL1	8BH	* ACC	0E0H
TH0	8CH	* B	0F0H
TH1	8DH		
TL2	0CCH	RCAP2L	0CAH
TH2	0CDH	RCAP2H	0CBH
T2MOD	0C9H	* T2CON	0C8H

ACC 是累加器,它是运算器中最重要的工作寄存器,用于存放参加运算的操作数和运算的结果。在指令系统中常用助记符 A 表示累加器。

B 寄存器也是运算器中的一个工作寄存器,在乘法和除法运算中存放操作数和运算的结果,在其他运算中,可以作为一个中间结果寄存器使用。

SP 是 8 位的堆栈指针,数据进入堆栈前 SP 加 1,数据退出堆栈后 SP 减 1,复位后 SP 为 07H。

DPTR 为 16 位的数据指针,它由 DPH 和 DPL 所组成,一般作为访问外部数据存储器的地址指针使用,保存一个 16 位的地址,CPU 对 DPTR 操作也可以对高位字节 DPH 和低位字节 DPL 单独进行。

其他的特殊功能寄存器在以后的 I/O 口、定时器、串行口和中断等章节中作详细的讨论。

特殊功能寄存器空间中有些单元是空着的,这些单元是为 51 系列其他的新型单片机保留的,一些已经出现的新型单片机,因内部功能部件的增加而增加了不少特殊功能寄存器。为了使软件与新型单片机兼容,用户程序不要对空着的单元进行写操作。

2.2.4　位地址空间

51 系列的内部 RAM 中 20H～2FH 单元以及地址为 8 的倍数的特殊功能寄存器(表

2-3 中带＊号的 SFR)可以位寻址,它们占据了相应位地址单元。这些 RAM 单元和特殊功能寄存器,既有一个字节地址(8 位作为一个整体的地址),每一位又有 1 个位地址。表 2-4 列出了内部 RAM 中位寻址区的位地址编址,表 2-5 列出了 89C52 特殊功能寄存器中具有位寻址功能的位地址编址。

表 2-4　RAM 位寻址区地址编址

字节地址	位地址							
	D7	D6	D5	D4	D3	D2	D1	D0
2FH	7FH	7EH	7DH	7CH	7BH	7AH	79H	78H
2EH	77H	76H	75H	74H	73H	72H	71H	70H
2DH	6FH	6EH	6DH	6CH	6BH	6AH	69H	68H
2CH	67H	66H	65H	64H	63H	62H	61H	60H
2BH	5FH	5EH	5DH	5CH	5BH	5AH	59H	58H
2AH	57H	56H	55H	54H	53H	52H	51H	50H
29H	4FH	4EH	4DH	4CH	4BH	4AH	49H	48H
28H	47H	46H	45H	44H	48H	42H	41H	40H
27H	3FH	3EH	3DH	3CH	3BH	3AH	39H	38H
26H	37H	36H	35H	34H	33H	32H	31H	30H
25H	2FH	2EH	2DH	2CH	2BH	2AH	29H	28H
24H	27H	26H	25H	24H	23H	22H	21H	20H
23H	1FH	1EH	1DH	1CH	1BH	1AH	19H	18H
22H	17H	16H	15H	14H	13H	12H	11H	10H
21H	0FH	0EH	0DH	0CH	0BH	0AH	09H	08H
20H	07H	06H	05H	04H	03H	02H	01H	00H

表 2-5　89C52 特殊功能寄存器位地址编址

D7	D6	D5	D4	D3	D2	D1	D0	特殊功能寄存器
F7	F6	F5	F4	F3	F2	F1	F0	B
E7	E6	E5	E4	E3	E2	E1	E0	ACC
CY	AC	F0	RS1	RS0	OV	F1	P	
D7	D6	D5	D4	D3	D2	D1	D0	PSW
TF2	EXF2	RCLK	TCLK	EXEN2	TR2	$C/\overline{T2}$	$CP/\overline{RL2}$	
CF	CE	CD	CC	CB	CA	C9	C8	T2CON
		PT2	PS	PT1	PX1	PT0	PX0	
—	—	BD	BC	BB	BA	B9	B8	IP
B7	B6	B5	B4	B3	B2	B1	B0	P3
EA		ET2	ES	ET1	EX1	ET0	EX0	
AF	—	AD	AC	AB	AA	A9	A8	IE

（续表）

D7	D6	D5	D4	D3	D2	D1	D0	特殊功能寄存器
A7	A6	A5	A4	A3	A2	A1	A0	P2
SM0	SM1	SM2	REN	TB8	RB8	TI	RI	
9F	9E	9D	9C	9B	9A	99	98	SCON
97	96	95	94	93	92	91	90	P1
TF1	TR1	TF0	TR0	IE1	IT1	IE0	IT0	
8F	8E	8D	8C	8B	8A	89	88	TCON
87	86	85	84	83	82	81	80	P0

CPU 能对位地址空间中的位单元直接寻址，执行置“1”、清“0”、求反和条件转移等操作。

2.2.5 外部 RAM 和 I/O 口

51 单片机可以扩展 64K 字节 RAM 和 I/O 口，也就是说 CPU 可以寻址 64K 字节的外部数据存储器。外部扩展 RAM 和 I/O 口是统一编址的，CPU 对它们具有相同的操作（数据传送）功能。

§2.3 时钟、时钟电路、CPU 定时

时钟电路是计算机的心脏，它控制着计算机的工作节奏，可以通过提高时钟频率来提高 CPU 的速度。目前 51 系列单片机都采用 CMOS 工艺，允许的最高频率是随型号而变化的（器件上表明）。最高频率达 60MHz。

一、89C52 时钟电路

89C52 等 CMOS 型单片机内部有一个可控的反相放大器，引脚 XTAL1、XTAL2 为反相放大器的输入端和输出端，在 XTAL1、XTAL2 上外接晶振（或陶瓷谐振器）和电容便组成振荡器。图 2-8 为 89C52 的时钟电路框图。

图 2-8 中，电容 C1、C2 的典型值为 30pF ± 10pF（晶振）或 40pF ± 10pF（陶瓷谐振器）。振荡器频率主要取决于晶振（或陶瓷谐振器）的频率，但必须小于器件所允许的最高频率。振荡器的工作受 $\overline{PD}$(PCON · 1)控制，复位以后 PD = 0($\overline{PD}$ = 1) 振荡器工作，可由软件置“1”PD(使 $\overline{PD}$ = 0)，使振荡器停止振荡，从而使整个单片机停止工作，以达到节电目的。

CMOS型单片机也可以从外部输入时钟,接线如图2-9所示。

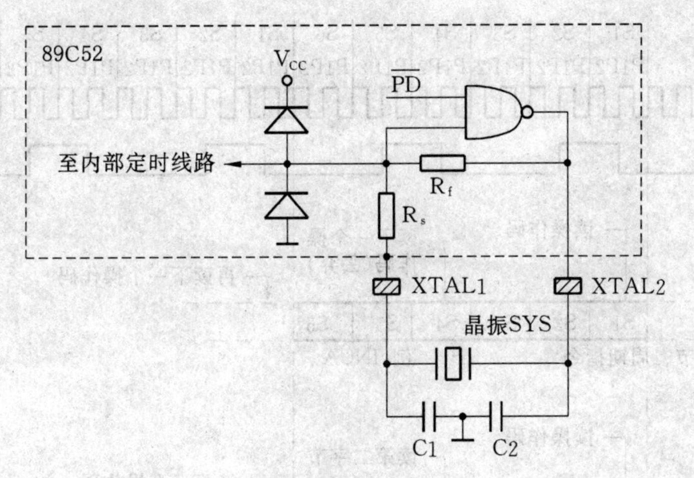

图2-8 89C52等CMOS型单片机的时钟电路

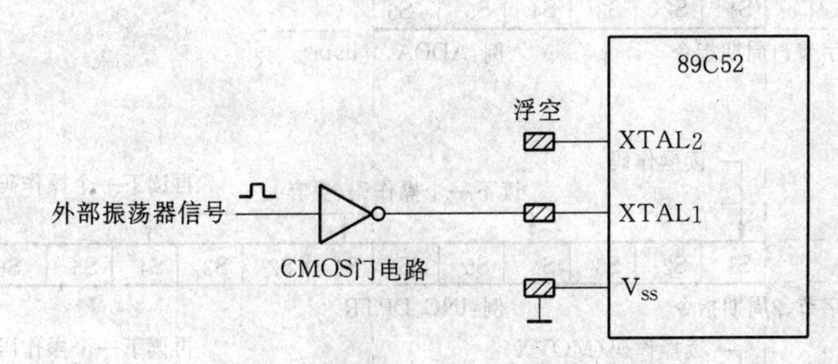

图2-9 CMOS单片机外部时钟输入电路

*二、CPU定时

CPU的工作是不断地从程序存储器中取指令和执行指令,以完成数据的处理、传送和输入/输出等操作。CPU取出一条指令至该指令执行完所需的时间称为指令周期,不同的指令其指令周期是不一样的。

1. 89C52的CPU定时

指令周期是以机器周期为单位的。图2-10给出89C52等传统的51系列单片机不同类型指令取指令和执行指令的时序。89C52的一个机器周期由6个状态(S1, S2, …, S6)组成,每一个状态为2个时钟周期(时相P1, P2),一个机器周期有12个时钟(S1P1, S1P2, S2P1, S2P2, …, S6P1, S6P2),若晶振为12MHz,则一个机器周期为1μs,晶振为24MHz,一个机器周期为500ns。

在图2-10中,用内部状态和相位表明CPU取指令和执行指令的时序,这些内部时钟信号不能从外部观察到,所以用XTAL2的振荡器输出信号作参考。引脚ALE输出信号为扩展系统的外部存储器地址低8位的锁存信号,在访问程序存储器的周期内,ALE信号有效两次(输出两个正脉冲);而在访问外部数据存储器的机器周期内,ALE信号有效一次(产生一个正脉冲)。因此,ALE 的频率不是恒定的。

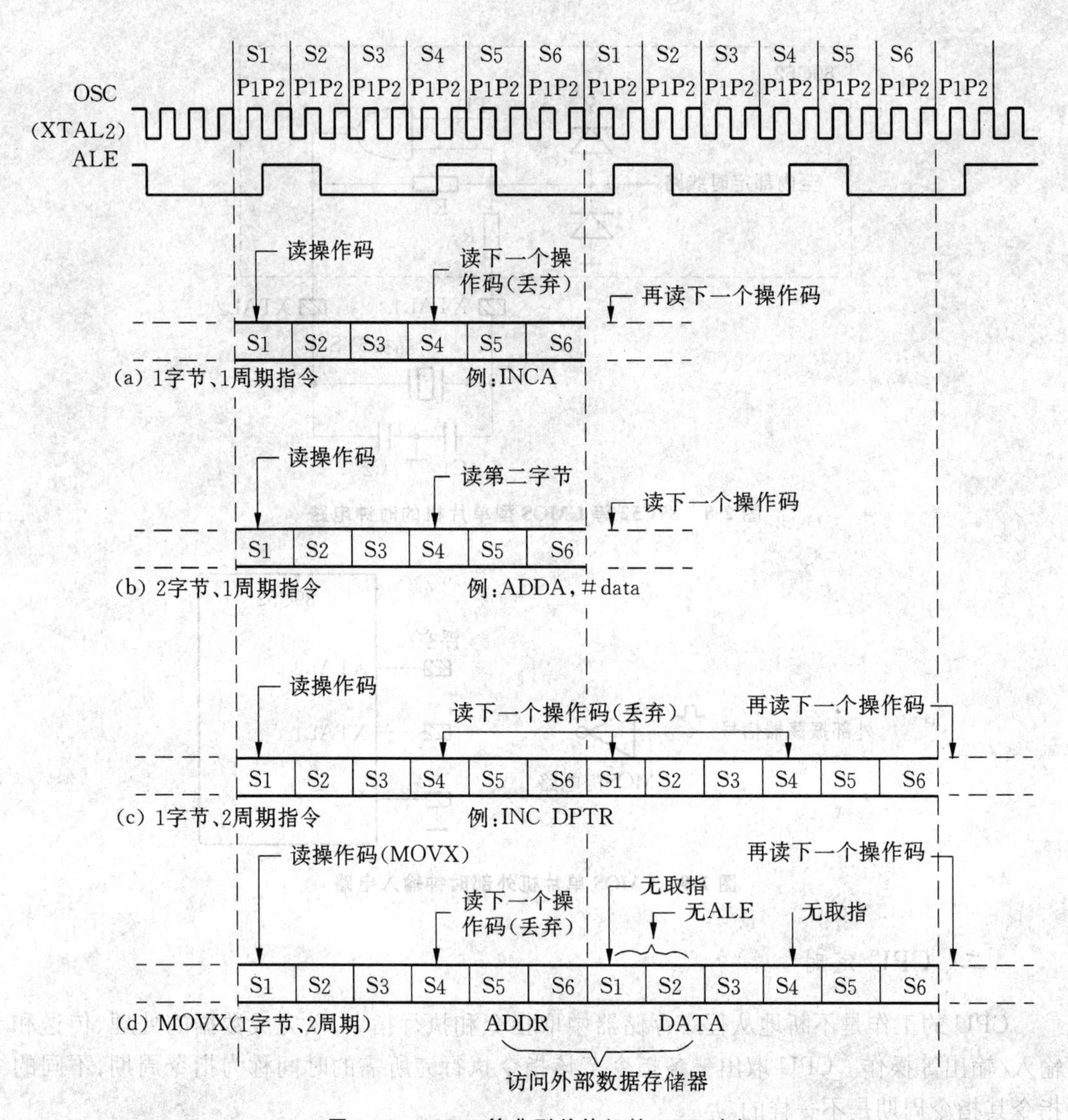

图 2-10 89C52 等典型单片机的 CPU 时序

对于单周期指令,在把指令码读入指令寄存器时,从 S1P2 开始执行指令。如果它为双字节指令,则在同一机器周期的 S4 读入第二字节。如果它为单字节指令,则在 S4 仍旧进行读,但读入的字节(它应是下一个指令码)被忽略,而且程序计数器不加 1。在任何情况下,在 S6P2 结束指令操作。图 2-10(a)和(b)分别为 1 字节、1 周期和 2 字节、1 周期指令的时序。

大多数指令执行时间为 1 个或 2 个机器周期。只有 MUL(乘法)和 DIV(除法)指令需 4 个机器周期。

一般情况下,2 个指令码字节在一个机器周期内从程序存储器取出,仅有的例外是 MOVX 指令。MOVX 是访问外部数据存储器的单字节双机器周期指令。在 MOVX 指令期间,少执行两次取指操作,而进行寻址和选通外部数据存储器。图 2-10(c)和(d)分别为一般的单字节双机器周期指令和 MOVX 指令的时序。

*2. W77E58 等单片机的 CPU 定时

Winbond(华邦)和 DALLAS 公司的 51 系列单片机,CPU 内核经过了重新设计,指令系统仍和 MCS-51 兼容,但一个机器周期只包含 4 个时钟,在同样的时钟频率下,速度提高 1.5～3 倍。W77E58 允许的最高时钟频率为 40MHz,最小的指令周期为 100ns。图 2-11 给出 W77E58 的单周期指令和双周期指令的时序。

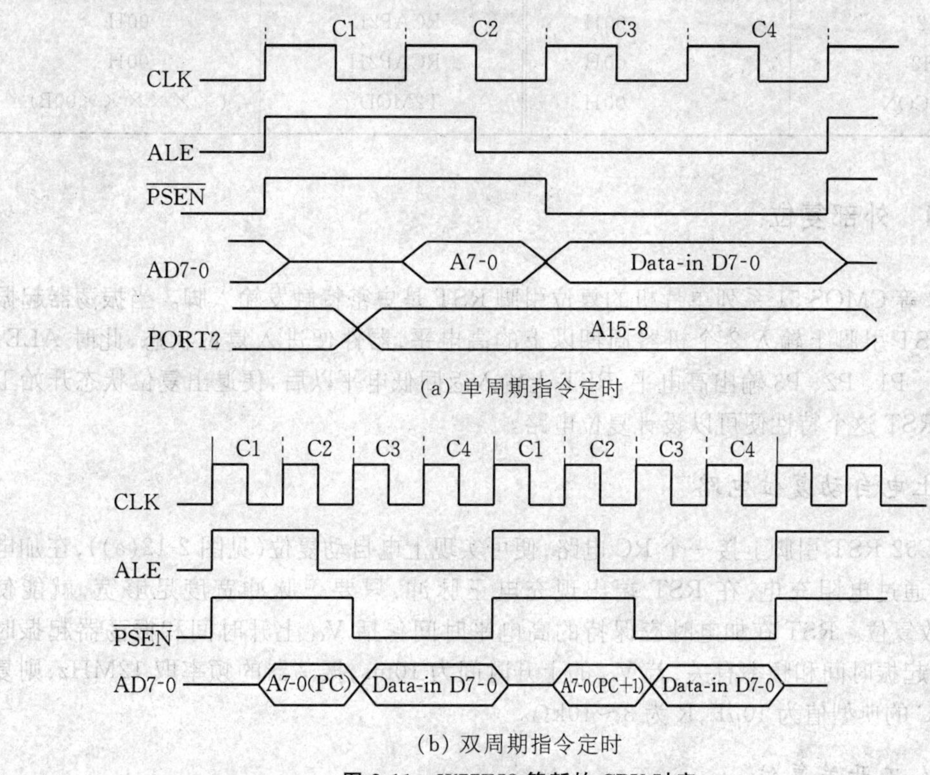

图 2-11　W77E58 等新的 CPU 时序

§2.4　复位和复位电路

计算机在启动运行时都需要复位,使 CPU 和其他部件都置为一个确定的初始状态,并从这个状态开始工作。89C52 复位以后,内部寄存器初态如表 2-6 所示。

表 2-6　89C52 复位后的内部寄存器状态

寄　存　器	内　　容	寄　存　器	内　　容
PC	0000H	TMOD	00H
ACC	00H	TCON	00H
B	00H	TH0	00H
PSW	00H	TL0	00H

（续表）

寄存器	内容	寄存器	内容
SP	07H	TH1	00H
DRTR	0000H	TL1	00H
P0～P3	0FFH	SCON	00H
IP	(××000000B)	SBUF	不定
IE	(0×000000B)	PCON	(0×××0000B)
TL2	00H	RCAP2L	00H
TH2	00H	RCAP2H	00H
T2CON	00H	T2MOD	(××××××00B)

2.4.1 外部复位

89C52 等 CMOS 51 系列单片机的复位引脚 RST 是史密特触发输入脚。当振荡器起振以后，在 RST 引脚上输入 2 个机器周期以上的高电平，器件便进入复位状态，此时 ALE、PSEN、P0、P1、P2、P3 输出高电平，RST 上输入返回低电平以后，便退出复位状态开始工作。利用 RST 这个特性便可以设计复位电路。

一、上电自动复位电路

在 89C52 RST 引脚上接一个 RC 电路，便可实现上电自动复位(见图 2-12(a))，在加电瞬间，电容通过电阻充电，在 RST 端出现充电正脉冲，只要正脉冲宽度足够宽，就能使 89C52 有效复位。RST 在加电时应保持的高电平时间包括 V_{CC}上升时间和振荡器起振时间，振荡器起振时间和频率有关，若 V_{CC}的上升时间为 10ms，振荡器的频率取 12MHz，则复位电路中 C 的典型值为 10μF，R 为 3～10kΩ。

二、人工开关复位

有些应用系统除上电自动复位以外，还需人工复位，将一个按钮开关并联于上电自动复位电路(见图 2-12(b))，在系统运行时，按一下开关，就在 RST 端出现一段时间高电平，使器件复位。

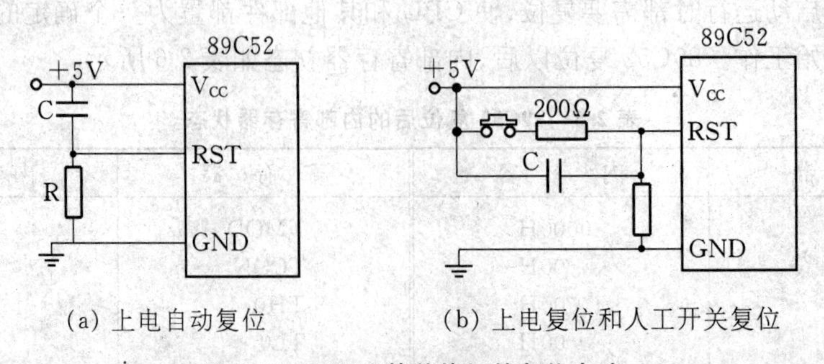

(a) 上电自动复位　　(b) 上电复位和人工开关复位

图 2-12　89C52 等单片机的复位电路

*三、外部 Watchdog 电路复位

89C52 等单片机内部没有定时监视器(Watchdog Timer),可以用单稳态电路在外部设计一个 Watchdog(见图 8-2)。系统正常工作时,定时输出脉冲,使单稳态输出低电平,若系统软件出现故障时,未及时输出脉冲,则单稳态电路翻转输出高电平,于是复位器件。

*2.4.2　内部复位

在表 1-5 和表 1-6 中所列出的 Intel 和 Atmel 51 系列单片机中,大部分产品内部有监视定时器 Watchdog Timer(WDT),当系统正常工作时,软件定时清零 WDT,使 WDT 不会计数溢出。一旦系统工作异常(如在某处死循环),未能及时清零 WDT,便使 WDT 计数溢出,产生内部复位信号,使器件复位,同时在 RST 端输出一个正脉冲,复位外部扩展的电路。

有些单片机当时钟异常或电源异常时也会产生内部复位信号。

*2.4.3　系统复位

在单片机的应用系统中,除单片机本身需复位以外,外部扩展的 I/O 接口电路等也需要复位,因此需要一个系统的同步复位信号:即单片机复位后,CPU 开始工作时,外部的电路一定要复位好,以保证 CPU 有效地对外部电路进行初始化编程。如上所述,51 系列单片机的复位端 RST 是一个史密特触发输入,高电平有效,而 I/O 接口电路的复位端一般为 TTL 电平输入,通常也是高电平有效,但这两种复位输入端复位有效的电平不完全相同。若将图 2-12 中单片机的复位端和 I/O 接口电路复位端简单相连,将使 CPU 和 I/O 接口的复位不同步,导致 CPU 对 I/O 初始化编程无效,将使系统不能正常工作,这可以通过延时一段时间以后对外部电路进行初始化编程来解决。有效的系统复位电路(上电自动复位和人工复位)如图 2-13 所示。图(a)中将复位电路产生的复位信号经史密特电路整形后作为系统复位信号,加到 51 系列单片机和外部 I/O 接口电路的复位端;图(b)中 51 系列单片机的复位信号和 I/O 接口的复位信号分别由各自的复位电路产生,分别调节 RC 参数,使 CPU 和外部电路同步复位。

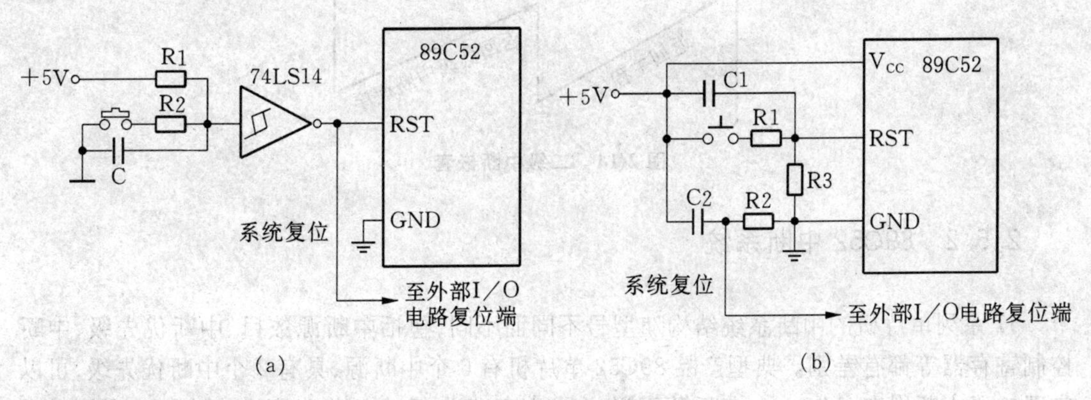

图 2-13　系统复位电路

§2.5 中断系统

2.5.1 中断概念

现代的计算机都具有实时处理功能,能对外界异步发生的事件作出及时的处理,这是依靠它们的中断来实现的。

所谓中断是指中央处理器 CPU 正在执行主程序处理日常事务的时候,外部发生了某一事件(如定时器计数溢出),请求 CPU 迅速去处理,CPU 暂时中断当前的工作,转入处理所发生的事件,处理完以后,再回到原来被中断的地方,继续原来的工作。这样的过程称为中断。实现这种功能的部件称为中断系统(中断机构)。产生中断的请求源称为中断源。

一般计算机系统允许有多个中断源,当几个中断源同时向 CPU 请求中断,要求为它们服务的时候,就存在 CPU 优先响应哪一个中断请求源的问题,一般根据中断源(所发生的实时事件)的轻重缓急排队,优先处理最紧急事件的中断请求,于是便规定每一个中断源都有一个中断优先级别。

当 CPU 正在处理一个中断源请求的时候,又发生了另一个优先级比它高的中断源请求,如果 CPU 能够暂时中止执行对原来中断源的处理程序,转而去处理优先级更高的中断请求,待处理完以后,再继续执行原来的低级中断处理程序,这样的过程称为中断嵌套,这样的中断系统称为多级中断系统。没有中断嵌套功能的中断系统称为单级中断系统。二级中断嵌套的中断过程如图 2-14 所示。有了中断,CPU 不必时刻查讯某些事件是否发生,当发生时会通知 CPU 去处理,使 CPU 专心于日常事务处理,提高效率。

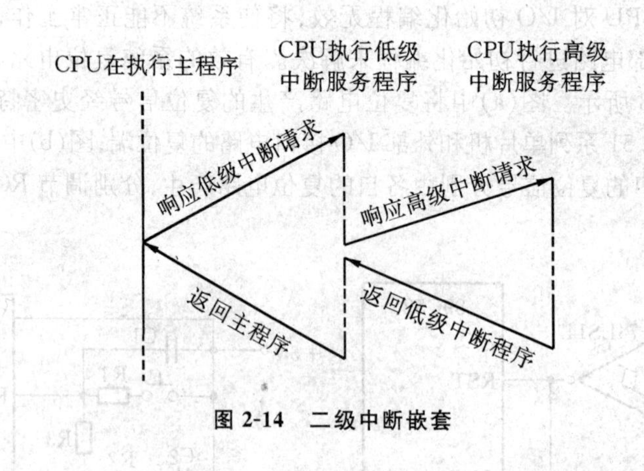

图 2-14 二级中断嵌套

2.5.2 89C52 中断系统

51 系列单片机的中断系统结构随型号不同而不同,包括中断源数目、中断优先级、中断控制寄存器等都有差别。典型产品 89C52 单片机有 6 个中断源,具有 2 个中断优先级,可以实现二级中断嵌套。每一个中断源可以设置为高优先级或低优先级中断,允许或禁止向

CPU 请求中断。89C52 的中断系统结构如图 2-15 所示。

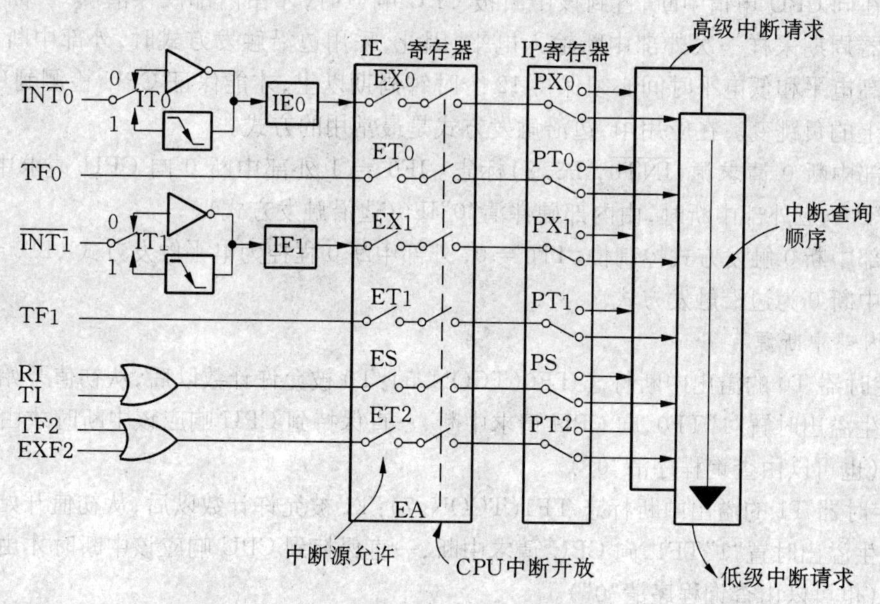

图 2-15 89C52 中断系统结构

一、89C52 中断源

89C52 有 6 个中断源:2 个是引脚$\overline{INT0}$、$\overline{INT1}$(P3.2、P3.3)上输入的外部中断源;4 个内部中断源,它们是定时器 T0、T1、T2 和串行口的中断请求源。

1. 外部中断源

$\overline{INT0}$、$\overline{INT1}$上输入的两个外部中断标志和它们的触发方式控制位在特殊功能寄存器 TCON 的低 4 位,TCON 的高 4 位为 T0、T1 的运行控制位和溢出标志位:

D7	D6	D5	D4	D3	D2	D1	D0
TF1	—	TF0	—	IE1	IT1	IE0	IT0

IE1 外部中断$\overline{INT1}$(P3.3)请求源标志。IE1 = 1,外部中断 1 正在向 CPU 请求中断,当 CPU 响应该中断时由内部硬件清"0"IE1(边沿触发方式)。

IT1 外部中断源 1 触发方式控制位。

IT1 = 0,外部中断 1 程控为电平触发方式。这种方式中,CPU 在每一个机器周期都采样$\overline{INT1}$(P3.3)的输入电平,当采样到低电平时,置"1"IE1,采样到高电平时清"0"IE1。采用电平触发方式时,外部中断源信号(输入到$\overline{INT1}$)必须保持低电平有效,直到该中断被 CPU 响应,同时在该中断服务程序执行完之前,外部中断源必须被清除,否则将产生另一次中断;

IT1 = 1,外部中断 1 程控为边沿触发方式。这种方式 CPU 在每一个机器周期采样$\overline{INT1}$(P3.3)的输入电平。如果相继的两次采样,一个周期中采样到$\overline{INT1}$为高电平，接着的下个周期中采样到$\overline{INT1}$为低电平，则置“1”IE1。IE1 为 1，表示外部中断 1 正在向 CPU 申请中断，直到该中断被 CPU 响应时，才由内部硬件清“0”。因为每个机器周期采样一次外部中断输入电平，因此，采用边沿触发方式时，外部中断源输入的高电平和低电平时间必须保持 12 个时钟周期以上，才能保证 CPU 检测到$\overline{INT1}$引脚上的负跳变。在应用中，边沿触发方式是最常用的方式。

IE0　外部中断 0 请求源($\overline{INT0}$, P3.2)标志。IE0 = 1 外部中断 0 向 CPU 请求中断，当 CPU 响应外部中断时，由内部硬件清“0”IE0(边沿触发方式)。

IT0　外部中断 0 触发方式控制位。IT0 = 0，外部中断 0 程控为电平触发方式，IT0 = 1，外部中断 0 为边沿触发方式。

2. 内部中断源

● 定时器 T0 的溢出中断标志 TF0(TCON.5)：T0 被允许计数以后，从初值开始加 1 计数，当产生溢出时置“1”TF0，向 CPU 请求中断，一直保持到 CPU 响应该中断时才由内部硬件清“0”(也可以由查询程序清“0”)。

● 定时器 T1 的溢出中断标志 TF1(TCON.7)：T1 被允许计数以后，从初值开始加 1 计数，当产生溢出时置“1”TF1，向 CPU 请求中断，一直保持到 CPU 响应该中断时才由内部硬件清“0”(也可以由查询程序清“0”)。

● 定时器 T2 中断：T2 计数溢出标志 TF2 和 T2 外部中断标志 EXF2 逻辑或以后作为一个中断源。CPU 响应中断时不清“0”TF2 和 EXF2，它们供中断服务程序查讯，并由中断程序清“0”。

● 串行口中断：串行口的接收中断 RI(SCON.0)和发送中断 TI(SCON.1)逻辑或以后作为内部的一个中断源。当串行口发送完一个字符由内部硬件置位发送中断标志 TI，接收到一个字符后也由内部硬件置位接收中断标志 RI。CPU 响应串行口的中断时，也不清“0”TI 和 RI，TI 和 RI 供中断服务程序查讯，并由中断程序清“0”。

二、中断控制

1. 中断使能控制

89C52 对中断源的开放或屏蔽，每一个中断源是否被允许中断，是由内部的中断允许寄存器 IE(地址为 0A8H)控制的，其格式如下：

D7	D6	D5	D4	D3	D2	D1	D0
EA	—	ET2	ES	ET1	EX1	ET0	EX0

EA　CPU 的中断开放标志。EA = 1，CPU 开放中断；EA = 0，CPU 屏蔽(即禁止)所有的中断申请。

ET2　定时器 T2 中断允许位。ET2 = 1，允许 T2 中断，ET2 = 0，禁止 T2 中断。

ES　串行口中断允许位。ES = 1，允许串行口中断；ES = 0，禁止串行口中断。

ET1　定时器 T1 的溢出中断允许位。ET1 = 1，允许 T1 中断；ET1 = 0，禁止 T1 中断。

EX1　外部中断 1 中断允许位。EX1 = 1，允许外部中断 1 中断；EX1 = 0，禁止中断。

ET0 定时器 T0 的溢出中断允许位。ET0 = 1，允许 T0 中断；ET0 = 0，禁止 T0 中断。

EX0 外部中断 0 中断允许位。EX0 = 1，允许中断；EX0 = 0，禁止中断。

2. 中断优先级控制

89C52 有两个中断优先级，每一中断请求源可编程为高优先级中断或低优先级中断，实现二级中断嵌套。一个正在被执行的低优先级中断服务程序能被高优先级中断所中断，但不能被另一个同级的或低优先级中断源所中断。若 CPU 正在执行高优先级的中断服务程序，则不能被任何中断源所中断，一直执行到结束，遇到返回指令 RETI，返回后 CPU 再执行一条指令后，才能响应新的中断源申请。为了实现上述功能，89C52 的中断系统内部有两个不可寻址的优先级状态触发器，一个指出 CPU 是否正在执行高优先级中断服务程序，另一个指出 CPU 是否正在执行低级中断服务程序。这两个触发器的 1 状态分别屏蔽所有的中断申请和同一优先级的其他中断源申请。另外，89C52 还有中断优先级寄存器 IP(地址为 0B8H)其格式如下：

D7	D6	D5	D4	D3	D2	D1	D0
—	—	PT2	PS	PT1	PX1	PT0	PX0

PT2 定时器 T2 中断优先级控制位。PT2 = 1，T2 中断为高优先级中断；PT2 = 0，T2 中断为低优先级中断。

PS 串行口中断优先级控制位。PS = 1，串行口中断定义为高优先级中断；PS = 0，串行口中断定义为低优先级中断。

PT1 定时器 T1 中断优先级控制位。PT1 = 1，定时器 T1 中断定义为高优先级中断；PT1 = 0，定时器 T1 中断定义为低优先级中断。

PX1 外部中断 1 中断优先级控制位。PX1 = 1，外部中断 1 定义为高优先级中断；PX1 = 0，外部中断 1 中断为低优先级中断。

PT0 定时器 T0 中断优先级控制位。PT0 = 1，定时器 T0 中断定义为高优先级中断；PT0 = 0，定时器 T0 中断定义为低优先级中断。

PX0 外部中断 0 中断优先级控制位。PX0 = 1，外部中断 0 定义为高优先级中断；PX0 = 0，外部中断 0 定义为低优先级中断。

在 CPU 接收到同样优先级的几个中断请求源时，一个内部的硬件查询序列确定优先服务于哪一个中断申请，这样便在同一个优先级里，由查询顺序确定了优先级结构，89C52 查询的优先级别排列如下：

中断源	中断优先级	中断号
外部中断 0	最高	0
定时器 T0 中断	↓	1
外部中断 1	↓	2
定时器 T1 中断	↓	3
串行口中断	↓	4
定时器 T2 中断	最低	5

89C52 复位以后，特殊功能寄存器 IE、IP 的内容均为 0，由初始化程序对 IE、IP 编程，

使CPU开放中断、允许某些中断源中断和改变中断的优先级。

2.5.3 外部中断触发方式选择

一、电平触发方式

若外部中断定义为电平触发方式,外部中断标志的状态随着CPU在每个机器周期采样到的外部中断输入电平变化而变化。采用这种方式时,外部中断输入信号必须有效(保持低电平),直至CPU实际响应该中断时为止,否则将丢失中断,同时在中断服务程序返回之前,外部中断输入信号必须无效(高电平),否则CPU返回后会再次响应。所以电平触发方式适合于外部中断信号以低电平输入的、而且中断服务程序能清除外部中断输入请求源的情况。例如:可编程接口8255产生输入/输出中断请求时,中断请求线INTR升高,对8255执行一次相应的读/写操作,INTR自动下降,只要把8255的中断请求线INTR反向,接到89C52的外部中断输入脚,就可以实现CPU和8255之间的应答方式下的数据传送(详见§6.5)。

二、边沿触发方式

外部中断若定义为边沿触发(负跳变)方式,外部中断标志触发器能锁存外部中断输入线上的负跳变,即使CPU暂时不能响应,中断申请标志也不会丢失。在这种方式里,如果CPU相继连续两次采样,一个周期采样到外部中断输入为高,下个周期采样到低,则置位中断申请标志,直至CPU响应此中断时才由内部硬件清"0"。这样不会丢失中断,但输入的脉冲宽度至少保持12个时钟周期(若晶振为6MHz,则周期为2μs)才能被CPU采样到。外部中断的边沿触发方式适合于以脉冲或低电平形式输入的外部中断请求,例如:若外部A/D转换芯片的一次A/D采样结束信号为正脉冲,可直接连到$\overline{\text{INT0}}$引脚,就可以中断方式读取A/D的转换结果。

*2.5.4 51系列其他单片机的中断系统

51系列许多单片机中断源数目大于7个,这时中断控制寄存器除IE、IP外还有扩展的中断允许寄存器和中断优先级控制寄存器。51系列大多数单片机有两个中断优先级,也有4个中断优先级的单片机(如8XC51SA/SB)。

小　　结

通过本章学习,必须达到下面的要求:

- 熟悉AT89C52引脚分布、功能和逻辑符号,为设计和阅读电路打好基础;
- 掌握RAM中不同区域的功能和用途,能正确地设定工作寄存器区、堆栈区和数据缓冲器区;
- 掌握时钟和复位电路设计方法,能判断和排除电路中故障、测量和选择时钟频率;

● 了解特殊功能寄存器的符号、地址，可位寻址的 SFR 中位符号与位地址，使以后能正确定义 SFR 和位符号；

● 掌握中断概念、中断程序和主程序间关系，了解中断方法能提高 CPU 效率的原理；

● 了解 51 中断系统结构、中断寄存器的功能和操作；

● 掌握复位入口地址和中断入口地址的含义，了解 CPU 能自动执行中断程序和主程序的原理。

习　题

1. 列出 89C52 单片机内部的主要部件。

2. 根据功能和用途不同，89C52 的 RAM 分为几个区域？各有多少字节？

3. 51 RAM 中有几组工作寄存器？如何判断 CPU 当前使用哪一组工作寄存器？

4. 什么是堆栈？89C52 的堆栈可设置在什么区域？为什么一般要对 SP 初始化？如何初始化？

5. 请写出地址为 90H 的所有物理单元。

6. 请分别写出位地址为 7、10H、50H、70H、80H、90H、0D0H 所在的 SFR 名或 RAM 单元地址。

7. 89C52 的程序存储器空间有多大？内部 FLASH 存储器有多大？

8. 复位以后 CPU 是从哪个地址开始执行程序的？为什么？

9. 请分别指出 89C52 和 W77E58 在 fosc＝6MHz、12MHz、24MHz 时的一个机器周期时间。

10. 图 2-12(a)中电容太大或太小会对复位产生什么影响？为什么？若电容或电阻接触不好，对复位会产生什么影响？为什么？

11. 什么是中断？使用中断的好处是什么？为什么？

12. 中断入口的含义是什么？CPU 响应外部中断 1 时转向哪个地址执行中断程序？

13. 51 CPU 响应中断的条件是什么？在什么条件下会出现二级中断嵌套？

14. 若一个外部中断源可选边沿触发方式能否改用电平触发方式？反之一个外部中断源可选电平触发方式能否改用边沿触发方式？为什么？

15. 如何用示波器测量单片机的时钟电路是否在工作？

16. 如何用示波器判断图 2-12(a)的复位电路是否有故障？

第3章 51系列指令系统

指令是控制计算机操作命令的编码,称为机器语言指令;一台计算机所能执行的指令集合称为指令系统,计算机只能执行机器语言指令。为了便于理解、记忆和使用,通常用符号描述计算机的指令,称为汇编语言指令,使用汇编语言指令编写的程序经专用汇编软件编译成机器语言程序后才能让计算机执行。这一章我们用标准的51汇编语言指令格式,分析51指令系统中的每一条指令的符号、格式、功能和使用方法。此外本章还介绍常用的汇编控制命令(伪指令)。

§3.1 指令格式和常用的伪指令

用汇编语言编写的程序中,含有51系列的汇编指令行、伪指令行和注释行。汇编指令行经汇编器编译后生成机器语言程序代码,程序的功能是由一系列的指令行实现的。伪指令也称为汇编命令,伪指令仅提供汇编控制信息。注释行对程序的功能作说明。

一、汇编指令行格式

51系列汇编指令行的一般格式如下:

〔标号:〕操作码助记符〔操作数1〕〔,操作数2〕〔,操作数3〕〔;注释〕

- 标号是选项,表示其后面指令代码的起始存储地址可以作为程序中的转移地址。标号必须以字母或下划线开头的字母或数字组成,后跟冒号":",标号不能与汇编保留字重复。
- 操作码助记符表示指令的操作功能,由汇编指令规定的2~5个英文字母表示。如JB、MOV、CJNE、LCALL等。
- 操作数1~3是可选项,操作数个数依赖于指令的功能。操作数和操作码之间用空格分开,操作数与操作数之间用逗号","分开,操作数可以用数字、符号表示。
- 注释必须以分号开始,可以放在指令行后面,也可以单独一行。

二、常用的伪指令

1. 定位伪指令

ORG　表达式

表达式必须是绝对或简单再定位表达式。该伪指令设定了一个新的程序计数器的绝对值或地址偏移值。

2. 汇编结束伪指令

END

END伪指令用来控制汇编结束,即使在END后面还有指令行,也不处理。

3. 赋值伪指令

符号名　EQU　表达式　或

符号名　EQU　寄存器名

EQU伪指令将表达式值或一个寄存器名(A, R0～R7)赋给一个符号名,EQU定义的符号名必须先定义后使用,一般EQU伪指令放在程序的开头。例如:REDH EQU 40H, REDL EQU 0。程序中可以用符号REDH、REDL表示定时器TH0、TL0的初值。

4. 位地址赋值伪指令

符号名　BIT　位地址

BIT伪指令用于将一个位地址赋给一个符号名,BIT中定义的符号名也必须先定义后使用,也应放在程序开头。例如:clock BIT 90H;定义P1.0为时钟线clock。

5. 定义字节伪指令

〔标号:〕DB　n_1, n_2, …, n_n

或　〔标号:〕DB'字符串'

该伪指令以给定的字节值初始化一个代码空间区域,即把DB后面的单字节数n_1, n_2, …或字符串中字母的ASCII码依次存放在程序存储器一个连续存储单元区间。常用于定义一个字节常数表。

6. 定义字伪指令

〔标号:〕DW　m_1, m_2, …, m_n

该伪指令以给定的字(双字节)值初始化一个代码空间区域,即把DW后面的双字节数m_1, m_2, …, m_n依次存放在程序存储器的一个连续存储单元区间。常用于定义一个地址表或双字节常数表。

三、常用的缩写符号

在下面描述51系列指令系统中各条指令功能时,我们常用下面的一些符号,其含义如下:

A　累加器ACC;

AB　累加器ACC和寄存器B组成的寄存器对;

direct　直接地址,取值为0～0FFH;

#data　立即数,表示一个常数,取值为0～0FFH;

@　间接寻址;

+　加;

－　减;

*　乘;

/　除;

∧　与;

∨　或;

⊕　异或,也称半加;

=　等于;

<　小于;

>　大于;

<>　不等于;

→	传送；
×	寄存器名；
(×)	×寄存器内容；
((×))	由×寄存器寻址的存储器单元内容；
($\overline{\times}$)	×寄存器的内容取反；
rrr	指令编码中 rrr 三位值由工作寄存器 Rn 确定，R0～R7 对应的 rrr 为 000～111；
$	指本条指令起始地址；
rel	相对偏移量，其值为－128～＋127。

§3.2 寻址方式

指令的一个重要组成部分是操作数，指令给出参与运算的操作数的有效地址方式称为寻址方式。

51 指令操作数的寻址主要有 5 种方式：寄存器寻址、直接寻址、寄存器间接寻址、立即寻址和基寄存器加变址寄存器间接寻址。表 3-1 概括了每一种寻址方式可以存取的存储器空间。

表 3-1 寻址方式及相关的存储器空间

寻 址 方 式	寻 址 范 围
寄存器寻址	R0～R7
	A、B、C(CY)、AB(双字节)、DPTR(双字节)
直接寻址	内部 RAM 低 128 字节(0～7FH)
	特殊功能寄存器(80H～0FFH)
	内部 RAM 位寻址区的 128 个位(0～7FH)
	特殊功能寄存器中可寻址的位(80H～0FFH)
寄存器间接寻址	内部数据存储器 RAM[@R0，@R1，@SP(仅 PUSH，POP)]
	内部数据存储器单元的低 4 位(@R0，@R1)
	外部 RAM 或 I/O 口(@R0，@R1，@DPTR)
立即寻址	程序存储器(常数)
基寄存器加变址寄存器间接寻址	程序存储器 (@A＋PC，@A＋DPTR)

一、寄存器寻址

由指令指出某一个寄存器的内容作为操作数，这种寻址方式称为寄存器寻址。寄存器寻址对所选的工作寄存器区中 R0～R7 进行操作时，指令操作码字节的低 3 位指明所用的寄存器。累加器 ACC、B、DPTR 和进位 CY(布尔处理机的累加器 C)也可用寄存器寻址方

式访问,只是对它们寻址时具体寄存器名隐含在操作码中。如指令:

INC R0 ;(R0)+1→R0

其功能为对R0进行操作,使其内容加1,采用寄存器寻址方式。

二、直接寻址

在指令中含有操作数的有效地址,该地址指出了参与操作的数据所在的字节单元或位的地址。

直接寻址方式可访问以下3种存储空间:

- 特殊功能寄存器(特殊功能寄存器只能用直接寻址方式访问);
- 内部数据存储器的低128字节(0~7FH);
- 位地址空间。

例如:INC 70H;(70H)+1→70H

其操作数有效地址即为70H,功能为将70H单元的内容加1。

三、寄存器间接寻址

由指令指出某一个寄存器的内容作为操作数的有效地址,这种寻址方式称为寄存器间接寻址(特别应注意寄存器的内容不是操作数,而是操作数所在的存储器地址)。

寄存器间接寻址使用所选定的寄存器区中R0或R1作地址指针(对堆栈操作指令用栈指针SP)来寻址内部RAM(00~0FFH)。寄存器间接寻址也适用于访问外部扩展的数据存储器,用R0、R1或DPTR作为地址指针。寄存器间接寻址用符号@表示。

例如:INC @R0 ;若(R0)=70H,其功能是地址为70H的单元内容加1。

四、立即数寻址

立即数寻址方式中操作数包含在指令字节中,即操作数以指令字节的形式存放于程序存储器中。

例如:MOV A, #70H ;操作数2为常数70H,其功能为常数70H写入A。

五、基寄存器加变址寄存器间接寻址

这种寻址方式以16位的程序计数器PC或数据指针DPTR作为基寄存器,以8位的累加器A作为变址寄存器。基寄存器和变址寄存器的内容作为无符号数相加形成16位的地址,该地址即为操作数的地址。

例如:指令

MOVC A, @A+PC ;((A)+(PC))→A

MOVC A, @A+DPTR ;((A)+(DPTR))→A

这两条指令中操作数2采用了基寄存器加变址寄存器的间接寻址方式。

另外,还有相对寻址,以PC的内容作为基地址,加上指令中给定的偏移量所得结果作为转移地址。应注意偏移量是有符号数,在−128~+127之间。

§3.3 程序状态字和指令类型

一、程序状态字 PSW

在特殊功能寄存器中，有一个程序状态字寄存器 PSW，保存数据操作的结果标志。程序状态字 PSW 的格式和功能如下：

D7	D6	D5	D4	D3	D2	D1	D0
CY	AC	F0	RS1	RS0	OV	F1	P

CY　进位标志。又是布尔处理机的累加器 C。如果数据操作结果最高位有进位输出(加法时)或借位输入(减法时)，则置位 CY；否则清"0"CY。

AC　辅助进位标志。如果操作结果低 4 位有进位(加法时)或低 4 位向高 4 位借位(减法时)，则置位 AC；否则清"0"AC。AC 主要用于 BCD 码加法的十进制调整。

OV　溢出标志。如果操作结果有进位进入最高位但最高位没有产生进位或者最高位产生进位而低位没有向最高位进位，则置位溢出标志 OV；否则清"0"溢出标志。溢出标志位用于补码运算，当有符号的两个数运算结果不能用 8 位表示时置位溢出标志。

P　奇偶标志。这是累加器 ACC 的奇偶标志位，如果累加器 ACC 的 8 位模 2 和为 1(奇)，则 P=1；否则 P=0。由于 P 总是表示 ACC 的奇偶性，只随 A 的内容变化而变化，所以一个数写入 PSW，P 的值不变。

RS1　工作寄存器区选择位高位。

RS0　工作寄存器区选择位低位。

F0　用户标志位。供用户使用的软件标志，其功能和内部 RAM 中位寻址区的各位相似。

F1　用户标志位，用法和 F0 相同。

二、指令类型

51 系列汇编语言有 42 种操作码助记符用来描述 33 种操作功能。一种操作可以使用一种以上数据类型，又由于助记符也定义所访问的存储器空间，所以一种功能可能有几个助记符(如 MOV、MOVX、MOVC)。功能助记符与寻址方式组合，得到 111 种指令。如果按字节数分类，则有 49 条单字节指令、45 条双字节指令和 17 条 3 字节指令。若按指令执行时间分类，就有 64 条单周期指令、45 条双周期指令、2 条(乘、除)4 周期指令。

按功能分类，51 系列指令系统可分为：

- 数据传送指令；
- 算术运算指令；

- 逻辑运算指令;
- 位操作指令;
- 控制转移指令。

下面我们根据指令的功能特性分类介绍指令系统。

§3.4 数据传送指令

绝大多数指令都有操作数,所以数据传送操作是一种最基本、最重要的操作之一。数据传送是否灵活快速,对程序的编写和执行速度产生很大影响。如图3-1所示,51系列的数据传送操作可以在累加器A、工作寄存器R0~R7、内部数据存储器、外部数据存储器和程序存储器之间进行,其中对A和R0~R7的操作最多。

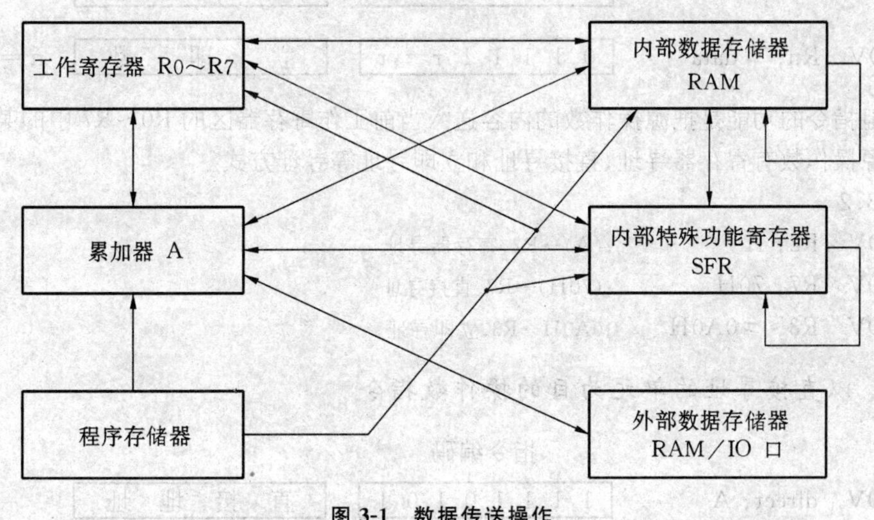

图3-1 数据传送操作

3.4.1 内部数据传送指令

一、以累加器A为目的操作数的指令

	指令编码		
MOV A, Rn	1 1 1 0 1 r r r		n = 0~7
MOV A, direct	1 1 1 0 0 1 0 1	直 接 地 址	
MOV A, @Ri	1 1 1 0 0 1 1 i		i = 0, 1
MOV A, #data	1 1 1 0 0 1 0 0	立 即 数	

这组指令的功能是把源操作数的内容送入累加器A。源操作数有寄存器寻址、直接寻

址、寄存器间接寻址和立即寻址等寻址方式。

例 3.1

```
MOV  A, R6       ;(R6)→A,寄存器寻址
MOV  A, 70H      ;(70H)→A,直接寻址
MOV  A, @R0      ;((R0))→A,寄存器间接寻址
MOV  A, #78H     ;78H→A,立即寻址
```

二、以 Rn 为目的操作数的指令

	指令编码		
MOV Rn, A	1 1 1 1 1 r r r		n = 0～7
MOV Rn, direct	1 0 1 0 1 r r r	直 接 地 址	n = 0～7
MOV Rn, #data	0 1 1 1 1 r r r	立 即 数	n = 0～7

这组指令的功能是把源操作数的内容送入当前工作寄存器区的 R0～R7 中的某一个寄存器。源操作数有寄存器寻址、直接寻址和立即寻址等寻址方式。

例 3.2

```
MOV  R2, A       ;(A)→R2,寄存器寻址
MOV  R7, 70H     ;(70H)→R7,直接寻址
MOV  R3, #0A0H   ;0A0H→R3,立即寻址
```

三、以直接寻址的单元为目的操作数指令

	指令编码			
MOV direct, A	1 1 1 1 0 1 0 1	直 接 地 址		
MOV direct, Rn	1 0 0 0 1 r r r	直 接 地 址		n = 0 ～ 7
MOV direct, direct	1 0 0 0 0 1 0 1	直接地址(源)	直接地址(目)	
MOV direct, @Ri	1 0 0 0 0 1 1 i	直 接 地 址		i = 0, 1
MOV direct, #data	0 1 1 1 0 1 0 1	直接地址	立 即 数	

这组指令的功能是把源操作数送入由直接地址指出的存储单元。源操作数有寄存器寻址、直接寻址、寄存器间接寻址和立即寻址等寻址方式。

例 3.3

```
MOV  P1, A       ;(A)→P1,寄存器寻址
MOV  70H, R2     ;(R2)→70H,寄存器寻址
MOV  0E0H, 78H   ;(78H)→ACC,直接寻址
MOV  40H, @R0    ;((R0))→40H,寄存器间接寻址
```

MOV 01H, #80H ;80H→01H,立即寻址

四、以寄存器间接寻址的单元为目的操作数指令

指令	指令编码		
MOV @Ri, A	1 1 1 1 0 1 1 i		i = 0, 1
MOV @Ri, direct	1 0 1 0 0 1 1 i	直 接 地 址	i = 0, 1
MOV @Ri, #data	0 1 1 1 0 1 1 i	立 即 数	i = 0, 1

这组指令的功能是把源操作数内容送入 R0 或 R1 指出的内部 RAM 存储单元中。源操作数有寄存器寻址、直接寻址和立即寻址等寻址方式。

例 3.4

```
MOV  @R1, A        ;(A)→(R1),寄存器寻址
MOV  @R0, 70H      ;(70H)→(R0),直接寻址
MOV  @R1, #80H     ;80H→(R1),立即寻址
```

五、16位数据传送指令

指令	指令编码		
MOV DPTR, #data16	1 0 0 1 0 0 0 0	高位立即数	低位立即数

这条指令的功能是把 16 位常数送入 DPTR。16 位的数据指针 DPTR 由 DPH 和 DPL 组成,这条指令执行结果把高位立即数送入 DPH,低位立即数送入 DPL。

上述 MOV 指令格式中,目的操作数在前、源操作数在后。另外,累加器 A 是一个特别重要的 8 位寄存器,CPU 对它具有其他寄存器所没有的操作指令,下面将介绍的加、减、乘、除指令都是以 A 作为操作数之一,Rn 为 CPU 当前选择的寄存器组中的 R0～R7,在指令编码中 rrr = 000 ～ 111,分别对应于 R0～R7。直接地址指出存储单元内部 RAM 的 00～7FH 和特殊功能寄存器的地址。在寄存器间接寻址中,用 R0 或 R1 作地址指针,访问内部 RAM 的 00～0FFH 这 256 个单元。

例 3.5 设 (70H) = 60H, (60H) = 20H, P1 口为输入口,当前的输入状态为 B7H,执行下面的程序:

```
MOV  R0, #70H     ;70H→R0
MOV  A, @R0       ;60H→A
MOV  R1, A        ;60H→R1
MOV  B, @R1       ;20H→B
MOV  @R0, P1      ;B7H→70H
```

结果: (70H) = B7H, (B) = 20H, (R1) = 60H, (R0) = 70H

六、堆栈操作指令

如前所述,在 51 系列的内部 RAM 中可以设定一个后进先出(LIFO)的堆栈,在特殊功

能寄存器中有一个堆栈指针 SP，它指出栈顶的位置，在指令系统中有两条用于数据传送的堆栈操作指令。

1. 进栈指令

	指令编码	
PUSH direct	1 1 0 0 0 0 0 0	直 接 地 址

这条指令的功能是首先将堆栈指针 SP 加 1，然后把直接地址指出的内容传送到堆栈指针 SP 寻址的内部 RAM 单元中。

例 3.6 设 (SP) = 60H，(ACC) = 30H，(B) = 70H，执行下述指令：

```
PUSH  ACC        ; (SP)+1 ((SP) = 61H), (ACC)→61H
PUSH  B          ; (SP)+1 ((SP) = 62H), (B)→62H
```

结果： (61H) = 30H，(62H) = 70H，(SP) = 62H

进栈指令用于保护 CPU 现场。

2. 退栈指令

	指令编码	
POP direct	1 1 0 1 0 0 0 0	直 接 地 址

这条指令的功能是堆栈指针 SP 寻址的内部 RAM 单元内容送入直接地址指出的字节单元中，堆栈指针 SP 减 1。

例 3.7 设 (SP) = 62H，(62H) = 70H，(61H) = 30H，执行下述指令：

```
POP  DPH      ;((SP))→DPH, (SP)-1→SP
POP  DPL      ;((SP))→DPL, (SP)-1→SP
```

结果： (DPTR) = 7030H，(SP) = 60H

退栈指令用于恢复 CPU 现场。

七、字节交换指令

	指令编码		
XCH A, Rn	1 1 0 0 1 r r r		n = 0 ～ 7
XCH A, direct	1 1 0 0 0 1 0 1	直 接 地 址	
XCH A, @Ri	1 1 0 0 0 1 1 i		i = 0, 1

这组指令的功能是将累加器 A 的内容和源操作数内容相互交换。源操作数有寄存器寻址、直接寻址和寄存器间接寻址等寻址方式。

例 3.8 设 (A) = 80H，(R7) = 08H，执行指令：

```
XCH  A, R7      ;(A)⇔(R7)
```

结果： (A) = 08H，(R7) = 80H

八、半字节交换指令

指令编码

XCHD A, @Ri | 1 1 0 1 0 1 1 i | i = 0, 1

这条指令将 A 的低 4 位和 R0 或 R1 指出的 RAM 单元的低 4 位相互交换，各自的高 4 位不变。

例 3.9 设 (A) = 15H, (R0) = 30H, (30H) = 34H, 执行指令：

XCHD A, @R0

结果： (A) = 14H, (30H) = 35H

3.4.2 累加器 A 与外部数据存储器传送指令

指令编码

指令	指令编码	操作	
MOVX A, @DPTR	1 1 1 0 0 0 0 0	((DPTR))→A	
MOVX A, @Ri	1 1 1 0 0 0 1 i	((Ri))→A	i = 0, 1
MOVX @DPTR, A	1 1 1 1 0 0 0 0	(A)→(DPTR)	
MOVX @Ri, A	1 1 1 1 0 0 1 i	(A)→(Ri)	i = 0, 1

这组指令的功能是累加器 A 和外部扩展的 RAM/IO 口之间的数据传送。由于外部 RAM/IO 口是统一编址的，共占一个 64K 字节的空间，所以指令本身看不出是对 RAM 还是对 I/O 口操作，而是由硬件的地址分配确定的。用 R0、R1 作指针时，寻址外部 RAM/IO 的某一页页内地址单元，页地址由 P2 口指出。

3.4.3 查表指令

指令编码

一、MOVC A, @ A + PC | 1 0 0 0 0 0 1 1 | ((A) + (PC)) → A

这条指令以 PC 作为基址寄存器，A 的内容作为无符号数和 PC 内容(下一条指令的起始地址)相加后得到一个 16 位的地址，由该地址指出的程序存储器单元内容送到累加器 A。

例 3.10 设 (A) = 30H, 执行指令：

地址 指令

1000H MOVC A, @ A + PC

结果：将程序存储器中 1031H 单元内容送入 A。

这条指令以 PC 作为基寄存器，当前的 PC 值是由该查表指令的存储地址确定的，而变址寄存器 A 的内容为 0～255，所以(A)和(PC)相加所得到的地址只能在该查表指令以下 256 个单元的地址之内，因此所查的表格只能存放在该查表指令以下 256 个单元内，表格的大小也受到这个限制。

例 3.11

```
ORG   8000H
MOV   A, #30H        ;双字节指令
MOVC  A, @A+PC       ;单字节指令
        ⋮
ORG   8030H
DB   'ABCDEFGHIJ'
        ⋮
```

上面的查表指令执行后,将 8003H+30H=8033H 所对应的程序存储器中的 ASCII 码 'D'(44H)送 A。

指令编码

二、MOVC　A,@A+DPTR　[1 0 0 1 0 0 1 1]　((A)+(DPTR))→A

这条指令以 DPTR 作为基址寄存器,A 的内容作为无符号数和 DPTR 的内容相加得到一个 16 位的地址,由该地址指出的程序存储器单元的内容送到累加器 A。

例 3.12　设(DPTR)=8100H,(A)=40H,执行指令:

MOVC　A,@ A+DPTR

结果:将程序存储器中 8140H 单元中内容送入累加器 A。

这条查表指令的执行结果只和指针 DPTR 及累加器 A 的内容有关,与该指令存放的地址无关,因此表格大小和位置可在 64K 字节程序存储器中任意安排,只要在查表之前对 DPTR 和 A 赋值,就使一个表格可被各个程序块公用。

§3.5　算术运算指令

51 系列的算术运算指令有加、减、乘、除法指令,增量和减量指令。

3.5.1　加法指令

一、不带进位的加法指令

	指令编辑		
ADD　A,Rn	0 0 1 0 1 r r r		n=0～7
ADD　A,direct	0 0 1 0 0 1 0 1	直　接　地　址	
ADD　A,@Ri	0 0 1 0 0 1 1 i		i=0,1
ADD　A,#data	0 0 1 0 0 1 0 0	立　即　数	

这组加法指令的功能是把所指出的第二操作数和累加器 A 的内容相加,其结果放在累

加器A中。

如果位7有进位输出，则置"1"进位CY；否则清"0"CY。如果位3有进位输出，置"1"辅助进位AC；否则清"0"AC。如果位6有进位输出而位7没有或者位7有进位输出而位6没有，则置位溢出标志OV；否则清"0"OV。第二操作数有寄存器寻址、直接寻址、寄存器间接寻址和立即寻址等寻址方式。

例3.13　设(A) = 53H，(R0) = 0FCH，执行指令：

ADD　A，R0

```
      01010011
   +) 11111100
   -----------
   (1)01001111
```

结果：　(A) = 4FH，CY = 1，AC = 0，OV = 0，P = 1

例3.14　设(A) = 85H，(R0) = 20H，(20H) = 0AFH，执行指令：

ADD　A，@R0

```
      10000101
   +) 10101111
   -----------
   (1)00110100
```

结果：　(A) = 34H，CY = 1，AC = 1，OV = 1，P = 1

二、带进位加法指令

指令	机器码	第二字节	说明
ADDC　A，Rn	0 0 1 1 1 r r r		n = 0 ~ 7
ADDC　A，direct	0 0 1 1 0 1 0 1	直　接　地　址	
ADDC　A，@Ri	0 0 1 1 0 1 1 i		i = 0，1
ADDC　A，#data	0 0 1 1 0 1 0 0	立　即　数	

这组带进位加法指令的功能是同时把所指出的第二操作数、进位标志与累加器A内容相加，结果放在累加器中。如果位7有进位输出，则置"1"进位CY；否则清"0"CY。如果位3有进位输出，则置位辅助进位AC；否则清"0"AC。如果位6有进位输出而位7没有或者位7有进位输出而位6没有，则置位溢出标志OV；否则清"0"OV。第二操作数的寻址方式和ADD指令相同。

例3.15　设(A) = 85H，(20H) = 0FFH，CY = 1，执行指令：

ADDC　A，20H

结果：

```
      10000101
      11111111
   +)        1
   -----------
   (1)10000101
```

和 (A) = 85H, CY = 1, AC = 1, OV = 0, P = 1

三、增量指令

指令编码

指令	编码		说明
INC A	0 0 0 0 0 1 0 0		
INC Rn	0 0 0 0 1 r r r		n = 0 ～ 7
INC direct	0 0 0 0 0 1 0 1	直 接 地 址	
INC @Ri	0 0 0 0 0 1 1 i		i = 0, 1
INC DPTR	1 0 1 0 0 0 1 1		

这组增量指令的功能把所指出的操作数加 1,若原来为 0FFH 将溢出为 00H,除对 A 的增量操作影响 P 外,不影响任何标志。操作数有寄存器寻址、直接寻址和寄存器间接寻址方式。当用本指令修改输出口 Pi(i = 0, 1, 2, 3) 时,原始口数据的值将从口锁存器读入,而不是从引脚读入。

例 3.16 设 (A) = 0FFH, (R3) = 0FH, (30H) = 0F0H, (R0) = 40H, (40H) = 00H, 执行指令:

```
INC   A        ; (A) + 1 → A
INC   R3       ; (R3) + 1 → R3
INC   30H      ; (30H) + 1 → 30H
INC   @R0      ; ((R0)) + 1 → (R0)
```

结果: (A) = 00H, (R3) = 10H, (30H) = 0F1H, (40H) = 01H, PSW 状态不改变。

四、十进制调整指令

指令编码

指令	编码
DA A	1 1 0 1 0 1 0 0

这条指令对累加器中由上一条加法指令(加数和被加数均为压缩的 BCD 码)所获得的 8 位结果进行调整,使它调整为压缩 BCD 码的数。该指令执行的过程如图 3-2 所示。

例 3.17 设 (A) = 56H, (R5) = 67H, 执行指令:

```
ADD   A, R5
DA    A
```

结果: (A) = 23H, CY = 1

例 3.18 6 位十进制加法程序。

功能:(32H)(31H) (30H) + (42H) (41H)(40H)→52H 51H 50H,假设 32H, 31H, 30H, 42H, 41H, 40H 中的数均为压缩 BCD 码,程序如下:

```
MOV      A, 30H        ; (30H) + (40H) → ACC
```

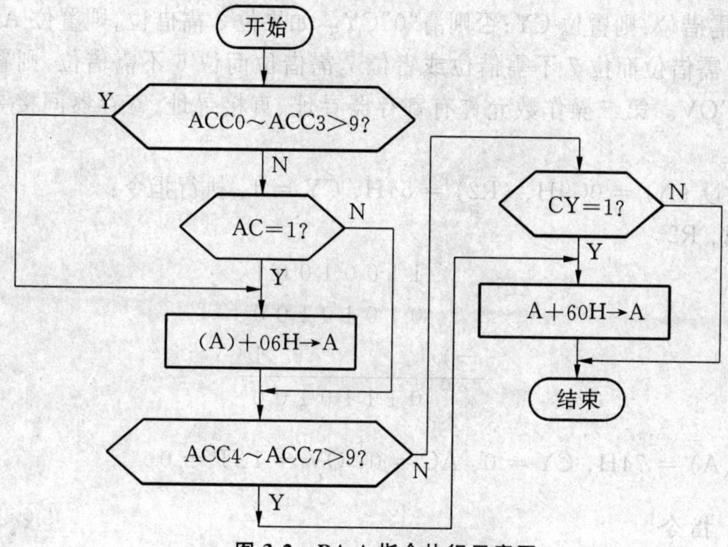

图 3-2　DA A 指令执行示意图

```
ADD     A, 40H
DA      A          ;对(A)十进制调整后→50H
MOV     50H, A
MOV     A, 31H     ;(31H)+(41H)+CY→ACC
ADDC    A, 41H
DA      A          ;对 A 十进制调整后→51H
MOV     51H, A
MOV     A, 32H     ;(32H)+(42H)+CY→AC
ADDC    A, 42H
DA      A          ;对 A 十进制调整后→52H
MOV     52H A
```

3.5.2　减法指令

一、带进位减法指令

指令编码

SUBB　A, Rn	1 0 0 1 1 r r r		n = 0～7
SUBB　A, direct	1 0 0 1 0 1 0 1	直　接　地　址	
SUBB　A, @Ri	1 0 0 1 0 1 1 I		i = 0, 1
SUBB　A, #data	1 0 0 1 0 1 0 0	立　即　数	

这组带进位减法指令从累加器中减去第二操作数和进位标志,结果在累加器中。

如果位 7 需借位,则置位 CY;否则清“0”CY。如果位 3 需借位,则置位 AC;否则清“0”AC。如果位 6 需借位而位 7 不需借位或者位 7 需借位而位 6 不需借位,则置位溢出标志 OV;否则清“0”OV。第二操作数允许有寄存器寻址、直接寻址、寄存器间接寻址和立即寻址等寻址方式。

例 3.19 设 (A) = 0C9H, (R2) = 54H, CY = 1, 执行指令:

SUBB A, R2

```
      1 1 0 0 1 0 0 1
      0 1 0 1 0 1 0 0
 —)                 1
 ---------------------
      0 1 1 1 0 1 0 0
```

结果: (A) = 74H, CY = 0, AC = 0, OV = 1, P = 0

二、减 1 指令

指令编码

指令	编码		说明
DEC A	0 0 0 1 0 1 0 0		
DEC Rn	0 0 0 1 1 r r r		n = 0～7
DEC direct	0 0 0 1 0 1 0 1	直 接 地 址	
DEC @Ri	0 0 0 1 0 1 1 i		i = 0, 1

这组指令的功能是将指定的操作数减 1。若原来为 00H,减 1 后下溢为 0FFH,不影响标志(除(A)减 1 影响 P 外)。

当本指令用于修改输出口,用作原始口数据的值将从口锁存器 Pi(i = 0, 1, 2, 3) 读入,而不是从引脚读入。

例 3.20 设 (A) = 0FH, (R7) = 19H, (30H) = 00H, (R1) = 40H, (40H) = 0FFH, 执行指令:

```
DEC  A        ; (A) - 1 → A
DEC  R7       ; (R7) - 1 → R7
DEC  30H      ; (30H) - 1 → 30H
DEC  @R1      ; ((R1)) - 1 → (R1)
```

结果: (A) = 0EH, (R7) = 18H, (30H) = 0FFH, (40H) = 0FEH, P = 1, 不影响其他标志。

3.5.3 乘法指令

指令编码

指令	编码
MUL AB	1 0 1 0 0 1 0 0

这条指令的功能把累加器 A 和寄存器 B 中的 8 位无符号整数相乘,其 16 位积的低位字节在累加器 A 中,高位字节在 B 中。如果积大于 255(0FFH),则置位溢出标志 OV;否则清"0"OV。进位标志 CY 总是清"0"。

例 3.21 设 (A) = 50H, (B) = 0A0H, 执行指令:

MUL AB

结果: (B) = 32H, (A) = 00H, 即积为 3200H。

3.5.4 除法指令

指令编码

DIV AB | 1 0 0 0 0 1 0 0 |

这条指令的功能是把累加器 A 中的 8 位无符号整数除以寄存器 B 中的 8 位无符号整数,所得商的整数部分存放在累加器 A 中,余数在寄存器 B 中。

如果原来 B 中的内容为 0,即除数为 0,则结果 A 和 B 中内容不定,并置位溢出标志 OV。在任何情况下,都清"0"CY。

例 3.22 设 (A) = 0FBH, (B) = 12H, 执行指令:

DIV AB

结果: (A) = 0DH, (B) = 11H, CY = 0, OV = 0

§3.6 逻辑运算指令

3.6.1 累加器 A 的逻辑操作指令

一、累加器 A 清零指令

指令编码

CLR A | 1 1 1 0 0 1 0 0 |

这条指令的功能是将累加器 A 清"0",不影响 CY、AC、OV 等标志。

二、累加器 A 取反指令

指令编码

CPL A | 1 1 1 1 0 1 0 0 |

这条指令的功能是将累加器 ACC 的每一位逻辑取反,原来为 1 的位变 0,原来为 0 的位变 1。不影响标志。

例 3.23 设 (A) = 10101010B, 执行指令:

CPL A

结果： (A) = 01010101B

三、左环移指令

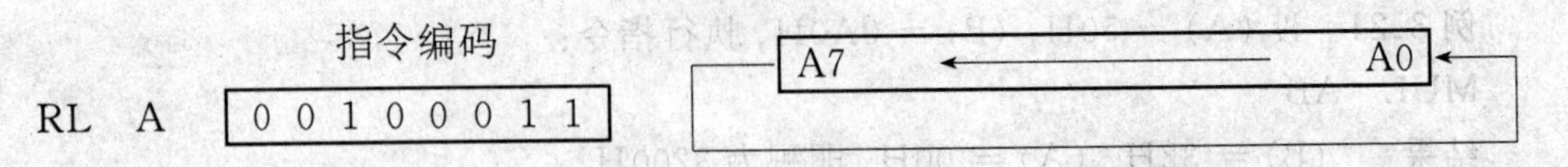

这条指令的功能是将累加器 ACC 的内容左环移 1 位，位 7 循环移入位 0。不影响标志。

四、带进位左环移指令

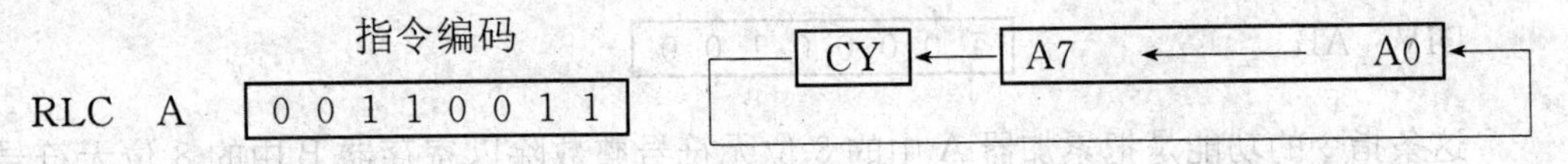

这条指令的功能是将累加器 ACC 的内容和进位标志一起左环移 1 位，ACC.7 位移入进位位 CY，CY 移入 ACC.0，不影响其他标志。

五、右环移指令

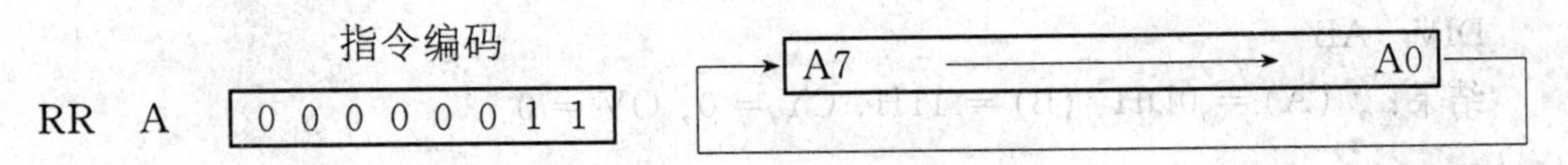

这条指令的功能是将累加器 ACC 的内容右环移 1 位，ACC.0 循环移入 ACC.7。不影响标志。

六、带进位右环移指令

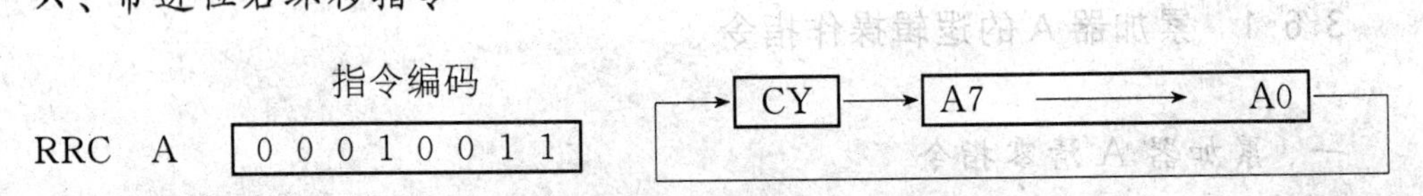

这条指令的功能是将累加器 ACC 的内容和进位标志 CY 一起右环移 1 位，ACC.0 移入 CY，CY 移入 ACC.7。

七、累加器 ACC 半字节交换指令

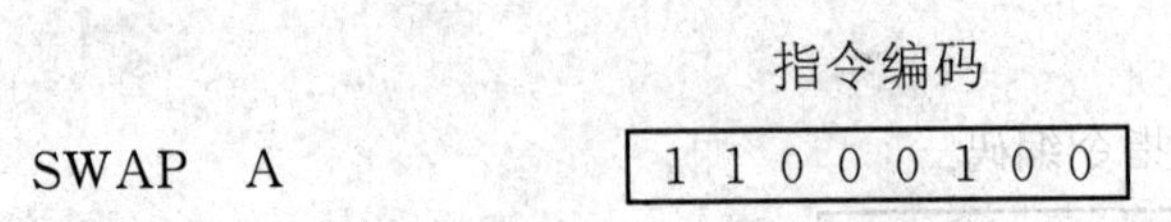

这条指令的功能是将累加器 ACC 的高半字节(ACC.7～ACC.4)和低半字节(ACC.3～ACC.0)互换。

例 3.24 设 (A) = 0C5H，执行指令：

SWAP A

结果： (A) = 5CH

3.6.2 两个操作数的逻辑操作指令

一、逻辑与指令

	指令编码		
ANL A, Rn	0 1 0 1 1 r r r		n = 0 ~ 7
ANL A, direct	0 1 0 1 0 1 0 1	直 接 地 址	
ANL A, @Ri	0 1 0 1 0 1 1 i		i = 0, 1
ANL A, #data	0 1 0 1 0 1 0 0	立 即 数	
ANL direct, A	0 1 0 1 0 0 1 0	直 接 地 址	
ANL direct, #data	0 1 0 1 0 0 1 1	直接地址	立 即 数

这组指令的功能是在指出的操作数之间执行按位的逻辑与操作，结果存放在第一操作数(目的操作数)中。操作数有寄存器寻址、直接寻址、寄存器间接寻址和立即寻址等寻址方式。当这条指令用于修改一个输出口时，作为原始口数据的值将从输出口数据锁存器(P0～P3)读入，而不是读引脚状态。

例 3.25

```
ANL  A, R1        ;(A)∧(R1)→A
ANL  A, 70H       ;(A)∧(70H)→A
ANL  A, @R0       ;(A)∧((R0))→A
ANL  A, #07H      ;(A)∧07H→A
ANL  70H, A       ;(70H)∧(A)→70H
ANL  P1, #0F0H    ;(P1)∧0F0H→P1
```

ANL direct, #data 这条指令可以用于将目的操作数的某些位清“0”。

例 3.26

```
ANL  P1, #0FH     ;将 P1.4～P1.7 清“0”。
                     ×××× ××××
                   ∧ 0 0 0 0 1 1 1 1
                   ─────────────────
                     0 0 0 0 ××××
```

结果 P1 口锁存器高 4 位清零，低 4 位不变。

二、逻辑或指令

	指令编码
ORL A, Rn	0 1 0 0 1 r r r

ORL A, direct	0 1 0 0 0 1 0 1	直 接 地 址	
ORL A, @Ri	0 1 0 0 0 1 1 i		
ORL A, #data	0 1 0 0 0 1 0 0	立 即 数	
ORL direct, A	0 1 0 0 0 0 1 0	直 接 地 址	
ORL direct, #data	0 1 0 0 0 0 1 1	直接地址	立 即 数

这组指令的功能是在所指出的操作数之间执行按位的逻辑或操作,结果存在第一操作数(目的操作数)中。操作数有寄存器寻址、直接寻址、寄存器间接寻址和立即寻址方式。同逻辑与指令类似,用于修改输出口数据时,原始口数据值为口锁存器内容。

例 3.27

```
ORL  A, R7        ;(A)∨(R7)→A
ORL  A, 70H       ;(A)∨(70H)→A
ORL  A, @R1       ;(A)∨((R1))→A
ORL  A, #03H      ;(A)∨03H→A
ORL  70H, #7FH    ;(70H)∨7FH→70H
ORL  78H, A       ;(78H)∨(A)→78H
```

指令 ORL direct, #data 可用于将 direct 单元的某些位置"1"。

例 3.28 ORL P1, #0FH ;将 P1.0～P1.3 置"1"。

```
  ××××  ××××
∨ 0000  1111
―――――――――――――
  ××××  1111
```

P1 口锁存器高 4 位不变,低 4 位置"1"。

三、逻辑异或指令

指令编码

XRL A, Rn	0 1 1 0 1 r r r			n = 0 ～ 7
XRL A, direct	0 1 1 0 0 1 0 1	直 接 地 址		
XRL A, @Ri	0 1 1 0 0 1 1 i			i = 0, 1
XRL A, #data	0 1 1 0 0 1 0 0	立 即 数		
XRL direct, A	0 1 1 0 0 0 1 0	直 接 地 址		
XRL direct, #data	0 1 1 0 0 0 1 1	直 接 地 址	立 即 数	

这组指令的功能是在所指出的操作数之间执行按位的逻辑异或操作,结果存放在第一操作数(目的操作数)中。

操作数有寄存器寻址、直接寻址、寄存器间接寻址和立即寻址等寻址方式,对输出口Pi(i = 0, 1, 2, 3) 的异或操作和逻辑与指令一样是对口锁存器内容读出修改。

```
例 3.29  XRL  A, R4        ;(A)⊕(R4)→A
         XRL  A, 50H       ;(A)⊕(50H)→A
         XRL  A, @R0       ;(A)⊕((R0))→A
         XRL  A, #80H      ;(A)⊕80H→A
         XRL  30H, A       ;(30H)⊕(A)→30H
         XRL  40H, #0FH    ;(40H)⊕0FH→40H
```

指令 XRL direct, #data 可用于将 direct 的某些位求反。

```
例 3.30  XRL  P1, #20H     ;将 P1.5 求反。
```

$$
\begin{array}{r}
\times\times\times\times\ \times\times\times\times \\
\oplus\ \ 0\,0\,1\,0\ \ 0\,0\,0\,0 \\
\hline
\times\times\overline{\times}\times\ \times\times\times\times
\end{array}
$$

结果使 P1.5 锁存器求反,其他位不变。

§3.7 位操作指令

在 51 系列单片机内有一个布尔处理机,它以进位 CY(程序状态字 PSW.7)作为累加器C,以 RAM 和 SFR 内的位寻址区的位单元作为操作数,进行位变量的传送、修改和逻辑操作等。

3.7.1 位变量传送指令

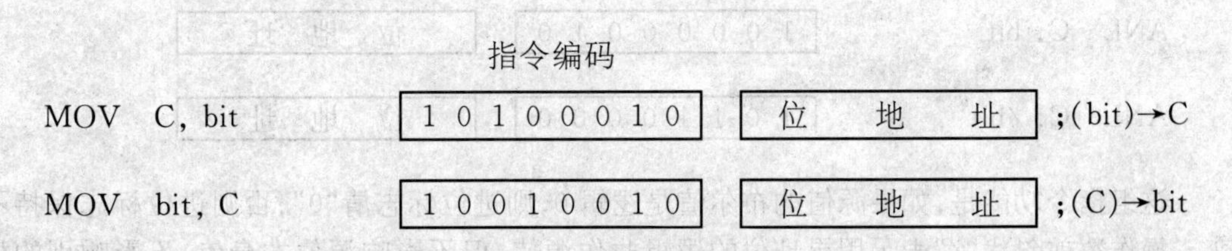

这组指令的功能是把由源操作数指出的位变量送到目的操作数的位单元中去。其中一个操作数必须为位累加器 C,另一个可以是任何直接寻址的位,也就是说位变量传送必须经过 C 进行。

```
例 3.31  MOV  C, 06H       ;(20H).6→CY
         MOV  P1.0, C      ;CY→P1.0
```

结果: (20H).6→P1.0

3.7.2 位变量修改指令

	指令编码		
CLR C	1 1 0 0 0 0 1 1		0→C
CLR bit	1 1 0 0 0 0 1 0	位 地 址	0→bit
CPL C	1 0 1 1 0 0 1 1		$\overline{(C)}$→C
CPL bit	1 0 1 1 0 0 1 0	位 地 址	$\overline{(bit)}$→bit
SETB C	1 1 0 1 0 0 1 1		1→C
SETB bit	1 1 0 1 0 0 1 0	位 地 址	1→bit

这组指令将操作数指出的位清“0”、取反、置“1”,不影响其他标志。

例 3.32
```
CLR    C      ;0→CY
CLR    27H    ;0→(24H).7
CPL    08H    ;(21H).0取反→(21H).0
SETB   P1.7   ;1→P1.7
```
(注:CPL 08H 注释原文为 ;$\overline{(21H).0}$→(21H).0)

3.7.3 位变量逻辑操作指令

一、位变量逻辑与指令

	指令编码	
ANL C, bit	1 0 0 0 0 0 1 0	位 地 址
ANL C, /bit	1 0 1 1 0 0 0 0	位 地 址

这组指令功能是,如果源值的布尔值是逻辑 0,则进位标志清“0”,否则进位标志保持不变。操作数前斜线“/”表示用寻址位的逻辑非作源值,但不影响源位本身值,不影响别的标志。源操作数只有直接位寻址方式。

例 3.33 设 P1 为输入口,P3.0 作输出线,执行下列命令:
```
MOV    C, P1.0    ;(P1.0)→C
ANL    C, P1.1    ;(C)∧(P1.1)→C
ANL    C, /P1.2   ;(C)∧(P1.2)非→C
MOV    P3.0,C     ;(C)→P3.0
```
结果: P3.0=(P1.0)∧(P1.1)∧$\overline{(P1.2)}$

二、位变量逻辑或指令

指令编码

ORL C, bit	0 1 1 1 0 0 1 0	位 地 址
ORL C, /bit	1 0 1 0 0 0 0 0	位 地 址

这组指令的功能是,如果源值的布尔值为 1,则置位进位标志,否则进位标志 CY 保持原来状态。同样,斜线"/"表示逻辑非。

例 3.34 设 P1 口为输出口,执行下述指令:

```
MOV   C, 00H      ;(20H).0→C
ORL   C, 01H      ;(C)∨(20H).1→C
ORL   C, 02H      ;(C)∨(20H).2→C
ORL   C, 03H      ;(C)∨(20H).3→C
ORL   C, 04H      ;(C)∨(20H).4→C
ORL   C, 05H      ;(C)∨(20H).5→C
ORL   C, 06H      ;(C)∨(20H).6→C
ORL   C, 07H      ;(C)∨(20H).7→C
MOV   P1.0, C     ;(C)→P1.0
```

结果:内部 RAM 的 20H 单元中只要有一位为 1, P1.0 输出就为高电平。

§3.8 控制转移指令

3.8.1 无条件转移指令

一、短跳转指令

指令编码

AJMP addr11	a_{10} a_9 a_8 0 0 0 0 1	a_7 a_6 a_5 a_4 a_3 a_2 a_1 a_0

这是 2K 字节范围内的无条件转跳指令,程序转移到指定的地址。该指令在运行时先将 PC+2(下条指令地址),然后通过把 PC 的高 5 位和指令第一字节高 3 位以及指令第二字节相连(PC15PC14PC13PC12PC11$a_{10}a_9a_8a_7a_6a_5a_4a_3a_2a_1a_0$)而得到转跳目标地址送入 PC。因此,目标地址必须与它下面的指令存放地址在同一个 2K 字节区域内。

例 3.35 KWR: AJMP addrll

如果 addr11=00100000000B,标号 KWR 地址为 1030H,则执行该条指令后,程序转移到 1100H;当 KWR 为 3030H 时,执行该条指令后,程序转移到 3100H。

二、相对转移指令

指令编码

SJMP rel	1 0 0 0 0 0 0 0	相对偏移量 rel

这也是条无条件转跳指令,执行时在PC加2后,把指令的有符号的偏移量rel加到PC上,并计算出转向地址。因此,转向的目标地址可以在这条指令前128字节到后127字节之间。

例3.36 KRD: SJMP PKRD

如果KRD标号值为0100H,即SJMP这条指令的机器码存放于0100H和0101H这两个单元中;标号PKRD值为0123H,即转跳的目标地址为0123H,则指令的第二字节(相对偏移量)应为:

$$rel = 0123H - 0102H = 21H$$

三、长跳转指令

指令编码

LJMP addr 16	0 0 0 0 0 0 1 0	$a_{15} \cdots a_8$	$a_7 \cdots a_0$

这条指令执行时把指令的第二和第三字节分别装入PC的高位和低位字节中,无条件地转向指定地址。转移的目标地址可以在64K字节程序存储器地址空间的任何地方,不影响任何标志。

例3.37 执行指令:

LJMP 8100H

结果使程序转移到8100H,不管这条长跳转指令存放在什么地方。这和AJMP、SJMP指令是有差别的。

四、基寄存器加变址寄存器间接转移指令(散转指令)

指令编码

JMP @A+DPTR	0 1 1 1 0 0 1 1

这条指令的功能是把累加器中8位无符号数与数据指针DPTR中的16位无符号数相加(模 2^{16}),结果作为下条指令地址送入PC,不改变累加器和数据指针内容,也不影响标志。利用这条指令能实现程序的散转。

例3.38 如果累加器A中存放待处理命令编号(0～7),程序存储器中存放着标号为PMTB的转移表,则执行下面的程序,将根据A内命令编号转向相应的命令处理程序:

```
PM:  MOV   R1, A          ;(A) * 3→A
     RL    A
     ADD   A, R1
     MOV   DPTR, #PMTB    ;转移表首址→DPTR
     JMP   @A+DPTR
```

```
PMTB: LJMP    PM0          ;转向命令 0 处理入口
      LJMP    PM1          ;转向命令 1 处理入口
      LJMP    PM2          ;转向命令 2 处理入口
      LJMP    PM3          ;转向命令 3 处理入口
      LJMP    PM4          ;转向命令 4 处理入口
      LJMP    PM5          ;转向命令 5 处理入口
      LJMP    PM6          ;转向命令 6 处理入口
      LJMP    PM7          ;转向命令 7 处理入口
```

3.8.2 条件转移指令

条件转移指令是依某种特定条件转移的指令。条件满足才转移(相当于执行一条相对转移指令),条件不满足时则顺序执行下面的指令。目的地址在以下一条指令的起始地址为中心的 256 字节范围中(− 128 ～＋127B)。当条件满足时,把 PC 加到指向下一条指令的第一个字节地址,再把有符号的相对偏移量加到 PC 上,计算出转向地址。

一、测试条件符合转移指令

指令		指令编码			转移条件
JZ	rel	0 1 1 0 0 0 0 0	相对偏移量 rel		(A) = 0
JNZ	rel	0 1 1 1 0 0 0 0	相对偏移量 rel		(A) ≠ 0
JC	rel	0 1 0 0 0 0 0 0	相对偏移量 rel		CY = 1
JNC	rel	0 1 0 1 0 0 0 0	相对偏移量 rel		CY = 0
JB	bit, rel	0 0 1 0 0 0 0 0	位地址	相对偏移量 rel	(bit) = 1
JNB	bit, rel	0 0 1 1 0 0 0 0	位地址	相对偏移量 rel	(bit) = 0
JBC	bit, rel	0 0 0 1 0 0 0 0	位地址	相对偏移量 rel	(bit) = 1

- JZ: 如果累加器 ACC 为 0,则执行转移;
- JNZ: 如果累加器 ACC 不为 0,则执行转移;
- JC: 如果进位标志 CY 为 1,则执行转移;
- JNC: 如果进位标志 CY 为 0,则执行转移;
- JB: 如果直接寻址的位值为 1;则执行转移;
- JNB: 如果直接寻址的位值为 0,则执行转移;

- JBC: 如果直接寻址的位值为1,则执行转移;并且清"0"直接寻址的位(bit)。

二、比较不相等转移指令

指令编码

指令	编码		
CJNE A, direct, rel	1 0 1 1 0 1 0 1	直接地址	相对偏移量
CJNE A, #data, rel	1 0 1 1 0 1 0 0	立 即 数	相对偏移量
CJNE Rn, #data, rel	1 0 1 1 1 r r r	立 即 数	相对偏移量
CJNE @Ri, #data, rel	1 0 1 1 0 1 1 i	立 即 数	相对偏移量

这组指令的功能是比较两个操作数的大小,如果它们的值不相等则转移,在PC加到下一条指令的起始地址后,再把有符号的相对偏移量加到PC上,得到转向地址。如果第一操作数(无符号整数)小于第二操作数,则置位进位标志CY;否则,清"0"CY。不影响任何一个操作数的内容。如果两个操作相等则顺序执行下条指令。

操作数有寄存器寻址、直接寻址、寄存器间接寻址和立即寻址等方式。

例3.39 执行下面程序后将根据A的内容大于60H、等于60H、小于60H三种情况作不同的处理:

```
        CJNE  A, #60H, NEQ      ;(A)不等于60H转移
EQ:     …                       ;(A)等于60H处理程序
        ⋮
NEQ:    JC       LOW            ;(A)<60H转移
                                ;(A)>60H处理程序
        ⋮
LOW:    …                       ;(A)<60H处理程序
```

三、减1不为0转移指令

指令编码

指令	编码			
DJNZ Rn, rel	1 1 0 1 1 r r r	相对偏移量rel		n = 0 ~ 7
DJNZ direct, rel	1 1 0 1 0 1 0 1	直接地址	相对偏移量rel	

这组指令把源操作数减1,结果回送到源操作数中去。如果结果不为0则转移。源操作数有寄存器寻址和直接寻址方式。这组指令允许程序员把内部RAM单元用作程序循环计数器。

例3.40 延时程序:

```
START:  SETB  P1.1              ;1→P1.1
DL:     MOV   30H, #03H         ;03H→30H,置初值
```

```
DL0:   MOV   31H, #0F0H   ;0F0H→31H,置初值
DL1:   DJNZ  31H, DL1     ;(31H)-1→31H,(31H)不为0重复执行
       DJNZ  30H, DL0     ;(30H)-1→30H, (30H)不为0转DL0
       CPL   P1.1         ;P1.1求反
       AJMP  DL           ;转DL
```

这段程序的功能是通过延时在P1.1输出一个方波脉冲,可以通过修改30H和31H初值,改变延时时间,从而改变方波频率。

3.8.3 调用和返回指令

在程序设计中,常常出现几个地方都需要作功能完全相同的处理(如计算 ax^2+bx+c),只是参数不同而已。为了减少程序编写和调试的工作量,使某一段程序能被公用,于是引进了主程序和子程序的概念,指令系统中一般都有调用子程序的指令,以及从子程序返回主程序的指令。

通常把具有一定功能的公用程序段作为子程序,在子程序的末尾安排一条返回主程序的指令。主程序转子程序以及从子程序返回的过程如图3-3所示。当主程序执行到A处,执行调用子程序SUB时,把下一条指令地址(PC值)保留到堆栈中,堆栈指针SP加2,子程序SUB的起始地址送PC, CPU转向执行子程序SUB,碰到SUB中的返回指令,把A处下一条指令地址从堆栈中取出并送回到PC,于是CPU又回到主程序继续执行下去。当执行到B处又碰到调用子程序SUB的指令,再一次重复上述过程。于是,子程序SUB能被主程序多次调用。

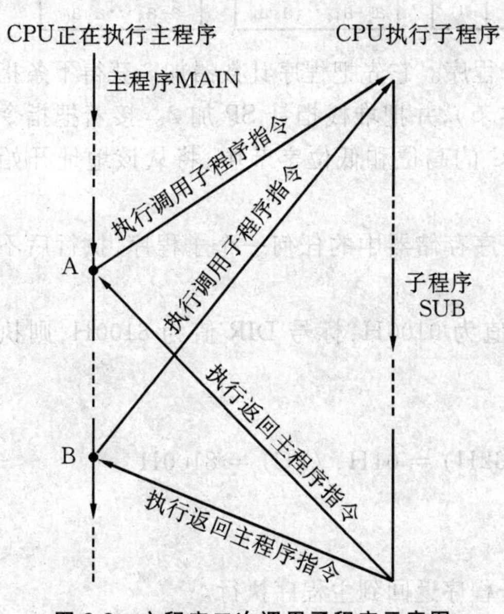

图3-3 主程序二次调用子程序示意图

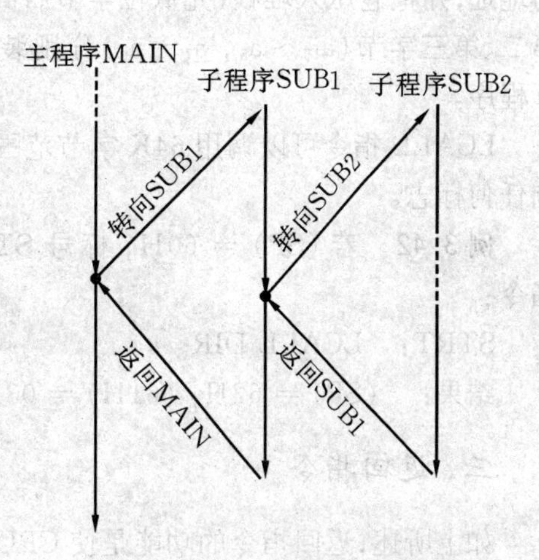

图3-4 二级子程序嵌套示意图

在一个程序中,往往在子程序中还会调用别的子程序,这称为子程序嵌套。二级子程序嵌套过程如图3-4所示。为了保证正确地从子程序SUB2返回子程序SUB1,再从SUB1返

回主程序，每次调用子程序时都必须将下条指令地址保存起来，返回时按后进先出原则依次取出旧 PC 值。如前所述，堆栈就是按后进先出规律存取数据的，调用指令和返回指令具有自动的进栈保存和退栈恢复 PC 内容的功能。

一、短调用指令

指令编码

ACALL　addr11　　a_{10} a_9 a_8 1 0 0 0 1

a_7 a_6 … a_1 a_0

这条指令无条件地调用地址由 a_{10}～a_0 所指出的子程序。执行时把 PC 加 2 以获得下一条指令的地址，把这 16 位地址压进堆栈(先 PCL 进栈，后 PCH 进栈)，堆栈指针 SP 加 2。并把 PC 的高 5 位与操作码的位 7～5 和指令第二字节相连接(PC15PC14PC13PC12PC11a_{10} a_9…a_1 a_0)以获得子程序的起始地址，并送入 PC，转向执行子程序。所调用的子程序的起始地址必须在与 ACALL 后面指令的第一个字节在同一个 2K 字节区域的程序存储器中。

例 3.41　若 (SP) = 60H，标号 MA 值为 0123H，子程序 SUB 位于 0345H，则执行指令：

MA：　ACALL　SUB

结果：　(SP) = 62H，内部 RAM 中堆栈区内 (61H) = 25H，(62H) = 01H，(PC) = 0345H

二、长调用指令

LCALL addr 16　　0 0 0 1 0 0 1 0　　a_{15} a_{14} … a_9 a_8　　a_7 a_6 … a_1 a_0

这条指令无条件地调用位于指定地址的子程序。它先把程序计数器加 3 获得下条指令的地址，并把它压入堆栈(先低位字节后高位字节)，并把堆栈指针 SP 加 2。接着把指令的第二、第三字节(a_{15}～a_8，a_7～a_0)分别装入 PC 的高位和低位字节中，将从该地址开始执行程序。

LCALL 指令可以调用 64K 字节范围内程序存储器中的任何一个子程序，执行后不影响任何标志。

例 3.42　若 (SP) = 60H，标号 STRT 值为 0100H，标号 DIR 值为 8100H，则执行指令：

STRT：　LCALL DIR

结果：　(SP) = 62H，(61H) = 03H，(62H) = 01H，(PC) = 8100H

三、返回指令

如上所述，返回指令的功能是使 CPU 从子程序返回到主程序执行。

1. 从子程序返回指令

指令编码

RET　　0 0 1 0 0 0 1 0

这条指令的功能是从堆栈中退出 PC 的高位和低位字节，把栈指针 SP 减 2，并从产生的 PC 值开始执行程序。不影响任何标志。

例 3.43　若 (SP) = 62H，(62H) = 07H，(61H) = 30H，则执行指令：

RET

结果：　(SP) = 60H，(PC) = 0730H，CPU 从 0730H 开始执行程序。在子程序的结尾必须是返回指令 RET，才能从子程序返回到主程序。

例 3.44　如图 3-5 所示，在 P1.0～P1.3 分别装有两个红灯和两个绿灯，则下面就是一种红绿灯定时切换的程序：

```
MAIN：  MOV     A，#03H
ML：    MOV     P1，A          ;切换红绿灯
        ACALL   DL             ;调用延时子程序
MXCH：  CPL     A
        AJMP    ML
DL：    MOV     R7，#0A3H      ;置延时常数
DL1：   MOV     R6，#0FFH
DL6：   DJNZ    R6，DL6        ;用循环来延时
        DJNZ    R7，DL1
        RET                    ;返回主程序
```

在执行上面程序过程中，执行到 ACALL　DL 指令时，程序转移到延时子程序 DL，执行到子程序中的 RET 指令后又返回到主程序中的 MXCH 处。这样 CPU 不断地在主程序和子程序之间转移，实现对红绿灯的定时切换。

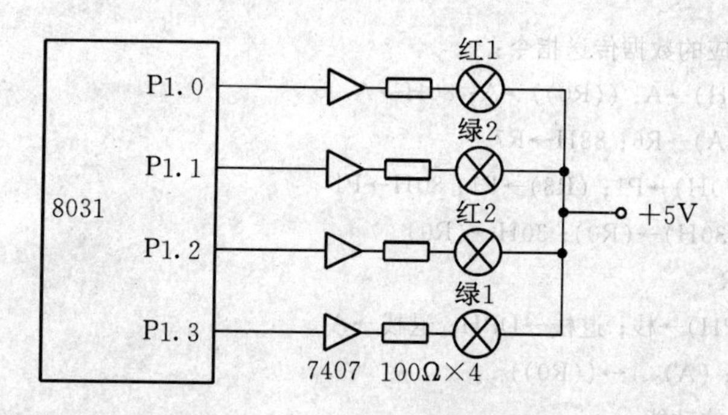

图 3-5　红绿灯和 P1 口连接图

2. 从中断返回指令

	指令编码
RETI	0 0 1 1 0 0 1 0

这条指令除了执行 RET 指令的功能以外，还清除内部相应的中断状态寄存器（该触发器由 CPU 响应中断时置位，指示 CPU 当前是否在处理高级或低级中断），表示 CPU 已退出该中断的处理状态。因此，中断服务程序必须以 RETI 为结束指令。CPU 执行 RETI 指令后至少再执行一条指令，才能响应新的中断请求。

四、空操作指令

指令编码

NOP　　　　0 0 0 0 0 0 0 0

该指令在延迟等程序中用于调整 CPU 的执行时间，不执行任何操作。

小　结

通过本章学习，必须达到下面的要求：

- 掌握汇编语言指令格式和常用伪指令格式和功能；
- 正确理解 51 系列的指令操作数寻址方式和适用的空间；
- 基本掌握 51 系列的每条指令功能和使用方法；
- 了解各指令对程序状态字(PSW)中标志位影响。

习　题

1. 在汇编语言程序中，一条汇编指令行可以由哪几个部分组成？写出它的格式，其中标号的含义是什么？一般如何取标号名？

2. 请分别举例说明伪指令 ORG、DB、DW、BIT、EQU、END 的功能。

3. 51 系列的指令系统中有哪几种寻址方式？对内部 RAM 的 0～7FH 操作有哪些寻址方式？对 SFR 有哪些寻址方式？

4. 请写出下列功能对应的数据传送指令：

(1) (R0)→A；(40H)→A；((R0))→A；80H→A

(2) (78H)→R0；(A)→R6；88H→R7

(3) (A)→50H；(70H)→P1；(R3)→P1；80H→P1

(4) (A)→(R0)；(30H)→(R0)；30H→(R0)

(5) 8000H→DPTR

(6) (A)→栈；(DPH)→栈；退栈→DPH；退栈→A

(7) (A)↔((R0))；$(A)_{0\sim3}$↔$((R0))_{0\sim3}$

5. 写出下列各条指令的功能：

(1) MOV A，@R1	MOV A，50H	MOV A，R1
(2) MOV R7，30H	MOV R4，A	MOV R7，#3
(3) MOV 50H，A	MOV P1，40H	MOV P1，R3
(4) MOV @R1，A	MOV @R1，30H	MOV @R1，#50H
(5) MOV DPTR，#9000H		
(6) PUSH ACC	PUSH B	POP DPL
(7) XCH A，@R1	XCHD A，@R1	
(8) MOVX A，@R0	MOVC A，@A+PC	MOVC A，@A+DPTR
MOVX A，@DPTR		

6. 指出下列指令的寻址方式和操作功能：

```
INC   @R1
INC   30H
INC   B
RL    A
CPL   40H
SETB  50H
CLR   70H
```

7. 指出下面的程序段功能：

```
(1) MOV    DPTR，#8000H
    MOV    A，#5
    MOVC   A，@A+DPTR
```

```
(2) ORG    2000H
    MOV    A，#80H
    MOVC   A，@A+PC
```

8. 指出下列指令的功能：

```
(1) ADD    A，R0
    ADD    A，@R0
    ADD    A，30H
    ADD    A，#80H
```

```
(2) ADDC   A，R0
    ADDC   A，@R0
    ADDC   A，30H
    ADDC   A，#90H
```

9. 指出下列程序段功能：

```
MOV     A，R3
MOV     B，R4
MUL     AB
MOV     R3，B
MOV     R4，A
```

10. 指出下列指令的功能：

```
ANL     P1，#0F7H
ORL     P1，#8
XRL     P1，#8
```

11. 指出下列程序段功能：

```
MOV     R0，#50H
MOV     A，@R0
ANL     A，#0F0H
SWAP    A
MOV     60H，A
MOV     A，@R0
ANL     A，#0FH
MOV     61H，A
```

12. 指出执行下面的程序段以后，累加器 A 的内容：

```
MOV     A，#3
MOV     DPTR，#0A000H
MOVC    A，@A+DPTR
⋮
ORG     0A000H
```

```
DB        '123456789ABCDEF'
```

13. 设(SP) = 074H 指出执行下面程序段以后,(SP)的值以及堆栈中 75H、76H、77H 单元的内容。

```
MOV       DPTR, #0BF00H
MOV       A, #50H
PUSH      ACC
PUSH      DPL
PUSH      DPH
```

14. 指出下面程序段的功能:

```
MOV       C, 0
ANL       C, 20H
ORL       C, 30H
CPL       C
MOV       P1.0, C
```

15. 请画出下面的子程序的框图,指出该子程序的功能:

```
SSS:  MOV   R7, #10H
      MOV   R0, #30H
      MOV   DPTR, #8000H
SSL:  MOV   A, @R0
      MOVX  @DPTR, A
      INC   DPTR
      INC   R0
      DJNZ  R7, SSL
      RET
```

16. 已知内部 RAM 中 30H～32H 内容为 12H, 45H, 67H,请写出下面的子程序执行后 30H～32H 的内容,并画出程序框图。

```
RRS:   MOV   R7, #3
       MOV   R0, #30H
       CLR   C
RRLP:  MOV   A, @R0
       RRC   A
       MOV   @R0, A
       INC   R0
       DJNZ  R7, RRLP
       RET
```

17. 指出下面程序段功能:

```
MOV   C, P3.0
ORL   C, P3.4
CPL   C
MOV   F0, C
MOV   C, 20H
ORL   C, 50H
CPL   C
```

```
ORL    C, F0
MOV    P1.0, C
  ⋮
```

18. 指出下列指令中哪些是非法的?

```
(1) INC    @R1
(2) DEC    @DPTR
(3) MOV    A, @R2
(4) MOV    40H, @R1
(5) MOV    P1.0, 0
(6) MOV    20H, 21H
(7) ANL    20H, #0F0H
(8) RR     20H
(9) RLC    30H
(10) RL    B
```

***19.** 指出下面子程序功能:

```
SSS:    MOV     R0, #40H        ;40H→地址指针 R0
        CLR     A               ;清零 A
SSL:    XCHD    A, @R0          ;(A)0~3↔((R0))0~3
        XCH     A, @R0          ;(A)↔((R0))
        SWAP    A               ;(A)0~3↔(A)4~7
        XCH     A, @R0          ;(A)↔((R0))
        INC     R0              ;(R0)+1→R0
        CJNE    R0, #43H, SSL   ;(R0)≠43H 转 SSL
        MOV     R2, A           ;(A)→R2
        RET
```

***20.** 指出下面子程序中每条指令的功能,并指出子程序的功能。

```
SSS:    MOV   R7, #4
        MOV   R2, #0
SSL0:   MOV   R0, #30H
        MOV   R6, #3
        CLR   C
SSL1:   MOV   A, @R0
        RRC   A
        MOV   @R0, A
        INC   R0
        DJNZ  R6, SSL1
        MOV   A, R2
        RRC   A
        MOV   R2, A
        DJNZ  R7, SSL0
        RET
```

第 4 章　汇编语言程序的设计和调试

汇编语言和 C 语言是单片机应用中最常用的编程语言，用汇编语言编写程序就是用汇编指令把解决问题的步骤正确地描述出来，并输入到计算机生成汇编语言源程序文件，用编译软件译成机器语言程序，还需让单片机试运行(调试)，排除错误，最后产生正确的机器语言应用程序固化到单片机中。本章内容包括汇编语言程序设计过程、步骤、程序框图、方法；循环程序的结构、设计方法；子程序的参数传递与设计方法；介绍一组常用子程序的设计原理、算法和程序；最后阐述在 Keil C51 平台上汇编语言程序文件的生成和程序调试的过程与方法。

§4.1　汇编语言程序设计方法

4.1.1　程序设计步骤

用汇编语言编写程序的过程，大致上可分为以下几个步骤：

(1) 分析问题：明确问题的工作条件和要求；

(2) 确定算法：根据特定的 51 应用系统硬件结构、总体要求及 51 指令系统特点，确定解决问题的方法和步骤，即确定算法。算法十分重要，它是程序设计的依据，并决定程序的正确性和程序质量；

(3) 确定程序架构：划分程序模块，把所选算法和处理过程以流程图的形式描述出来，即设计程序粗框图；

(4) 确定数据格式，分配工作单元，进一步将各模块程序的框图细化；

(5) 根据框图编写出汇编语言程序；

(6) 用编辑软件将汇编语言程序输入计算机，产生汇编语言程序文件，用编译软件对汇编语言程序编译，产生调试文件和机器语言文件；

(7) 程序测试：使用模拟调试器或在线仿真器试运行程序(调试)，检测并排除程序中的错误；

(8) 优化程序：改进算法，达到提高性能、缩短程序长度和加快运行速度的目的；

(9) 最后用烧写工具将机器语言程序固化到单片机中。

4.1.2　程序框图和程序结构

单片机应用系统程序一般由主程序和若干个中断程序组成，它们又可以调用一些特定功能的子程序。从程序结构上可分为顺序执行的程序、分支程序和循环程序。

一、程序框图

针对需要解决的问题要求，将 CPU 所要执行的操作写在一个个框内，并以一定的次序，用带方向箭头的直线把这些框框连接起来，指示出 CPU 的操作过程，这种表示出 CPU 操作过程的方框图称为程序框图或程序流程图。在程序框图中常用的框图形式有以下几种：

(1) 执行框：以一个矩形框表示，框内写上某些操作，例如：

常数 8000H→DPTR

(2) 判断框：以符号 或 表示，框内写上判断的条件，根据条件是否满足(满足以 Yes 表示，不满足以 No 表示)控制执行不同的操作，例如：

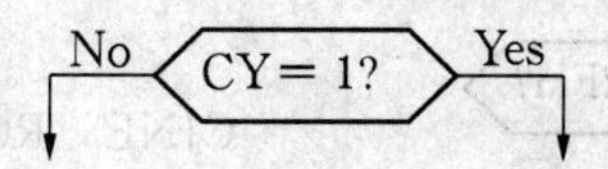

(3) 开始框：表示某一个程序的开始，以符号 表示，例如：START

(4) 结束框：表示某个程序的结束：以符号 表示，例如：END、返回

(5) 程序框图示例：使 P1.0 输出一个方波的程序框图(图 4-1)。

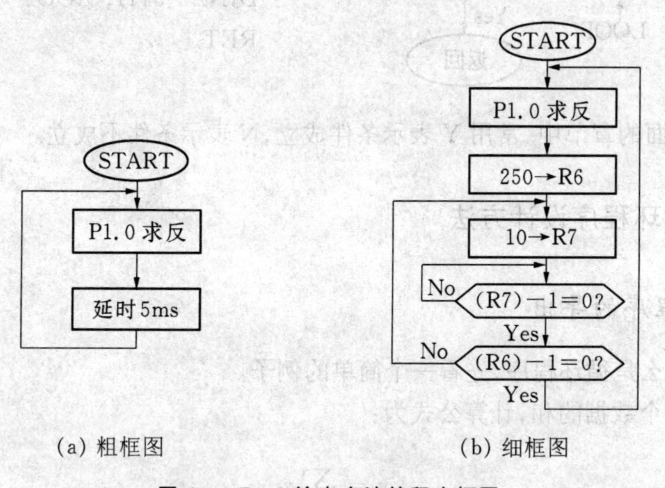

图 4-1　P1.0 输出方波的程序框图

程序框图可以分为粗框图和细框图，粗框图只表示功能性的流程，例如图 4-1(a)中的延时 5ms，细框图详细地表示出一种具体的对工作单元的操作，例如上面的程序框图中 4-1(b)。

二、分支程序

上面介绍的判断框，判断某个条件成立与否，控制执行不同的操作，这样的程序结构就是分支程序结构，例如：

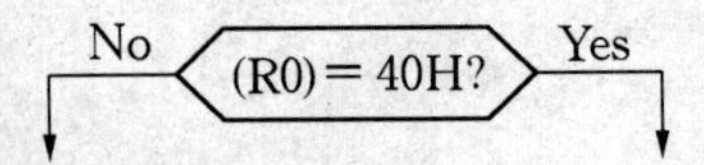

51 系列的条件转移指令都可以用在分支程序中:

- 测试条件符合转移指令,例如:

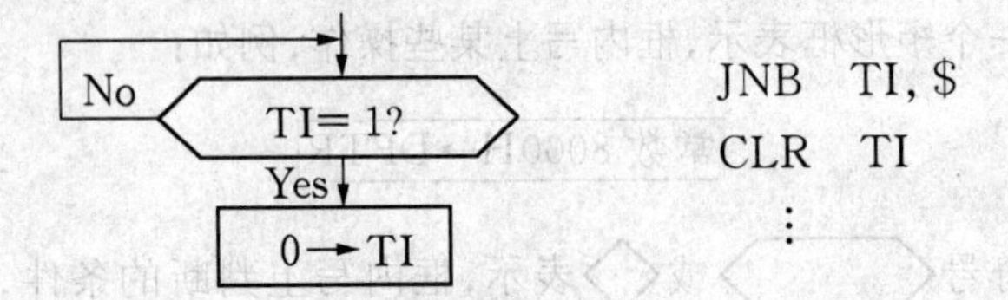

- 比较不相等转移指令,例如:

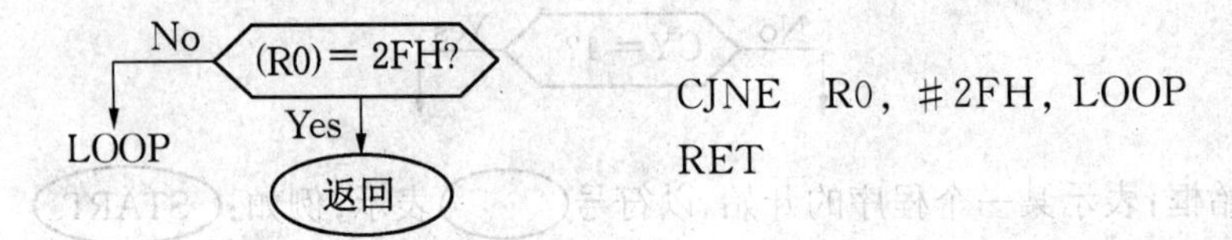

- 减 1 不为零转移指令,例如:

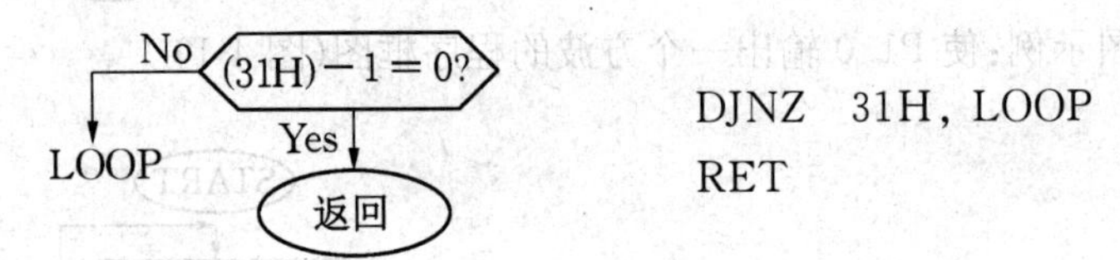

- 在下面的章节中,常用 Y 表示条件成立,N 表示条件不成立。

4.1.3 循环程序设计方法

一、循环程序的导出

为了弄清什么是循环程序,先看一个简单的例子。

例如计算 n 个数据的和,计算公式为:

$$y = \sum_{i=1}^{n} x_i$$

如果直接按这个公式编制程序,则当 $n = 11$ 时,需编写连续的 10 次加法。这样程序将很长,并且对于 n 可变时,将无法编制出程序。因此,这个公式有必要改写为易于在计算机上实现的形式:

$$\begin{cases} y_1 = 0; & i = 1 \\ y_{i+1} = y_i + x_i; & i \leqslant n \end{cases}$$

当 $i = n$ 时,y_{n+1} 即为所求的 n 个数据之和 y。这种形式的公式称为递推公式。在用计算机程序来实现时,y_i 实际上是用一个变量来实现的,这可用下式表示:

$$\begin{cases} 0 \rightarrow y & 1 \rightarrow i \\ y + x_i \rightarrow y,\ i+1 \rightarrow i & i \leqslant n \end{cases}$$

按这个公式,我们可以很容易地画出相应的程序框图(见图 4-2)。从这个框图中,我们可以看出循环程序的基本结构。一个循环程序中包括以下一些操作:

(1) 置初值。把初值参数赋给控制变量(如 i)和某些数据变量(如 y)。

(2) 循环工作部分。这部分重复执行某些操作,实际的功能是通过它的执行而完成的。

(3) 修改循环控制变量(如 $i+1 \rightarrow i$)。

(4) 循环终止控制。判断控制变量是否满足终值条件,如果不满足,则转去执行循环工作部分的操作(即转(2));满足,则退出循环。

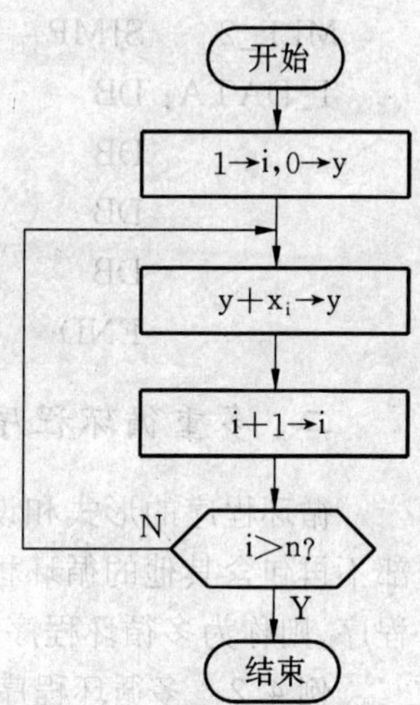

图 4-2　求 n 个单字节数据和的程序框图

循环终止控制一般采用计数方法,即用一个寄存器作为循环次数计数器。每循环一次后加 1 或减 1,达到终止数值后循环停止。对于 51 系列的单片机,可以用减 1 不等于零转移(DJNZ)指令来实现计数方法的循环终止控制,工作寄存器R0～R7 和内部 RAM 单元都可以作为循环计数器。

例 4.1　单循环程序:求 N 个字节数和的程序

下面的程序中有两段循环程序:其功能分别为查表将 16 个单字节数据写入 RAM 以及计算这些数据的和。数据按 i 顺序地存放在 RAM 中,最终和(双字节)存于 R3R4 中。

```
            ORG     0
MAIN:       MOV     R0, #50H              ;第 1 段循环程序
            MOV     DPTR, #T_DATA         ;按 i 顺序地查表
            MOV     R2, #10H              ;取数据存放于 RAM
MLP_1:      CLR     A
            MOVC    A, @A+DPTR
            MOV     @R0, A
            INC     R0
            INC     DPTR
            DJNZ    R2, MLP_1
            MOV     R0, #50H              ;第 2 段循环程序
            MOV     R2, #10H              ;计算 16 个字节数据和
NSUM:       MOV     R3, #0                ;存于 R3R4
            MOV     R4, #0
NSUM_1:     MOV     A, R4
            ADD     A, @R0
            MOV     R4, A
            CLR     A
```

```
          ADDC    A, R3
          MOV     R3, A
          INC     R0
          DJNZ    R2, NSUM_1
MLP_2     SJMP    MLP_2                        ;踏步(特殊循环)
T_DATA:   DB      01H, 12H, 23H, 34H, 45H      ;测试数据表
          DB      56H, 67H, 78H, 89H, 9AH
          DB      0ABH, 0BCH, 0CDH, 0DEH
          DB      0EFH, 0F0H
          END
```

二、多重循环程序

循环程序的形式和设计方法是多种多样的,像前面介绍的例子中那样,一个循环程序内部不再包含其他的循环程序,称为单循环程序;如果一个循环程序内部还包含有其他的循环程序,则称为多循环程序。这在实际问题中也是经常碰到的。

例 4.2 多循环程序

最简单的多重循环程序是由 DJNZ 指令构成的延时程序,下面是用延时使 P1.0 输出约 10Hz 脉冲的三重循环程序(设 fosc = 12MHz):

```
          ORG     0
MLP_0:    CPL     P1.0            ; P1.0 求反
          MOV     R7, #200        ;双循环延时程序
MLP_1:    MOV     R6, #123
          NOP
MLP_2:    DJNZ    R6, MLP_2       ;循环 3
          DJNZ    R7, MLP_1       ;循环 2
          SJMP    MLP_0           ;循环 1
          END
```

例 4.3 RAM 中 3 字节数据左移 4 位的循环程序

程序功能如图 4-3 所示,图 4-4 则为程序框图。下面的程序中有两段循环程序:第 1 段为单循环程序,功能为按顺序查表取数据存放于 RAM 中;从 RLC_43 开始为第 2 段,这是二重循环程序。

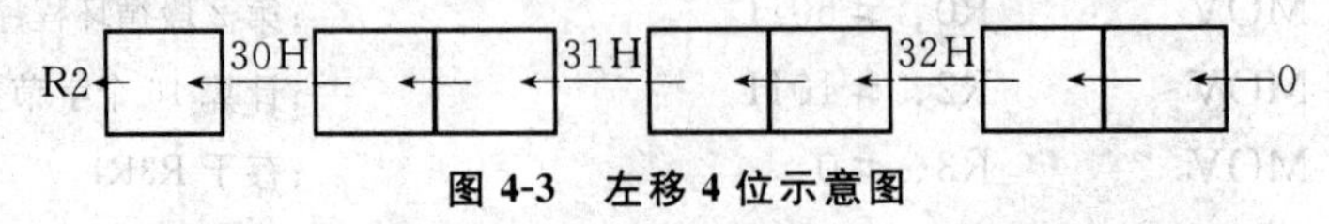

图 4-3 左移 4 位示意图

```
          ORG     0
MAIN:     MOV     R0, #30H             ;第 1 段循环程序
          MOV     R7, #3
          MOV     DPTR, #T_DATA        ;按顺序地查表
```

```
MLP_0:   CLR    A                 ;取数据存放于 RAM
         MOVC   A, @A+DPTR
         MOV    @R0, A
         INC    DPTR
         INC    R0
         DJNZ   R7, MLP_0
RLC_43   MOV    R7, #4            ;第 2 段循环程序
         MOV    R2, #0            ;RAM 中 3 字节
MLP_1:   MOV    R0, #32H          ;数据左环移 4 次
         MOV    R6, #3            ;溢出位存 R2
         CLR    C
MLP_2:   MOV    A, @R0
         RLC    A
         MOV    @R0, A
         DEC    R0
         DJNZ   R6, MLP_2         ;内循环
         MOV    A, R2
         RLC    A
         MOV    R2, A
         DJNZ   R7, MLP_1         ;外循环
         SJMP   $
T_DATA:  DB  12H, 34H, 56H
         END
```

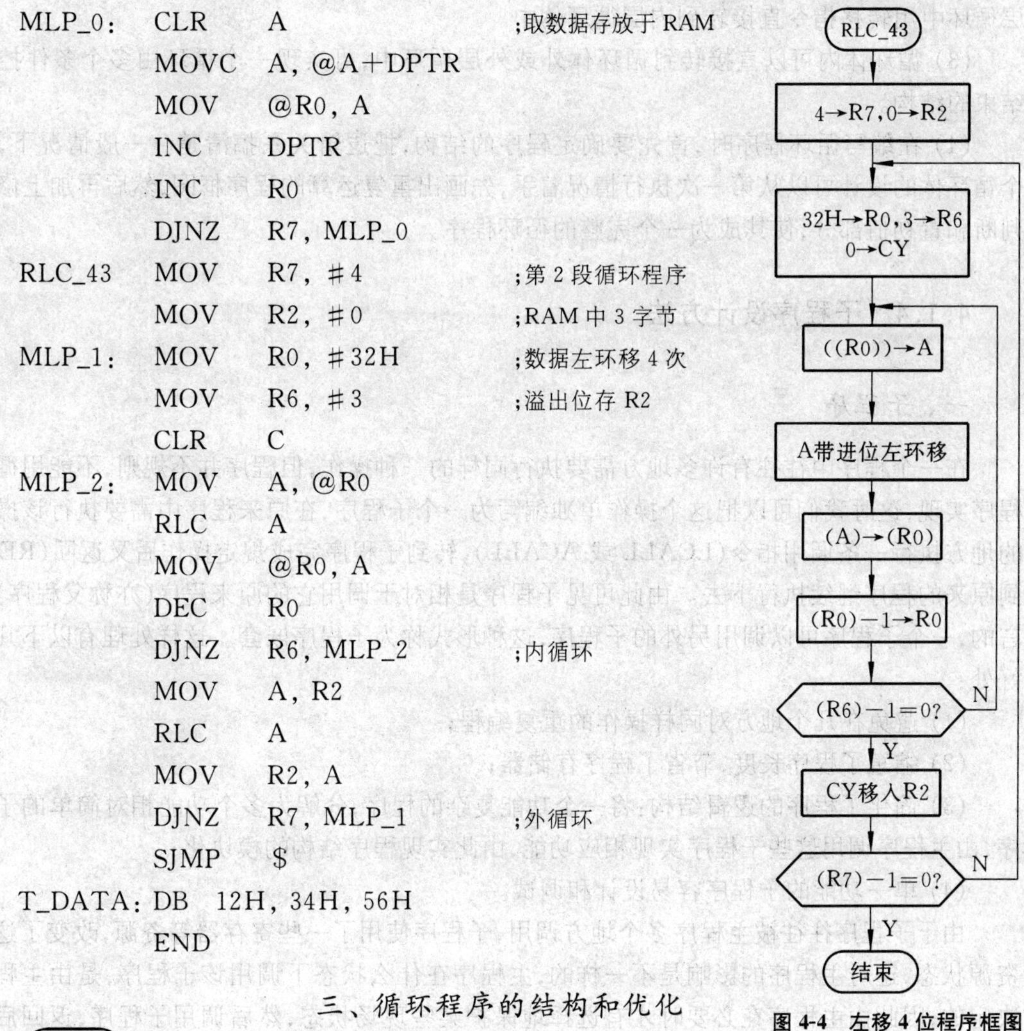

图 4-4 左移 4 位程序框图

三、循环程序的结构和优化

1. 循环程序的结构

从上面介绍的几个例子中,可以看出,循环程序的结构大体上是相同的,可用图 4-5 表示。

循环工作部分与修改控制变量是整个循环程序中最基本的部分,通常称为循环体(如图 4-5 中虚线框所示)。循环体的编写是整个循环程序的关键。尤其是在循环体中需合理使用条件转移指令,对于多重循环更需要特别小心。在编制循环体程序时应注意如下几个问题:

(1) 循环程序是一个有始有终的整体,它的执行是有条件的,所以要避免从循环体外直接转到循环体内部。因为这样做未经过置初值,会引起程序的混乱。

(2) 多重循环程序是从外层向内层一层层进入,但在结束循环时是由里到外一层层退出的,所以在循环嵌套程序中,不要在外

开始
置初值
循环工作部分
修改控制变量
结束条件满足?
N
Y
结束

图 4-5 循环程序结构

层循环中用转移指令直接转到内层循环体中。

(3) 循环体内可以直接转到循环体外或外层循环中,可实现一个循环由多个条件控制结束的结构。

(4) 在编写循环程序时,首先要确定程序的结构,把逻辑关系搞清楚。一般情况下,一个循环体的设计可以从第一次执行情况着手,先画出重复运算的程序框图,然后再加上修改判断和置初值部分,使其成为一个完整的循环程序。

4.1.4 子程序设计方法

一、子程序

在一个程序中往往有许多地方需要执行同样的一种操作,但程序并不规则,不能用循环程序实现,这时我们可以把这个操作单独编写为一个子程序,在原来程序中需要执行该操作的地方执行一条调用指令(LCALL 或 ACALL),转到子程序完成规定操作后又返回(RET)到原来的程序继续执行下去。由此可见子程序是相对于调用它的原来程序(亦称父程序)而言的,一个子程序可以调用另外的子程序,这种形式称为子程序嵌套。这样处理有以下几点好处:

(1) 避免在几个地方对同样操作的重复编程;

(2) 缩短了程序长度,节省了程序存储器;

(3) 简化了程序的逻辑结构:将一个功能复杂的程序,分解为多个功能相对简单的子程序,由主程序调用这些子程序实现相应功能,由此实现程序结构的模块化;

(4) 单一功能的子程序容易设计和调试。

由于子程序往往被主程序多个地方调用,子程序使用了一些寄存器等资源,改变了这些资源状态,这对主程序的影响是不一样的,主程序在什么状态下调用该子程序,是由主程序决定的,因此由主程序在必要时才有选择地保护某些现场状态,然后调用子程序,返回后也由主程序恢复现场。子程序本身是没有现场保护和恢复的。子程序一般用 RET 指令返回。

有关数据处理的子程序有一个特别的问题:参数和参数传递问题。在调用子程序时,主程序应把要子程序处理的原始数据(即入口参数)预先放到某些约定的位置,子程序在约定的位置得到数据进行处理,同样子程序在返回前需将处理结果(即出口参数)存入约定位置,返回主程序后,主程序便从约定位置得到数据处理结果。这就是子程序的参数和参数传递。下面以程序实例说明主程序与子程序间的相互关系和参数传递方法。

二、子程序参数传递方法

可以采用多种约定方法实现子程序参数传递,下面根据 51 指令系统的特点介绍几种常用方法。

1. 用累加器传递参数

这种方法中,入口和出口参数都在 ACC,优点是方便、速度快,不足的是只能传递单字节参数。

例4.4 ASCII码转为十六进制数子程序ASCH

在下面的程序中,主程序调用子程序LT_D将16个ASCII码表示的数存入50H开始的RAM区,并调用ASCH_N将它们转为十六进制数存入30H开始的RAM区,ASCH_N又调用ASCH将一位ASCII码转为十六进制。其中ASCH_N和ASCH之间用累加器传递参数。

```
          ORG     0
MAIN:     MOV     SP, #0F0H
          MOV     R0, #50H
          MOV     DPTR, #T_DATA
          MOV     R2, #10H
          ACALL   LT_D                  ;查表取测试数据存入RAM
          MOV     R0, #50H              ;准备ASCH_N入口参数
          MOV     R1, #30H
          MOV     R2, #10H
          ACALL   ASCH_N                ;N字节ASCII码转十六进制数
          SJMP    $
T_DATA:   DB      '0123456789ABCDEF'    ;测试数据可按需要修改
ASCH_N:   MOV     A, @R0                ;N字节ASCII码转十六进制数
          ACALL   ASCH
          MOV     @R1, A
          INC     R0
          INC     R1
          DJNZ    R2, ASCH_N
          RET
ASCH:     CLR     C;                    ;ASCII码转十六进制数子程序
          SUBB    A, #30H
          CJNE    A, #10H, ASCH_1
ASCH_1:   JC      ASCH_2
          SUBB    A, #7
ASCH_2:   RET
LT_D:     CLR     A                     ;查表取测试数据子程序
          MOVC    A, @A+DPTR
          MOV     @R0, A
          INC     R0
          INC     DPTR
          DJNZ    R2, LT_D
          RET
          END
```

2. 用工作寄存器传递参数

这是最常用的参数传递方法,速度快,可传递多个参数。

例 4.5 (R2)乘(R3R4) 积在 R2R3R4 的子程序 QMUL3

```
        ORG     0
MAIN:   MOV     SP, #0F0H
        MOV     DPTR, #T_DATA        ;取测试数据准备参数
        CLR     A
        MOVC    A, @A+DPTR
        MOV     R2, A
        INC     DPTR
        CLR     A
        MOVC    A, @A+DPTR
        MOV     R3, A
        INC     DPTR
        CLR     A
        MOVC    A, @A+DPTR
        MOV     R4, A
        ACALL   QMUL3                ;调用(R2)乘(R3R4)子程序
        SJMP    $
T_DATA: DB  099H, 0AAH, 0BBH         ;数据表,调试时可修改
QMUL3:  MOV     A, R4                ;(R2)乘(R3R4)子程序
        MOV     B, R2
        MUL     AB
        MOV     R4, A
        MOV     A, B
        XCH     A, R3
        MOV     B, R2
        MUL     AB
        ADD     A, R3
        MOV     R3, A
        MOV     A, B
        ADDC    A, #0
        MOV     R2, A
        RET
        END
```

3. 用指针传递参数

数据在 RAM 或 ROM 中,用 R0、R1 或 DPTR 作指针说明参数地址,优点是可传递的参数多。

例 4.6 下面的子程序 RL43 功能和例 4.3 的程序段 RLC_43 相同,但速度比它快,用

R0 作指针说明参数的 RAM 地址。ROM 中取数存入 RAM 的子程序 LT_D，则用 DPTR、R0 作指针分别说明参数的 ROM 地址和 RAM 地址。

```
        ORG     0
MAIN:   MOV     SP, #0F0H
        MOV     R0, #30H          ;为取数据子程序准备参数
        MOV     DPTR, #T_DATA     ;以 DPTR、R0 作指针
        MOV     R2, #3
        ACALL   LT_D
        MOV     R0, #32H          ;为 RL43 子程序准备参数
        MOV     R2, #3            ;以 R0 作指针
        ACALL   RL43
        SJMP    $
T_DATA:
        DB      12H, 34H, 56H     ;数据表,调试时可修改
RL43:   CLR     A                 ;RAM 中数据左移 4 位子程序
RL43_L:
        XCHD    A, @R0
        SWAP    A
        XCH     A, @R0
        DEC     R0
        DJNZ    R2, RL43_L
        SWAP    A
        MOV     R2, A
        RET
LT_D:   CLR     A                 ;取数据子程序
        MOVC    A, @A+DPTR
        MOV     @R0, A
        INC     R0
        INC     DPTR
        DJNZ    R2, LT_D
        RET
        END
```

4. 用堆栈传递参数

堆栈可用于传递参数。调用时主程序用 PUSH 指令把参数压入堆栈中，子程序根据栈指针间接访问堆栈得到参数，同时可把结果送回堆栈，主程序可用 POP 指令得到结果。这种方法的优点是能传递较多参数，不必专门为特定参数分配存储器单元。使用这种方法时，由于参数在堆栈中，故简化了中断程序的现场保护，缺点是传递多个参数时程序不易设计和阅读。

例 4.7 用堆栈传递参数的子程序 HASC

下面有两个子程序:主程序 MAIN 和子程序 HA24 之间用工作寄存器传递参数,子程序 HA24 和 HASC 之间用堆栈传递参数,HA24 将 R2 和 R3 中 4 位十六进制数转为 4 位 ASCII 码,HASC 将 1 位十六进制数转为 1 位 ASCII 码。最后的 4 位 ASCII 码在 R2R3R4R5。

```
        ORG     0
MAIN:   MOV     SP, #0F0H
        MOV     R2, #0ABH       ;为 HA24 准备参数
        MOV     R3, #0CDH
        ACALL   HA24
        SJMP    $
HA24:   MOV     A, R2           ;2 位数转换子程序
        SWAP    A
        PUSH    ACC             ;参数压入堆栈
        ACALL   HASC
        POP     ACC             ;从堆栈中取结果
        XCH     A, R2
        PUSH    ACC
        ACALL   HASC
        POP     ACC
        XCH     A, R3
        MOV     R5, A
        SWAP    A
        PUSH    ACC
        ACALL   HASC
        POP     ACC
        XCH     A, R4
        MOV     A, R5
        PUSH    ACC
        ACALL   HASC
        POP     ACC
        MOV     R5, A
        RET
HASC:   MOV     R0, SP          ;用堆栈传递参数的子程序
        DEC     R0              ;这里只说明一种方法
        DEC     R0              ;并不表示为最好的
        XCH     A, @R0
        ANL     A, #0FH
        ADD     A, #2
```

```
        MOVC    A, @A+PC
        XCH     A, @R0
        RET
        DB      '0123456789ABCDEF'
        END
```

5. 用程序段传递参数

上面介绍的参数传递方法中,主程序调用子程序前将参数放到适当的寄存器或 RAM 单元。如果有许多常数参数,则每个参数要用一个寄存器或 RAM 单元,而且每次调用前将这些参数装入到寄存器或 RAM 中,所以这种方法显得不太方便有效。

对于需要大量的以常数为参数的子程序,用程序段传递参数(有时称为直接参数传递)是最有效的一种方法。在这种方法中,常数参数作为程序代码的一部分,直接跟在调用子程序的指令(LCALL 或 ACALL)后面。子程序根据堆栈内返回地址找到参数的首地址,从而可用查表指令得到这些参数。

例 4.8　串行口的发送字符串子程序

在主从式双机通信中,经常需要发送固定的命令或回答字符串,下面的串行口发送字符串子程序 SOUT 就采用了程序段传递参数方法。

```
        ORG     0
MAIN:   MOV     SP, #0F0H
        MOV     TMOD, #20H
        MOV     TH1, #0FDH
        MOV     TL1, #0FDH
        SETB    TR1
        MOV     SCON, #52H
        ACALL   SOUT
        DB      'AT89C52 CONTROLLER'    ;程序段参数
        DB      0AH, 0DH, 0             ;0 为结尾
MLP_L:  SJMP    $
SOUT:   POP     DPH                     ;发送子程序
        POP     DPL                     ;取出参数地址并调正 SP
SOT_L:  CLR     A
        MOVC    A, @A+DPTR
        INC     DPTR
        JZ      SEND
        JNB     TI, $
        CLR     TI
        MOV     SBUF, A
        SJMP    SOT_L
SEND:   JMP     @A+DPTR                 ;DPTR 已指向 MLP_L, (A)=0
        END                             ;特殊返回, 跳到 MLP_L
```

上面这种程序具有如下的特点：

(1) 它不以返回指令结尾，而是采用基寄存器加变址寄存器间接转移指令(JMP@A＋DPTR)返回到主程序中参数代码段后的一条指令；

(2) 适用于 ACALL 或 LCALL 指令，因为这两条指令都将返回地址(这里是参数的首地址)压入堆栈。调用的程序和子程序可位于程序存储器的任何区间。

(3) 传递到子程序的参数可以按方便的次序排列，子程序在查表指令前对累加器赋适当值即“可随机访问”参数表；

(4) 子程序中只使用 A 和 DPTR，必要时主程序在调用子程序前将它们保护到堆栈。

这一节我们介绍了典型的几种子程序参数传递方法，在实际应用中，往往将这些方法合并使用，即使用两种或两种以上方法，在上面的例题中已出现这种现象。

§4.2 常用子程序的设计

单片机的应用程序包含有数据运算程序、数制转换程序、查表程序、控制程序和输入输出程序等，查表程序应用在各种程序中，以上已有例子，不再专门讨论，控制程序和输入输出程序与硬件电路、系统功能有关，将在后几章专门讨论，本节主要讨论前两种程序和中断程序的设计方法。

4.2.1 定点数四则运算程序

在 1.2 节中，我们介绍了单片机中数的表示方法。数的格式有定点数和浮点数；有符号数和无符号数；有符号数又分为原码、补码、反码。下面介绍的一组子程序为原码表示的定点数四则运算程序，这是最常用、最基本的运算程序。

一、双字节数取补子程序

一个正数的补码与原码相同，不需转换。对于负数，求补码表示的负数的原码或求原码表示的负数的补码，都可以采用求它的补码的方法。对于二进制数，求补可以采用先按位取反，然后把结果加 1(数值部分)。

例 4.9 将(R4R5)中的双字节数取补结果送 R4R5。

```
CMPT:  MOV    A, R5
       CPL    A
       ADD    A, #1
       MOV    R5, A
       MOV    A, R4
       CPL    A
       ADDC   A, #0
       MOV    R4, A
       RET
```

二、双字节无符号数加减程序

补码表示的数可以直接相加，所以双字节无符号数加减程序也适用于补码的加减法。利用51系列的加法和减法指令，可以直接写出加减法的程序。

例4.10 将(R2R3)和(R6R7)两个双字节无符号数相加，结果送R4R5。

```
NADD:  MOV    A, R3
       ADD    A, R7
       MOV    R5, A
       MOV    A, R2
       ADDC   A, R6
       MOV    R4, A
       RET
```

例4.11 将(R2R3)和(R6R7)两个双字节数相减，结果送R4R5。

```
NSUB1: MOV    A, R3
       CLR    C
       SUBB   A, R7
       MOV    R5, A
       MOV    A, R2
       SUBB   A, R6
       MOV    R4, A
       RET
```

三、原码加减运算程序

对于原码表示的数，不能直接执行加减运算，必须先按操作数的符号决定运算方法，然后再对数值部分执行操作。对加法运算，首先应判断两个数的符号位是否相同，若相同，则执行加法(注意：这时运算只对数值部分进行，不包括符号位)，加法结果有溢出，则最终结果溢出；无溢出时，结果的符号位与被加数相同。如果两个数的符号位不相同，则执行减法。够减时，则结果符号位等于被加数的符号位；如果不够减，则应对差取补，而结果的符号位等于加数的符号位。对于减法运算，只需先把减数的符号位取反，然后执行加法运算。设被加数(或被减数)为A，它的符号位为A_0，数值为A^*，加数(或减数)为B，它的符号位为B_0，数值为B^*。A、B均为原码表示的数，则按上述的算法可得出图4-6的原码加减运算框图。

例4.12 (R2R3)和(R6R7)为两个原码表示的数，最高位为符号位，求(R2R3)±(R6R7)结果送R4R5，按图4-6的程序框图，我们可以编写出下面的程序，其中DADD为原码加法子程序入口，DSUB为原码减法子程序入口。出口时CY = 1发生溢出，CY = 0为正常。

```
DSUB:  MOV    A, R6
       CPL    ACC.7          ;取反减数符号位
       MOV    R6, A
```

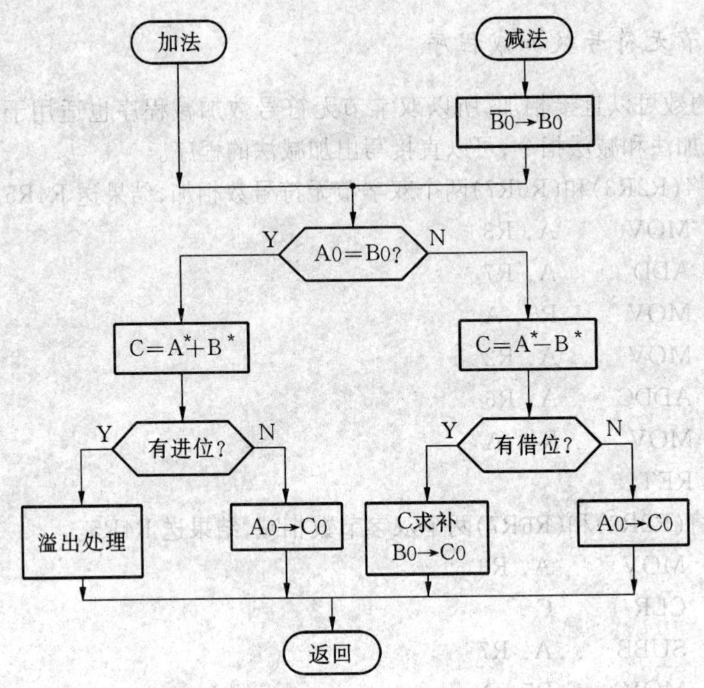

图 4-6 原码加减运算程序框图

```
DADD:   MOV    A, R2
        MOV    C, ACC.7
        MOV    F0, C            ;保存被加数符号位至 F0
        XRL    A, R6
        MOV    C, ACC.7         ;C=1,两数异号
        MOV    A, R2            ;C=0,两数同号
        CLR    ACC.7            ;清"0"被加数符号
        MOV    R2, A
        MOV    A, R6
        CLR    ACC.7            ;清"0"加数符号
        MOV    R6, A
        JC     DAB2             ;CY=1,相减转 DAB2
        ACALL  NADD             ;同号,调用加法子程序执行加法
        MOV    A, R4            ;(R4)·7=1 溢出转 BABE
        JB     ACC.7, DABE
DAB1:   MOV    C, F0            ;被加数符号位写入结果符号位
        MOV    ACC.7, C
        MOV    R4, A
        CLR    C
        RET
```

```
DABE:   SETB    C               ;溢出
        RET
DAB2:   ACALL   NSUB1           ;异号,调用减法子程序执行减法
        MOV     A, R4
        JNB     ACC.7, DAB1     ;无借位,被加数符号位作为结果符号
        ACALL   CMPT            ;不够减,取补
        CPL     F0              ;符号位取反
        SJMP    DAB1
```

四、加减法程序测试

测试所设计的程序是否正确,也是程序开发过程中的重要工作,它将为系统总调作好准备。对于计算程序要用一组数据测试,使之覆盖各种可能的情况。

例 4.13　加减法程序测试

利用加减法互为逆运算原理,以及 DSUB 中包含 DADD 的情形,我们用 6 组数据测试 CMPT、NADD、NSUB1、DSUB、DADD 子程序的正确性。下面的测试程序中含有查表程序。从中也可以看出调用程序和子程序之间的关系和参数传递方法。

```
        ORG     0
MAIN:   MOV     SP,#0F0H
        MOV     B,#6            ;用 6 组数据测试程序
        MOV     DPTR,#T_DAT
MLP_L:  CLR     A               ;查表取加数、被加数
        MOVC    A, @A+DPTR      ;存入 R2R3R6R7
        INC     DPTR
        MOV     R2, A
        CLR     A
        MOVC    A, @A+DPTR
        INC     DPTR
        MOV     R3, A
        CLR     A
        MOVC    A, @A+DPTR
        INC     DPTR
        MOV     R6, A
        CLR     A
        MOVC    A, @A+DPTR
        INC     DPTR
        MOV     R7, A
        MOV     A, R6
        PUSH    ACC             ;保护减数符号,用于后面逆运算
```

```
         ACALL   DSUB                  ;执行减法,结果存 R4R5
         POP     ACC                   ;恢复减数符号
         MOV     R6, A
         JC      MLP_1
MLP_0:   MOV     A, R4                 ;未溢出做加法逆运算
         MOV     R2, A                 ;差移到 R2R3
         MOV     A, R5
         MOV     R3, A
         ACALL   DADD
MLP_1:   DJNZ    B, MLP_L              ;检查 R4R5 应为原被减数
         SJMP    $
T_DAT:   DB      078H, 0FBH, 0 99H, 078H     ;异号数相减,溢出
         DB      0FBH, 099H, 0F8H, 0FBH      ;同号数相减,829EH
         DB      099H, 078H, 0FBH, 099H      ;同号数相减,6221H
         DB      078H, 0FBH, 099H, 078H      ;异号数相减,溢出
         DB      090H, 099H, 068H, 0FBH      ;异号数相减,F994H
         DB      0FBH, 099H, 099H, 078H      ;同号数相减,E221H
```

五、无符号二进制数乘法程序

模拟手算乘法的方法,可以用重复的加法来实现乘法。当被乘数和乘数有相同的字长时,它们的积为双字长。乘法的运算过程如下:

(1) 清"0"部分积;

(2) 从最低位开始检查各个乘数位;

(3) 如乘数位为 1,加被乘数至部分积,否则不加;

(4) 左移 1 位被乘数;

(5) 步骤(2)~(4)重复 n 次(n 为字长)。

实际用程序实现这一算法时,把结果单元与乘数联合组成一个双倍位字,左移被乘数改用右移结果与乘数,这样一方面可以简化加法;另一方面可用右移来完成乘数最低位的检查,得到的乘积为双倍位字。这样修改后便得到如图 4-7 所示的算法框图。

例 4.14 将(R2R3)和(R6R7)两个双字节无符号数相乘,结果送 R4R5R6R7。根据图 4-7 的算法,可以得到如图 4-8 所示的双字节乘法程序框图。

```
NMUL:    MOV     R4, #0
         MOV     R5, #0
         MOV     R0, #16               ;16 位二进制数循环 16 次
         CLR     C
NMLP:    ACALL   RR41                  ;CR4R5R6R7 右移 1 位
         JNC     NMLN                  ;CY 为移出的乘数最低位
         MOV     A, R5                 ;CY=1 执行加法(R4R5)+(R2R3)→R4R5
```

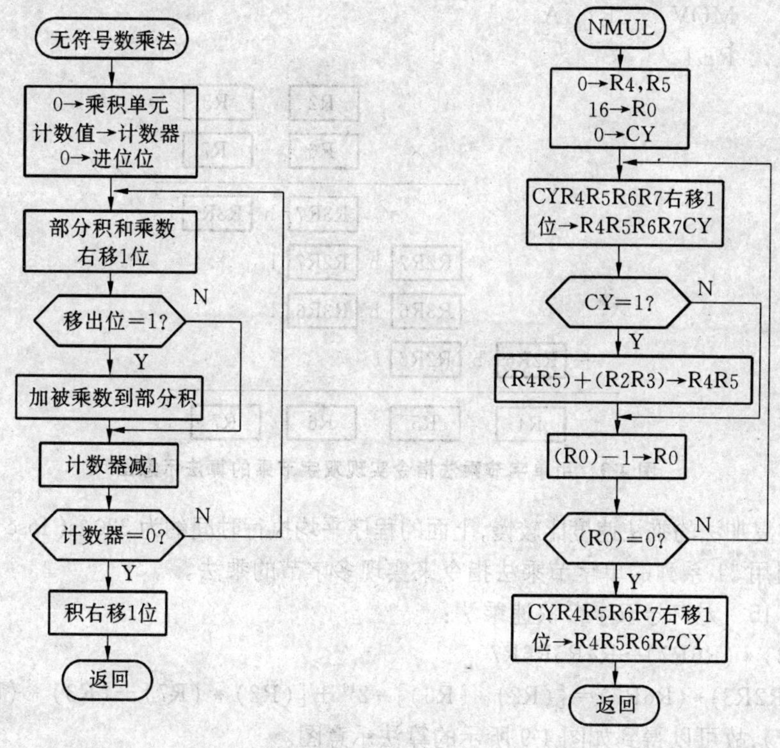

图 4-7 无符号二进制数乘法算法框图　　　**图 4-8 无符号双字节乘法程序框图**

```
        ADD     A, R3
        MOV     R5, A
        MOV     A, R4
        ADDC    A, R2
        MOV     R4, A
NMLN:   DJNZ    R0, NMLP        ;循环 16 次
        ACALL   RR41            ;最后 CR4R5R6R7 再右移 1 位
        RET
RR41:   MOV     A, R4           ;CR4R5R6R7 右移 1 位
        RRC     A
        MOV     R4, A
        MOV     A, R5
        RRC     A
        MOV     R5, A
        MOV     A, R6
        RRC     A
        MOV     R6, A
        MOV     A, R7
        RRC     A
```

```
        MOV     R7, A
        RET
```

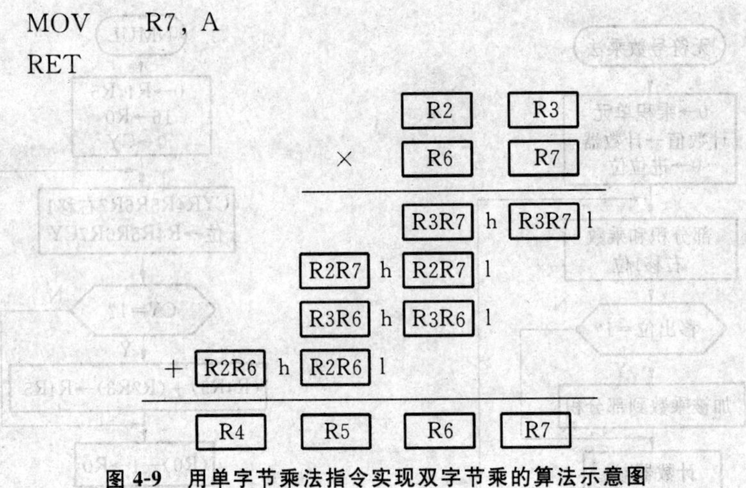

图 4-9　用单字节乘法指令实现双字节乘的算法示意图

使用重复加法的乘法速度比较慢,上面的程序平均执行时间约为 320μs(fosc = 12MHz)。我们可以利用 51 系列的单字节乘法指令来实现多字节的乘法。

***例 4.15**　无符号双字节快速乘法:

(R2R3) * (R6R7)→R4R5R6R7

因为(R2R3)*(R6R7)=[(R2)*(R6)]*2^{16}+[(R2)*(R7)+(R3)*(R6)]*2^{8}+(R3)*(R7),故可以得到如图 4-9 所示的算法示意图。

```
QMUL:   MOV     A, R3
        MOV     B, R7
        MUL     AB              ;R3 * R7
        XCH     A, R7           ;(R7)=(R3 * R7) L
        MOV     R5, B           ;(R5)=(R3 * R7) H
        MOV     B, R2
        MUL     AB              ;(R2) * (R7)
        ADD     A, R5           ;加(R3 * R7)H
        MOV     R4, A           ;(R4)=(R2) * (R7)L+(R3 * R7)H
        CLR     A
        ADDC    A, B
        MOV     R5, A           ;(R5)=(R2) * (R7) H+进位
        MOV     A, R6
        MOV     B, R3
        MUL     AB              ;(R3) * (R6)
        ADD     A, R4
        XCH     A, R6
        XCH     A, B
        ADDC    A, R5
        MOV     R5, A
```

```
        MOV     F0, C           ;暂存 CY
        MOV     A, R2
        MUL     AB              ;(R2)*(R6)
        ADD     A, R5
        MOV     R5, A
        CLR     A
        MOV     ACC.0, C
        MOV     C, F0           ;加以前加法的进位
        ADDC    A, B
        MOV     R4, A
        RET
```

六、原码有符号乘法程序

对原码表示的带符号的二进制数乘法，只需要在乘法之前，先按同号为正、异号得负的原则，得出积的符号，然后清“0”符号位；执行无符号乘法，最后送积的符号。设被乘数 A 的符号位为 A_0，数值为 A^*，乘数 B 的符号位为 B_0，数值为 B^*，积 C 的符号位为 C_0，则原码有符号数 A∗B 的算法如图 4-10 所示。

例 4.16 将(R2R3)和(R6R7)中两个原码有符号数相乘，结果送 R4R5R6R7，操作数的符号位在最高位。根据图 4-10 所示的计算方法，可直接编写出程序。

```
IMUL:   MOV     A, R2
        XRL     A, R6
        MOV     C, ACC.7
        MOV     F0, C           ;暂存积的符号
        MOV     A, R2
        CLR     ACC.7           ;清“0”被乘数符号位
        MOV     R2, A
        MOV     A, R6
        CLR     ACC.7           ;清“0”乘数符号位
        MOV     R6, A
        ACALL   NMUL            ;调用无符号双字节乘法子程序
        MOV     A, R4
        MOV     C, F0           ;回送积符号
        MOV     ACC.7, C
        MOV     R4, A
        RET
```

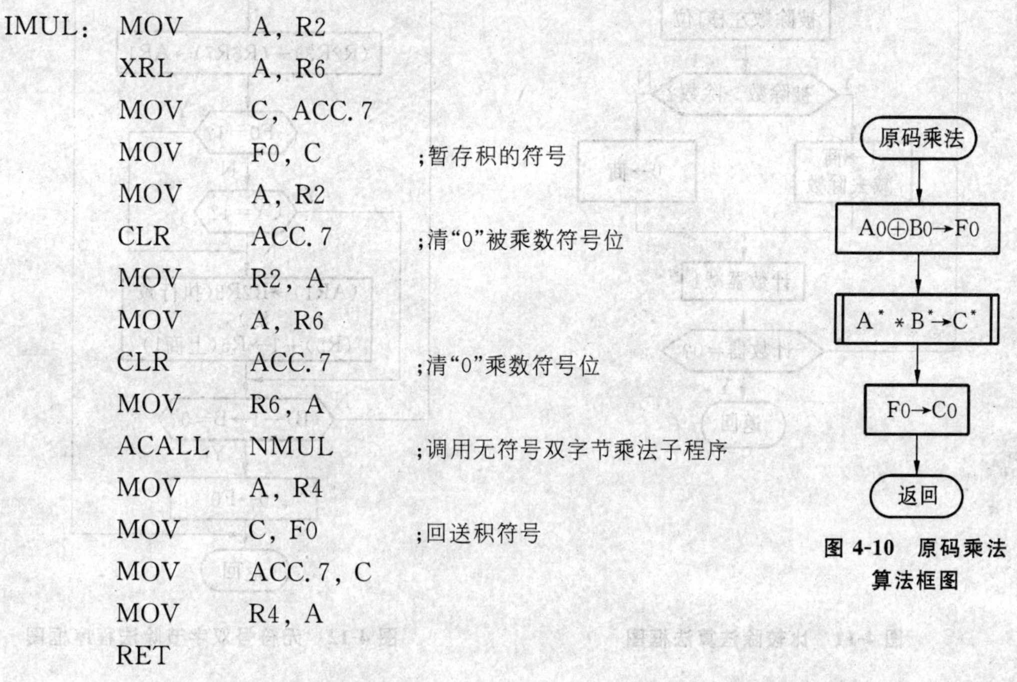

图 4-10 原码乘法算法框图

七、无符号二进制数除法程序

除法也可以采用类似于人工手算除法的方法。首先对被除数高位和除数进行比较，如

果被除数高位大于除数，则该位商为 1，并从被除数减去除数，形成一个部分余数；如果被除数高位小于除数，商位为 0 不执行减法。接着把部分余数左移 1 位，并与除数再次进行比较。如此循环直至被除数的所有位都处理完为止。一般商如果为 n 位，则需循环 n 次。这种除法先比较被除数和除数的大小，根据比较结果确定上商 1 或 0，并且上商 1 时才执行减法，我们称之为比较除法。比较除法的算法框图如图 4-11 所示。

一般情况下，如果除数和商均为双字节，则被除数为 4 个字节，如果被除数的高两个字节大于或等于除数，则发生溢出，商不能用双字节表示。所以，在除法之前先检验是否会发生溢出，如果溢出则置溢出标志不执行除法。

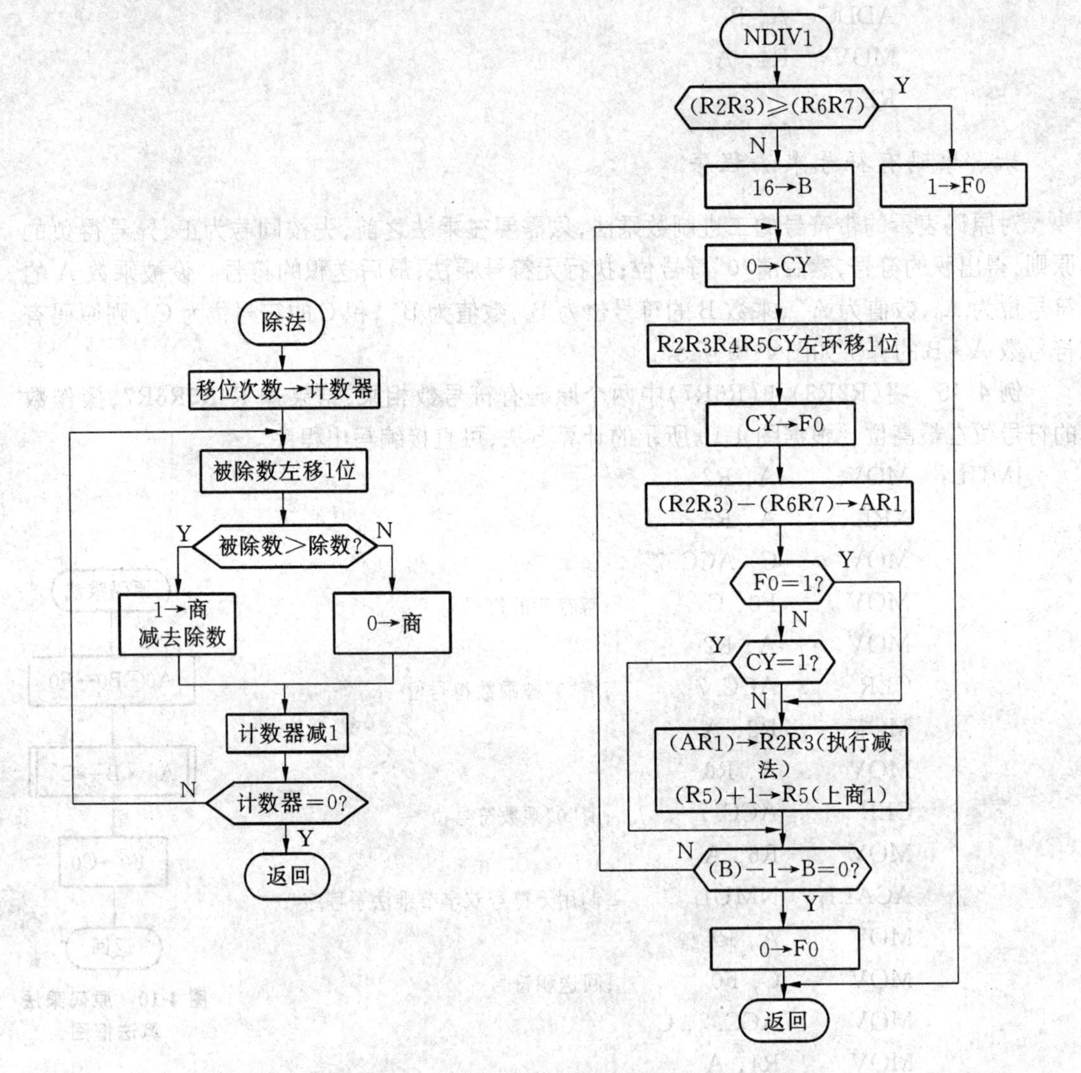

图 4-11　比较除法算法框图　　　　图 4-12　无符号双字节除法程序框图

例 4.17　将(R2R3R4R5)和(R6R7)中两个无符号数相除，结果商送 R4R5，余数送 R2R3。

根据图 4-11 的比较除法算法框图，我们可以得到图 4-12 所示的无符号双字节除法程序框图。图中(R2R3R4R5)为被除数，R4R5 又存放商，F0 作为溢出标志位，上商 1 采用 R5

加1的方法，上商0则不操作，这是因为此时R5的最低位为0。

```
NDIV1:  MOV     A, R3           ;先比较是否发生溢出
        CLR     C
        SUBB    A, R7
        MOV     A, R2
        SUBB    A, R6
        JNC     NDVE1
        MOV     B, #16          ;无溢出,进行除法
NDVL1:  CLR     C               ;R2R3R4R5左移1位,移入为0
        MOV     A, R5
        RLC     A
        MOV     R5, A
        MOV     A, R4
        RLC     A
        MOV     R4, A
        MOV     A, R3
        RLC     A
        MOV     R3, A
        XCH     A, R2           ;用交换指令可以节约一条指令
        RLC     A
        XCH     A, R2           ;(A)=R3的内容
        MOV     F0, C           ;保存移出的最高位
        CLR     C
        SUBB    A, R7           ;比较部分余数与除数
        MOV     R1, A
        MOV     A, R2
        SUBB    A, R6
        JB      F0, NDVM1
        JC      NDVD1
NDVM1:  MOV     R2, A,          ;执行减法(回送减法结果)
        MOV     A, R1
        MOV     R3, A
        INC     R5              ;上商1
NDVD1:  DJNZ    B, NDVL1        ;循环16次
        CLR     F0              ;正常出口
        RET
NDVE1:  SETB    F0              ;溢出
        RET
```

八、原码表示的有符号双字节除法程序

原码除法与原码乘法一样,只要在除法之前,先计算商的符号(同号为正,异号为负),然后清"0"符号位,执行不带符号的除法,最后送商的符号。

例 4.18 将(R2R3R4R5)和(R6R7)两个原码表示的有符号数相除,结果送 R4R5,符号位在操作数的最高位。

```
IDIV:  MOV     A, R2
       XRL     A, R6
       MOV     C, ACC.7
       MOV     0, C              ;商的符号位保存到位单元0
       MOV     A, R2
       CLR     ACC.7             ;清"0"被除数符号位
       MOV     R2, A
       MOV     A, R6
       CLR     ACC.7             ;清"0"除数符号位
       MOV     R6, A
       ACALL   NDIV1             ;调用无符号双字节除法子程序
       JB      F0, IDIVR
       MOV     A, R4
       MOV     C, 0              ;回送商的符号
       MOV     ACC.7, C
       MOV     R4, A
IDIVR: RET
```

九、乘除法程序测试

原码表示的数,乘除法运算时先经简单的符号处理,再调用无符号乘除法子程序。因此无符号乘除法子程序是基本程序。

例 4.19 无符号乘除法程序测试

利用乘除法互为逆运算原理,我们用 6 组数据测试上面的无符号乘除法子程序,程序中含有查表取测试数据子程序 LT_DAT,从中我们也可以看出主程序和子程序之间的参数传递方法。

```
        ORG     0
MAIN:   MOV     SP, #0F0H
        MOV     30H, #6          ;测6次
        MOV     DPTR, #T_DAT
MLP_L:  ACALL   LT_DAT           ;取测试数据写入R2R3R6R7
        ACALL   NMUL             ;调用乘法子程序,积在R4R5R6R7
        MOV     R0, #4
```

```
          ACALL   NSDP               ;DPTR减4
          ACALL   LT_DAT             ;再取测试数据写入R2R3R6R7
          ACALL   QMUL               ;调用快速乘法,积在R4R5R6R7
          XCH     A, R4              ;积作为被除数移入R2R3R4R5
          XCH     A, R2
          XCH     A, R5
          XCH     A, R3
          XCH     A, R6
          XCH     A, R4
          XCH     A, R7
          XCH     A, R5
          MOV     R0, #2             ;DPTR减2
          ACALL   NSDP
          ACALL   LT_DAT1            ;取除数写入R6R7
          ACALL   NDIV1              ;调用除法,商在R4R5
MLP_1:    DJNZ    30H, MLP_L
          SJMP    $
T_DAT:    DB      078H, 0FBH, 099H, 078H     ;积4886B8A8H
          DB      0FBH, 099H, 0F8H, 0FBH     ;积0F4B2E703H
          DB      099H, 078H, 0FBH, 099H     ;积96D460B8H
          DB      07AH, 0F0H, 099H, 077H     ;积49B29590H
          DB      0F0H, 090H, 078H, 0FFH     ;积71B31F70H
          DB      044H, 055H, 066H, 077H     ;积1B59A183H
LT_DAT:   CLR     A
          MOVC    A,@A+DPTR
          INC     DPTR
          MOV     R2, A
          CLR     A
          MOVC    A,@A+DPTR
          INC     DPTR
          MOV     R3, A
LT_DAT1:
          CLR     A
          MOVC    A,@A+DPTR
          INC     DPTR
          MOV     R6, A
          CLR     A
          MOVC    A,@A+DPTR
```

```
        INC     DPTR
        MOV     R7, A
        RET
NSDP:   XCH     A, DPL
        CLR     C
        SUBB    A, R0
        XCH     A, DPL
        XCH     A, DPH
        SUBB    A, #0
        XCH     A, DPH
        RET
        END
```

4.2.2 常用数制转换子程序

根据 1.2.1 中介绍的不同基的进位计数制的转换方法,我们介绍无符号整数的二进制和十进制形式之间相互转换的子程序。

一、十进制整数转换为二进制数

一个整数的十进制表示式为:

$$A = a_n * 10^n + \cdots + a_1 * 10 + a_0$$

对于 4 位十进制数, $n = 3$,

$$A = a_3 * 10^3 + a_2 * 10^2 + a_1 * 10 + a_0$$

例如: $5731 = 5 * 10^3 + 7 * 10^2 + 3 * 10 + 1$

对于 BCD 码,每个 a_i 均为 8421 码,对 $a_n \sim a_0$ 以二进制数运算法则,按上述公式进行运算,就可得出 A 的二进制码。

以上形式的计算公式为多项式,它的标准形式为:

$$Y = a_n x^n + \cdots + a_1 x + a_0$$

知道了 x、a_i 和 n,要求 Y,按这个公式计算,一般需 n 次加法, $n + (n-1) + \cdots + 1 = \frac{n(n+1)}{2}$ 次乘法。

如果我们对计算公式进行适当的改进,写成:

$$Y = (\cdots(a_n * x + a_{n-1}) * x + \cdots + a_1) * x + a_0$$

则只需 n 次加法、n 次乘法,可大大加快计算速度。以上公式可写成易于编写程序的形式:

初值：$Y_n = a_n$，$i = n-1$

$$\begin{cases} Y_i = Y_{i+1} * x + a_i \\ i = i-1 \end{cases}$$

结束条件：$i < 0$。由于实际使用时，Y_i 均采用一个变量，故上述公式还可改写为：

初值：$Y = a_n$，$i = n-1$

$$\begin{cases} Y = Y * x + a_i \\ i = i-1 \end{cases}$$

结束条件：$i < 0$。

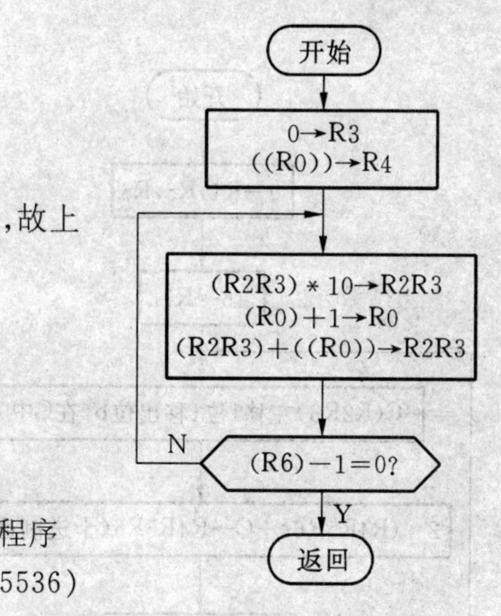

图 4-13　十进制整数转换为二进制数程序框图

例 4.20　n(n<6)位十进制数转换为二进制整数子程序

设 n 位单字节 BCD 码((R6)=n−1,十进值小于 65536)按顺序(a_n，a_{n-1}，…，a_1，a_0)存于 R0 指出的 RAM 中,转换成的二进制数存于 R2R3,则根据上面的转换原理,则可得到图 4-13 所示的框图和下面的程序：

```
IDTB:   MOV    R2, #0        ;(R0)指出十进制数的 RAM 地址
        MOV    A, @R0        ;转为二进制数存 R2R3
        MOV    R3, A         ;an 写入 R2R3
IDB_L:  MOV    A, R3         ;R2R3 * 10
        MOV    B, #10
        MUL    AB
        MOV    R3, A
        MOV    A, B
        XCH    A, R2
        MOV    B, #10
        MUL    AB
        ADD    A, R2
        MOV    R2, A
        INC    R0            ;指向下一位 ai
        MOV    A, R3         ;R2R3+((R0))即 ai
        ADD    A, @R0
        MOV    R3, A
        MOV    A, R2
        ADDC   A, #0
        MOV    R2, A
        DJNZ   R6, IDB_L
        RET
```

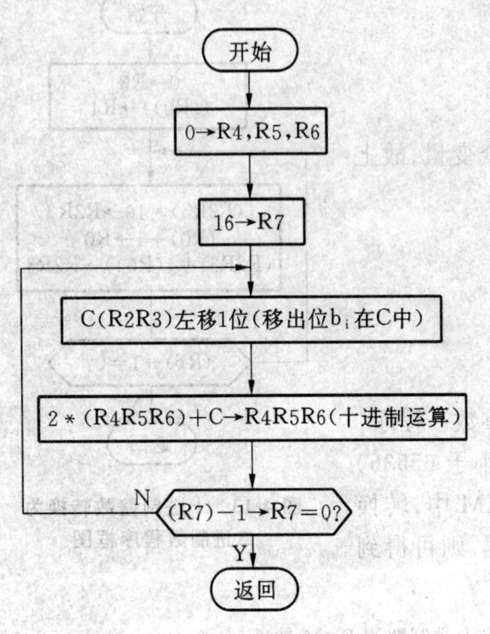

图 4-14 双字节整数二翻十程序框图

二、二进制整数转换为十进制数

一个整数的二进制表达式为：$B = b_m * 2^m + b_{m-1} * 2^{m-1} + \cdots + b_1 * 2 + b_0$

根据多项式计算方法可改写为：

初值：$B = 0; i = m - 1$

$$\begin{cases} B = B * 2 + b_i \\ i = i - 1 \end{cases}$$

结束条件：$i < 0$。

由这个公式可见，我们只要分别对部分和按十进制数运算方法进行乘 2(用加法)和加 b_i 的运算，就可得到十进制的转换结果。如果十进制运算采用压缩的 BCD 码，则结果为压缩的 BCD 码。

例 4.21 将(R2R3)中 16 位二进制整数转换为压缩 BCD 码十进制整数送 R4、R5、R6。

按照上面的公式和计算方法，我们可以画出程序框图(图 4-14)。

```
IBTD2:  CLR     A
        MOV     R4, A
        MOV     R5, A
        MOV     R6, A
        MOV     R7, #16
IBT_L:  CLR     C
        MOV     A, R3
        RLC     A
        MOV     R3, A
        MOV     A, R2
        RLC     A               ;(C)为 bi
        MOV     R2, A           ;(R4R5R6)+(R4R5R6)+C=(R4R5R6)*2+C
                                ;(十进制加)
        MOV     A, R6
        ADDC    A, R6
        DA      A
        MOV     R6, A
        MOV     A, R5
        ADDC    A, R5
        DA      A
        MOV     R5, A
```

```
        MOV     A, R4
        ADDC    A, R4
        DA      A
        MOV     R4, A
        DJNZ    R7, IBT_L
        RET
```

整数二翻十也可以采用连续除以十的方法得到 a_0，a_1，a_2，…，或者用连续减 10 的幂次的方法，读者可以自行编制出这些程序。

例 4.22　数据转换程序测试

利用十转二和二转十互为逆运算的原理，我们直接编写出下面的测试程序：

```
        ORG     0
MAIN:   MOV     SP, #0F0H
        MOV     DPTR, #T_DAT
MLP_L:  MOV     R0, #50H
        MOV     R1, #5
        ACALL   LT_DAT          ;取测试数据写入 RAM
        MOV     R0, #50H
        MOV     R6, #4
        ACALL   IDTB            ;十转二
        ACALL   IBTD2           ;二转十
        DJNZ    R1, MLP_L
        SJMP    $

LT_DAT: CLR     A               ;取测试数据存入 RAM
        MOVC    A, @A+DPTR
        MOV     @R0, A
        INC     R0
        INC     DPTR
        DJNZ    R1, LT_DAT
        RET
T_DAT:  DB      1, 2, 3, 4, 5   ; 03090H(十六进制表)
        DB      2, 3, 4, 5, 6   ;05BA0H
        DB      3, 4, 5, 6, 7   ;08707H
        DB      4, 5, 6, 7, 8   ;0B26EH
        DB      5, 6, 7, 8, 9   ;0DDD5H
        DB      6, 5, 5, 3, 0   ;0FFFAH
```

4.2.3 主程序和中断程序设计

由于中断和子程序调用有所不同,中断的产生、响应和中断程序的执行是随机的,因此进入中断程序时的主程序状态也是不可预知的,因此中断程序中用到的资源状态都必须由中断程序保护,中断程序必须以 RETI 指令结尾。

中断是处理随机事件请求的,一般单片机的中断请求源有多个,为了使 CPU 能照顾到各个中断请求不出现丢失现象,必须按中断请求源的轻重缓急正确设置各中断源的优先级别,还需注意中断程序不能过长(以便使 CPU 及时退出中断状态,响应其他中断)。

中断程序和主程序之间也往往用约定的 RAM 单元(字节或位)进行信息交换,表示中断程序向主程序的一些请求或传送的一些数据。

例 4.23 主程序和中断程序设计举例

后面的章节中将有许多中断程序实例,这里仅举个简单的例子。下面的程序是针对开关请求的外部中断 0 设计的,开关请求中断的特点是时间长,并且有抖动(硬件电路见附录 3 中附图 1)。我们在中断程序中仅置位请求处理的标志 WARM 和禁止中断 0,具体由主程序处理。主程序查询到 WARM=1 时,清零标志 WARM,使蜂鸣器响,直至 INT0 升为高电平后,才使蜂鸣器停,并重新允许 INT0 请求。实际应用中若有其他中断请求,这期间 CPU 还能响应中断。

```
LED_A    EQU    0A0H
LED_B    EQU    080H
BEEP     BIT    0B6H
WARM     BIT    0
         ORG    0
         LJMP   MAIN
         ORG    3
         LJMP   P_INT0
MAIN:    MOV    SP, #0F0H            ;初始化
         MOV    A, #0AAH
         MOV    LED_A, A
         MOV    B, #055H
         MOV    LED_B, B
         SETB   IT0
         MOV    IE, #081H
MLP_0:   MOV    R7, #10              ;主程序循环地定时
         MOV    R6, #0               ;对 P0、P2 口上指示灯
         MOV    R5, #0               ;状态求反
MLP_1:   DJNZ   R5, MLP_1
         DJNZ   R6, MLP_1
```

```
        DJNZ    R7, MLP_1
        CPL     A
        MOV     LED_A, A
        XCH     A, B
        CPL     A
        MOV     LED_B, A
        XCH     A, B
        JNB     WARM, MLP_0
        CLR     WARM            ;清零中断程序请求处理标志
        CLR     BEEP            ;使蜂鸣器响
        JNB     P3.2, $         ;INT0 未撤消请求等待
        SETB    BEEP            ;撤消后蜂鸣器停
        CLR     IE0             ;重新允许 INT0 请求
        SETB    EX0
        SJMP    MLP_0
P_INT0: CLR     EX0             ;禁止外部中断 0
        SETB    WARM
        RETI
        END
```

§4.3　Keil C51 平台上的汇编语言程序调试

Keil C51 uv2(以下简称 Keil C51)是一个 Windows 环境下的 51 单片机软件开发平台，支持 C51、A51 程序的编辑、编译和调试，具有程序生成和调试两个环境。

4.3.1　A51 程序文件的生成

运行 Keil C51 后的初态为程序生成环境，其用户界面如图 4-15 所示。

一、建立项目

(1) 建立项目文件夹，如 D:\project\project_1；

(2) 运行 Keil C51，点击菜单栏中 Project，在其下拉菜单中点击 New 项后输入路径名如 D:\project\project_1，再输入文件名如 example_1，点击保存，则项目文件 example_1. uv2 保存到 D:\project\project_1 文件夹中。

(3) 选择 CPU(单片机)型号：保存好项目文件后弹出公司器件库清单，点击一公司(如 Atmel)后显示该公司器件清单，再点击一个型号(如 AT89C52)后，弹出该产品资源窗口，接着询问是否把 Start up. A51 文件加到项目，点击 n 或 y，便完成了项目的建立。在项目管理窗口出现：Target1 文件夹，展开出现 Source Group1 文件夹。

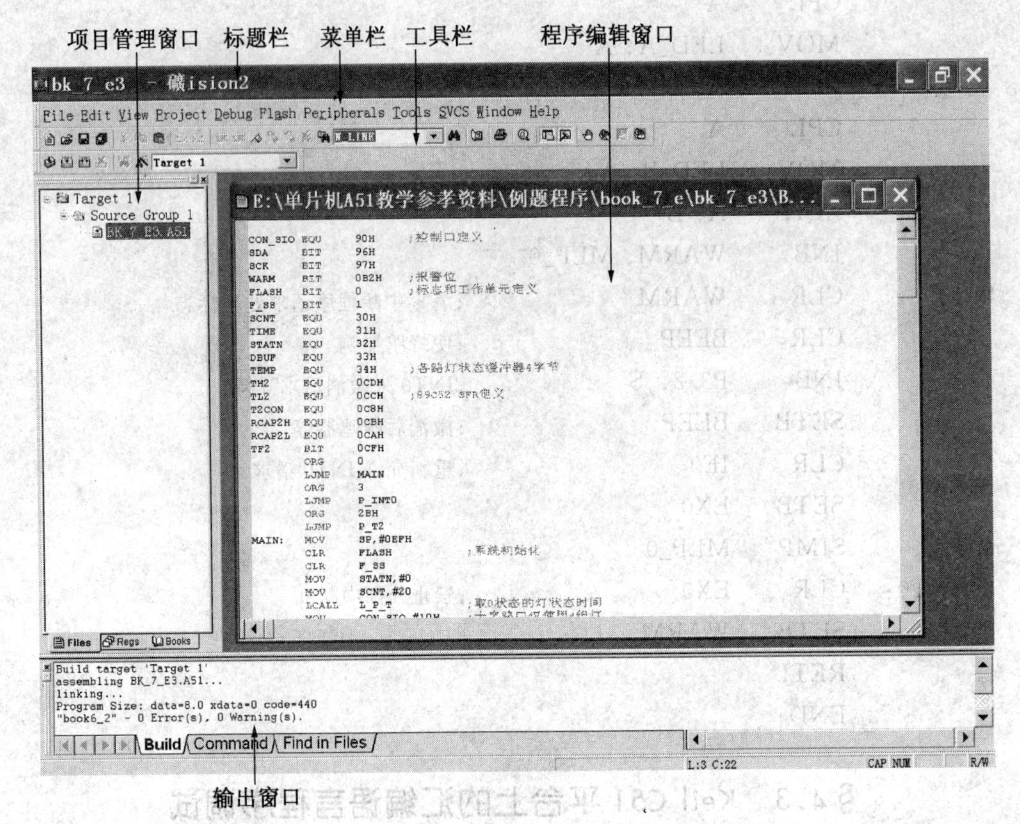

图 4-15　Keil C51 在 A51 程序生成环境下的用户界面

二、生成 A51 源程序文件

点击 File,在其下拉菜单中再点击 New 后弹出一个程序编辑窗口,这时可用文本编辑方法输入 A51 源程序。程序正确输入后,点击 File 在其下拉菜单中点击 Save as 后,输入路径名如 D:\project\project_1 和文件名如 example_1. A51,再点击保存后则 example_1. A51 被保存到 D:\project\project_1。

三、将 A51 源程序文件加入项目

在项目管理窗口上右击 Source Group 1 后弹出一个窗口,再在该窗口上点击 Add Files……,则弹出当前路径下文件显示的窗口,将显示文件类型改为全部文件 *. *,然后选择 A51 文件如 example_1. A51,双击 example_1. A51 或点击 Add、Close 后,example_1. A51 被加入项目,并出现在 Source Group 1 下。

四、A51 源程序文件的编译和连接

1. 目标系统硬件和参数设置

在项目管理窗口上右击 Target1 后在弹出的窗口中点击 Options……后出现设置窗口，如图 4-16 所示。

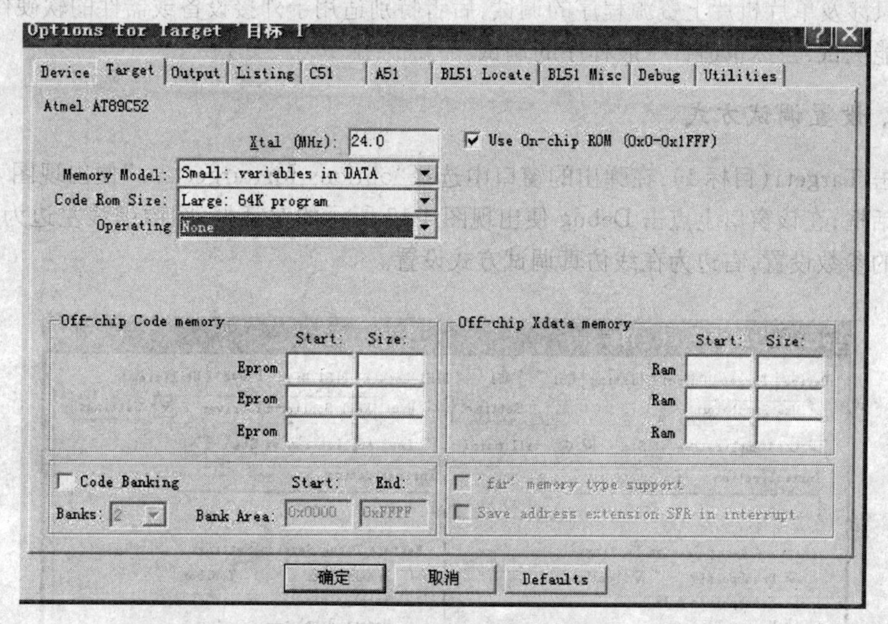

图 4-16　option for Target 对话窗口

(1) Device:选择 CPU 器件,功能同项目建立中说明。

(2) Target:在 Xtal 框可输入时钟频率,在 Use On ship ROM 框可选择是否使用片内 8K FLASH,在 Memory Model 选择 Small、Compact、Large 之一种存储器模式,在 Code Rom Size 选择程序存储器容量,在 Operating 选择是否使用操作系统 RTX51 Tiny 或 RTX51 Full,还可以选择片外存储器容量。

(3) Output:选择编译后生成的文件名,取默认值,生成的文件名和工程名一致,存于同一个文件夹。并选择生成 Debug infomation 和 Hex 文件(☑)。

(4) Listing:选择生成的列表文件目录(通常取默认值)。

(5) C51:设置 C51 编译器的特别工具选项(通常取默认值)。

(6) A51:选择汇编器特别工具选项(通常取默认值)。

2. 编译和连接

单击此钮,只编译新加入的或修改过的源程序文件。

单击此钮,重新编译连接所有的源程序文件。

编译连接过程中,若有错误则显示在输出窗口上,点击错误项,由符号⇒指向该错误所在的行。修改后再编译,直至正确为止(在输出窗口显示 0 Error(s)、0 Warning(s))。

4.3.2 A51程序的调试

Keil C51支持C51、A51程序的模拟调试方式,也支持在PC机串行口上连接在线仿真器(符合Keil Monitor Driver等仿真软件通信规范)的在线仿真调试方式。前者适合于计算程序或只涉及单片机片上资源程序的调试,后者特别适用于外接设备或器件的软硬件调试、动态性能测试,当然也适合一般程序的调试。

一、设置调试方式

右击Target1(目标1),在弹出的窗口中选择"options for target ..."便出现图4-16所示的对话框,在该窗口上点击Debug便出现图4-17所示的对话框,图中虚线左边为模拟仿真方式的参数设置,右边为在线仿真调试方式设置。

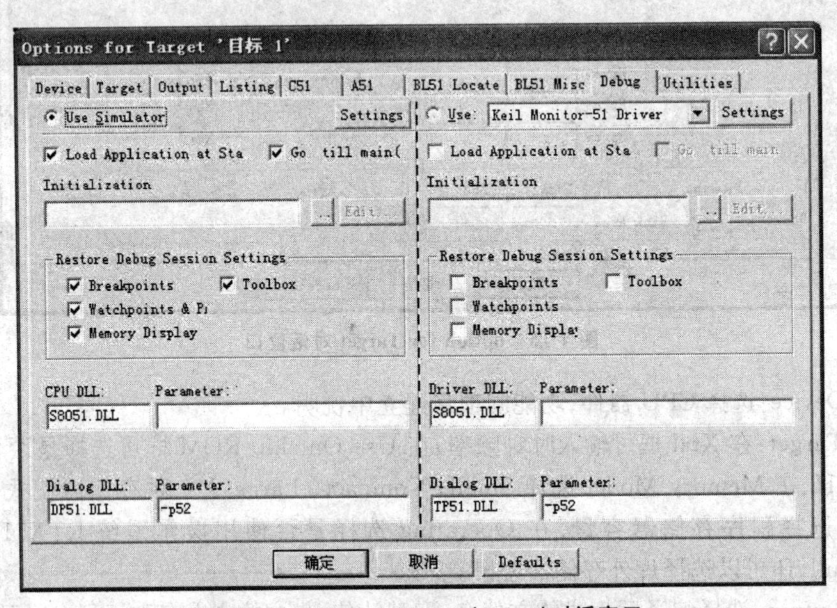

图4-17 options for Target(Debug)对话窗口

1. 模拟仿真方式设置(在图4-17的左边操作)

- 选择模拟仿真方式:点击"Use Simulator ..."使出现◉;
- 选启动时自动载入用户程序:点击"Load Application at Start ..."使出现☑;
- 选启动运行时自动执行到主程序:点击"Go till main ...",使出现☑;
- 在Restar Debug Session Setting,使各项均为☑,点击各项即可。

2. 在线仿真方式设置(在图4-17的右边操作)

- 选在线调试方式、模块或仿真器的监控类型:点击Use使出现◉;点击▾后出现的下拉菜单中选监控类型,对于附图中的实验模块,选Keil Monitor-51 Driver;
- 设置串行口和波特率:点击Setting后出现的对话框中,在port的下拉菜单中选COM1~COM8中的一个,可选串口必须是准备连接模块的系统所配置的串行口,若无串口，也可以配 1 个 USB 转串口的转换头；在波特率的下拉菜单中选 1 个适合于模块或仿真器的波特率，对于附图中实验模块常选 38400；

- 选启动时自动载入用户程序：点击“Load Application at ...”使出现☑；
- 选启动时自动运行到主程序 main：点击“Go till main”使出现☑；
- 点击“Restore Debug Session ...”中各项，使之都为☑。

二、启动/退出调试环境

在程序生成环境下，设置完调试方式后，可进入调试环境。若选择模拟方式，则点击 Debug 并在其下拉菜单中点击图标ⓓ或直接点击工具栏中的图标ⓓ，便进入调试环境，打开一些窗口后的调试环境用户界面如图 4-18 所示。若选择在线仿真方式，先将仿真器和 PC 机上所选的串口相连，打开仿真器电源，像模拟方式那样点击图标ⓓ便进入调试环境，如果成功则调试程序自动装入仿真器，并出现如图 4-18 所示的调试环境用户界面，若失败会出现提示窗口，此时在提示窗口中点击 Setting 检查修改设置，同时检查仿真器供电、串口连接是否正确，复位仿真器后，再点击 Try Again 直至成功为止。

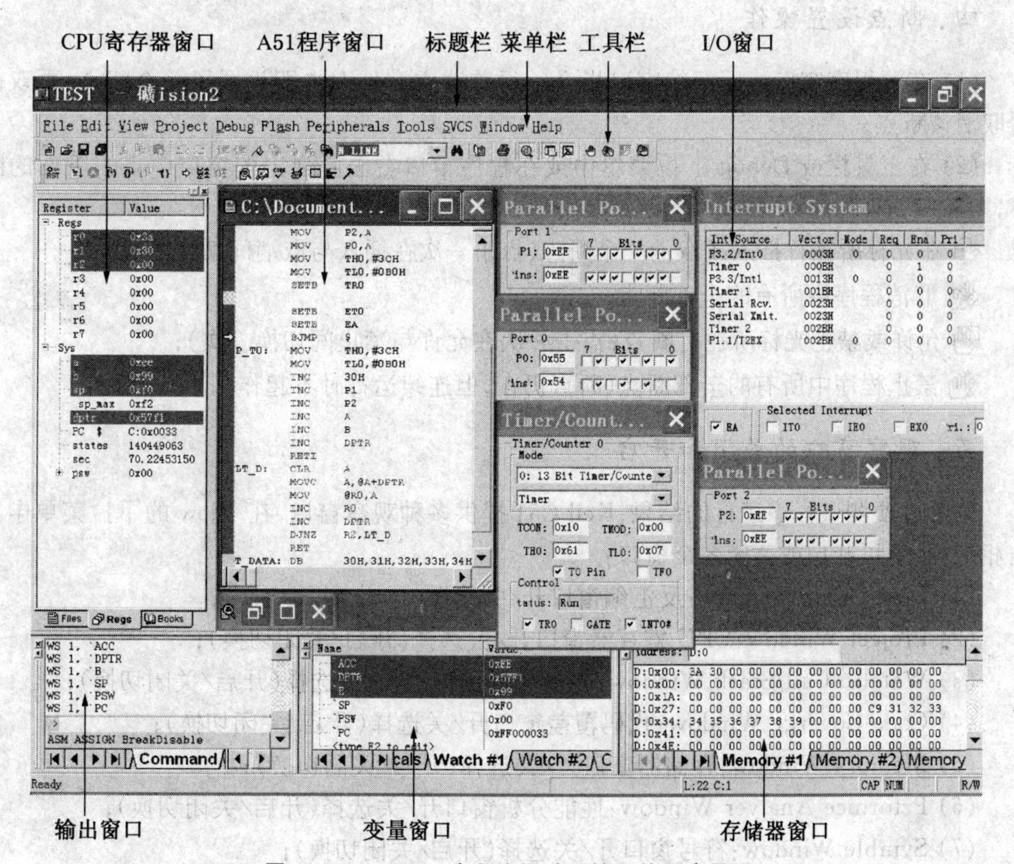

图 4-18　Keil C51 在程序调试环境下的用户界面

三、程序运行方式选择

在调试环境下,点击 Debug 后的下拉菜单中点击相应图标或直接在工具栏中点击相应图标,即可选择不同的方式运行程序:

(1) Go(Run):连续运行程序,只有碰到断点或点击图标×(模拟调试方式有效)或按仿真器的复位键(在线仿真方式有效)时才停止运行程序;

(2) Step into:单行指令运行程序,碰到子程序调用指令时,则进入子程序单行运行指令;

(3) Step over:单行指令运行程序,碰到子程序调用指令时,不进入子程序,直接运行到下行指令;

(4) Step out of current function:若光标指在一个子程序的某一行,运行至该子程序返回后停止运行;

(5) →{} Run to Cursor line:连续运行至光标指向的行以后停止运行;

(6) Reset CPU:模拟方式下点击此钮复位 CPU,在线仿真方式下无效。

四、断点设置操作

(1) 在源程序窗口或反汇编窗口指令行行首或空白处双击即设置了一个断点,再双击则取消该断点;

(2) 在工具栏或 Debug 下拉菜单中或在程序窗口右击后弹出的窗口中点击下面的图标,则插入、取消、允许、禁止断点:

在光标所在行插入或取消一个断点(点击一次在插入与取消间切换一次);

取消程序中所有的全部断点;

允许或禁止光标所在行断点(点击一次在允许与禁止间切换一次);

禁止程序中所有的全部断点(断点仍在,但连续运行时不起作用)。

五、观察窗口的关闭和开启

为了方便测试程序运行的结果,Keil C51 提供多种观察窗口,在 View 的下拉菜单中点击相应项,则可开启或关闭各个窗口:

(1) Disasemble Window:反汇编窗口开/关选择(开启/关闭切换);

(2) Project Window:CPU 寄存器窗口开/关选择(开启/关闭切换);

(3) Watch&Call Stack Window:变量和调用窗口开/关选择(开启/关闭切换);

(4) Code Coverge Window:代码覆盖窗口开/关选择(开启/关闭切换);

(5) Memory Window:存储器窗口开/关选择(开启/关闭切换);

(6) Prformce Analyer Window:性能分析窗口开/关选择(开启/关闭切换);

(7) Symble Window:符号窗口开/关选择(开启/关闭切换);

(8) Serial Window#1、#2:串行窗口 1、2 开/关选择(开启/关闭切换,大多数单片机只有一个串行口,因此只需打开 Serial Window#1);

(9) Periodic Window Updata:窗口中数据周期性更新功能的允许/禁止选择(允许/禁止切换,模拟调试方式下有效)。

六、反汇编窗口

反汇编窗口可显示A51源程序和反汇编指令(地址、机器语言代码和汇编指令)的混合代码,在反汇编窗口中右击,可在弹出的窗口中选择显示方式。

七、CPU寄存器窗口

进入调试环境,便在调试窗口左边出现CPU寄存器窗口,显示CPU寄存器内容,如图4-18所示。在模拟方式调试程序时特别有用,但在线仿真时不支持该窗口的实时显示,CPU寄存器要放在变量窗口显示,R0～R7要在存储器窗口显示(可能主要考虑了C51调试需求)。

八、变量和调用窗口

点击View的下拉菜单中Watch&Call Stack Window便打开变量和调用窗口,在调试窗口下方出现标签为Locals、Watch♯1、♯2、Call Stack的窗口,如图4-18所示,点击标签则在Locals、Watch♯1、♯2、Call Stack的窗口之间切换:

(1) Locals:主要用于C51程序调试,停止运行时显示或修改当前函数的局部变量值;

(2) Watch♯1、♯2:主要用于C51程序调试,这两个窗口用于显示/修改指定的变量(通常为全局变量)值,对于A51程序,在线仿真时常用于CPU寄存器内容的显示和修改(停止运行时)。设置观察变量或CPU寄存器的方法如下:点击〈F2 to edit〉后在键盘上按F2,〈F2 to edit〉呈蓝色时,输入变量名或CPU寄存器名和回车后完成设置;若再点击Value框并在键盘上按F2,使之呈蓝色时输入数据和回车便完成修改。

(3) Call Stack显示函数(C51)或子程序(A51)调用情况。

九、存储器窗口

打开Memory Window,便在调试窗口下方出现标签为Memory♯1、Memory♯2、Memory♯3、Memory♯4的存储器窗口,如图4-18所示。点击标签则在这4个窗口之间切换。窗口操作方法如下:

(1) 在Address框输入c:xxxx(程序存储器)或d:xxxx(内部数据存储器)或x:xxxx(外部数据存储器),其中xxxx为十进制数、或0x开头的十六进制数、或0开头H结尾的十六进制数表示的起始地址,此时窗口显示出该地址开始的内容,并可用滚动条滚动显示;

(2) 在窗口显示内容处右击,可以在弹出的窗口中点击Modify……后输入十进制数或十六进制数和回车,便修改了相应单元内容。

十、串行窗口

Keil C51的Serial Window♯1、♯2串行窗口(大多数单片机只有一个串行口,因此只需打开Serial Window♯1)提供了通信程序的模拟调试功能,打开Serial Ser Window♯1,

连续运行通信程序，光标指向 Serial Window＃1 窗口，使之成为活动窗口，此时单片机串行口输出字符显示在 Serial Window＃1 窗口上，键盘上输入字符被单片机串行口所接收。

十一、符号窗口

打开该窗口可以查到程序中各符号地址，如图 4-19 所示。

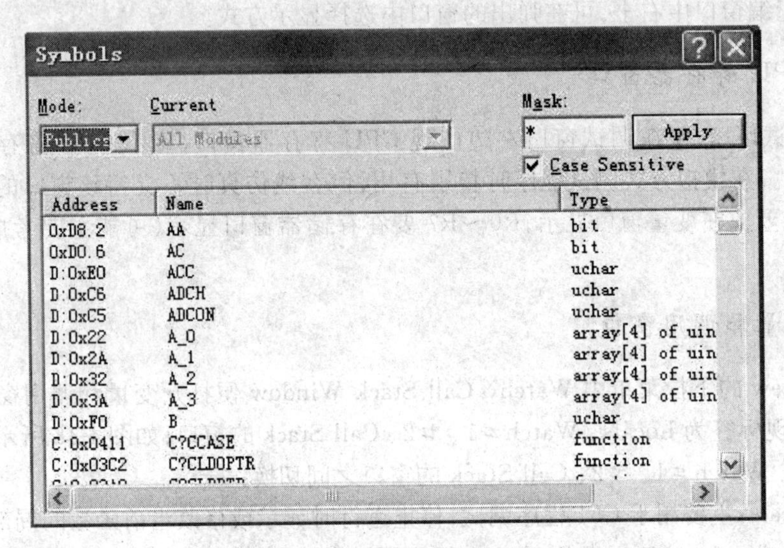

图 4-19　符号窗口(Symbols)

十二、窗口中数据周期性更新功能

在模拟方式调试中，允许窗口中数据周期性更新功能后(√)，连续运行程序时各窗口内容被周期性更新，使用户更直观地观察到程序运行结果。例如，若 P1.0 输出周期性变化表示有脉冲输出。

十三、外围窗口

1. 外围窗口的开/关选择

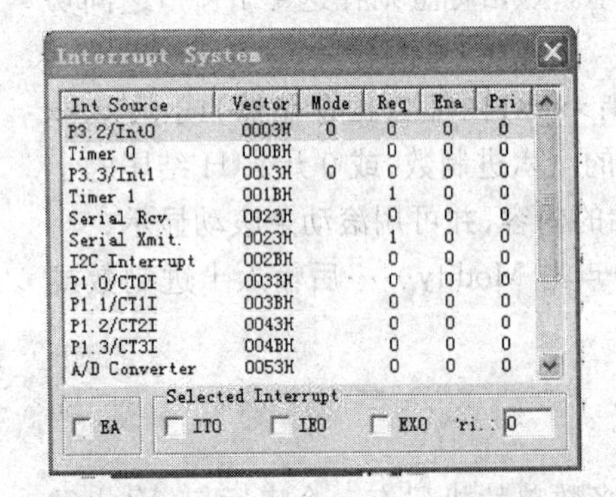

图 4-20　Philips 8XC552 中断窗口

在 Peripherals 的下拉菜单中，显示外围窗口的开/关选项(其项的多少与所选 CPU 有关)：

- Interrupt：中断窗口开/关(窗口如图 4-20 所示)。
- I/O-ports(port 0、1、2、3)窗口开/关(窗口如图 4-21)。
- Timer 定时器窗口开/关(窗口如图 4-22)。
- Serial 串行通道窗口开/关(窗口如图 4-23(a))。
- A/D Conveter A/D 窗口(Philips 8XC552)开/关(窗口如图 4-23(b))。

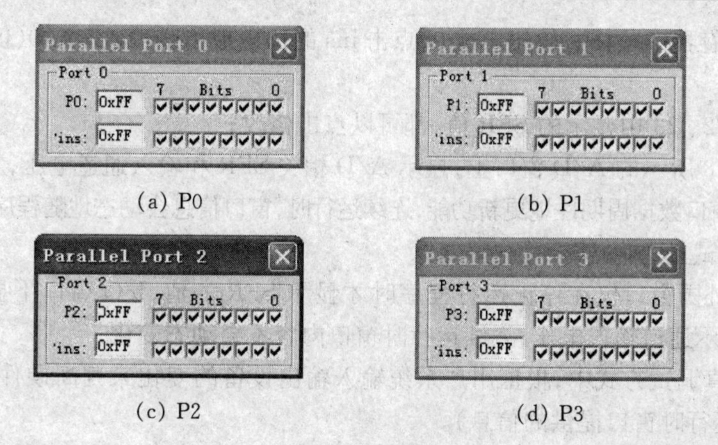

(a) P0　　(b) P1

(c) P2　　(d) P3

图 4-21　I/O 口窗口(在线仿真方式中只显示上面 1 行口锁存器状态)

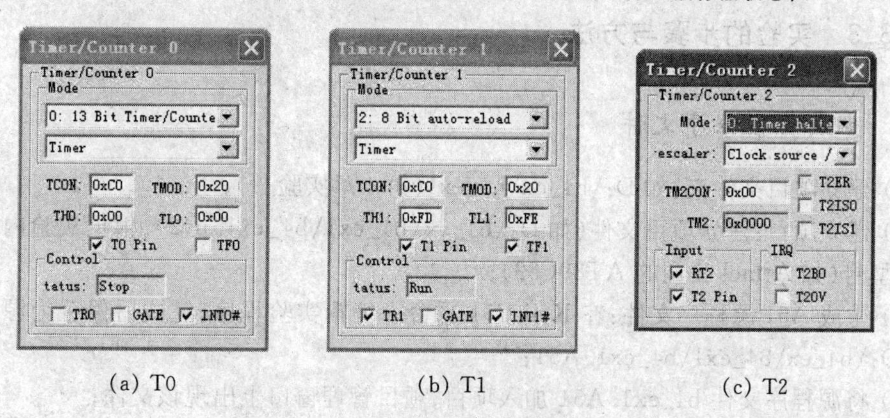

(a) T0　　(b) T1　　(c) T2

图 4-22　定时器窗口

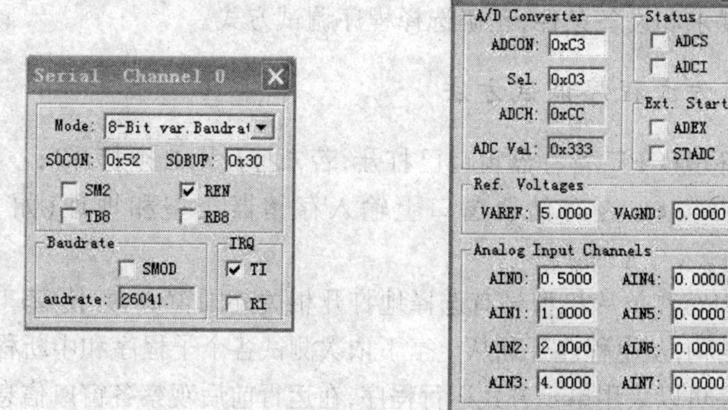

(a) 串行通道窗口　　(b) 8XC552 AD 窗口

图 4-23　其他窗口

2. 外围窗口显示内容和操作

① 模拟调试方式

- P0～P3 窗口上显示口锁存器和引脚(ins)2 行信息，符号口表示该位为 0，☑表示该位为 1,点击口锁存器的位使之输出 1 或 0,点击 ins 的位模拟引脚输入 1 或 0(仅口锁存器为 1 时才有效);

- 图 20、22、23 中显示的 SFR 值,都可以点击修改;
- 在图 4-18 所示的 A/D 窗口上,显示 A/D 相关 SFR 和输入通道电压,它们都可修改;
- 若选用窗口数据周期性地更新功能,连续运行时,窗口信息会动态地随程序的运行变化。

② 在线调试方式

- 所有的外围窗口仅在停止运行程序时才显示 SFR 的值,I/O 窗口不显示引脚状态,A/D 窗口不显示通道输入电压,连续运行时窗口内容不会动态变化;
- 在线仿真调试方式中,根据用户系统输入输出设备的变化来判断硬件故障和程序错误(包括停止运行时窗口提供的信息)。

4.3.3 实验的步骤与方法

一、生成实验程序文件

(1) 建立项目文件夹,如 D:\b4_ex\b4_ex1(第 4 章实验一);

(2) 建立项目:建立项目文件(如 D:\b4_ex\b4_ex1\b4_ex1. uv2),根据实验内容选择单片机型号(如 Atmel 公司的 AT89C52);

(3) 生成 A51 源程序文件:在 Keil C51 平台上编辑实验程序,完成后保存为源程序文件,如 D:\b4_ex\b4_ex1\b4_ex1. A51;

(4) 将源程序文件 b4_ex1. A51 加入项目,项目管理窗口上出现该文件;

(5) 编译源程序文件 b4_ex1. A51,若有错误,点击错误信息,找到错误后修改,并重新编译直至正确为止(输出窗口显示 0 Error(s), 0 Warming(s));

(6) 根据实验要求和设备条件,正确选择程序调试方式。

二、模拟仿真方式程序调试方法

(1) 进入调试环境(CPU 寄存器窗口已打开,若未打开则必须打开);

(2) 打开存储器窗口,在存储器窗口上输入存储器类型和地址(如 D:30H 回车或 D:0x30 回车);

(3) 根据实验内容和单片机型号有选择地打开相关外围窗口,并使窗口周期性刷新;

(4) 根据程序结构,从主程序开始从上至下依次测试各个子程序和中断程序功能,对于初始化程序和计算程序可以采用单步方式运行程序,在运行前后观察各窗口信息变化,检测是否实现所设计的功能;对于延时或等待某一事件发生(如一个标志位=1)、输入输出程序及中断程序,一般采用断点方式运行程序,对于输出程序连续运行碰到断点后,可在相关窗口上观察到输出结果;对于输入程序,必要时点击输入口引脚或修改外部数据存储器单元(与扩展 I/O 口对应)内容后才碰到断点,然后单步运行,观察输入的数据,测试程序的功能;

(5) 若发现错误,则停止运行,退出调试环境,修改并重新编译后再进入调试环境测试;

(6) 若未发现错误,取消所有断点,连续运行观察窗口内容的变化,测试实验的结果是否达到所设计的功能；若有错则停止运行，退出调试环境，修改并重新编译后再进入调试环境测试，直至正确为止。

三、在线仿真方式程序调试方法

(1) 根据实验内容选用附录 3 中的一种在线仿真实验模块(或支持 Keil C51 界面的其他在线仿真器并连接好实验模块)，和 PC 机上所选串口相连，插上并打开电源；

(2) 进入调试环境，若连接失败，点击 Setting，检查修改在线仿真方式的参数设置，检查模块和 PC 机连接是否正确，按模块上复位键后，再点击 Tray again，直至正确进入调试环境为止(正常时给出程序下载提示后出现调试界面)；

(3) 根据实验内容和单片机型号有选择地打开存储器、I/O、变量等相关窗口，在存储器窗口上输入存储器类型和地址(如 D:0 回车)，由于 Keil C51 在线仿真时不支持 CPU 寄存器窗口内容更新(可能是主要考虑 C51 调试需要)，所以 R0～R7 只能在存储器窗口上观察(如 0 区 R0～R7 对应于内部 RAM 的 0～7 单元)，并在变量窗口上输入 ACC、DPTR、SP、B、PSW、PC 等 CPU 寄存器名，以便停止运行时能观察到它们的变化。

(4) 根据程序结构，从主程序开始从上至下依次测试各个子程序和中断程序功能，对于初始化程序和计算程序可以采用单步方式运行程序，在运行前后观察各窗口信息变化，检测是否实现所设计的功能；对于延时或等待某一事件发生(如一个标志位＝1)、输入输出程序及中断程序，一般采用带断点连续方式运行程序，对于输出程序连续运行碰到断点后，可在实验模块的输出设备上观察结果；对于输入程序，必要时在实验模块的输入设备上操作后才碰到断点，然后单步或带断点运行，观察输入的数据，测试程序的功能；

(5) 若发现错误，则停止运行，退出调试环境，修改并重新编译后再进入调试环境测试；

(6) 若未发现错误，取消或禁止所有断点，连续运行程序，观察模块上设备的状态变化，测试实验的结果是否达到所设计的功能。若有错误，按模块上复位键后停止运行，退出调试环境，修改并重新编译后再进入调试环境测试，直至正确为止。

小　结

通过本章学习，必须达到下面的要求：

● 了解算法和程序框图的重要性：它们是程序设计的依据和路线图，也是程序阅读、修改、交流的基础；

● 重视结构化、模块化、符号化程序设计方法，以便于程序的设计、阅读、交流、修改和调试；

● 掌握循环程序的设计和优化方法，掌握常用的几种子程序参数传递方法；

● 掌握典型的程序设计思想、方法、技巧；

● 掌握常用子程序的功能、设计原理、设计与调用方法；

● 掌握编写程序中的工作单元分配、结构与流程图设计方法、符号的选用、指令正确使用等；

● 掌握中断程序的设计方法，了解中断程序和主程序间的关系、中断程序结构，以及和子程序的差别；

- 熟悉 Keil C51 平台的基本功能和操作方法；
- 掌握汇编语言程序在 Keil C51 平台上的调试过程和方法；
- 掌握实验的方式、方法与过程。

习　题

1. 指出例 4.6 中子程序 RL43 程序的算法，画出它的程序框图，指出每次循环后 RAM、A 的状态。
2. 编写 1 个子程序，其功能为将 R0、R1 指出的内部 RAM 中两个 3 字节无符号数相加，和存于 R3R4R5，并指出子程序的参数传递方法。
3. 若 RAM 中有 3 字节无符号数按高位至低位顺序存放，编写 1 个子程序，其功能为将 R0(指向高位)指出的这 3 字节数右移 1 位，溢出位存 CY。
4. 试编写 1 个子程序，其功能为：(A)→(30H)→(31H)……→(3FH)→丢失。
5. 试编写 1 个子程序，其功能为将 R0 指出的 3 字节压缩 BCD 码转换为 6 个单字节 BCD 码，存于 R1 指出的 6 个单元。
6. 试编写 1 个子程序，其功能为 R1 指出的 6 个单字节 BCD 码转换为 3 字节压缩 BCD 码，结果存于 R1 指出的 3 个单元。
7. 试编写 1 个子程序，其功能为(R2R3R4) * (R5)存入 R4R5R6R7。
8. 试编写 1 个子程序，其功能为将 R0 指出的 3 字节无符号数右移 4 位，移出的 4 位存入 A。
9. 已知 0 到 9 的字形数据为：3FH，06H，6BH，4FH，66H，6DH，7DH，07H，7FH，6FH，试用堆栈传递参数方法编写 1 个子程序，其功能为将 1 位 BCD 码转换为字形数据。
10. 试用程序段传送参数的方法编写 1 个子程序，其功能为将常数 0A248H，05678H 存入 R2R3R6R7 并相乘，积存 R4R5R6R7。
11. 设 30H～4FH 单元按学号(0～31)存放 32 个学生的英语成绩，请编写两个子程序：一是计算平均成绩存 R2R3；二是计算第一名的学号和成绩存 R4R5。
12. 设一个球从 40m 高度落下又弹出，每次落下后弹回到原高度的一半，请编写一个子程序，计算 n((R7)＝n，小于 15)次弹出的高度，精度为 0.001(提示：先扩大 1000 倍，再 n 次除 2 取整)存 R2R3。
13. 画出例 4.13、例 4.19 的程序框图，说明各个子程序和调用它们的程序(父程序)之间的参数传递方法。
14. 请指出例 4.23 程序的功能，画出其程序框图，说明主程序和中断程序是如何协调工作的？

实　验

一、模拟仿真方式程序调试实验

实验一　加减法程序测试实验

(一) 实验目的

熟悉 Keil C51 操作，掌握测试程序设计及模拟仿真方式的程序调试方法。

(二) 实验内容和功能

参见例 4.13。

(三) 程序调试步骤

(1) 建立项目文件夹 D:\b4_ex\b4_ex1；

(2) 建立项目文件 D:\b4_ex\b4_ex1\b4_ex1.uv2,并选择相应公司单片机型号(如 Atmel 的 89C52)；

(3) 在 Keil C51 平台上编辑例 4.13 程序和所用到的子程序,编辑完成后保存为 51 源程序文件D:\b4_ex\b4_ex1\b4_ex1.A51；

(4) 将 D:\b4_ex\b4_ex1\b4_ex1.A51 加入项目,b4_ex1.A51 出现在项目管理窗口；

(5) 编译 b4_ex1.A51,若有错误,点击错误信息,找到错误后修改,并重新编译直至正确为止；

(6) 正确选择模拟仿真方式,然后进入调试环境；

(7) 打开存储器窗口,在存储器窗口上输入关心的存储器类型和地址,使窗口周期性刷新；

(8) 从主程序 MAIN 开始以单步、断点方式运行,断点设在各条调用指令前后,运行前后观察 CPU 寄存器和相关 RAM 单元状态,测试 CMPT、NADD、NSUB1、DSUB、DADD 子程序的正确性(对测试数据的计算结果和计算器上的计算结果进行比较)。

(9) 若发现问题,停止运行并退出调试环境,程序修改、重新编译后再进入调试环境测试。

注:(1)、(2)步为建立新项目。文件夹及文件的命名及路径是考虑到各个实验按章节顺序保存的需要而设定的。这两步各实验相同,以后不单独列出,简单地表示为"建立项目"。

(四) 思考与实验

编写并验证习题 4、习题 12 的程序。

实验二　乘除法程序测试实验

(一) 实验目的

熟悉 Keil C51 操作,掌握测试程序设计及模拟仿真方式的程序调试方法。

(二) 实验内容和功能

参见例 4.19。

(三) 程序调试步骤

(1) 建立项目,在 Keil C51 平台上编辑例 4.19 程序和所用到的子程序,编辑完成后保存为 51 源程序文件:D:\b4_ex\b4_ex2\b4_ex2.A51；

(2) 将 D:\b4_ex\b4_ex2\b4_ex2.A51 加入项目；

(3) 编译\b4_ex2.A51,若有错误,修改并重新编译程序,直至正确为止；

(4) 正确选择模拟仿真方式,然后进入调试环境；

(5) 打开存储器窗口,在存储器窗口上输入关心的存储器类型和地址,使窗口周期性刷新；

(6) 从主程序 MAIN 开始以单步断点方式运行,断点设在各条调用指令前后,运行前后观察 CPU 寄存器和相关 RAM 单元状态,测试 NMUL、QMUL、NDIV1 子程序的正确性(对测试数据的计算结果和计算器上的计算结果进行比较)。

(7) 若发现问题,停止运行并退出调试环境,程序修改、重新编译后再进入调试环境测试。

(四) 思考与实验

请分别指出主程序在调用 NMUL、QMUL、NDIV1 前是如何准备入口参数的?

二、在线仿真方式程序调试实验

实验三　中断实验

(一) 实验目的

熟悉 Keil C51 操作,掌握实验仿真模块使用及在线仿真方式的程序调试方法。

(二) 实验内容和功能

参见例 4.23。

(三) 程序调试步骤

(1) 建立项目,在 Keil C51 平台上编辑例 4.23 程序,编辑完成后保存为 51 源程序文件 D:\b4_ex\b4_ex3\b4_ex3. A51;

(2) 将 D:\b4_ex\b4_ex3\b4_ex3. A51 加入项目;

(3) 编译 b4_ex3. A51,若有错误,程序修改并重新编译,直至正确为止;

(4) 选择在线仿真方式(请正确选择监控、波特率、串行口);

(5) 将附录 3 中附图 1 所示的多功能基础实验仿真模块和 PC 机的所选串行口相连,插上并打开 5V 电源,开关 K0K1K2K3 都打到 1 状态,进入调试环境;

(6) 打开 P0、P2、P3、存储器、变量和中断窗口,并在存储器窗口上输入 RAM 地址,在变量窗口上输入 CPU 寄存器名;

(7) 在标号 P_INT0 处设断点 0,在主程序中的指令 CLR WARM 处设断点 1,单步运行至 MLP_0 观察模块上指示灯 L1～L16 的状态,再连续运行程序,观察模块上灯的变化;

(8) 开关 K0 拨到 0 时应碰到断点 0,表示 CPU 响应了外部中断 0,连续运行碰到断点 1,单步运行发现在 JNB P3.2, $ 处踏步,再连续运行碰不到断点,观察灯和蜂鸣器的状态;

(9) K0 拨到 1 后,观察灯和蜂鸣器的状态变化;

(10) 取消所有断点,连续运行,拨动开关 K0,观察灯和蜂鸣器的状态变化;

(11) 若发现问题按模块上复位键,停止运行并退出调试环境,程序修改、重新编译后再进入调试环境测试。

(四) 思考与实验

1. 记录并解释所有的实验现象。

2. 试用模拟方式调试本实验程序。

第5章 51系列单片机的外围模块及其应用

本章介绍51单片机外围模块的结构、功能和使用方法，分析了应用电路设计方法和应用程序的算法、框图，并给出了相应的程序。介绍的模块包括AT89C52的并行口(P0、P1、P2、P3)、定时器(T0、T1、T2)、串行口、8XC51FA的计数器阵列(PCA)、8XC552的A/D转换器等，概括性介绍了其他的外围模块。本章例题大多可在Keil C51平台上上机实习，建议将课堂教学、复习、习题训练与实验结合起来，有些内容可以少讲，以实验为主来掌握，效果可能更好。

§5.1 并行口的功能及其应用

5.1.1 并行口的功能和操作方法

一、并行口的结构

51系列单片机的并行口，按其特性可以分为以下类型：

- 单一的准双向口(如89C52的P1.2～P1.7)；
- 多种功能复用的准双向口(如89C52的P1.0、P1.1、P3.0～P3.7)；
- 可作为地址总线输出口的准双向口(P2口)；
- 可作为地址/数据总线口的三态双向口(P0口)。

图5-1(a)～(d)分别给出了89C52这4种类型并行口的1位结构框图。

由图5-1可见，并行口的口锁存器结构都是一样的，但输入缓冲器和输出驱动器的结构有差别。并行口的每一位口锁存器都是一个D触发器，复位以后的初态为1。CPU通过内部总线把数据写入口锁存器。CPU对口的读操作有两种：一种是读—修改—写操作中的读(例如ANL P1, ＃0FEH)，读口锁存器的状态，此时口锁存器的状态由Q端通过上面的三态输入缓冲器送到内部总线，另一种是单纯读，是读引脚操作(例如MOV A, P1)，CPU读取口引脚上的外部输入信息，这时引脚状态通过下面的三态输入缓冲器传送到内部总线。

P1、P2和P3口内部有拉高电路，称为准双向口。P0口是开漏输出的，内部没有拉高电路，是三态双向I/O口。

二、P1口

1. P1口功能特性

89C52的P1.0、P1.1为多功能准双向口，P1.2～P1.7为单一功能准双向口。P1.0的第二功能为定时器T2外部计数方式时的时钟输入引脚，P1.1的第二功能为T2捕捉方式

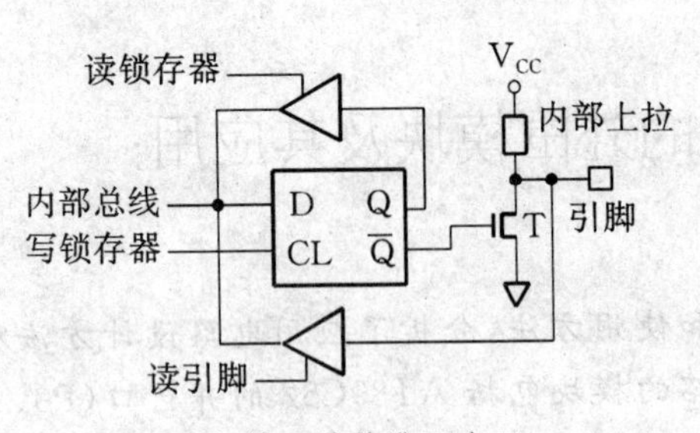

(a) 单一功能准双向口

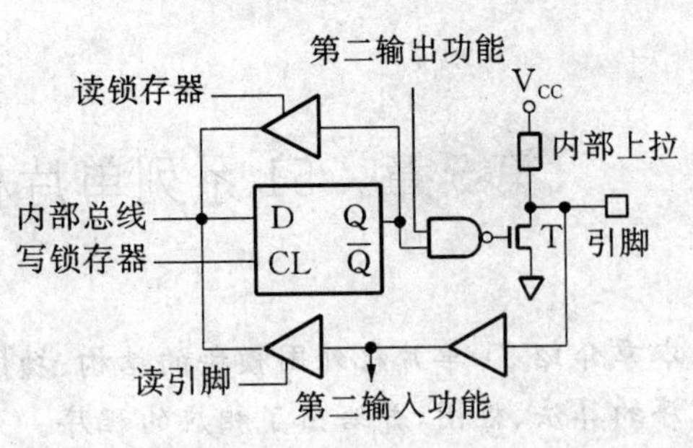

(b) 多功能准双向口

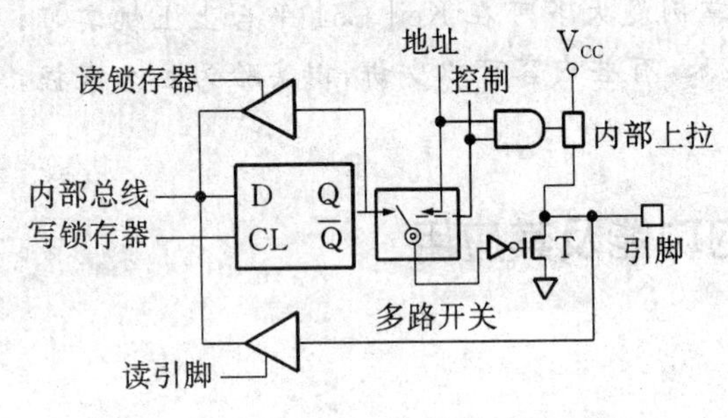

(c) 可作为地址总线口的准双向口 P2

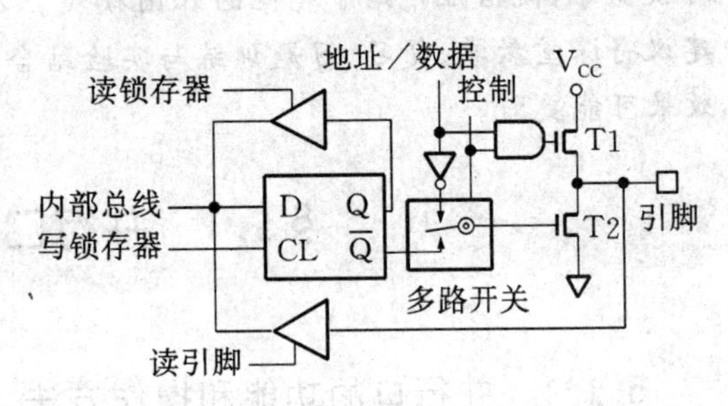

(d) 可作为地址/数据总线口的三态双向口 P0

图 5-1 并行口结构框图

时的触发输入引脚。P1 口的第一功能都是准双向口。P1 口的每一位可以分别定义为输入引脚或输出引脚，用户可以把 P1 口的某些位作为输出引脚使用，另外的一些位作为输入引脚使用。输出时，将“1”写入 P1 口的某一位口锁存器，则$\overline{Q}$端上的输出场效应管 T 截止，该位的输出引脚由内部的拉高电路拉成高电平，输出“1”；将“0”写入口锁存器，输出场效应管 T 导通，引脚输出低电平，即输出“0”。P1 的某一位作为输入引脚时，该位的口锁存器必须保持“1”，使输出场效应管 T 截止，这时该位引脚由内部拉高电路拉成高电平，也可以由外部的电路拉成低电平，CPU 读 P1 引脚状态时，实际上就是读出外部电路的输入信息。P1 口作为输入时，可以被任何 TTL 电路和 CMOS 电路所驱动，由于内部具有上拉电路，也可以被集电极开路或漏极开路的电路所驱动。

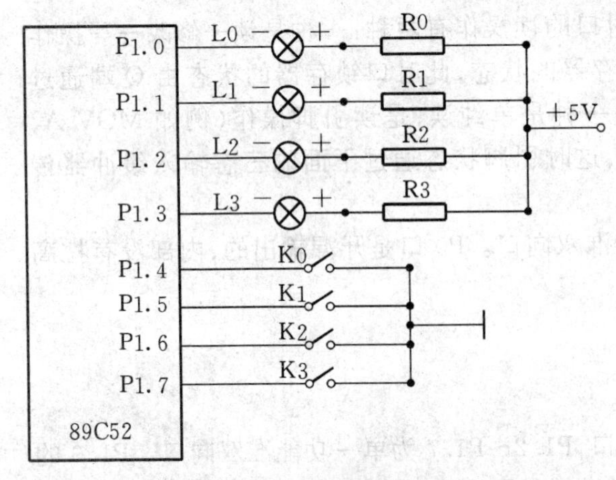

图 5-2 P1 口的输入/输出

2. P1 口的操作

对 P1 口的操作，可以采用字节操作，也可以采用位操作，复位以后，口锁存器为 1，对于作为输入的引脚，相应位的口锁存器不能写入 0。在图 5-2 中，P1.0～P1.3 作为输出引脚，接指示灯 L0～L3，P1.4～P1.7 作为输入引脚接 4 个开关 K0～K3。

下面根据图 5-2 举两个简单的例子，来说明对 P1 口的字节操作和位操作(实现同样功能)。实际使用中操作方法的选择应以简单、不易出错、容易理解为原则。

例 5.1　用字节操作使 Li 实时地显示 Ki 的状态(ki 闭合 Li 亮)程序

```
       ORG     0
MAIN:  MOV     A, P1        ;K3～K0 读至 ACC.7～ACC.4
       SWAP    A            ;K3～K0 移至 ACC.3～ACC.0
       ORL     A, #0F0H     ;保持输入的口锁存器为 1
       MOV     P1, A        ;K3～K0 显示在 L3～L0 上
       SJMP    MAIN
       END
```

例 5.2　用位操作使 Li 实时地显示 Ki 的状态(ki 闭合 Li 亮)程序

```
K0     BIT     094H         ;为便于阅读
K1     BIT     095H         ;定义符号
K2     BIT     096H
K3     BIT     097H
L0     BIT     090H
L1     BIT     091H
L2     BIT     092H
L3     BIT     093H
       ORG     0
MAIN:  MOV     C, K0
       MOV     L0, C
       MOV     C, K1
       MOV     L1, C
       MOV     C, K2
       MOV     L2, C
       MOV     C, K3
       MOV     L3, C
       SJMP    MAIN
       END
```

用位操作输出只对某一位操作,不影响其他位的口锁存器状态。

三、P3 口

1. P3 口功能特性

P3 口为多功能口,它的第一功能作为准双向口,其特性和 P1 口相似,第二功能作为特殊输入/输出引脚,其定义如表 5-1 所示。

P3 口锁存器 Q 端接与非门,驱动输出场效应管 T,该与非门的另一个控制端为第二功能输出线。P3 口的引脚状态通过输入缓冲器输入到内部总线和第二功能输入线。

表 5-1 P3 口的第二功能定义

口引脚	第 二 功 能	口引脚	第 二 功 能
P3.0	RXD(串行输入引脚)	P3.4	T0(定时器 T0 外部计数脉冲输入引脚)
P3.1	TXD(串行输出引脚)	P3.5	T1(定时器 T1 外部计数脉冲输入引脚)
P3.2	$\overline{INT0}$(外部中断 0 输入引脚)	P3.6	$\overline{WR}$(外部数据存储器写脉冲输出引脚)
P3.3	$\overline{INT1}$(外部中断 1 输入引脚)	P3.7	$\overline{RD}$(外部数据存储器读脉冲输出引脚)

P3 口的每一位可以分别定义为第一功能输入/输出引脚或第二功能输入/输出引脚。P3 口的某一位作为第一功能输入/输出引脚时,第二功能输出总是为高电平,该位引脚输出电平仅取决于口锁存器的状态,为“1”时输出高电平,为“0”时输出低电平。同样,P3 口的某一位作为输入引脚时,该位口锁存器应保持“1”,使输出场效应管 T 截止,引脚状态由外部输入信号电平所确定。P3 口的某一位作为第二功能输入/输出引脚时,该位的口锁存器也必须保持“1”,使输出场效应管的状态由第二功能的输入/输出确定。

2. P3 口的操作

一般情况下,P3 口部分口引脚作为第一功能输入/输出,另一部分引脚作为第二功能输入/输出,对于输入引脚或第二功能输入/输出的口引脚,相应的口锁存器不能写入 0。例如,若将 0 写入P3.6、P3.7,则 CPU 不能对外部 RAM/IO 进行读/写,若将 0 写入 P3.0、P3.1 则串行口不能正常工作。对 P3 口的操作可以采用字节操作,也可采用位操作。

例 5.3 P3 口的字节操作和位操作程序

下面的程序用一组字节操作和位操作指令对 P3.5 清 0 或置 1。

```
        ORG     0
MAIN:   ANL     P3, #0DFH       ;清“0”P3.5
        SETB    P3.5            ;置“1”P3.5
        XRL     P3, #20H        ;P3.5 取反(清“0”P3.5)
        ORL     P3, #20H        ;置“1”P3.5
        CLR     P3.5            ;清“0”P3.5
        CPL     P3.5            ;P3.5 取反(置“1”P3.5)
        SJMP    MAIN
        END
```

四、P2 口

1. P2 口的功能特性

P2 口也有两种功能,对于内部有程序存储器的(89C52 等单片机)基本系统(也称最小系统),P2 口可以作为输入口或输出口使用,直接连接输入/输出设备;P2 口也可以作为系统扩展的地址总线口,输出高 8 位地址 A8～A15。对于内部没有程序存储器的单片机,必须外接程序存储器,P2 口只能作为系统扩展的高 8 位地址总线口,而不能直接作为外部设备的输入/输出口。

P2 口的输出驱动器上有一个多路电子开关(见图 5-1(c)),当输出驱动器转接至 P2 口锁存器的 Q 端时,P2 口作为第一功能输入/输出引脚,这时 P2 口的结构和 P1 口相似，其功能和使用方法也和P1口相同。当输出驱动器转接至地址时，P2口引脚状态由所输出的地址确定。CPU访问外部的程序存储器时，P2口输出程序存储器的地址A8～A15，(PC的高8位)；当CPU以16位地址指针DPTR访问外部RAM/IO的时候，P2口输出外部数据存储器地址A8～A15(DPH)，其他情况下，P2口输出口锁存器的内容。

2. P2口操作

(1) 对于内部有程序存储器的89C52单片机所构成的基本系统，既不扩展程序存储器，又不扩展RAM/IO口，这时P2口作为I/O口使用，和P1口一样，是一个准双向口，对P2口操作可以采用字节操作，也可以采用位操作。

五、P0口

1. P0口功能特性

P0口为三态双向I/O口。对于内部有程序存储器的89C52单片机基本系统，P0口可以作为输入/输出口使用，直接连外部的输入/输出设备；P0口也可以作为系统扩展的地址/数据总线口。对于内部没有程序存储器的单片机(如8031)，P0口只能作为地址/数据总线口使用。

P0口的输出驱动器中有两个场效应管T1和T2(见图5-1(d))，上管导通下管截止时输出高电平，上管截止下管导通时输出低电平，上下管都截止时输出引脚浮空。

P0口的输出驱动器中也有一个多路电子开关。输出驱动器转接至口锁存器的Q端时，P0口作为双向I/O口使用，P0口的锁存器为"1"时，输出驱动器中的两个场效应管均截止，引脚浮空；而写入"0"时，下管导通输出低电平。一般情况下，P0作为输入/输出口时应外接10kΩ拉高电阻。当输出驱动器转接至地址/数据时，P0口作为地址/数据总线口使用，分时输出外部存储器的低8位地址A0～A7和传送数据D0～D7。低8位地址由地址允许锁存信号ALE锁存到外部的地址锁存器中，接着P0口便输入/输出数据信息。P0口输出的低8位地址来源于PCL或DPL或R0或R1等。

2. P0口使用方法

P0口为三态双向I/O口，当用作输入/输出口时，一般接10kΩ左右的拉高电阻。图5-3是89C52基本系统中，开关K0接至P1.0和P0.0的电路，其差别是P1口内部具有拉高电阻，而P0.0必须外接拉高电阻，才能使开关K0闭合时读P0.0引脚为0，K0断开时读P0.0引脚为1。

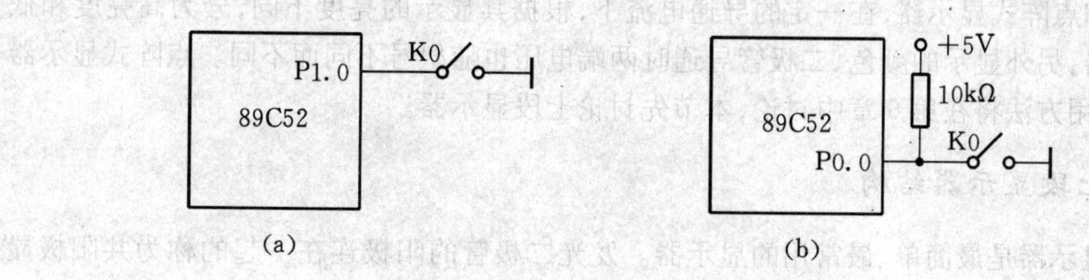

图5-3 P1口和P0口上开关的连接图

例 5.4 P0、P3 口的字节操作和位操作程序

下面的程序是对附录 3 中附图 1(多功能基础实验模块)内的开关、指示灯、蜂鸣器的操作程序,对 P0 口用字节操作,使 L1～L4 显示 K0～K3 状态,L5～L8 显示 K0～K3 状态的反码;当 K0＝0 时,用位操作使蜂鸣器响。

```
K0        BIT     0B2H         ;开关定义
BEEP      BIT     0B6H         ;蜂鸣器定义
          ORG     0
MAIN:     CLR     BEEP
MLP_0:    MOV     A, P3        ;字节操作方法
          ANL     A, #03CH     ;读 K0～K3 至 B 的低四位
          RR      A
          RR      A
          MOV     B, A
          MOV     A, P3        ;K0～K3 取反至 A 的高四位
          CPL     A
          ANL     A, #3CH
          RL      A
          RL      A
          ADD     A, B
          MOV     P0, A        ;结果输出至 LED_B
          MOV     C, K0        ;位操作
          MOV     BEEP, C
          SJMP    MLP_0
          END
```

5.1.2 并行口的应用——2 位七段显示器的接口和编程

发光二极管显示器(简称显示器)是单片机应用中最常用的廉价输出设备。它由若干个发光二极管按一定规律排列而成,当某一个发光二极管导通时,相应的一个笔画或点被点亮,控制不同组合的发光二极管导通,就显示出相应的一个字符。根据结构的不同,分为七段显示器和点阵式显示器,在一定的导通电流下,根据其显示的亮度不同,分为高亮度和低亮度显示器,另外显示的颜色、二极管导通时两端电压也随型号不同而不同。点阵式显示器的结构、使用方法将在第 6 章中讨论,本节先讨论七段显示器。

一、七段显示器结构

七段显示器是最简单、最常用的显示器。发光二极管的阳极连在一起的称为共阳极显示器,阴极连在一起的称为共阴极显示器,1 位显示器由 8 个发光二极管组成,其结构如图 5-4 所示,其中 7 个发光二极管 a～g 为 7 个笔画(段),h 为 1 个小数点。

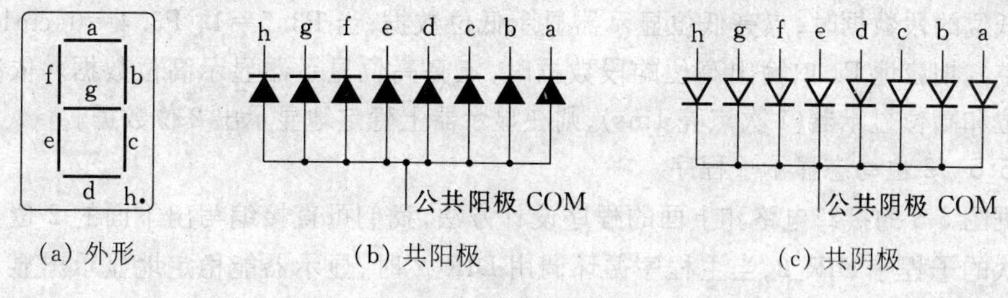

图 5-4　七段显示器结构

二、显示器的工作方式

1. 静态显示方式

所谓静态显示方式,指显示器在显示一个字符时,相应的发光二极管恒定地导通或截止,例如 abcdef 导通,gh 截止时显示"0"。这种使显示器显示出字符的数据称为字形数据或段数据。输出段数据的口称为段数据口。在静态显示方式下,每一个七段显示器需一个 8 位段数据口。其优点是显示稳定,仅在需要更新显示内容时才对段数据口操作,提高了 CPU 效率,同时在导通电流一定的情况下显示器亮度大。

2. 动态显示方式

所谓动态显示方式,就是一位一位地轮流点亮各位显示器(扫描方式),对于每一位显示器来说,每隔一段时间点亮一次。显示器的亮度与平均导通电流有关,稳定性与点亮时间和间隔时间比例有关。调整电流和间隔时间,可以实现亮而稳定的显示。其优点是只需一个段数据口和控制点亮哪 1 位的控制口(也称扫描口),所需 I/O 口少。下面仅讨论动态显示的接口电路和程序设计,静态显示接口电路放在 5.3.5 节介绍。

三、动态显示的 2 位显示器接口电路

动态显示方式的 2 位显示器只需 1 个段数据口、2 位扫描输出线,图 5-5 给出了一种 2 位共阴极显示器接口电路。显示器平均导通电流在 5～10 mA 时,就能达到一般的亮度,公共阴极电流是 8 个发光二极管电流的和。由于 P1、P3 口没有这么大的负载能力,图 5-5 中 P1 口经 7407 驱动后接显示器的各个段,P3.4、P3.5 则由三极管驱动后接阴极。

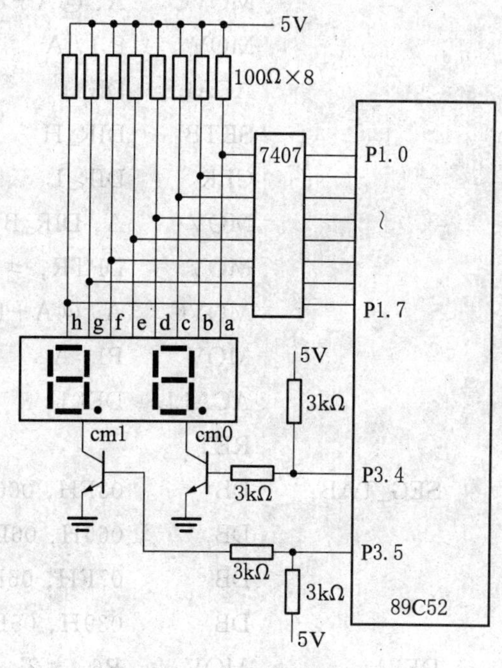

图 5-5　2 位显示器接口电路

四、2 位动态显示器程序设计方法

对于图 5-5 的接口电路,P3.5、P3.4 中只能有 1 位为高电平,即 2 位显示器的公共阴极(cm1、cm0)中仅有一个为低电平。当 P3.5 = 0、P3.4 = 1(cm1 浮空,cm0 通地),相应地 P1

口输出低位的段数据时，点亮低位显示器显示低位数据；当 P3.5＝1、P3.4＝0(cm1 通地，cm0 浮空)，相应地 P1 口输出高位的段数据时，点亮高位显示器显示高位数据。依次循环点亮低位和高位显示器(1 次点亮 1ms)，则在显示器上稳定地显示出 2 位数据。

例 5.5 2 位动态显示子程序

根据图 5-5 的接口电路和上面的程序设计方法，我们可直接编写出下面的 2 位显示器扫描一次的子程序 DIR_2，当主程序循环调用 DIR_2 时，显示器能稳定地显示出显示数据缓冲器的内容。为了便于阅读，程序中定义了一些符号。

```
DIR_H       BIT     0B5H                        ;高位阴极控制即 P3.5
DIR_L       BIT     0B4H                        ;低位阴极控制即 P3.4
DIR_BUF     EQU     30H                         ;2 字节显示数据缓冲器
            ORG     0
MAIN:       MOV     SP, #0EFH
            MOV     DIR_BUF, #0                 ;对显示缓冲器赋值
            MOV     DIR_BUF+1, #1
MLP_0:      ACALL   DIR_2                       ;循环调用
            SJMP    MLP_0                       ;显示子程序
DIR_2:      CLR     DIR_H                       ;点亮低位
            SETB    DIR_L
            MOV     A, DIR_BUF+1                ;取低位数据
            MOV     DPTR, #SEG_TAB              ;转为字形数据
            MOVC    A, @A+DPTR
            MOV     P1, A                       ;写入段数据口
            ACALL   DEL1                        ;延时 1ms
            SETB    DIR_H                       ;点亮高位
            CLR     DIR_L
            MOV     A, DIR_BUF                  ;取高位数据
            MOV     DPTR, #SEG_TAB              ;转为字形数据
            MOVC    A, @A+DPTR
            MOV     P1, A                       ;写入段数据口
            ACALL   DEL1                        ;延时 1ms
            RET
SEG_TAB:    DB      03FH, 006H, 05BH, 04FH      ;0-3 字形表
            DB      066H, 06DH, 07DH, 007H      ;4-7 字形表
            DB      07FH, 06FH, 077H, 07CH      ;8-B 字形表
            DB      039H, 05EH, 079H, 071H      ;C-F 字形表
DEL1:       MOV     R6, #2                      ;延时 1 ms 子程序
```

```
DEL_0:      MOV     R7, #250
DEL_1:      DJNZ    R7, $
            DJNZ    R6, DEL_0
            RET
```

5.1.3　并行口的应用——4×4键盘的接口和编程

键盘是由若干个按键组成的开关矩阵，它是最简单的也是最常用的单片机输入设备，操作员可以通过键盘输入数据或命令，实现简单的人机通信。

一、键盘工作原理

图5-6给出了4×4键盘的结构和一种接口方法。行线 $X_0 \sim X_3$ 接P1.4～P1.7，列线 $Y_0 \sim Y_3$ 接P1.0～P1.3。当键盘上没有键被按下时，行线和列线之间都断开，行线由P1.4～P1.7内部拉高电路拉成高电平，当按下某个键时，这个键便闭合，则闭合键所在行线 X_i 和所在列线 Y_j 短路，此时 X_i 状态取决于列线 Y_j 的状态。例如键6按下，X_1 和 Y_2 被接通，X_1 的状态由P1.2的输出状态(Y_2)决定。

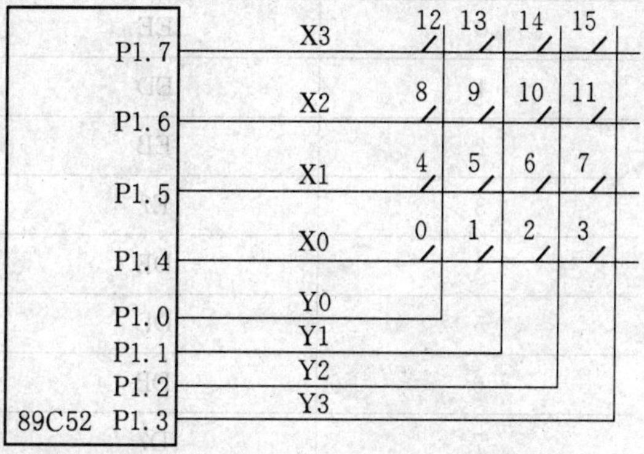

注：图中 ⊥ 是 开关 的简化，当按键 A–B 按下时，A、B短路，释放后，A、B间开路。

图5-6　4×4键盘结构和接口方法

二、键盘状态的判断

若P1.0～P1.3输出全0，即列线 $Y_3Y_2Y_1Y_0$ 为全0，读P1.4～P1.7(即行线 $X_0 \sim X_3$)状态，如果 $X_0 \sim X_3$ 为全"1"，键盘上行线和列线都不通，说明没有键闭合。如果 $X_0 \sim X_3$ 不为全"1"，则键盘的行线和列线之间至少有一对被接通，即有键闭合。

三、闭合键键号的识别

当判断到键盘上有键闭合时，则要进一步识别闭合键的键号，有如下两种识别方法：

1. 逐行扫描法

- 首先P1.3～P1.0输出1110，即列线 $Y_0=0$，其余列线为1，读行线 $X_0 \sim X_3$ 状态，若不全为1，则为0的行线 X_i 和 Y_0 相交的键处于闭合状态。若 $X_0 \sim X_3$ 为全"1"，则 Y_0 这一列上无键闭合；

- 接着P1.3～P1.0输出1101，即 Y_1 为0其余列线为1，读 $X_0 \sim X_3$ 状态，判断 Y_1 这一列上有无键闭合；

- 依此类推，最后使P1.3～P1.0输出0111，即 Y_3 为0其余列线为1，读行线 $X_0 \sim X_3$ 状态，判断 Y_3 这一列上有无键闭合。这种逐行逐列检查键盘上闭合键的位置，称为逐行扫描法。

2. 行翻转法

● P1.4～P1.7 为输入线，P1.3～P1.0 为输出线，P1.3～P1.0 输出全"0"，读行线 X_0～X_3 状态，得到为 0 的行 X_i 即为闭合键所在的行；

● 将 P1.4～P1.7 改为输出线，P1.3～P1.0 改为输入线，P1.4～P1.7 输出全 0，读 P1.3～P1.0，得到为零的列线 Y_j，则行线 X_i 和列线 Y_j 相交的键处于闭合状态。

● 把上两步得到的输入数据拼成一个字节数据作为键值，则键值和键号的对应关系如表 5-2 所示。

表 5-2　键值表

键　号	键　值	键　号	键　值
0	EE	8	BE
1	ED	9	BD
2	EB	10	BB
3	E7	11	B7
4	DE	12	7E
5	DD	13	7D
6	DB	14	7B
7	D7	15	77

四、键抖动及处理

在图 5-6 中，若 P1.0 输出 0 即 Y_0 为 0，则在键 0 被按下时行线 X_0 的电压波形如图 5-7 所示。图中 t_1 和 t_3 为键的闭合和断开过程中的抖动期，抖动时间与键的机械特性有关，一般为 5～10ms，t_2 为稳定的闭合期，其时间由操作员按键动作而定，一般为几百毫秒至几秒。t_0、t_4 为稳定的断开期。为了保证 CPU 对闭合键作一次且仅作一次处理，一般采用延时方法去除键抖动，以便读到键的稳定状态并判别键的按下和释放。

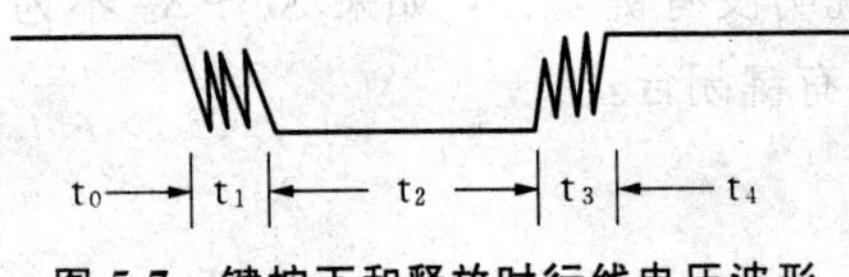

图 5-7　键按下和释放时行线电压波形

五、键输入程序的设计

对于图 5-6 所示的 4×4 键盘接口电路，可以用逐行扫描法或行翻转法识别闭合键键号，这里只介绍行翻转法程序，逐行扫描法程序放在第 6 章讨论。

根据行反转法设计思想便可得到如图 5-8 所示的程序框图和下面的子程序，为了使程序具有通用性，我们用符号 PTKEY 表示键盘接口，改变 PTKEY 的定义，就可应用于图 5-6 和附录 3 中附图 1 所示的键盘接口电路。

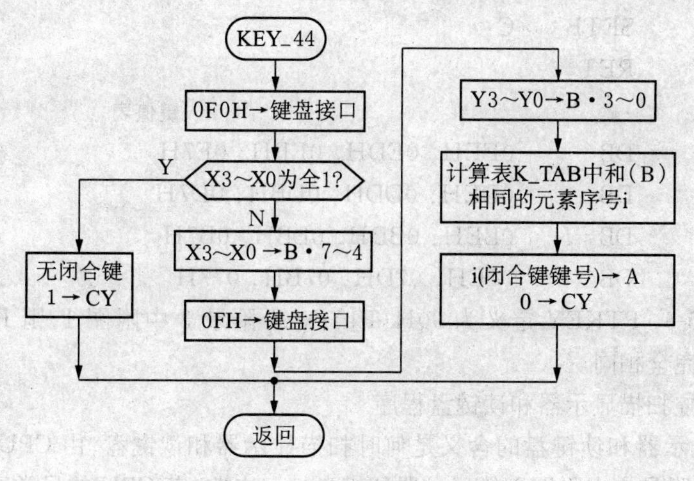

图 5-8 行反转法子程序框图

例 5.6 行反转法 4×4 键盘输入子程序

```
KEY_44:    MOV    PTKEY, #0F0H          ;判行状态
           MOV    A, PTKEY
           CJNE   A, #0F0H, KEY_44_1
           SETB   C                     ;无闭合键返回
           RET
KEY_44_1:
           ANL    A, #0F0H              ;判为0的行
           MOV    B, A
           MOV    PTKEY, #0FH           ;判为0的列
           MOV    A, PTKEY
           ORL    A, B                  ;求键值
           MOV    B, A
           MOV    DPTR, #K_TAB          ;求键值
           MOV    R3, #0                ;在键值表中的序号即键号
KEY_44_2:
           MOV    A, R3
           MOVC   A, @A+DPTR
           CJNE   A, B, KEY_44_3
           MOV    A, R3                 ;符合清CY
           CLR    C                     ;(R3)即为键号
           RET
KEY_44_3:
           INC    R3                    ;和下个键值比较
           CJNE   R3, #10H, KEY_44_2
```

```
        SETB    C
        RET
K_TAB:                                  ;键值表
        DB      0EEH, 0EDH, 0EBH, 0E7H
        DB      0DEH, 0DDH, 0DBH, 0D7H
        DB      0BEH, 0BDH, 0BBH, 0B7H
        DB      07EH, 07DH, 07BH, 077H
```

注:对于图 5-6, PTKEY 定义为 90H(P1);对于附录 3 中附图 1,则 PTKEY 定义为 A0H(P2),程序完全相同。

例 5.7 程控扫描显示器和读键盘程序

程控扫描显示器和读键盘的含义是何时扫描显示器和读键盘,由 CPU 的忙闲和程序状态确定。根据附录 3 中附图 1 的显示器和键盘接口电路,若 CPU 的日常事务仅仅是读键盘并将读到的键号显示出来,我们可以得到如图 5-9 所示的算法框图和下面的程序:

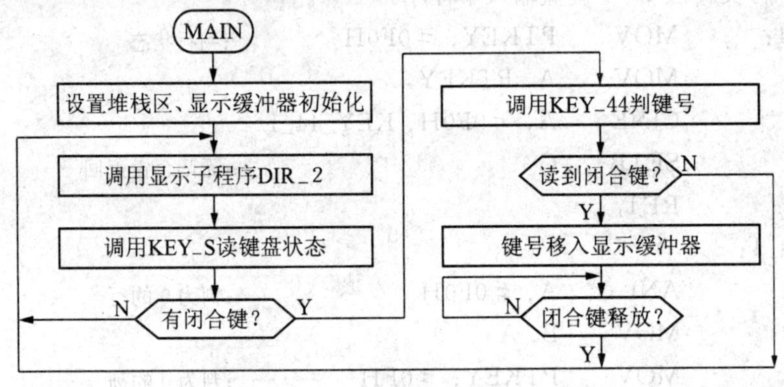

图 5-9 程控扫描显示器、读键盘框图

```
DIR_H       BIT     0B5H
DIR_L       BIT     0B4H
DIR_BUF     EQU     30H
PTKEY       EQU     0A0H                ;P2 定义为键盘接口
            ORG     0
MAIN:       MOV     SP, #0F0H
            MOV     DIR_BUF, #0         ;缓冲器初始化
            MOV     DIR_BUF+1, #0
MLP_0:      ACALL   DIR_2
            ACALL   KEY_S               ;判状态
            JC      MLP_0               ;无闭合键等待
            ACALL   DEL10               ;延时 10ms
            ACALL   KEY_S               ;判状态
            JC      MLP_0               ;无闭合键等待
```

```
            ACALL   KEY_44                          ;判键号
            JC      MLP_0                           ;未找到等待
            XCH     A, DIR_BUF                      ;键号移入缓冲器
            XCH     A, DIR_BUF+1
MLP_1:      ACALL   KEY_S
            JNC     MLP_1                           ;等键释放
            SJMP    MLP_0

DEL1:       MOV     R6, #2                          ;延时 1 ms
            SJMP    DEL_0
DEL10:      MOV     R6, #20                         ;延时 10 ms
DEL_0:      MOV     R7, #250
DEL_1:      DJNZ    R7, $
            DJNZ    R6, DEL_0
            RET
KEY_S:      MOV     PTKEY, #0F0H                    ;判状态
            MOV     A, PTKEY
            CJNE    A, #0F0H, KEY_Y
            SETB    C                               ;无闭合键
            RET
KEY_Y:      CLR     C                               ;有闭合键
            RET
            END
```

注：KEY_44、DIR_2 子程序见例 5.5 和例 5.6。

5.1.4　并行口的应用——拨码盘的接口和编程

在单片机应用中，有时仅需要输入少量的控制参数和数据，这种系统可采用拨码盘作为输入设备，因为它具有接口简单、操作方便、具有记忆性等优点。

一、BCD 码拨码盘的构造

拨码盘的结构和型号有多种，常用的为 BCD 码拨码盘。BCD 码拨码盘具有 0～9 十个位置，可以通过齿轮型圆盘拨到所需的位置，每个位置都有相应的数字指示，一个拨码盘可以输入 1 位十进制数据，如果要输入 4 位十进制数据，需 4 个 BCD 码拨码盘。图 5-10 为 4 个 BCD 码拨码盘结构示意图。每个 BCD 码拨码盘后面有 5 位引出线，其中 1 位为输入控制线(编号为 A)，另外 4 位是数据线(编号为 8，4，2，1)。拨码盘被拨到某一个位置时，输入控制线(A)分别与 4 位数据线中的某几位接通，例如：齿轮拨到位置 1，A 与数据线 1 相通；齿轮拨到位置 2，A 与数据线 2 相通；拨到位置 3，A 与数据线 2 和 1 相通……齿轮从 0

拨到 9,控制线 A 与 4 位数据线的关系如表 5-3 所示。

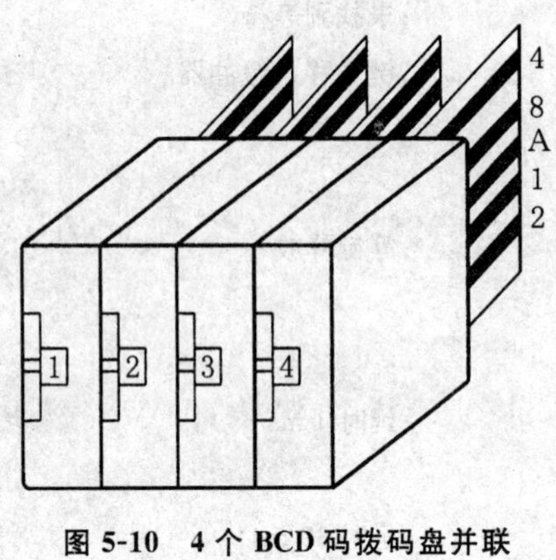

图 5-10 4 个 BCD 码拨码盘并联的结构示意图

表 5-3 BCD 码拨码盘状态表

位置	8	4	2	1
0	∅	∅	∅	∅
1	∅	∅	∅	*
2	∅	∅	*	∅
3	∅	∅	*	*
4	∅	*	∅	∅
5	∅	*	∅	*
6	∅	*	*	∅
7	∅	*	*	*
8	*	∅	∅	∅
9	*	∅	∅	*

∅ 表示输入控制线 A 与数据线不通。
* 表示输入控制线 A 与数据线接通。

从表中可以看出,如果把接通的线定义为 1,不通的线定义为 0,则拨码盘数据线的状态就是拨码盘位置所指示的 BCD 码。

二、BCD 码拨码盘的接口方法

BCD 码拨码盘可直接和并行口相连,图 5-11 为两位 BCD 码拨码盘和 P1 口的接口方法,数据线分别接 P1.3～P1.0 和 P1.7～P1.4,控制线接地。这样若数据线和 A 相通输入为 0,不通为 1,这和 BCD 码拨码盘编码规律相反,因此读 P1 取反后才是两位拨码盘的实际输入值。

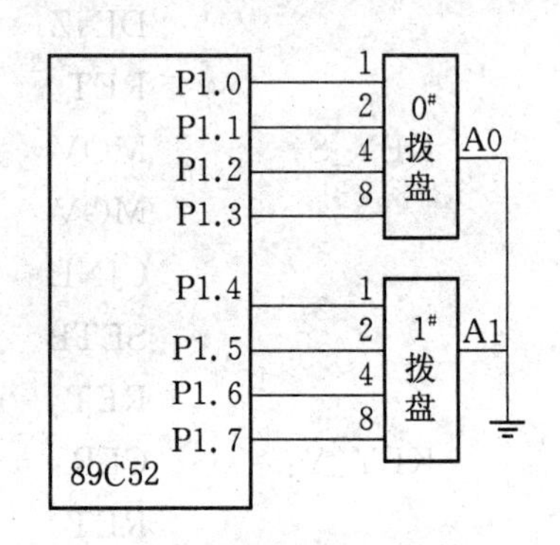

图 5-11 二位 BCD 码的接口

图 5-12 为四位 BCD 码拨码盘的一种接口方法,图中四个拨码盘的控制线连到 P1.4～

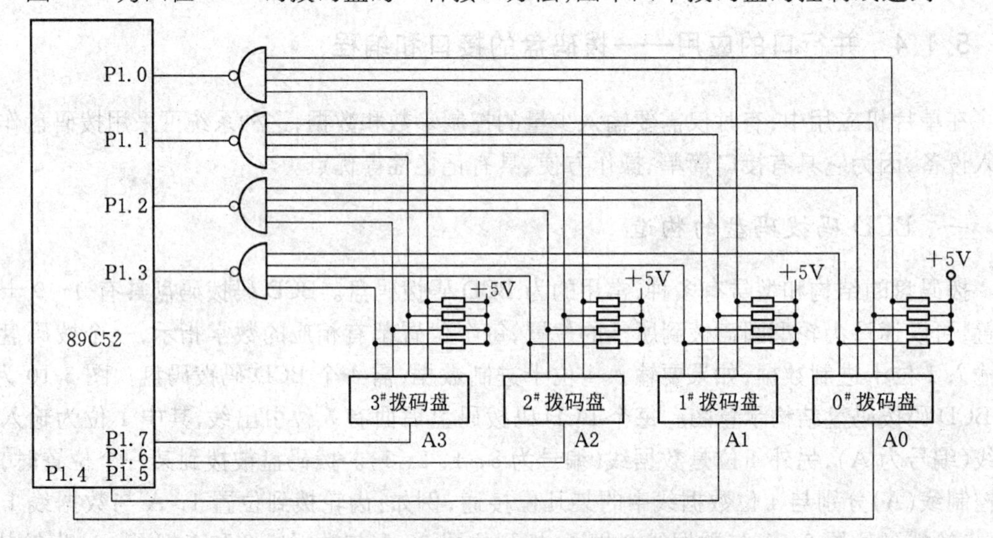

图 5-12 4 位 BCD 码拨码盘的接口

P1.7,数据线通过电阻接 +5V,再通过与非门和 P1.0～P1.3 相连。当某个拨码盘的控制线 A 为高电平时,那么不管它处于哪个位置,4 位数据线总是为高电平。而当拨码盘的控制线为低电平时,则和控制线接通的数据线为低电平,不接通的数据线为高电平;数据线的状态经与非门取反,则就得到拨码盘位置(0～9)的 BCD 码了。当 A0～A3 中只有一位为低电平时,则与非门的输出取决于控制线 A 为低电平的拨码盘的状态。这样便可以通过控制各个拨码盘控制线的状态,来读取任意选择的某一个 BCD 码拨码盘的输入数据。这称为扫描法。

例 5.8　BCD 码拨码盘的扫描法读出子程序

下面的子程序功能为:读出 4 个 BCD 码拨码盘数据,转换成二进制数存 R4R5。

```
R_BCD:    MOV     R4, #0
          MOV     R5, #0
          MOV     P1, #7FH      ;读 3 号盘
          ACALL   PLUS21        ;加到 R4R5
          ACALL   MUL21         ;(R4R5)乘 10
          MOV     P1, #0BFH     ;读 2 号盘
          ACALL   PLUS21        ;加到 R4R5
          ACALL   MUL21         ;(R4R5)乘 10
          MOV     P1, #0DFH     ;读 1 号盘
          ACALL   PLUS21        ;加到 R4R5
          ACALL   MUL21         ;(R4R5)乘 10
          MOV     P1, #0EFH     ;读 1 号盘
          ACALL   PLUS21        ;加到 R4R5
          RET
PLUS21:   MOV     A, P1         ;读 1 位拨码盘
          ANL     A, #0FH
          ADD     A, R5         ;并加到 R4R5
          MOV     R5, A
          CLR     A
          ADDC    A, R4
          MOV     R4, A
          RET
MUL21:    MOV     A, R5         ;(R4R5)乘 10
          MOV     B, #10
          MUL     AB
          MOV     R5, A
          MOV     A, B
          XCH     A, R4
          MOV     B, #10
```

```
MUL     AB
ADD     A, R4
MOV     R4, A
RET
```

§5.2 定时器及其应用

各种型号的单片机,不管其功能强弱都有定时器,因为定时器对于面向控制型应用领域的单片机特别有用,定时器可以实现下列功能:

- 定时操作:产生定时中断,实现定时采样输入信号,定时扫描键盘、显示器等定时操作;
- 测量外部输入信号:对输入信号累加统计或测量输入信号的周期等参数;
- 定时输出:定时触发输出引脚的电平,使输出脉冲的宽度、占空比、周期达到预定值,其精度不受程序状态的影响;
- 监视系统正常工作:一旦系统工作异常时,监视定时器溢出产生复位信号,重新启动系统正常工作。

5.2.1 定时器的一般结构和工作原理

定时器由一个 N 位计数器、计数时钟源控制电路、状态和控制寄存器等组成,计数器的计数方式有加 1 和减 1 两种,计数时钟可以是内部时钟也可以是外部输入时钟,其一般结构如图 5-13 所示。

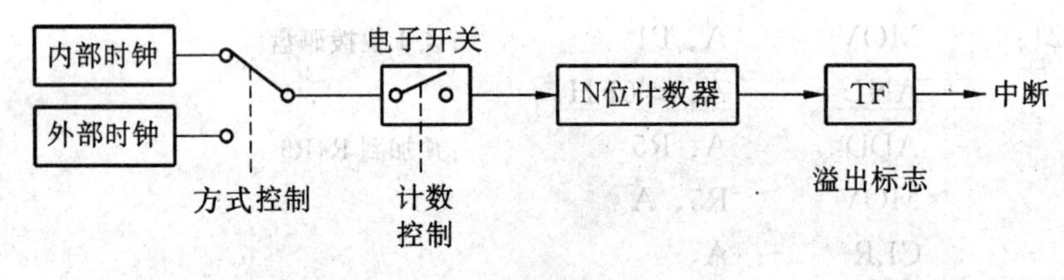

图 5-13 定时器的一般结构

一、定时方式

对于一个 N 位的加 1 计数器,若计数时钟的频率 f 是已知的,则从初值 a 开始加 1 计数至溢出所占用的时间为:

$$T = \frac{1}{f} * (2^N - a)$$

当 $N = 8$、$a = 0$、$t = \frac{1}{f}$ 时,最大的定时时间为:

$$T = 256t$$

这种工作方式称为定时器方式，其计数目的就是为了定时。例如：每当计数器从初值 a 计数至溢出时，P1.0 求反，则 P1.0 输出一个方波。

二、计数器方式

若用外部输入时钟计数，一般其计数目的是对外部时钟累加统计或为了测量外部输入时钟的参数。例如：对电度表脉冲计数是为了统计用电量；如果在规定时间内测得外部输入脉冲数，则可求得脉冲的平均周期。这种方式通常称为外部计数器方式。

三、通用的多功能定时器

这种定时器有一个自由运行的 N 位计数器（一般 N = 16），若干个输入捕捉寄存器，若干个比较输出寄存器，以及相应的状态控制寄存器，图 5-14 给出了由一个 16 位计数器、一个 16 位比较输出寄存器、一个 16 位输入捕捉寄存器所构成的多功能定时器框图。

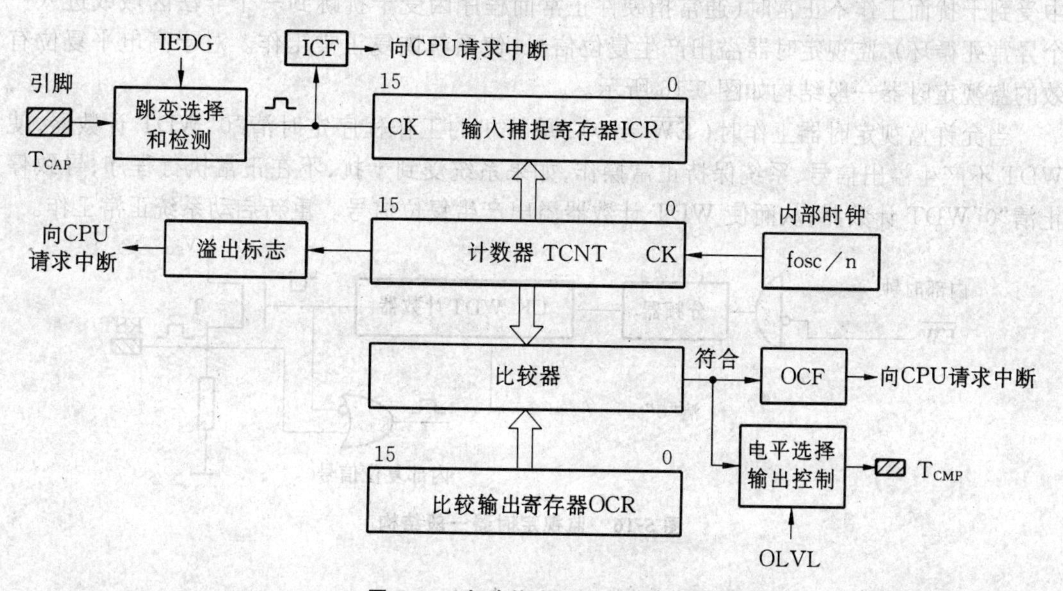

图 5-14　多功能定时器结构框图

1. 输入捕捉方式

输入捕捉也称为高速输入，用于捕捉外部输入信号电平跳变的发生时间。

由图 5-14 可知，系统时钟的分频信号作为计数器的计数时钟，其计数时钟周期是已知的，当引脚 T_{CAP} 输入电平发生指定的跳变（正或负跳变）时，检测电路输出一个脉冲，将计数器的当前值写入输入捕捉寄存器，并置位中断标志 ICF，向 CPU 请求中断，CPU 执行中断服务程序，读出输入捕捉寄存器的值 t，并清 0 中断标志 ICF，如图 5-15 所示，两次正跳变时间间隔即为脉冲周期，正跳变和负跳变之间时间为脉冲宽度。不难发

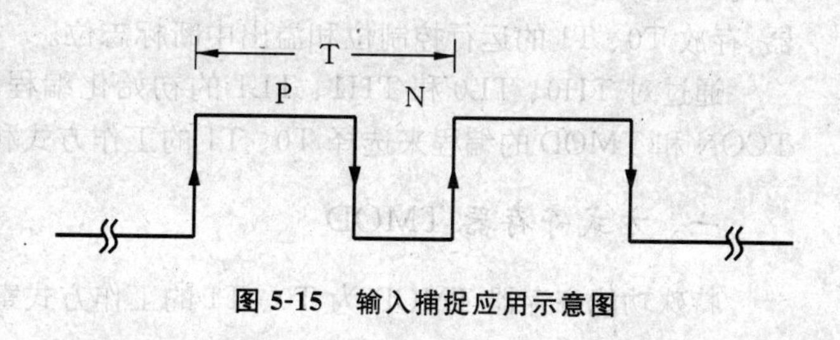

图 5-15　输入捕捉应用示意图

现,输入捕捉时间是以计数值表示的,通过计数脉冲周期可以换算成时间单位。

2. 比较输出

比较输出亦称为高速输出或定时输出,使输出引脚 T_{CMP}在指定时间输出指定的电平。

操作时读计数器 TCNT 之值加上一个常数后写入比较输出寄存器 OCR,欲在 T_{CMP}输出的电平写入 OLVL,当 TCNT 计数到和 OCR 内容相同时,比较器输出一个脉冲,并将先前写入 OLVL 的值输出至 T_{CMP}引脚上,置位 OCF 中断标志,CPU 执行中断程序清"0" OCF,并把下一个时间值写入 OCR,下一个输出电平写到 OLVL,如此重复,使 T_{CMP}输出精确的定时脉冲,其精度不受程序状态的影响;如果不考虑 T_{CMP}引脚上输出电平,则可把 OCF 当做定时中断标志使用。

四、监视定时器 WDT

目前大多数单片机内具有监视定时器(watchdog timer),单片机应用系统在工作过程中受到干扰而工作不正常时(通常指硬件正常而程序因受干扰跳到一个非法区域或进入一个异常死循环),监视定时器溢出产生复位信号,使系统恢复正常工作。对于高电平复位有效的监视定时器一般结构如图 5-16 所示。

当允许监视定时器工作时($\overline{EW}=0$),单片机的工作程序定时清"0"WDT 计数器,使 WDT 不产生溢出信号,系统保持正常操作,如果系统受到干扰,不在正常执行程序,导致停止清"0"WDT 计数器,从而使 WDT 计数器溢出产生复位信号。重新启动系统正常工作。

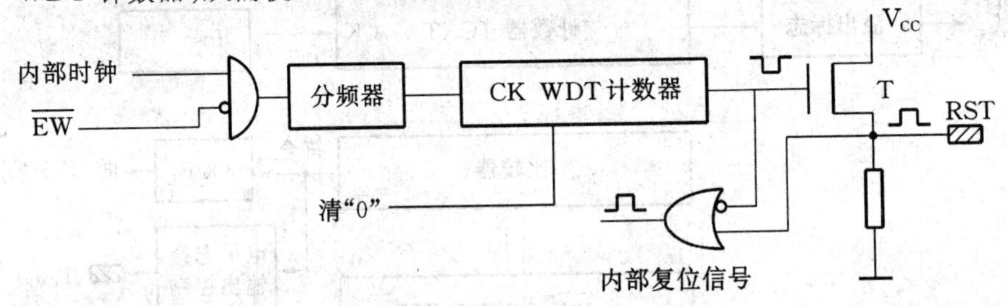

图 5-16 监视定时器一般结构

5.2.2 定时器 T0、T1 的功能和使用方法

51 系列的单片机内,直接与 16 位定时器 T0、T1 有关的特殊功能寄存器有以下几个:TH0、TL0、TH1、TL1、TMOD、TCON,另外还有中断控制寄存器 IE、IP。

TH0、TL0 为 T0 的 16 位计数器的高 8 位和低 8 位,TH1、TL1 为 T1 的 16 位计数器的高 8 位和低 8 位,TMOD 为 T0、T1 的方式寄存器,TCON 为 T0、T1 的状态和控制寄存器,存放 T0、T1 的运行控制位和溢出中断标志位。

通过对 TH0、TL0 和 TH1、TL1 的初始化编程来设置 T0、T1 计数器初值,通过对 TCON 和 TMOD 的编程来选择 T0、T1 的工作方式和控制 T0、T1 的运行。

一、方式寄存器 TMOD

特殊功能寄存器 TMOD 为 T0、T1 的工作方式寄存器,其格式如下:

D7	D6	D5	D4	D3	D2	D1	D0
GATE	$C/\overline{T}$	M1	M0	GATE	$C/\overline{T}$	M1	M0
←T1 方式字段→				←T0 方式字段→			

TMOD的低4位为T0的方式字段,高4位为T1的方式字段,它们的含义是完全相同的。

1. 工作方式选择位M1M0

M1M0两位确定计数器的结构方式,其对应关系如表5-4所示。

表5-4 定时器的方式选择

M1	M0	功　能　说　明
0	0	方式0,为13位的定时器
0	1	方式1,为16位的定时器
1	0	方式2,为初值自动重新装入的8位定时器
1	1	方式3,仅适用于T0,分为两个8位计数器,T1在方式3时停止计数

2. 定时器方式和外部事件计数方式选择位$C/\overline{T}$

如前所述,定时器方式和外部事件计数方式的差别是计数脉冲源和用途的不同,$C/\overline{T}$实际上是选择计数脉冲源。

$C/\overline{T}=0$为定时方式。在定时方式中,以振荡器输出时钟脉冲的十二分频信号作为计数信号,也就是每一个机器周期定时器加"1"。若晶振为12MHz,则定时器计数频率为1MHz,计数的脉冲周期为1μs。定时器从初值开始加"1"计数直至定时器溢出所需的时间是固定的,所以称为定时方式。

$C/\overline{T}=1$为外部事件计数方式,这种方式采用外部引脚(T0为P3.4, T1为P3.5)上的输入脉冲作为计数脉冲。内部硬件在每个机器周期采样外部引脚的状态,当一个机器周期采样到高电平,接着的下一个机器周期采样到低电平时计数器加1,也就是说在外部输入电平发生负跳变时加1。外部事件计数时最高计数频率为晶振频率的二十四分之一,外部输入脉冲高电平和低电平时间必须在一个机器周期以上。对外部输入脉冲计数的目的通常是为了测试脉冲的周期、频率或对输入的脉冲数进行累加。

3. 门控位GATE

GATE为1时,定时器的计数受外部引脚输入电平的控制($\overline{INT0}$控制T0的计数,$\overline{INT1}$控制T1的计数);GATE为0时定时器计数不受外部引脚输入电平的控制。

二、控制寄存器TCON

特殊功能寄存器TCON的高4位为定时器的计数控制位和溢出标志位,低4位为外部中断的触发方式控制位和外部中断请求标志。TCON格式如下:

D7	D6	D5	D4	D3	D2	D1	D0
TF1	TR1	TF0	TR0	IE1	IT1	IE0	IT0

1. 定时器 T0 运行控制位 TR0

TR0 由软件置位和清“0”。门控位 GATE 为 0 时，T0 的计数仅由 TR0 控制，TR0 为 1 时允许 T0 计数，TR0 为 0 时禁止 T0 计数；门控位 GATE 为 1 时，仅当 TR0 等于 1 且 $\overline{\text{INT0}}$(P3.2)输入为高电平时 T0 才计数，TR0 为 0 或$\overline{\text{INT0}}$输入低电平时都禁止 T0 计数。

2. 定时器 T0 溢出标志位 TF0

当 T0 被允许计数以后，T0 从初值开始加“1”计数，最高位产生溢出时置“1”TF0。TF0 可以由程序查询和清“0”。TF0 也是中断请求源，若允许 T0 中断则在 CPU 响应 T0 中断时由内部硬件清“0”TF0。

3. 定时器 T1 运行控制位 TR1

TR1 由软件置位和清“0”。门控位 GATE 为 0 时，T1 的计数仅由 TR1 控制，TR1 为“1”时允许 T1 计数，TR1 为“0”时禁止 T1 计数；门控位 GATE 为 1 时，仅当 TR1 为 1 且$\overline{\text{INT1}}$(P3.3)输入为高电平时 T1 才计数，TR1 为 0 或$\overline{\text{INT1}}$输入低电平时都将禁止 T1 计数。

4. 定时器 T1 溢出标志位 TF1

当 T1 被允许计数以后，T1 从初值开始加“1”计数，最高位产生溢出时置“1”TF1。TF1 可以由程序查询和清“0”，TF1 也是中断请求源，当 CPU 响应 T1 中断时由内部硬件清“0”TF1。

三、T0、T1 的工作方式和计数器结构

定时器 T0 有 4 种工作方式：方式 0、方式 1、方式 2、方式 3；定时器 T1 有 3 种工作方式：方式 0、方式 1、方式 2。不同的工作方式，计数器的结构不同，功能上也有差别。除方式 3 外，T0 和 T1 的功能相同。下面以 T0 为例说明各种工作方式的结构和工作原理。

1. 方式 0

当 M1M0 为 00 时，定时器工作于方式 0。定时器 T0 方式 0 的结构框图如图 5-17 所示。方式 0 为 13 位的计数器，由 TL0 的低 5 位和 TH0 的 8 位组成，TL0 低 5 位计数溢出时向 TH0 进位，TH0 计数溢出时置“1”溢出标志 TF0。

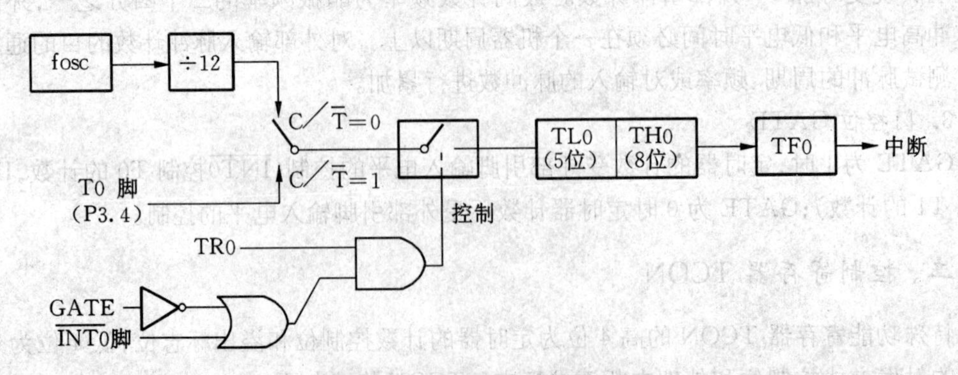

图 5-17 定时器 T0 方式 0 结构

在图5-17的T0计数脉冲控制电路中，有一个方式电子开关和允许计数控制电子开关。$C/\overline{T}=0$时，方式电子开关打在上面，以振荡器的十二分频信号作为T1的计数信号；$C/\overline{T}=1$时，方式电子开关打在下面，此时以T0(P3.4)引脚上的输入脉冲作为T0的计数脉冲。当GATE为0时，只要TR0为1，计数控制开关的控制端即为高电平，使开关闭合，计数脉冲加到T0，允许T0计数。当GATE为1时，仅当TR0为1且$\overline{INT0}$引脚上输入高电平时控制端才为高电平，才使控制开关闭合，允许T0计数，TR0为“0”或$\overline{INT0}$输入低电平都使控制开关断开，禁止T0计数。

若T0工作于方式0定时，计数初值为a，则T0从初值a加1计数至溢出的时间为：

$$T=\frac{12}{fosc}*(2^{13}-a)\mu s$$

如果$fosc=12MHz$，则$T=(12^{13}-a)\mu s$。

例如，若已知晶振频率$fosc=6MHz$，若使用T0方式0产生10ms定时中断，对T0进行初始化编程时，首先求出TL0、TH0初值，根据公式

$$T=\frac{12}{fosc}*(2^{13}-a)\mu s$$

则得

$$a=2^{13}-\frac{fosc}{12}*T$$

$$=2^{13}-5000$$

$$=3192$$

以二进制数表示

$$a=110001111000B$$

取a的低5位值作为TL0初值，高8位值作为TH0初值，因此TL0初值为18H，TH0初值为63H。

2. 方式1

方式1和方式0的差别仅仅在于计数器的位数不同，方式1为16位的定时器/计数器。定时器T0工作于方式1的逻辑结构框图如图5-18所示。T0工作于方式1时，由TH0作为高8位，TL0作为低8位，构成一个16位计数器。若T0工作于方式1定时，计数初值为a，$fosc=12MHz$，则T0从计数初值加1计数到溢出的定时时间为：$T=(2^{16}-a)\mu s$。

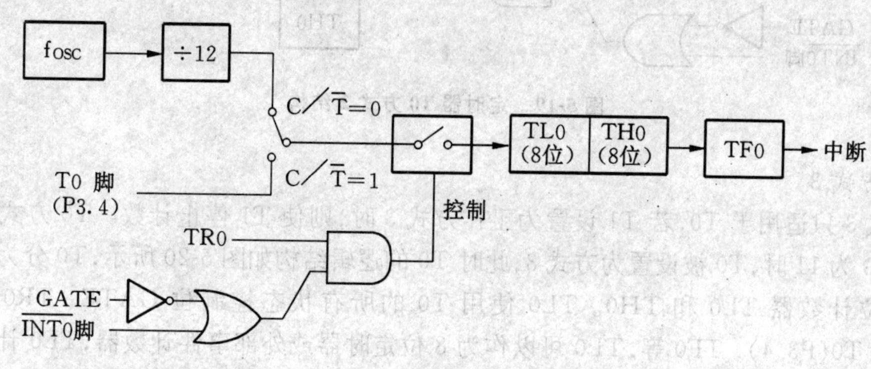

图5-18 定时器T0方式1结构

例如:设 fosc = 12MHz, T0 工作于方式 1,产生 50ms 定时中断,则根据公式

$$T = \frac{12}{fosc}(2^{16} - a)\mu s$$

则得
$$a = 2^{16} - \frac{fosc}{12} * T$$
$$= 2^{16} - 50000$$
$$= 15536$$

化为 16 进制数:

$$a = 3CB0H$$

因此 TH0 初值为 3CH, TL0 初值为 0B0H。

3. 方式 2

T0 工作于方式 0 和方式 1 时,初值 a 是由中断服务程序恢复的,而 CPU 响应 T0 溢出中断的时间随程序状态不同而不同(CPU 所执行指令不同或者在执行其他中断程序都影响 CPU 响应中断的时间),CPU 响应中断之前 T0 从 0 开始继续计数,CPU 响应中断置初值后又从初值开始计数,这样使定时产生误差。

M1M0 = 10 时, T0 工作于方式 2。方式 2 为自动恢复初值的 8 位计数器,其逻辑结构如图 5-19 所示。TL0 作为 8 位计数器,TH0 作为计数初值寄存器,当 TL0 计数溢出时,一方面置“1”溢出标志 TF0,向 CPU 请求中断,同时将 TH0 内容送 TL0,使 TL0 从初值开始重新加 1 计数。因此,T0 工作于方式 2 时,定时精确,但定时时间小, $T = \frac{12}{fosc} * (2^8 - a)$。

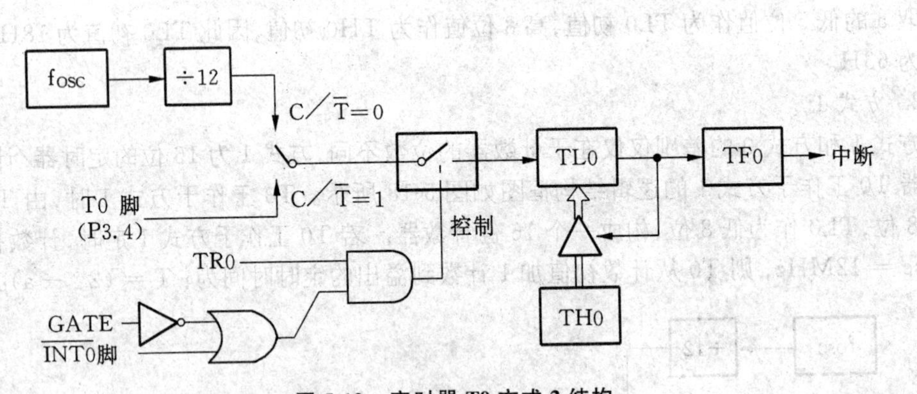

图 5-19 定时器 T0 方式 2 结构

4. 方式 3

方式 3 只适用于 T0,若 T1 设置为工作方式 3 时,则使 T1 停止计数。T0 方式字段中的 M1M0 为 11 时,T0 被设置为方式 3,此时 T0 的逻辑结构如图 5-20 所示,T0 分为两个独立的 8 位计数器 TL0 和 TH0。TL0 使用 T0 的所有状态控制位 GATE、TR0、$\overline{INT0}$(P3.2)、T0(P3.4), TF0 等,TL0 可以作为 8 位定时器或外部事件计数器,TL0 计数溢出时置“1”溢出标志 TF0, TL0 计数初值必须由软件恢复。

TH0 被固定为一个 8 位定时器方式，并使用 T1 的状态控制位 TR1、TF1。TR1 为 1 时，允许 TH0 计数，当 TH0 计数溢出时置"1"溢出标志 TF1。

一般情况下，只有当 T1 用于串行口的波特率发生器时，T0 才在需要时选工作方式 3，以增加一个计数器。这时 T1 的运行由方式来控制，方式 3 停止计数，方式 0～2 允许计数，计数溢出时并不置"1"标志 TF1。

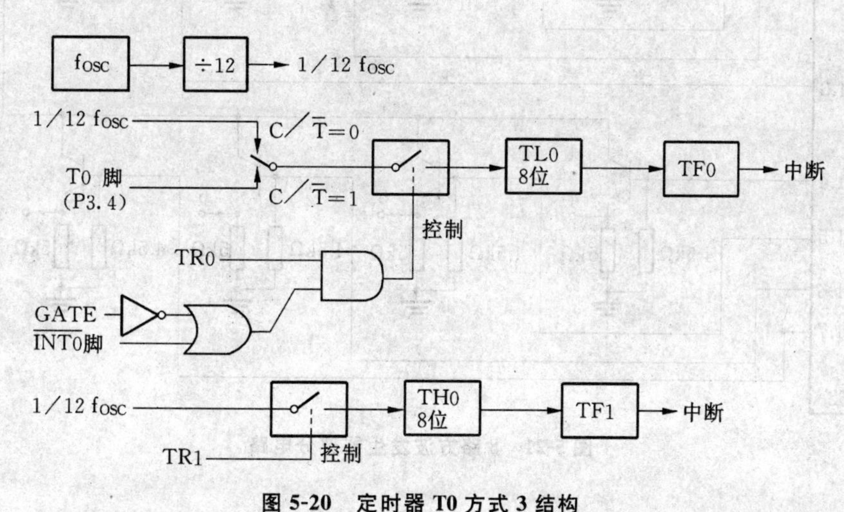

图 5-20　定时器 T0 方式 3 结构

四、T0、T1 的编程

T0、T1 的应用程序包括对 TCON、TMOD、TH0、TL0、TH1、TL1、IE、IP 的初始化(赋值)程序和 T0、T1 的中断程序，中断程序中除恢复定时器初值(方式 0，1，3)外，其他的处理随应用目的而不同。方式 1 和方式 2 是最常用的方式。下面结合应用讨论 T0 编程方法(T1 也适用)。

5.2.3　定时器 T0 方式 1 应用——多路低频方波发生器

方式 1 初值是由程序恢复的，为了减少定时误差，初值选取时尽量使低几位为 0，中断程序恢复初值时不要破坏这几位值，并尽可能定义为高级中断。

方波脉冲发生器是实验室常用设备之一。传统的低频脉冲发生器的体积、成本都比较高，用单片机产生方波实质上是对内部时钟分频，频率参数完全由所选晶振频率和程序参数确定，具有精度高、成本低、灵活、易修改等优点。

一、功能和硬件电路

输出 8 路频率为 100Hz、50Hz、25Hz、20Hz、10Hz、5Hz、2Hz、1Hz 的方波；图 5-21 为一种方波脉冲发生器部分硬件电路。图中由 P1 口输出脉冲信号，经三极管射集跟随器驱动后输出。

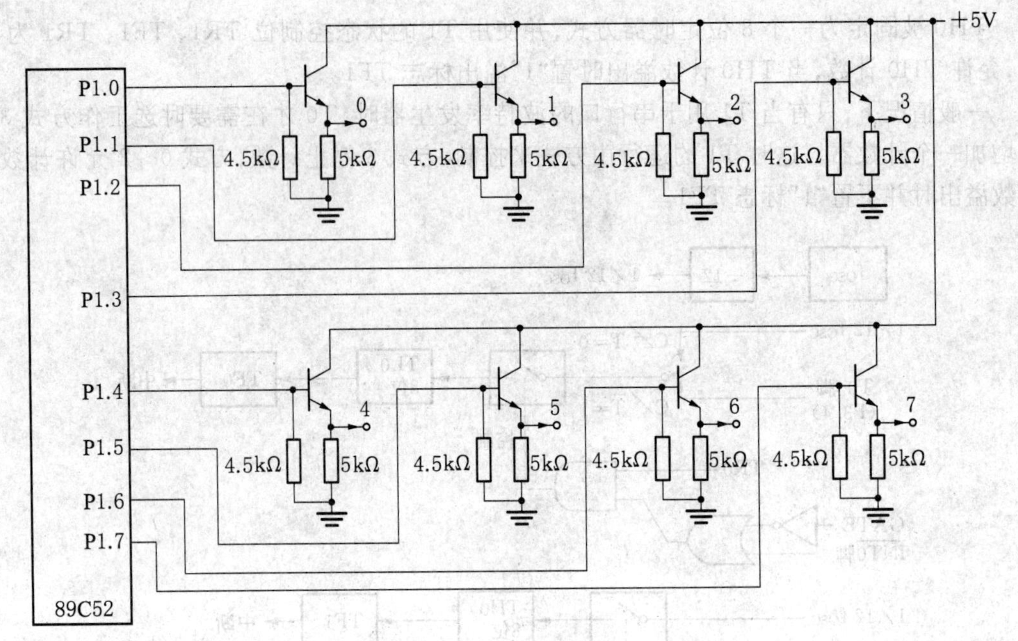

图 5-21 8 路方波发生器部分电路

二、程序设计方法

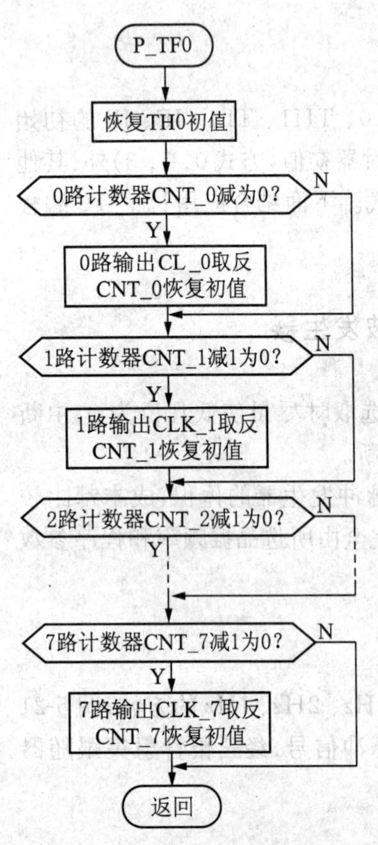

图5-22 例 5.9 的 T0 中断程序框图

(1) T0 产生 5ms 定时中断,若 fosc = 11.0592 MHz, 则 T0 初值为 0EE00H, T0 中断程序只需恢复 TH0;

(2) 各路脉冲宽度是 5ms 的倍数,它们以常数表形式存于 ROM;

(3) 设置 8 路时间计数器,初值由常数表中对应元素确定,T0 中断程序对它们减 1 计数,减为 0 时恢复初值,相应路输出状态取反;

(4) 为了使程序易读易修改,程序中用符号表示接口和参数。

这里没有考虑其他功能,主程序初始化后以踏步代表其他日常事务的处理,因而很简单,这里只给出 T0 中断程序框图(见图 5-22)。

例 5.9 多路脉冲输出程序

```
CLK_0    BIT    90H
CLK_1    BIT    91H    ;便于程序阅读以及参数修改
CLK_2    BIT    92H
CLK_3    BIT    93H    ;定义各路时钟符号
CLK_4    BIT    94H
CLK_5    BIT    95H
```

```
CLK_6     BIT    96H
CLK_7     BIT    97H
CNT_0     EQU    30H              ;定义各路时间计数器
CNT_1     EQU    31H
CNT_2     EQU    32H
CNT_3     EQU    33H
CNT_4     EQU    34H
CNT_5     EQU    35H
CNT_6     EQU    36H
CNT_7     EQU    37H
DA_0      EQU    1                ;定义参数
DA_1      EQU    2
DA_2      EQU    4
DA_3      EQU    5
DA_4      EQU    10
DA_5      EQU    20
DA_6      EQU    50
DA_7      EQU    100
          ORG    0
          LJMP   MAIN
          ORG    0BH
          LJMP   P_TF0
MAIN:     MOV    SP, #0F0H        ;栈指针计数单元初始化
          MOV    CNT_0, #DA_0
          MOV    CNT_1, #DA_1
          MOV    CNT_2, #DA_2
          MOV    CNT_3, #DA_3
          MOV    CNT_4, #DA_4
          MOV    CNT_5, #DA_5
          MOV    CNT_6, #DA_6
          MOV    CNT_7, #DA_7
          MOV    TMOD, #1         ;T0 初始化
          MOV    TL0, #0
          MOV    TH0, #0EEH
          MOV    IE, #82H
          SETB   TR0
          SJMP   $                ;踏步表示日常处理
P_TF0:    MOV    TH0, #0EEH       ;恢复 TH0 初值
```

```
            DJNZ   CNT_0, P_TF0_1
            CPL    CLK_0              ;对各路输出处理
            MOV    CNT_0, #DA_0
P_TF0_1:    DJNZ   CNT_1, P_TF0_2
            CPL    CLK_1
            MOV    CNT_1, #DA_1
P_TF0_2:    DJNZ   CNT_2, P_TF0_3
            CPL    CLK_2
            MOV    CNT_2, #DA_2
P_TF0_3:    DJNZ   CNT_3, P_TF0_4
            CPL    CLK_3
            MOV    CNT_3, #DA_3
P_TF0_4:    DJNZ   CNT_4, P_TF0_5
            CPL    CLK_4
            MOV    CNT_4, #DA_4
P_TF0_5:    DJNZ   CNT_5, P_TF0_6
            CPL    CLK_5
            MOV    CNT_5, #DA_5
P_TF0_6:    DJNZ   CNT_6, P_TF0_7
            CPL    CLK_6
            MOV    CNT_6, #DA_6
P_TF0_7:    DJNZ   CNT_7, P_TF0_E
            CPL    CLK_7
            MOV    CNT_7, #DA_7
P_TF0_E:    RETI
```

*5.2.4 定时器 T0 方式 1 应用——定时扫描显示器、键盘

一、程控和定时

由主程序循环地判断一些事件是否需要处理，并在需要处理时转去处理这一事件，这种方式称为程控方式。在程控方式中，对于某一事件来说，何时被关心、处理完全是由 CPU 的忙闲、程序的状态确定。对于例 5.7 的程控扫描显示器和读键盘的程序，CPU 的大量时间花在延时（如键抖动延时）或等待（如等待键释放）上，当 CPU 事务繁忙时或碰到异常时（如按下键不放），往往会顾此失彼，产生键输入数据丢失或显示器抖动、变黑等现象。

用定时器产生定时中断，定时地判断一些事件是否需要处理，并在需要时去处理或通知主程序去处理，称为定时方式。这种方式使主程序中避免因延时等事件发生而浪费时间的情况，这就大大提高了 CPU 的效率，使它能处理更多的事情。

二、定时扫描显示器、读键盘程序设计方法

(1) 因显示器显示 1 位的时间为 1ms,键抖动时间为 10ms,取定时器 T0 产生 1ms 定时中断;

(2) T0 每次中断都要扫描显示器,但键盘 10 次中断才需读一次;

(3) 可以用例 5.6、例 5.7 中子程序 KEY_44、KEY_S 读键盘,但要设计显示 1 位的子程序;

(4) 设置一些标志,用于表明当前显示器显示哪 1 位,键盘处于抖动、闭合、释放中的哪一个状态,或指出是否读到键数据;

(5) 设立主程序和中断程序之间信息交换工作单元;

(6) 程序框图和程序。

根据上面的方法,我们设置下列标志:

● F_DIR:当前显示位标志,"0"正在显示低位,"1"正在显示高位;

● KD:去抖动标志,"1"表示闭合键过了抖动期;

● KP、KIN: KP=0、KIN=1,表示读到键数据还未处理;KP=1、KIN=1,表示键数据已处理但闭合键未释放;KD=0、KP=0、KIN=0,表示无闭合键。

根据上面的方法和设置,我们得到如图 5-23 所示的显示 1 位子程序和 T0 中断程序框图。

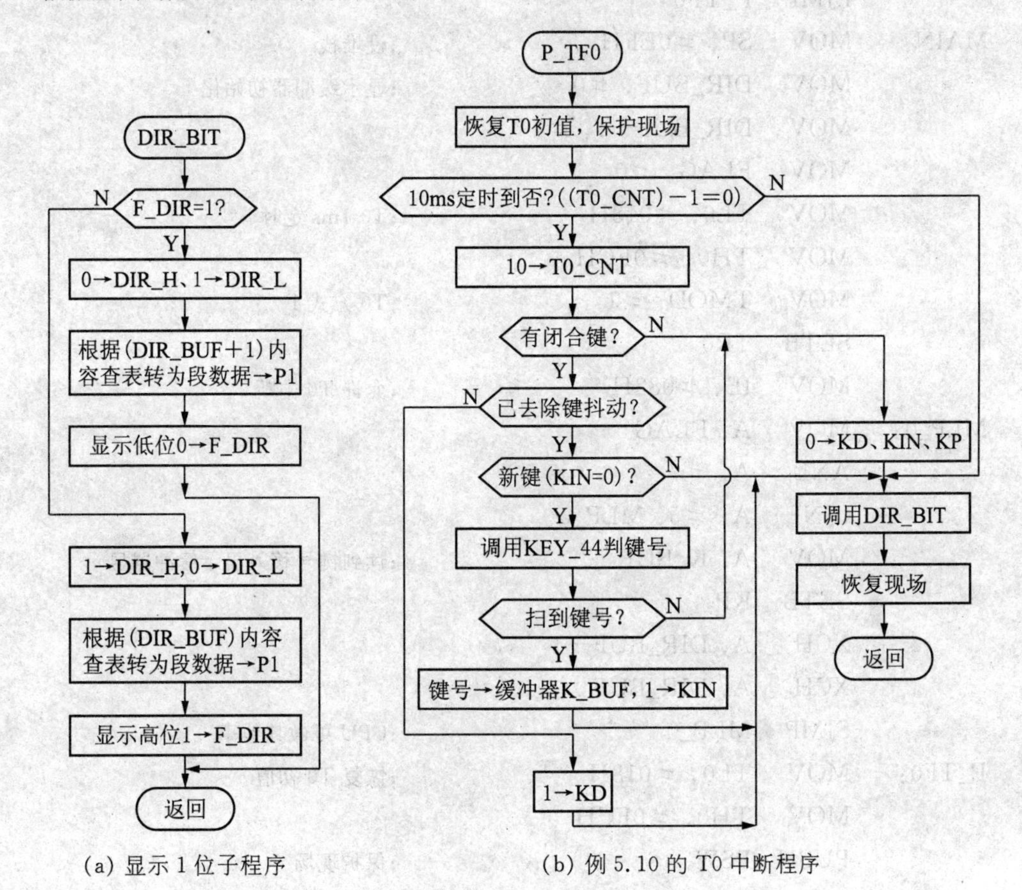

(a) 显示 1 位子程序　　(b) 例 5.10 的 T0 中断程序

图 5-23　例 5.10 程序框图

例 5.10 定时扫描 2 位显示器和读 4×4 键盘程序

```
DIR_H     BIT    0B5H                 ;定义符号
DIR_L     BIT    0B4H
KD        BIT    0
KP        BIT    1
KIN       BIT    2
F_DIR     BIT    3                    ;当前显示位标志
FLAG      EQU    20H                  ;标志单元
DIR_BUF   EQU    30H                  ;显示缓冲器
T0_CNT    EQU    32H                  ;10ms 定时计数单元
K_BUF     EQU    33H                  ;键号缓冲器
PTKEY     EQU    0A0H                 ;P2 定义为键盘接口
          ORG    0
          LJMP   MAIN
          ORG    0BH
          LJMP   P_TF0
MAIN:     MOV    SP, #0EFH            ;设堆栈
          MOV    DIR_BUF, #0          ;显示缓冲器初始化
          MOV    DIR_BUF+1, #1
          MOV    FLAG, #0
          MOV    TL0, #018H           ;T0 1ms 定时
          MOV    TH0, #0FCH
          MOV    TMOD, #1             ;T0 方式 1
          SETB   TR0
          MOV    IE, #082H            ;允许 T0 中断
MLP_0:    MOV    A, FLAG
          ANL    A, #7
          CJNE   A, #5, MLP_0
          MOV    A, K_BUF             ;读到键号移入显示缓冲器显示
          SETB   KP
          XCH    A, DIR_BUF+1
          XCH    A, DIR_BUF
          SJMP   MLP_0                ;CPU 可做其他事
P_TF0:    MOV    TL0, #018H           ;恢复 T0 初值
          MOV    TH0, #0FCH
          PUSH   PSW                  ;保护现场
          PUSH   ACC
```

```
           PUSH  B
           PUSH  DPH
           PUSH  DPL
           SETB  RS0                        ;选1区寄存器
           DJNZ  T0_CNT, P_TF0_4
           MOV   T0_CNT, #10                ;10ms到扫描键盘
           LCALL KEY_S                      ;KEY_S见例5.7
           JC    P_TF0_3
           JNB   KD, P_TF0_2
           JB    KIN, P_TF0_4
           LCALL KEY_44                     ;KEY_44见例5.6
           JC    P_TF0_3
           MOV   K_BUF, A
           SETB  KIN
           SJMP  P_TF0_4
P_TF0_2:   SETB  KD
           SJMP  P_TF0_4
P_TF0_3:   ANL   FLAG, #8                   ;清KD、KP、KIN
P_TF0_4:   LCALL DIR_BIT
           POP   DPL
           POP   DPH
           POP   B
           POP   ACC
           POP   PSW
           RETI
DIR_BIT:   JNB   F_DIR, DIR_HB              ;显示1位子程序
DIR_LB:    CLR   DIR_H                      ;显示低位
           SETB  DIR_L
           MOV   A, DIR_BUF+1
           MOV   DPTR, #SEG_TAB
           MOVC  A, @A+DPTR
           MOV   P1, A
           CLR   F_DIR
           RET
DIR_HB:    SETB  DIR_H                      ;显示高位
           CLR   DIR_L
           MOV   A, DIR_BUF
```

```
            MOV   DPTR, #SEG_TAB
            MOVC  A, @A+DPTR
            MOV   P1, A
            SETB  F_DIR
            RET
SEG_TAB:    DB    03FH, 006H, 05BH, 04FH   ;0-3 字形表
            DB    066H, 06DH, 07DH, 007H   ;4-7 字形表
            DB    07FH, 06FH, 077H, 07CH   ;8-B 字形表
            DB    039H, 05EH, 079H, 071H   ;C-F 字形表
            END
```

5.2.5 定时器 T0 方式 2 应用——时钟计数

一、程序设计方法

为了提高时钟计数的精度,T0 选方式 2,由于方式 2 的中断频率高,属紧急事件,应设为高级中断。设 fosc=12MHz, T0 方式 2 产生 250μs 定时中断,则 1s 内产生 4000 次中断,设置一个中断次数计数器,由中断程序对它计数,计到 4000 次后对时钟计数。时钟计数方法比较简单:十进制加 1,秒、分加到 60 进位,时则加到 24 进位。

例 5.11 时钟计数程序

```
CLK_BUF   EQU    30H                  ;时钟单元,时分秒缓冲器
T0_CNT    EQU    33H                  ;1s 定时计数单元
          ORG    0
          LJMP   MAIN
          ORG    0BH
          LJMP   P_TF0
MAIN:     MOV    SP, #0EFH
          MOV    T0_CNT, #0FH         ;计数单元赋初值
          MOV    T0_CNT+1, #0A0H
          CLR    A
          MOV    CLK_BUF, A           ;时钟赋初值
          MOV    CLK_BUF+1, A
          MOV    CLK_BUF+2, A
          MOV    TL0, #6
          MOV    TH0, #6
          MOV    TMOD, #2
          SETB   TR0
          MOV    IE, #82H
```

```
        MOV     IP, #2
        SJMP    $
P_TF0:  PUSH    PSW
        PUSH    ACC
        MOV     A, T0_CNT+1           ;秒定时计数
        CLR     C
        SUBB    A, #1
        MOV     T0_CNT+1, A
        JNC     P_TF0_R
        MOV     A, T0_CNT
        SUBB    A, #0
        MOV     T0_CNT, A
        JNC     P_TF0_R
        MOV     T0_CNT, #0FH          ;恢复计数初值
        MOV     T0_CNT+1, #0A0H
        LCALL   CLK_CNT
P_TF0_R: POP    ACC
        POP     PSW
        RETI
CLK_CNT: MOV    A, CLK_BUF+2          ;时钟计数
        ADD     A, #1
        DA      A
        MOV     CLK_BUF+2, A
        CJNE    A, #60H, CLK_R
        MOV     CLK_BUF+2, #0
        MOV     A, CLK_BUF+1
        ADD     A, #1
        DA      A
        MOV     CLK_BUF+1, A
        CJNE    A, #60H, CLK_R
        MOV     CLK_BUF+1, #0
        MOV     A, CLK_BUF
        ADD     A, #1
        DA      A
        MOV     CLK_BUF, A
        CJNE    A, #24H, CLK_R
        MOV     CLK_BUF, #0
```

```
CLK_R:    RET
          END
```

5.2.6 定时器 T2 的功能和使用方法

一、T2 的特殊功能寄存器

89C52 比 8051 增加了一个 16 位多功能定时器,相应地增加了 5 个特殊功能寄存器:TH2(0CDH)、TL2(0CCH)、RCAP2H(0CBH)、RCAP2L(0CAH)、T2CON(0C8H)。T2 主要有 3 种工作方式:捕捉方式、常数自动再装入方式和串行口的波特率发生器方式。TH2、TL2 组成 16 位计数器,RCAP2H、RCAP2L 组成一个 16 位寄存器。在捕捉方式中,当外部输入端 T2EX(P1.1)发生负跳变时,将 TH2、TL2 的当前计数值锁存到 RCAP2H、RCAP2L 中,在常数自动再装入方式中,RCAP2H、RCAP2L 作为 16 位计数初值常数寄存器。

1. T2CON

T2CON 为 T2 的状态控制寄存器,其格式如下:

D7	D6	D5	D4	D3	D2	D1	D0
TF2	EXF2	RCLK	TCLK	EXEN2	TR2	$C/\overline{T2}$	$CP/\overline{RL2}$

T2 的工作方式主要由 T2CON 的 D0、D2、D4、D5 位控制,对应关系如表 5-5 所示。

表 5-5 定时器 T2 方式选择

RCLK + TCLK	$CP/\overline{RL2}$	TR2	工 作 方 式
0	0	1	16 位常数自动再装入方式
0	1	1	16 位捕捉方式
1	×	1	串行口波特率发生器方式
×	×	0	停止计数

TF2　T2 的溢出中断标志。在捕捉方式和常数自动再装入方式中,T2 计数溢出时,置"1"中断标志 TF2, CPU 响应中断转向 T2 中断入口(002BH)时,并不清"0"TF2, TF2 必须由用户程序清"0"。当 T2 作为串行口波特率发生器时,TF2 不会被置"1"。

EXF2　定时器 T2 外部中断标志。EXEN2 为 1 时,当 T2EX(P1.1)发生负跳变时置 1 中断标志 EXF2, CPU 响应中断转 T2 中断入口(002BH)时,并不清"0"EXF2, EXF2 必须由用户程序清"0"。

TCLK　串行接口的发送时钟选择标志。TCLK = 1 时, T2 工作于波特率发生器方式,使定时器 T2 的溢出脉冲作为串行口方式 1、方式 3 时的发送时钟。TCLK = 0 时, 定时器 T1 的溢出脉冲作为串行口方式 1、方式 3 时的发送时钟。

RCLK　串行接口的接收时钟选择标志位。RCLK = 1 时,T2 工作于波特率发生器方式,使定时器 T2 的溢出脉冲作为串行口方式 1 和方式 3 时的接收时钟, RCLK = 0

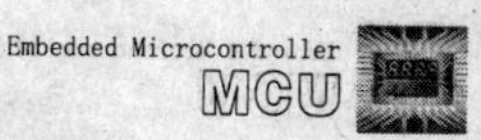

时,定时器 T1 的溢出脉冲作为串行口方式 1、方式 3 时的接收时钟。

EXEN2　T2 的外部允许标志。T2 工作于捕捉方式,EXEN2 为 1 时,当 T2EX(P1.1)输入端发生高到低的跳变时,TL2 和 TH2 的当前值自动地捕捉到 RCAP2L 和 RCAP2H 中,同时还置"1"中断标志 EXF2(T2CON.6);T2 工作于常数自动装入方式时,EXEN2 为 1 时,当 T2EX(P1.1)输入端发生高到低的跳变时,常数寄存器 RCAP2L、RCAP2H 的值自动装入 TL2、TH2,同时置"1"中断标志 EXF2,向 CPU 申请中断。EXEN2 = 0 时,T2EX 输入电平的变化对定时器 T2 没有影响。

$C/\overline{T2}$　外部事件计数器/定时器选择位。$C/\overline{T2}=1$ 时,T2 为外部事件计数器,计数脉冲来自 T2(P1.0);$C/\overline{T2}=0$ 时,T2 为定时器,以振荡器的十二分频信号作为计数信号。

TR2　T2 的计数控制位。TR2 为 1 时允许计数,为 0 时禁止计数。

$CP/\overline{RL2}$　捕捉和常数自动再装入方式选择位。$CP/\overline{RL2}$ 为 1 时工作于捕捉方式,$CP/\overline{RL2}$为 0 时 T2 工作于常数自动再装入方式。当 TCLK 或 RCLK 为 1 时,$CP/\overline{RL2}$被忽略,T2 总是工作于常数自动恢复的方式。

二、T2 的工作方式

1. 常数自动再装入方式

16 位常数自动再装入方式的逻辑结构如图 5-24 所示,这种方式主要用于定时。$C/\overline{T2}$为 0 时为定时方式,以振荡器的十二分频信号作为 T2 的计数信号;$C/\overline{T2}$为 1 时为外部事件计数方式,外部引脚 T2(P1.0)上的输入脉冲作为 T2 的计数信号(负跳变时 T2 加 1)。

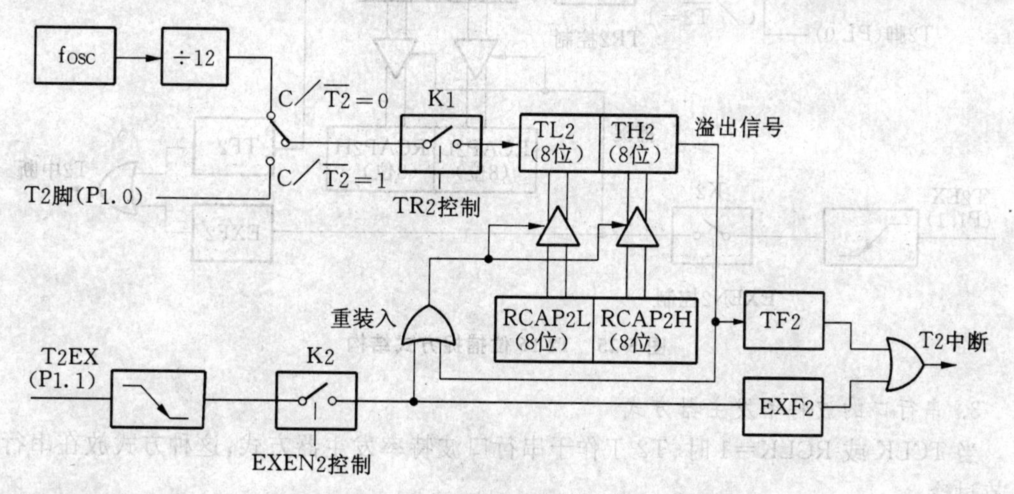

图 5-24　T2 16 位常数自动再装入方式结构

TR2 置"1"后,T2 从初值开始加 1 计数,计数溢出时将 RCAP2H、RCAP2L 中的计数初值常数自动再装入 TH2、TL2,使 T2 从该初值开始重新加 1 计数,同时置"1"溢出标志 TF2,向 CPU 请求中断(TF2 也可以由程序查询)。

当 EXEN2 为 1 时,除上述功能外,还有一个附加的功能:当 T2EX(P1.1)引脚输入电平发生"1"至"0"跳变时,也将 RCAP2H、RCAP2L 中常数重新装入到 TH2、TL2,使 T2 重新从初值开始计数,同时置"1"标志 EXF2,向 CPU 请求中断。

T2 的 16 位常数自动再装入方式是一种高精度的 16 位定时方式,计数初值由初始化程序一次设定后,在计数过程中不需要由软件再设定。若计数初值为 a,则定时时间精确地等于 $\frac{12}{fosc} * (2^{16} - a)\mu s$。

2. 16 位捕捉方式

T2 的 16 位捕捉方式的逻辑结构如图 5-25 所示。16 位捕捉方式的计数脉冲也由 $C/\overline{T2}$ 选择,$C/\overline{T2}$ 为 0 时以振荡器的十二分频信号作为 T2 的计数信号,$C/\overline{T2}$ 为 1 时以 T2 引脚上的输入脉冲作为 T2 的计数信号。置"1"TR2 后,T2 从初值开始加 1 计数,计数溢出时仅置"1"溢出标志 TF2。

EXEN2 为 1 时,除上述功能外,另外有一个附加的功能:当 T2EX(P1.1)输入电平发生负跳变时,将 TH2、TL2 的当前计数值锁存到 RCAP2H、RCAP2L,并置"1"中断标志 EXF2,向 CPU 请求中断。

T2 的 16 位捕捉方式主要用于测试外部事件的发生时间,可用于测试输入脉冲的频率、周期等。工作于捕捉方式时,T2 计数初值一般取 0,使 T2 循环地从 0 开始计数,每次溢出置"1"TF2,溢出周期为固定的。

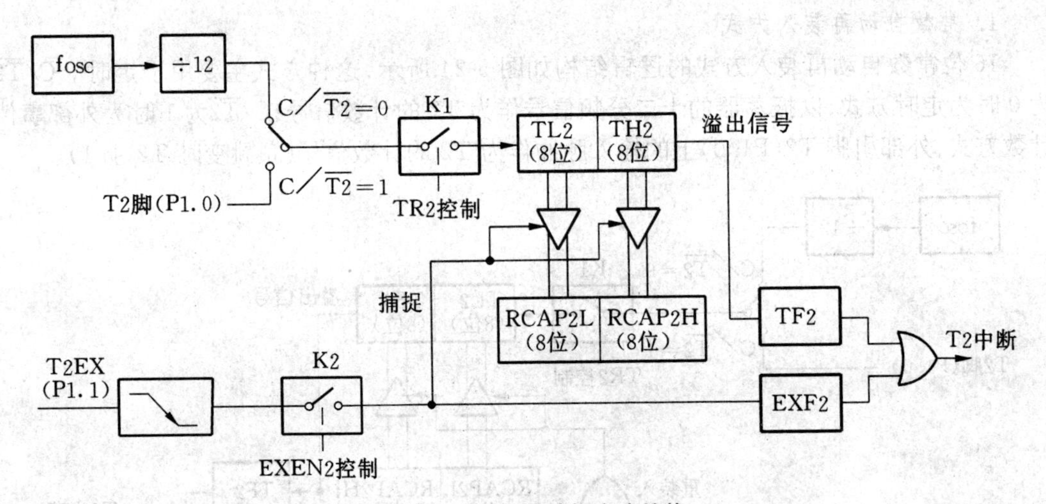

图 5-25　T2 16 位捕捉方式结构

3. 串行口的波特率发主器方式

当 TCLK 或 RCLK=1 时,T2 工作于串行口波特率发主器方式,这种方式放在串行口一节讨论。

三、T2 的应用和编程

T2 功能比 T0、T1 强很多,一般用它的常数自动再装入方式和捕捉方式。T2 的应用程序包括对 T2CON、TH2、TL2、RCAP2H、RCAP2L、IE、IP 赋值的初始化程序和 T2 的中断程序,中断程序处理随应用目的而不同。下面结合具体的应用讨论编程方法。

5.2.7 定时器T2应用——顺序控制器

一、顺序控制器

所谓顺序控制是指按时间顺序依次执行某些操作并维持特定时间的一种操作控制(例如自动车床中一组刀具的动作)。图5-26是一种8路顺序操作信号波形。

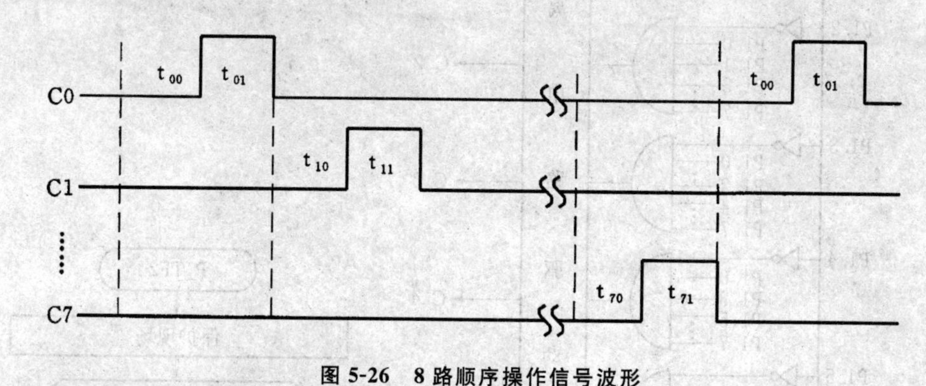

图5-26 8路顺序操作信号波形

二、控制器电路

根据图5-26设计如图5-27所示的控制器输出电路,89C52的P1口经组合逻辑电路、光隔电路输出图5-26所示驱动信号,驱动功率部件和执行机构。图中组合逻辑电路和光隔电路都是为提高可靠性而设计的。仅当P1口中1位P1.i=0、其他位均为1时,Ci才输出高电平执行操作i。

三、程序设计方法和程序框图

(1) 根据图5-26信号波形,把控制器分成16种状态,把P1口对应的16个输出数据和维持时间以常数表形式存于ROM;

(2) 设每个操作维持时间都是5ms的倍数,则可用T2产生5ms的定时中断;

(3) 设置状态计数器指出控制器当前所处的状态序号;

(4) 设置当前状态维持时间计数器,由T2中断程序对它减1计数,减为0时当前状态结束,计算下个状态输出到P1,并求出它的维持时间。主程序很简单,这里只给出T2中断程序框图(见图5-28)。

例5.12 顺序控制器程序

```
C_PORT    EQU    90H              ;定义输出口
T_BUF     EQU    30H              ;时间计数器
P_STATE   EQU    32H              ;状态寄存器
RCAP2L    EQU    0CAH
RCAP2H    EQU    0CBH
```

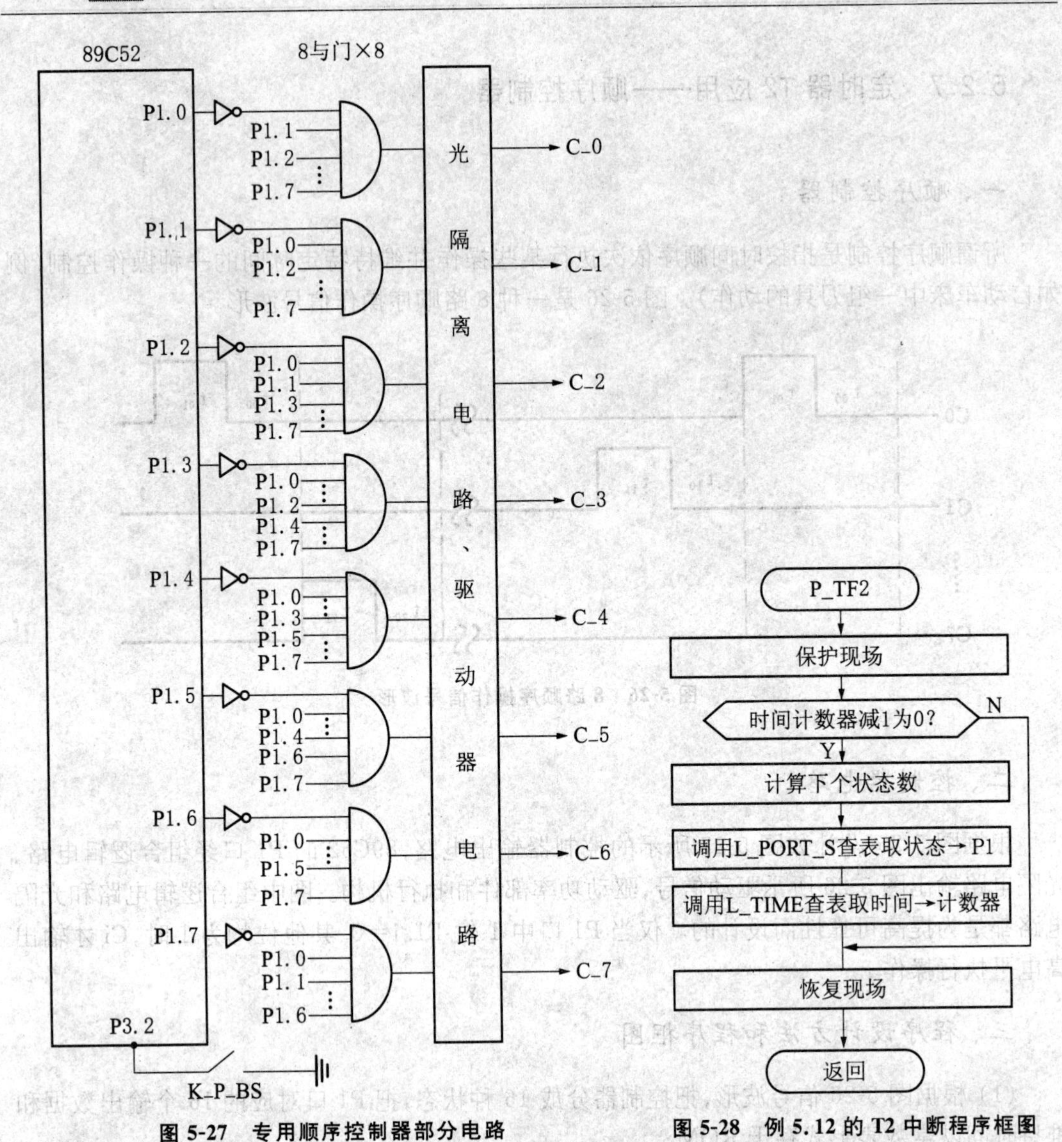

图 5-27　专用顺序控制器部分电路

图 5-28　例 5.12 的 T2 中断程序框图

```
TH2       EQU     0CDH
TL2       EQU     0CCH
T2CON     EQU     0C8H
          ORG     0
          LJMP    MAIN
          ORG     2BH
          LJMP    P_TF2
MAIN:     MOV     SP, #0EFH
          MOV     P_STATE, #0
          ACALL   L_TIME
```

```
            MOV     TH2, #0ECH                  ;T2初始化
            MOV     TL2, #078H                  ;5ms定时
            MOV     RCAP2H, #0ECH
            MOV     RCAP2L, #078H
            MOV     T2CON, #4
            MOV     IE, #0A0H
            SJMP    $
P_TF2:      PUSH    ACC                         ;T2中断程序
            PUSH    PSW
            MOV     A, T_BUF+1                  ;当前时间
            SETB    C                           ;计数器减1
            SUBB    A, #0
            MOV     T_BUF+1, A
            JC      P_TF2_1
P_TF2_R:    POP     PSW
            POP     ACC
            RETI
P_TF2_1:    MOV     A, T_BUF
            SUBB    A, #0
            JZ      P_TF2_2
            MOV     T_BUF, A
            SJMP    P_TF2_R
P_TF2_2:    MOV     A, P_STATE                  ;计算下个状态
            INC     A
            ANL     A, #0FH
            MOV     P_STATE, A
            ACALL   L_PORT_S                    ;取新状态
            ACALL   L_TIME                      ;取新时间
            SJMP    P_TF2_R
L_PORT_S:   MOV     A, P_STATE                  ;取状态子程序
            ADD     A, #(P_TAB-L_P_0)           ;加偏移量
            MOVC    A, @A+PC
L_P_0:      MOV     C_PORT, A
            RET
P_TAB:      DB      0FFH, 0FEH, 0FFH, 0FDH      ;输出口状态表
            DB      0FFH, 0FBH, 0FFH, 0F7H      ;可按需修改
            DB      0FFH, 0EFH, 0FFH, 0DFH
            DB      0FFH, 0BFH, 0FFH, 07FH
```

```
L_TIME:   MOV    A, P_STATE              ;取时间子程序
          RL     A
          MOV    B, A
          ADD    A, #(T_TAB-L_T_0)       ;加偏移量
          MOVC   A, @A+PC
L_T_0:    MOV    T_BUF, A
          MOV    A, B
          INC    A
          ADD    A, #(T_TAB-L_T_1)       ;加偏移量
          MOVC   A, @A+PC
L_T_1:    MOV    T_BUF+1, A
          RET
T_TAB:    DW     101H, 202H, 303H, 404H  ;各状态时间表
          DW     505H, 606H, 707H, 808H  ;可按需修改
          DW     909H, 110H, 220H, 330H
          DW     440H, 550H, 660H, 770H
          END
```

*5.2.8 定时器 T2 应用——脉冲频率的测量与计算

一、脉冲频率测量的意义

T2 的捕捉方式可用于实时测量 T2EX 上输入的脉冲周期。在许多系统中,输入信息是以脉冲形式表示的。如洗衣机中水位、衣物的重量使压控振荡器输出脉冲周期发生变化,测得脉冲周期便间接测得水位高低、衣物的多少,并以此来控制洗衣机的进水、排水等操作。在 V/F 转换器中测得脉冲周期便可测得输入电压以及它所代表的温度、酸度等模拟量参数。测试旋转体上霍尔器件或光栅输出的脉冲周期,便可计算得到旋转体的转速。

二、脉冲频率测量的方法

用 T2 捕捉方式测量脉冲周期的方法如图 5-29 所示。若 fosc = 12MHz, T2 计数脉冲周期为 1μs。当 T2 工作于捕捉方式,允许外部触发中断,不考虑 T2 的溢出,则可测试的脉冲周期范围小于 65536μs,如果相继的二次外部触发中断中得到的捕捉值为 t_1, t_2,则脉冲周期为

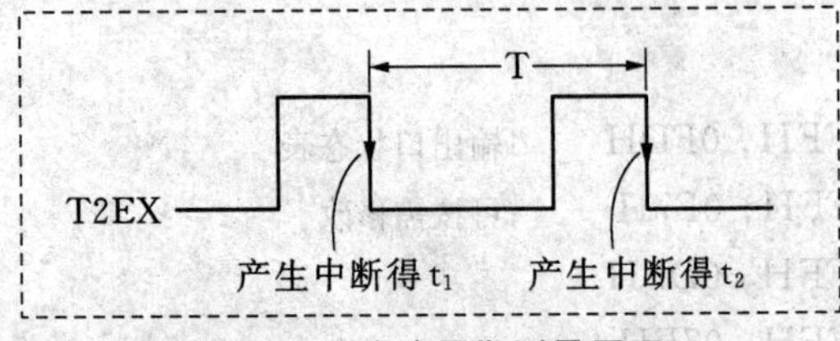

图 5-29 脉冲周期测量原理

$$T = (t_2 - t_1)\mu s$$

若在 T2 的外部触发中断中,考虑 T2

的溢出，由溢出中断对溢出次数进行计数得 n，相继的二次外部触发中断得到捕捉值为 t_1、t_2，则脉冲周期为

$$T = [(n * 65536 + t_2) - t_1]\mu s$$

三、程序设计方法与框图

- 设置存放 t_1、t_2 的缓冲器 BUF_1、BUF_2。
- 设置存放 T2 计数溢出次数缓冲器 OVCNT。
- 设置标志位F_EN：F_EN=1 表示允许测量脉冲周期；
  F_ONE：F_ONE=1 表示已测得 t_1；
  F_READY：F_READY=1 表示已测得 t_1 和 t_2。

图 5-30 给出了脉冲周期测量程序的框图，分别为主程序和 T2 中断程序。

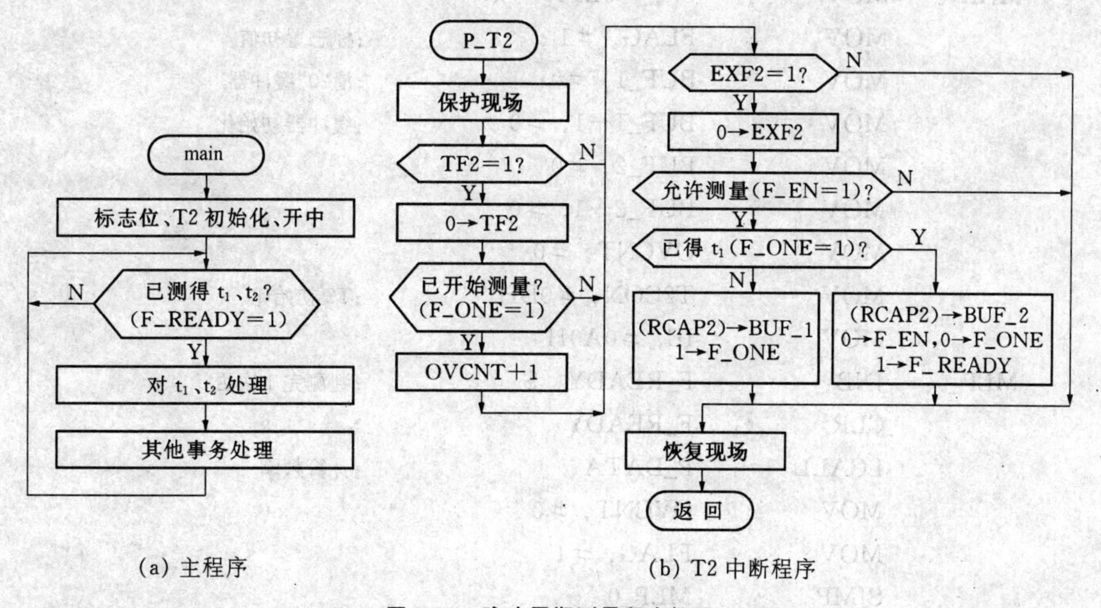

(a) 主程序　　(b) T2 中断程序

图 5-30　脉冲周期测量程序框图

例 5.13　脉冲频率的测量与计算程序

下面的程序仅适用于 100kHz 至 1Hz 的电机转速脉冲测量与计算，结果取整数。

```
BUF_1      EQU    30H    ;存 t1
BUF_2      EQU    32H    ;存 t2
OVCNT      EQU    34H    ;存溢出次数
F_BUF      EQU    35H    ;存放频率
FLAG       EQU    20H    ;标志单元
F_EN       BIT    0      ;FLAG 中标志位
F_ONE      BIT    1
F_READY    BIT    2
```

```
        EXF2      BIT       0CEH          ;位补充定义
        TF2       BIT       0CFH
        RCAP2L    EQU       0CAH          ;SFR 补充定义
        RCAP2H    EQU       0CBH
        TH2       EQU       0CDH
        TL2       EQU       0CCH
        T2CON     EQU       0C8H
        ORG       0
        LJMP      MAIN
        ORG       02BH
        LJMP      P_T2
MAIN:   MOV       SP, #0EFH
        MOV       FLAG, #1                ;标志置初值
        MOV       BUF_1, #0               ;清“0”缓冲器
        MOV       BUF_1+1, #0             ;缓冲器初始化
        MOV       BUF_2, #0
        MOV       BUF_2+1, #0
        MOV       OVCNT, #0
        MOV       T2CON, #0DH             ;T2 初始化
        MOV       IE, #0A0H
MLP_0:  JNB       F_READY, $              ;判测完 1 次否
        CLR       F_READY
        LCALL     P_DATA                  ;计算频率
        MOV       OVCNT, #0
        MOV       FLAG, #1
        SJMP      MLP_0
P_T2:   PUSH      ACC                     ;保护现场
        PUSH      PSW
        SETB      RS0
        JNB       TF2, P_T2_1
        CLR       TF2
        JNB       F_ONE, P_T2_1           ;已测到 t1 否
        INC       OVCNT                   ;开始测 t2
P_T2_1: JNB       EXF2, P_T2_R
        CLR       EXF2
        JNB       F_EN, P_T2_R
        JB        F_ONE, P_T2_2
```

```
          MOV     BUF_1, RCAP2H
          MOV     BUF_1+1, RCAP2L
          SETB    F_ONE
          SJMP    P_T2_R
P_T2_2:   MOV     BUF_2, RCAP2H
          MOV     BUF_2+1, RCAP2L
          MOV     FLAG, #4                ;清"0"F_EN, F_ONE
                                          ;置 F_READY
P_T2_R:   POP     PSW
          POP     ACC
          RETI
P_DATA:   MOV     A,BUF_2+1               ;先计算周期 t
          CLR     C                       ;n×65536+t2-t1
          SUBB    A, BUF_1+1              ;存 R2R3R4R5
          MOV     R5, A
          MOV     A, BUF_2
          SUBB    A, BUF_1
          MOV     R4, A
          MOV     A, OVCNT
          SUBB    A, #0
          MOV     R3, A
          CLR     A
          SUBB    A, #0
          MOV     R2, A
          MOV     R6, #0
          MOV     R7, #100
          ACALL   NDIV1                   ;t 除于 100
          MOV     A, R4                   ;商移入 R6R7
          MOV     R6, A
          MOV     A, R5
          MOV     R7, A
          MOV     R2, #0                  ;10000 除于 R6R7
          MOV     R3, #0
          MOV     R4, #27H
          MOV     R5, #10H
          ACALL   NDIV1
```

```
        MOV         F_BUF,R5
        RET
        END
```

注:NDIV1 子程序见例 4.17,其功能为(R2R3R4R5)/(R6R7)商在 R4R5,余数在 R2R3,这里不详细列出,实验时必须补上。

*5.2.9 可编程计数器阵列(PCA)的功能和使用方法

Intel、Philips、ATMEL 等公司的许多 51 系列单片机有可编程的计数器阵列 PCA。这是一个多功能的定时模块。我们以 8XC51FA/FB/FC 的 PCA 为例,介绍 PCA 的功能和使用方法。PCA 由一个 16 位的定时器和 5 个 16 位比较/捕捉模块所组成,逻辑结构如图 5-31 所示。PCA 的 16 位定时器作为比较/捕捉模块的定时标准,因此主要作为定时器使用,每个比较/捕捉模块都有 4 种用途:捕捉外部引脚 CEXn(n = 0~4)上输入电平发生跳变的时间,软件定时器,高速输出(即比较输出)和脉冲宽度调制输出。模块 4 还可以作为系统的监视定时器。

8XC51FA/FB/FC 的 P1 口为双功能口,其中 P1.3~P1.7 的第二功能为 PCA 的输入/输出线CEX0~CEX4。

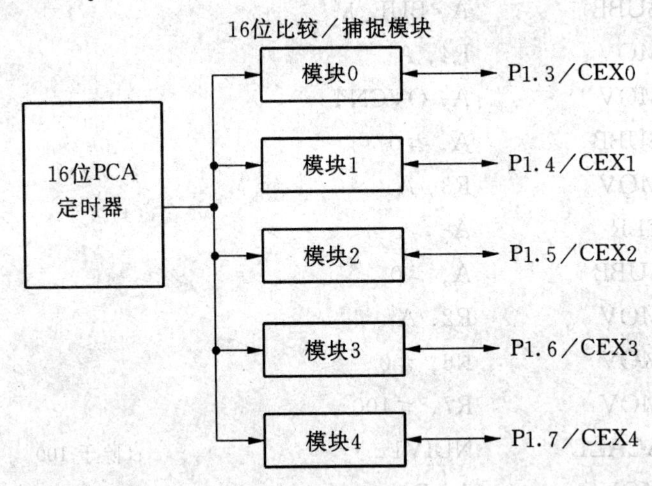

图 5-31 可编程计数器阵列 PCA 结构框图

一、PCA 定时器

PCA 定时器结构如图 5-32 所示。这个 16 位定时器由 CH 和 CL 组成,它们都是特殊功能寄存器,地址分别为:0F9H(CH), 0E9H(CL)。CPU 可以在任意时候对它们进行读或写。

PCA 定时器的计数脉冲可以编程为下列 4 个信号中的任意一个:

- 振荡器的十二分频信号;
- 振荡器的四分频信号;

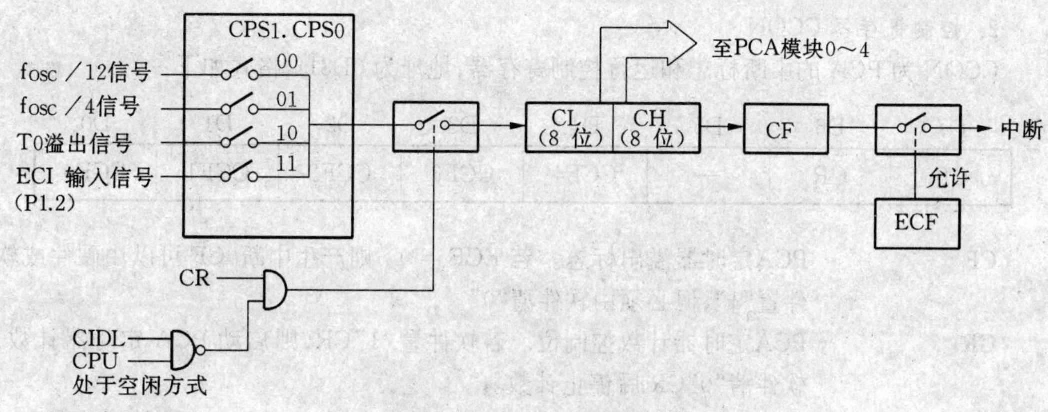

图 5-32　PCA 定时器框图

- 定时器 T0 的溢出信号；
- 外部引脚 ECI(P1. 2)上的输入信号。

PCA 的定时器是一个加"1"计数器，计数溢出时置"1"中断请求标志 CF。处于空闲方式时，可以允许或停止 PCA 定时器的计数。与它有关的特殊功能寄存器还有方式寄存器 CMOD、控制寄存器 CCON，通过对这两个寄存器进行编程来选择 PCA 定时器的工作方式。

1. 方式寄存器 CMOD

CMOD 为 PCA 定时器的方式寄存器，地址为 0D9H，其格式如下：

D7	D6	D5	D4	D3	D2	D1	D0
CIDL	WDTE	—	—	—	CPS1	CPS0	ECF

CIDL　空闲方式时计数控制。CIDL = 0 时，PCA 定时器继续计数；CIDL = 1 时，禁止计数。

CPS1　PCA 计数脉冲选择位 1。

CPS0　PCA 计数脉冲选择位 0。

CPS1	CPS0	计数脉冲
0	0	振荡器的十二分频信号
0	1	振荡器的四分频信号
1	0	定时器 T0 的溢出信号
1	1	ECI(P1. 2)上输入信号

WDTE　模块 4 的监视定时器(watchdog)允许位，WDTE = 0 禁止模块 4 的监视定时器功能，WDTE = 1 则允许。

ECF　PCA定时器溢出中断允许位。ECF = 1 时，允许 CF 位产生中断；ECF = 0 时，禁止中断。

CMOD. 3～CMOD. 5 为保留位。对这些不用的位读/写无效，为了使软件和 51 系列的新产品兼容，不要把"1"写入这些位。

2. 控制寄存器 CCON

CCON 为 PCA 的中断标志和运行控制寄存器,地址为 0D8H,格式如下:

D7	D6	D5	D4	D3	D2	D1	D0
CF	CR	—	CCF4	CCF3	CCF2	CCF1	CCF0

CF　　PCA定时器溢出标志。若 ECF = 1, 则产生中断,CF 可以由硬件或软件置“1”,但必须由软件清“0”。

CR　　PCA定时器计数控制位。若软件置“1”CR,则启动 PCA 定时器计数,软件清“0”CR 后停止计数。

CCF4～CCF0　　PCA比较/捕捉模块 4～0 的事件中断标志。当产生一次捕捉或匹配时由内部硬件置“1”,但必须由软件清“0”。

CF、CCF4～CCF0 为 PCA 的中断请求标志位。中断允许寄存器 IE. 6 为 PCA 中断允许位 EC, EC = 1 允许 PCA 中断; EC = 0 禁止 PCA 中断。PCA 中断的入口地址为 033H,由 PCA 中断服务程序查询 CCON 寄存器中相应的中断标志位状态,若为 1,由软件清“0”,并分别进行相应中断处理。

二、比较/捕捉模块

PCA 中有 5 个比较/捕捉模块,每一个模块都有一个方式寄存器 CCAPMn(n = 0, 1, 2, 3, 4),它们都是特殊功能寄存器,地址为:

CCAPM0:0DAH
CCAPM1:0DBH
CCAPM2:0DCH
CCAPM3:0DDH
CCAPM4:0DEH

这些寄存器分别控制对应模块的工作方式,其格式完全相同。

D7	D6	D5	D4	D3	D2	D1	D0
—	ECOMn	CAPPn	CAPNn	MATn	TOGn	PWMn	ECCFn

ECOMn　　比较器使能位。ECOMn = 1, 允许模块 n(n = 0 ～ 4) 中的比较器对 PCA 定时器和模块比较寄存器中的内容进行比较,若相等,则产生匹配信号; ECOMn = 0, 禁止模块中的比较器工作。

CAPPn　　CAPPn = 1, 允许捕捉外部引脚上的正跳变,为零时禁止捕捉。

CAPNn　　CAPNn = 1, 允许捕捉外部引脚上的负跳变,为零时禁止捕捉。

MATn　　MATn = 1 时,当 PCA 定时器的计数值和模块中比较/捕捉寄存器的值相等时置“1”CCFn,产生中断。

TOGn　　触发控制位。TOGn = 1 时,在 PCA 定时器的计数值和模块中的比较/捕捉寄存器的值相等时使输出到 CEXn 上的电平跳变。

PWMn　脉冲宽度调制方式位。PWMn = 1，使 CEXn 引脚上输出脉冲宽度调制波形。

ECCFn　CCFn 中断允许位。ECCFn = 1 时，使 CCFn 标志置"1"时，产生一个中断。

表 5-6 列出了寄存器 CCAPMn 中有效的各位组态，表以外的组态是无定义的，因而是无效的。

表 5-6　模块方式寄存器 CCAPMn 各位组态

ECOMn	CAPPn	CAPNn	MATn	TOGn	PWMn	ECCFn	模　块　功　能
0	0	0	0	0	0	0	没有操作
×	1	0	0	0	0	×	CEXn 上的正跳变触发捕捉(16 位)
×	0	1	0	0	0	×	CEXn 上的负跳变触发捕捉(16 位)
×	1	1	0	0	0	×	CEXn 上的跳变(正或负)触发捕捉(16 位)
1	0	0	1	0	0	×	16 位软件定时器
1	0	0	1	1	0	×	16 位高速输出
1	0	0	0	0	1	0	8 位脉冲宽度调制器
1	0	0	1	×	0	×	监视定时器(仅模块 4 有效)

三、16 位捕捉方式

16 位捕捉方式时的模块结构如图 5-33 所示。在 16 位捕捉方式中，当外部引脚 CEXn 上发生正跳变或负跳变或正负跳变时触发 PCA 的一次捕捉。对模块方式寄存器 CCAPMn 中的 CAPPn 和 CAPNn(n = 0 ~ 4)这两位置值来选择触发方式。

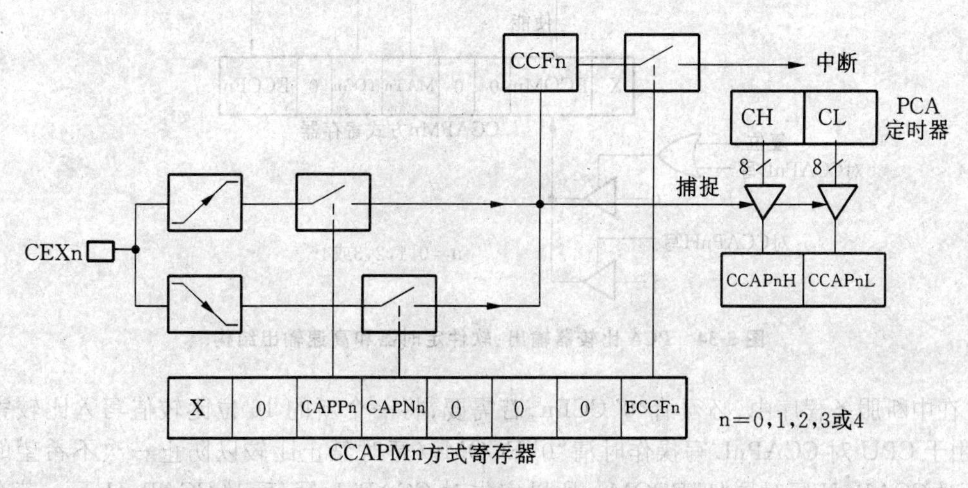

图 5-33　PCA 捕捉方式结构

PCA 中的比较/捕捉模块采样外部引脚 CEXn(n = 0 ~ 4)上的输入电平，当检测到一个有效跳变时由硬件将 PCA 定时器的计数值装到模块捕捉寄存器（CCAPnH 和 CCAPnL）。捕捉寄存器中的数值反映了外部引脚 CEXn 输入发生跳变时 PCA 定时器的计数值,亦即记录了发生跳变的实时时间。

在捕捉到一次跳变时,置位 CCON 寄存器中的模块事件标志位 CCFn,如果中断允许(ECCFn = 1, EC = 1) 将产生 PCA 中断。CPU 响应中断时并不清"0"CCFn,它必须由软件清"0",在中断服务程序中,将 16 位捕捉寄存器的值保护到 RAM(必须在下一次捕捉事件发生前完成)。

四、软件定时器和高速输出(比较输出)方式

软件定时器和高速输出方式都是一种比较方式,这种方式的模块结构如图 5-34 所示。

在 16 位比较方式中 (ECOMn = 1), 16 位 PCA 定时器的计数值和模块中的 16 位比较寄存器(CCAPnH, CCAPnL)中的预置值在每个机器周期进行 3 次比较,若相等则产生一个匹配信号。

1. 16 位软件定时器

置"1"ECOMn 和 MATn 这两位,模块 n(n = 0 ~ 4) 工作于 16 位软件定时器方式。在这种方式中,PCA 定时器的计数值和 16 位模块比较寄存器(CCAPnH, CCAPnL)中的预置值在每个机器周期进行 3 次比较,相等时产生一个匹配信号,该信号置"1"模块事件标志 CCFn。如果允许,则会产生一个中断(软件定时器中断)。

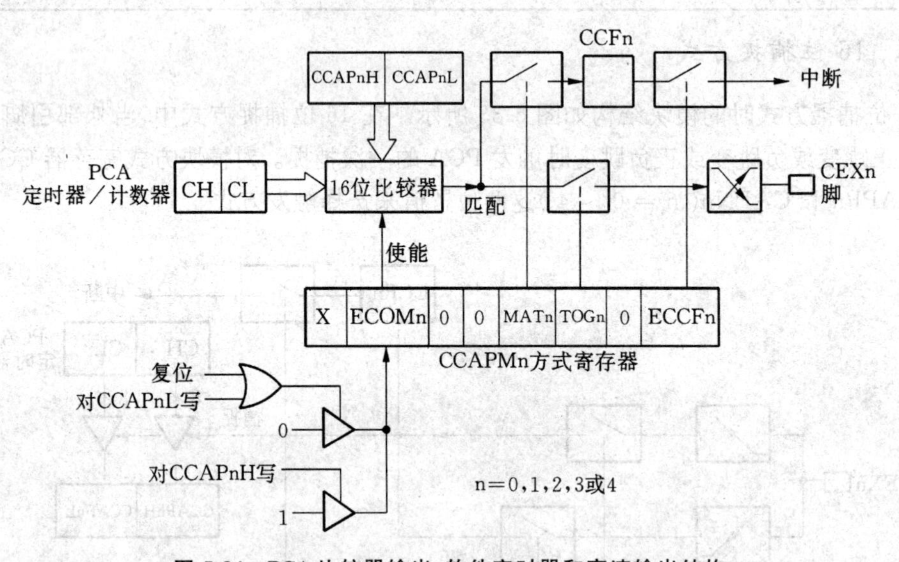

图 5-34 PCA 比较器输出:软件定时器和高速输出结构

在中断服务程序中,必须清"0"CCFn,若需要,将一个新的 16 位比较值写入比较寄存器,由于 CPU 对 CCAPnL 写操作时清"0"ECOMn(暂时禁止比较以防止一次不希望的匹配),对 CCAPnH 写时置"1"ECOMn,所以应先对 CCAPnL 写,后对 CCAPnH 写。若在中断服务程序中使比较寄存器在原值基础上加上一个固定的偏移量,则软件定时器中断的频率是一样的,这就起一个定时器的作用。

2. 高速输出方式

高速输出方式也称为比较输出方式,置"1"ECOMn、MATn 和 TOGn 这 3 位,模块

n(n = 0 ~ 4) 就工作于高速输出方式,在 PCA 定时器计数值和模块的比较寄存器比较相等时产生一个匹配信号,该信号使外部引脚 CEXn 上的输出电平发生跳变,同时也置"1"模块事件标志 CCFn,如果允许也产生一个 PCA 中断。由软件设置 CEXn 上输出电平的初态,就可以使该引脚在预定时刻到达时发生正跳变或负跳变。

高速输出方式比一般的中断方式的软件定时输出在时间上更精确,因为中断等待时间不影响高速输出的操作。

五、脉冲宽度调制器方式

置"1"ECOMn 和 PWMn 这两位,模块 n(n = 0 ~ 4) 就工作于如图 5-35 所示的脉冲宽度调制器方式。这种方式可以用作 D/A 转换器或电机的变频调速等。脉冲宽度调制器输出脉冲的频率取决于 PCA 定时器的计数脉冲。若振荡器频率为 16MHz,则输出波形的最高频率约 15.6kHz。

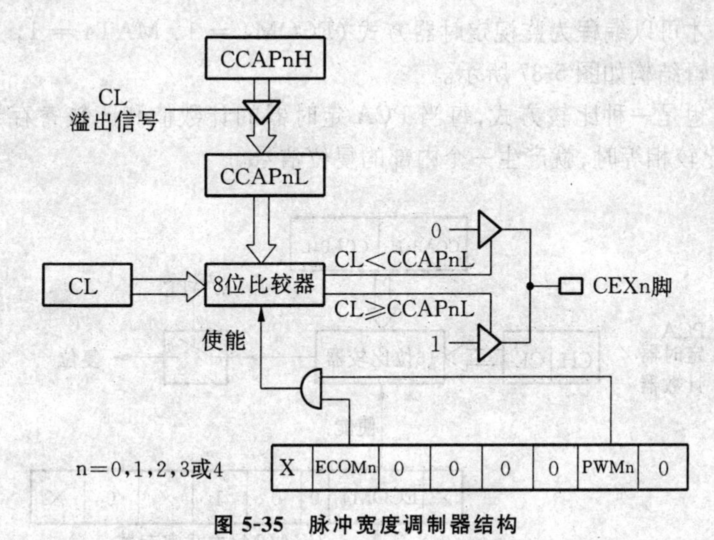

图 5-35 脉冲宽度调制器结构

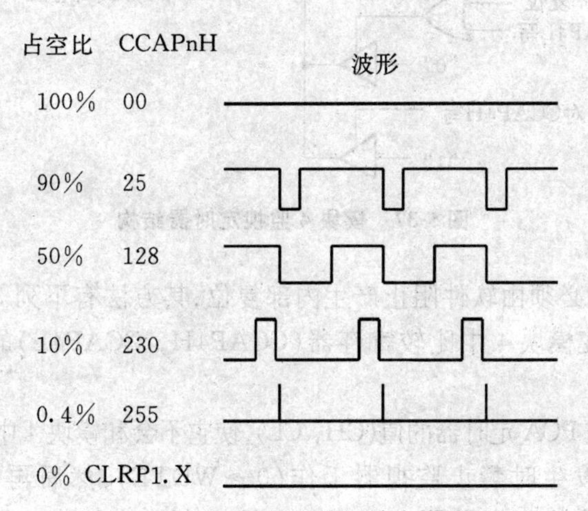

图 5-36 CCAPnH 值和调制波占空比关系

通过对 PCA 定时器低 8 位 CL 和模块比较寄存器低 8 位 CCAPnL 的内容进行比较来产生 8 位脉冲宽度调制输出波形。当 CL 的值小于 CCAPnL 的值时,CEXn 引脚输出低电平;CL 的值大于或等于 CCAPnL 之值时,CEXn 输出高电平,这样由 CCAPnL 中的值控制输出波形的占空比。若要改变 CCAPnL 中的数值,软件应写入 CCAPnH 寄存器,当 PCA 定时器低 8 位 CL 计数溢出时,由硬件将 CCAPnH 的内容送至 CCAPnL。CCAPnH(一般也是 CCAPnL 的值)可以在 0～255 中任选。输出波形的占空比在100%～0.4%之间变化(见图 5-36)。

六、监视定时器

监视定时器(watchdog timer)的功能是当系统工作不正常时自动产生一个复位信号,在硬件无故障时,使系统恢复正常工作。它用在一些环境干扰信号较大或可靠性要求较高的应用场合。

只有模块 4 才可以编程为监视定时器方式 (ECOM4 = 1, MAT4 = 1, WDTE = 1),这时模块 4 的逻辑结构如图 5-37 所示。

监视定时器也是一种比较方式,每当 PCA 定时器的计数值和比较寄存器(CCAPnH,CCAPnL)的值比较相等时,就产生一个内部的复位信号。

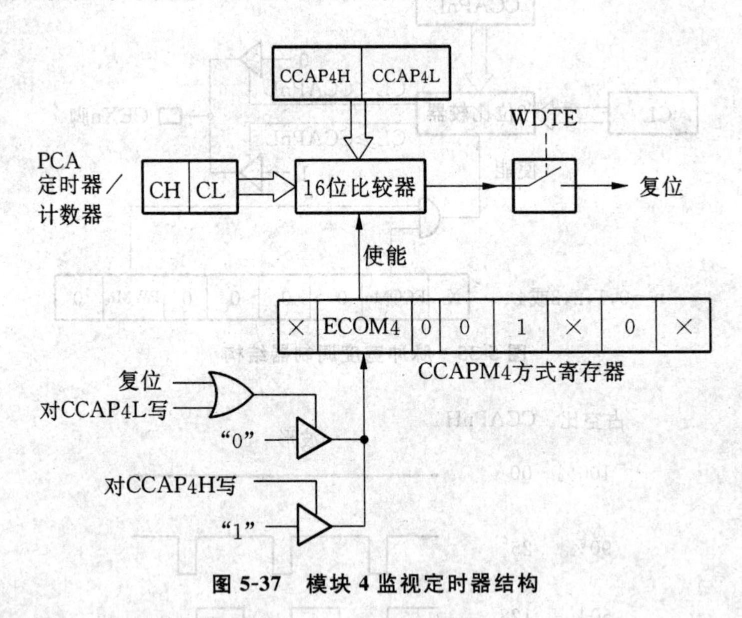

图 5-37　模块 4 监视定时器结构

系统正常工作时,必须由软件阻止产生内部复位,其方法有下列 3 种:

(1) 周期性地改变模块 4 中比较寄存器(CCAP4H, CCAP4L)的值,使它不会和 PCA 定时器的值相等。

(2) 周期性地改变 PCA 定时器的值(CH, CL),使它不会和模块 4 中比较寄存器的值相等。

(3) 在匹配将要发生时禁止监视器工作(0→WDTE),然后再允许监视器工作(0→WDTE),使匹配时不产生复位信号。

上面第二种方法将影响 PCA 中其他模块的工作,第三种方法不可靠,所以在大多数的应用中都采用第一种方法。

若系统因受干扰等原因CPU工作不正常时，不能阻止PCA定时器的计数值和比较寄存器的值比较相等，而使匹配信号产生内部复位信号，重新启动系统正常工作。

七、PCA中的特殊功能寄存器地址

8xC51FA/FB/FC中与可编程计数器阵列相关的特殊功能寄存器一共有19个，它们的地址分配如表5-7所示。

表5-7 PCA中特殊功能寄存器编址

寄存器名	地址	寄存器名	地址	寄存器名	地址
CCON	0D8H	CL	0E9H	CCAP0H	0FAH
CMOD	0D9H	CCAP0L	0EAH	CCAP1H	0FBH
CCAPM0	0DAH	CCAP1L	0EBH	CCAP2H	0FCH
CCAPM1	0DBH	CCAP2L	0ECH	CCAP3H	0FDH
CCAPM2	0DCH	CCAP3L	0EDH	CCAP4H	0FEH
CCAPM3	0DDH	CCAP4L	0EEH		
CCAPM4	0DEH	CH	0F9H		

*5.2.10 PCA应用——高速输出和PWM输出

80C51FA的PCA模块比89C52的T2功能更强，用途更大，使用更方便：

- PCA的捕捉方式可捕捉CEXn上正或负的跳变，应用更加灵活；
- PCA的高速输出方式能精确控制CEXn上的输出电平；
- PCA的脉冲宽度调制(PWM)输出具有控制直流电机转速、D/A等多种用途；
- PCA的监视定时器使系统工作更可靠。

定时和捕捉功能的应用、编程方法与T2类似，只是初始化所编程的SFR不同。下面仅以一个简单例子说明高速输出和PWM输出的编程方法。

PCA的高速输出和PWM输出具有广泛的用途，本例不针对具体应用目标，只介绍这两种方式的编程方法。下面程序中，模块0工作于高速输出方式，允许中断，主程序对模块0初始化以后，由中断程序清0中断标志CCF0，并将该模块的比较寄存器加上一个常数，这样CEX0(P1.3)便输出方波，程序中常数以符号D_CCAP0H、D_CCAP0L表示，修改常数符号的定义值，便可得到不同频率。下面的程序中脉冲周期为40ms。模块1工作于PWM方式，禁止中断，初始化以后，便使CEX1(P1.4)输出参数恒定的调制波。

例5.14 高速输出、PWM输出程序

```
CCON        EQU        0D8H                ;51FA新SFR定义
CMOD        EQU        0D9H
CCAP0H      EQU        0FAH
```

```
CCAP0L      EQU     0EAH
CCAPM0      EQU     0DAH
CCAPM1      EQU     0DBH
CCAP1H      EQU     0FBH
CCAP1L      EQU     0EBH
D_CCAP0H    EQU     4EH                     ;定义常数符号
D_CCAP0L    EQU     20H
            ORG     0
            LJMP    MAIN
            ORG     033H
            LJMP    P_PCA
MAIN:       MOV     SP, #0EFH
            MOV     CMOD, #0                ;PCA 初始化
            MOV     CCON, #40H
            MOV     CCAP0L, #D_CCAP0L
            MOV     CCAP0H, #D_CCAP0H
            MOV     CCAPM0, #4DH            ;高速输出
            MOV     CCAPM1, #42H            ;PWM 输出
            MOV     CCAP1L, #128            ;50%占空比
            MOV     CCAP1H, #128
            MOV     IE, #0C0H
            SJMP    $
P_PCA:      PUSH    ACC                     ;HSO 中断
            PUSH    PSW
            ANL     CCON, #0FEH             ;清"0"CCF0
            MOV     A, CCAP0L               ;CCAP0 加常数
            ADD     A, #D_CCAP0L
            MOV     CCAP0L, A
            MOV     A, CCAP0H
            ADDC    A, #D_CCAP0H
            MOV     CCAP0H, A
            POP PSW
            POP ACC
            RETI
            END
```

*5.2.11 PCA 模块综合应用——软件双积分 A/D

图 5-38 给出了 PCA 控制的双积分 A/D 电路和积分器的输出波形。电路由模拟开关 CD4051、积分器、比较器组成，PCA 的模块 0 工作于 16 位捕捉方式，模块 1 工作于高速输出方式，A/D 转换过程和原理如下：

- CEX1(P1.4)、P1.0 初态为 00，X0 和 Y 短路，积分器放电 V_A 为 0。
- P1.4、P1.0 置为 01，X1 和 Y 短路，积分器由模块 1 定时对 V_X 正向积分，V_X 越大，积分越快，V_A 升高越快。
- 模块 1 定时时间到，使 CEX1(P1.4)触发为高电平，X3 和 Y 短路，积分器对极性和 V_X 相反的参考电源 E 进行斜率固定的反向积分。当积分器输出过零时，比较器输出跳变，由模块 0 捕捉到跳变发生的时间，即得到反向积分的时间，它和被测电压 V_X 成正比，由此将电压转换为时间的数字量。

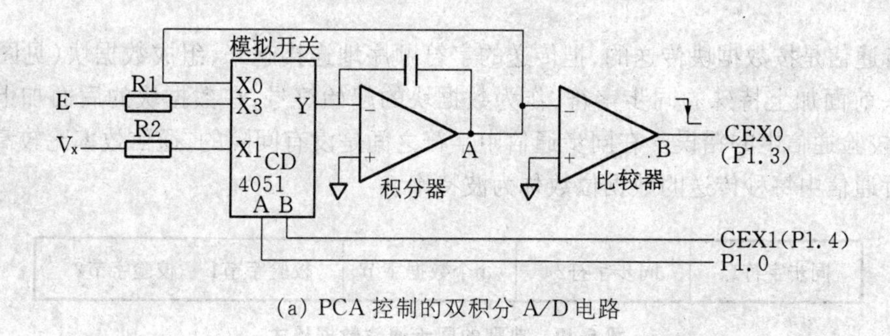

(a) PCA 控制的双积分 A/D 电路

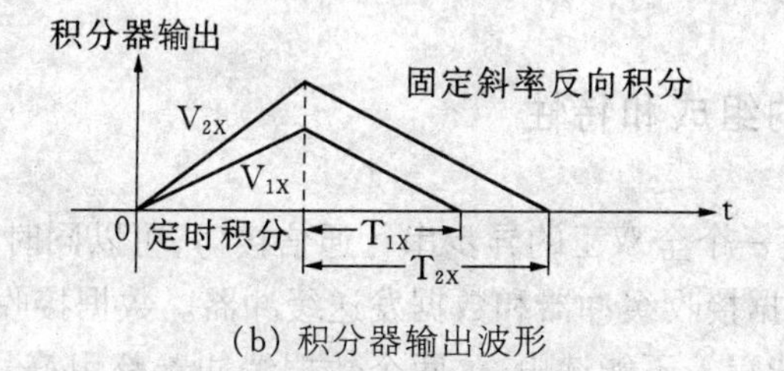

(b) 积分器输出波形

图 5-38 PCA 控制的双积分 A/D

§5.3 串行口 UART

中央处理器 CPU 和外界的信息交换称为通信(也称为输入/输出)。通常有并行和串行两种通信方式，数据的各位同时传送的称为并行通信，数据一位一位串行地顺序传送的称为串行通信。

并行通信通过并行口来实现，例如 89C52 的 P1 口就是并行口。P1 口作为输出口时，CPU 将一个数据写入 P1 口以后，数据在 P1 口上并行地同时输出到外部设备。P1 口作为输入口时，对 P1 口执行一次读操作，在 P1 口上输入的 8 位数据同时被读出。

串行通信通过串行口来实现。51 系列单片机都有一个全双工的异步串行口,可以用于串行数据通信。

在并行通信中,信息传输线的根数和传送的数据位数相等,通信速度快,适合于近距离通信;全双工的串行通信仅需一根发送线和一根接收线,半双工串行通信用一根线发送或接收,串行通信适合于远距离通信,虽然速度慢,但成本低。

串行通信有两种基本方式:异步通信方式和同步通信方式。

异步通信方式是按字符传送的,字符的前面有一个起始位(0),后面有 1 个或 2 个停止位(1),这是一种起止式的通信方式,字符之间没有固定的间隔长度。这种方式的优点是数据传送的可靠性较高、能及时发现错误,缺点是通信效率比较低。典型的异步通信数据格式如图 5-39 所示。

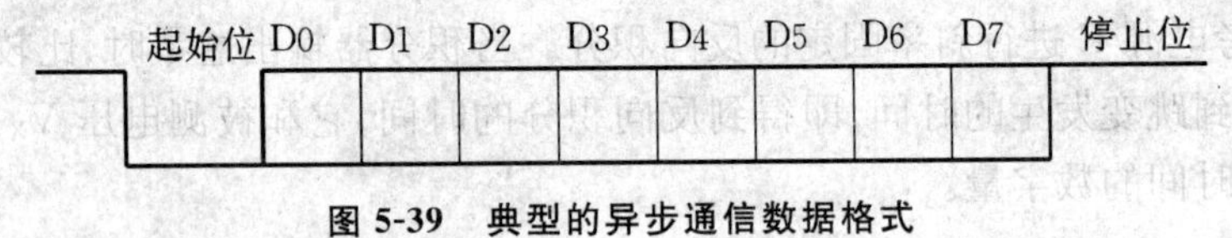

图 5-39　典型的异步通信数据格式

同步通信是按数据块传送的,把传送的字符顺序地连接起来,组成数据块(见图 5-40),在数据块前面加上特殊的同步字符,作为数据块的起始符号,在数据块的后面加上校验字符,用于校验通信中的错误。在同步通信中字符之间是没有间隔的,通信效率比较高。

串行通信中每秒传送的数据位数称为波特率。

同步字符1	同步字符2	n个数据字节	校验字节1　校验字节2

图 5-40　典型的同步通信数据格式

5.3.1　串行口的组成和特性

51 系列的串行口是一个全双工的异步串行通信接口,可以同时发送和接收数据。

串行口的内部有数据接收缓冲器和数据发送缓冲器。数据接收缓冲器只能读出不能写入,数据发送缓冲器只能写入不能读出,这两个数据缓冲器都用符号 SBUF 来表示,地址都是 99H。CPU 对特殊功能寄存器 SBUF 执行写操作,就是将数据写入发送缓冲器;对 SBUF 读操作,就是读出接收缓冲器的内容。

特殊功能寄存器 SCON 存放串行口的控制和状态信息,串行口用定时器 T1 或 T2(89C52 等)作为波特率发生器(发送接收时钟),特殊功能寄存器 PCON 的最高位 SMOD 为串行口波特率的倍率控制位。

一、串行口控制寄存器 SCON

串行口控制寄存器 SCON 的地址为 98H,具有位寻址功能。SCON 包括串行口的工作方式选择位 SM0, SM1,多机通信标志 SM2,接收允许位 REN,发送接收的第 9 位数据 TB8、RB8 以及发送和接收中断标志 TI、RI。SCON 的格式如下:

D7	D6	D5	D4	D3	D2	D1	D0
SM0	SM1	SM2	REN	TB8	RB8	TI	RI

SM0, SM1 是串行口的方式选择位,其功能如表 5-8 所示。

表 5-8

SM0	SM1	方　式	功　能　说　明
0	0	0	扩展移位寄存器方式(用于 I/O 口扩展),移位速率为 fosc/12
0	1	1	8 位 UART,波特率可变(T1 溢出率/n)
1	0	2	9 位 UART,波特率为 fosc/64 或 fosc/32
1	1	3	9 位 UART,波特率可变(T1 溢出率/n)

SM2　方式 2 和方式 3 的多机通信控制位。对于方式 2 或方式 3,若 SM2 置为 1,则接收到的第 9 位数据(RB8)为 0 时不置"1"RI。对于方式 1,如 SM2 = 1, 则只有接收到有效的停止位时才会置"1"RI。对于方式 0, SM2 应为 0。

REN　允许串行接收位。由软件置位以允许接收。由软件清"0"来禁止接收。

TB8　对于方式 2 和方式 3,是发送的第 9 位数据。需要时由软件置"1"或清"0"。

RB8　对于方式 2 和方式 3,是接收到的第 9 位数据。对于方式 1,如 SM2 = 0, RB8 是接收到的停止位。对于方式 0,不使用 RB8。

TI　发送中断标志。由内部硬件在方式 0 串行发送第 8 位结束时置位,或在其他方式串行发送停止位的开始时置位。必须由软件清"0"。

RI　接收中断标志。由内部硬件在方式 0 接收到第 8 位结束时置位,或在其他方式接收到停止位的中间时置位,必须由软件清"0"。

二、特殊功能寄存器 PCON

D7	D6	D0
SMOD		

PCON 的最高位是串行口波特率系数控制位 SMOD,当 SMOD 为 1 时使波特率加倍。

5.3.2　串行口的工作方式

由上面的介绍可知 51 单片机的串行口有 4 种工作方式,下面从应用角度分析这 4 种方式的功能特性和工作原理。

一、方式 0

方式 0 是串行扩展移位寄存器方式,RXD 作为串行数据输入或输出引脚,TXD 作为移位脉冲输出引脚,移位速率为 fosc 的 1/12。输出时将内部发送缓冲器内容串行地移到外部的移位寄存器,输入时将外部移位寄存器的内容移到内部接收缓冲器。

1. 方式 0 输出

方式 0 输出时，RXD 输出串行数据，TXD 输出移位脉冲，串行口上可外接串行输入并行输出芯片，作为一个 8 位输出口。图 5-41 为一种方式 0 输出的接口电路。图中 74S164 是串并芯片，其引脚功能如下：D1、D2：数据输入脚，它们由内部逻辑与后作为移位寄存器的串行数据输入线；CLK：时钟输入脚，上升沿使能；Q0～Q7：平行数据输出脚；MR：复位脚，低有效；另外还有电源、地引脚。

方式 0 输出过程如下：CPU 对发送数据缓冲器 SBUF 写入数据后就启动串行口发送，经过 8 次移位(8 个机器周期)后，SBUF 的内容(D0～D7)移到 74LS164 的 Q7～Q0，并置位 TI 停止移位，完成一个字节数据输出。CPU 查询到 TI=1 后清零 TI，需要时可再写入数据启动发送。必须注意 74LS164 的 Q7～Q0 应作为 D0～D7 使用，同时串行口在发送过程中输出脚状态存在动态变化的情况，若改用 74HC595(见第 6 章)便可克服这个缺点。应用中串行口上可外接多个移位寄存器。

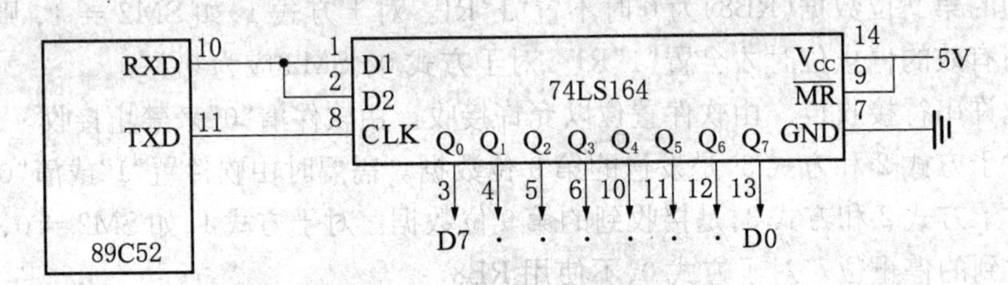

图 5-41 方式 0 输出接口电路

2. 方式 0 输入

方式 0 输入时，RXD 作为串行数据输入线，TXD 作为移位脉冲输出线。图 5-42 为一种方式 0 输入的接口电路。图中 74LS165 为平行输入串行输出的芯片，其引脚功能如下：SH/LD：选择线，高电平允许移位(方向为从 A 到 H)，低电平将 A～H 打入 QA～QH；CLK：时钟输入脚，上升沿使能；CLK INH：低电平时 CLK 有效，高电平 CLK 无效；ABCDEFGH：平行数据输入脚；QH：串行数据输出脚；另外还有 SERIN(串行输入)、/QH、电源、地引脚。

方式 0 数据输入过程如下：设备先将数据打入 74LS165(向 S 发一个负脉冲)，CPU 响应中断后(脉冲后沿，此时 SH/LD=1、CLK INH=0 允许移位)，使 REN=1、RI=0，启动串行口接收，TXD 输出移位脉冲使内移位寄存器和 74LS165 移位，经过 8 次移位后 QH～QA 依次移入并写入 SBUF，置位 RI 停止移位，CPU 读 SBUF 便读到设备的一个数据，如此循环实现数据传送。

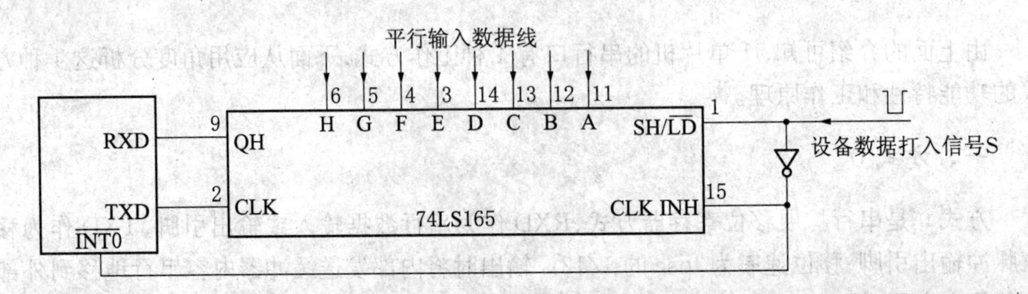

图 5-42 方式 0 输入的接口电路

二、方式 1

串行口定义为方式 1 时，它是一个 8 位异步串行通信口，TXD 为数据输出线，RXD 为数据输入线。传送一帧信息的数据格式如图 5-43 所示，一帧为 10 位：1 位起始位，8 位数据位(先低位后高位)，1 位停止位。

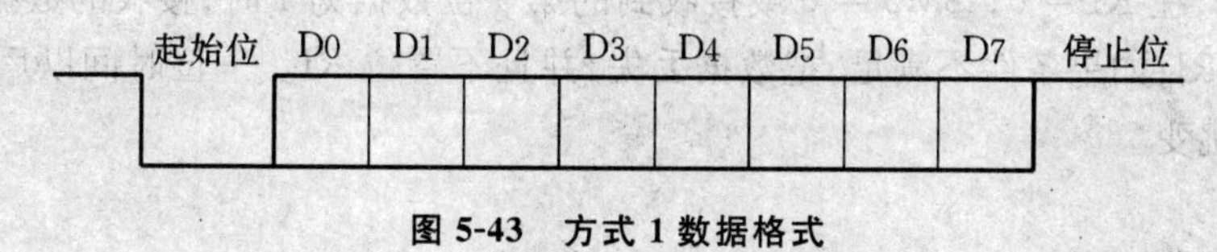

图 5-43　方式 1 数据格式

1. 方式 1 输出

CPU 向串行口发送数据缓冲器 SBUF 写入一个数据，就启动串行口发送，在串行口内部一个十六分频计数器的同步控制下，在 TXD 端输出一帧信息，先发送起始位 0，接着从低位开始依次输出 8 位数据，最后输出停止位 1，并置“1”发送中断标志 TI，串行口输出完一个字符后停止工作，当 CPU 判断到 TI = 1 后，清“0”TI，再向 SBUF 写入数据，启动串行口发送下一个字符。

2. 方式 1 输入

当 REN 被置“1”以后，就允许接收器接收。接收器以所选波特率的 16 倍的速率采样 RXD 端的电平。当检测到 RXD 端输入电平发生负跳变时，复位内部的十六分频计数器。计数器的 16 个状态把传送一位数据的时间分为 16 等分，在每位中心，即 7、8、9 这 3 个计数状态，位检测器采样 RXD 的输入电平，接收的值是 3 次采样中至少是两次相同的值，这样处理可以防止干扰。如果在起始位期间接收到的值不是 0，则起始位无效，复位接收电路，重新搜索 RXD 端上的负跳变。如果起始位有效，则开始接收本帧其余位的数据。接收到停止位为 1 时，将接收到的 8 位数据装入接收数据缓冲器 SBUF，置位 RI，表示串行口接收到有效的一帧信息，向 CPU 请求中断。接着串行口输入控制电路重新搜索 RXD 端上的负跳变，接收下一个字节数据。

三、方式 2 和方式 3

串行口定义为方式 2 或方式 3 时，它是一个 9 位的异步串行通信接口，TXD 为数据发送端，RXD 为数据接收端。方式 2 的波特率固定为振荡器频率的 1/64 或 1/32，而方式 3 的波特率由定时器 T1 或 T2 的溢出率所确定。

在方式 2 和方式 3 中，一帧信息为 11 位：1 位起始位，8 位数据位(先低位后高位)，1 位附加的第 9 位数据(发送时为 SCON 中的 TB8，接收时第 9 位数据为 SCON 中的 RB8)，1 位停止位。数据的格式如图 5-44 所示。

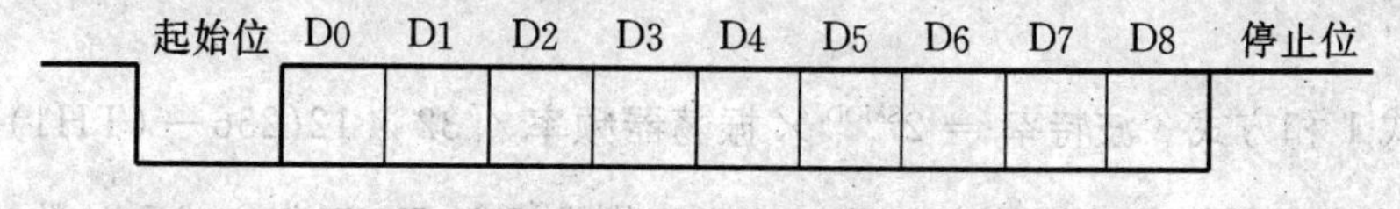

图 5-44　方式 2 和方式 3 数据格式

1. 方式 2 和方式 3 输出

CPU 向发送数据缓冲器 SBUF 写入一个数据就启动串行口发送,同时将 TB8 写入输出移位寄存器的第 9 位。除数据为 9 位外,输出过程和方式 1 相同。

2. 方式 2 和方式 3 输入

接收的过程和方式 1 输入相同,在收到有效起始位后先从低位开始接收 8 位数据,再接收第 9 位数据,在 RI = 0, SM2 = 0 或接收到的第 9 位数据为 1 时,接收的数据装入 SBUF 和 RB8,置位 RI;如果条件不满足,把数据丢失,并且不置位 RI。一位时间以后又开始搜索 RXD 上的负跳变。

5.3.3 波特率

一、方式 0 波特率

串行口方式 0 的波特率由振荡器的频率所确定:方式 0 波特率 = 振荡器频率 /12。

二、方式 2 波特率

串行口方式 2 的波特率由振荡器的频率和 SMOD(PCON. 7)所确定:

$$方式2波特率 = 2^{SMOD} \times 振荡器频率/64$$

SMOD 为 0 时,波特率等于振荡器频率的六十四分之一;SMOD 为 1 时,波特率等于振荡器频率的三十二分之一。

三、方式 1 和方式 3 的波特率

串行口方式 1 和方式 3 的波特率由定时器 T1 或 T2 的溢出率和 SMOD 所确定。T1 和 T2 是可编程的,可以选的波特率范围比较大,在串行通仪中,方式 1 和方式 3 是最常用的工作方式。

1. 用定时器 T1 产生波特率

大多数情况下,串行口用 T1 作为波特率发生器,这时串行口方式 1 和方式 3 的波特率由下式确定:

$$方式1和方式3波特率 = 2^{SMOD} \times (T1溢出率)/32$$

SMOD 为 0 时,波特率等于 T1 溢出率的三十二分之一;SMOD 为 1 时,波特率等于 T1 溢出率的十六分之一。

定时器 T1 作波特率发生器时,通常 T1 工作于定时方式($C/\overline{T}=0$),计数脉冲为振荡器的十二分频信号。T1 的溢出率又和它的工作方式有关,一般选方式 2 定时,此时波特率的计算公式为:

$$方式1和方式3波特率 = 2^{SMOD} \times 振荡器频率/[32 \times 12(256-(TH1))]$$

表 5-9 列出了最常用的波特率以及相应的振荡器频率、T1 工作方式和计数初值。

表5-9　常用波特率

波特率	fosc(MHz)	SMOD	定时器		
			$C/\overline{T}$	方式	重新装入值
方式0最大:1MHz	12	×	×	×	×
方式2最大:375kHz	12	1	×	×	×
方式1、3:62.5kHz	12	1	0	2	FFH
19.2kHz	11.0592	1	0	2	FDH
9.6kHz	11.0592	0	0	2	FDH
4.8kHz	11.0592	0	0	2	FAH
2.4kHz	11.0592	0	0	2	F4H
1.2kHz	11.0592	0	0	2	E8H
137.6	11.986	0	0	2	1DH
110	6	0	0	2	72H
110	12	0	0	1	FEEBH

当振荡器频率选用11.0592MHz时，对于常用的标准波特率，能正确地计算出T1的计数初值，所以这个频率是最常用的。

2. 用定时器T2产生波特率

89C52等单片机有定时器T2，复位后TCLK = RCLK = 0，T1作为波特率发生器。若将TCLK、RCLK置为1，则以T2作为串行口波特率发生器，这时T2的逻辑结构如图5-45所示。

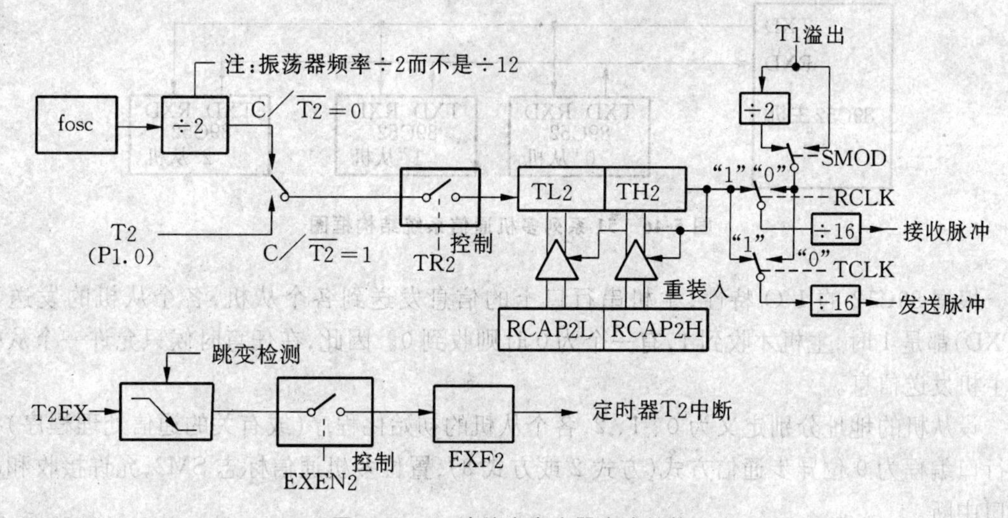

图5-45　T2波特率发生器方式结构

T2的波特率发生器方式和常数自动再装入方式相似，一般情况下$C/\overline{T2}$=0，以振荡器的二分频信号作为T2的计数脉冲，T2作为波特率发生器时，当T2计数溢出时，将RCAP2H和RCAP2L中常数(由软件设置)自动装入TH2、TL2，使T2从这个初值开始计数，但是并不置"1"TF2，RCAP2H和RCAP2L中的常数由软件设定后，T2的溢出率是严格不变的，因而使串行口方式1和方式3的波特率变化范围大且非常稳定，其值为：

方式1和方式3波特率 = 振荡器频率/32[65536 - (RCAP2H)(RCAP2L)]

T2工作于波特率发生器方式时,计数溢出时不会置"1"TF2,不向CPU请求中断。如果EXEN2为1,当T2EX(P1.1)上输入电平发生负跳变时,也不会引起RCAP2H和RCAP2L中的常数装入TH2、TL2,仅仅置位EXF2,向CPU请求中断,因此T2EX可以作为一个外部中断源使用。与T1工作于方式2的波特率发生器方式相比,T2产生的波特率可选的范围大,但由于T2功能强,应用中一般还是以T1作为波特率发生器(T2CON中TCLK = RCLK = 0)。

5.3.4 多机通信原理

如上所述,串行口控制寄存器SCON中的SM2为多机通信控制位。串行口以方式2或方式3接收时,若SM2为1,则仅当接收到的第9位数据RB8为1时,数据才装入SBUF,置位RI,请求CPU对数据进行处理;如果接收到的第9位数据RB8为0,则不产生中断标志RI,信息丢失,CPU不作任何处理。当SM2为0时,则接收到一个数据后,不管第9位数据RB8是1还是0,都将数据装入接收缓冲器SBUF,置位中断标志RI,请求CPU处理。应用这个特性,便可以实现51系列单片机的主从式多机通信。

设在一个主从式的多机系统中,有一个89C52作为主机,有3个89C52作为从机,并假设它们被安装在同一块印板之内,以TTL电平通信,则主机和从机的连接方式如图5-46所示。

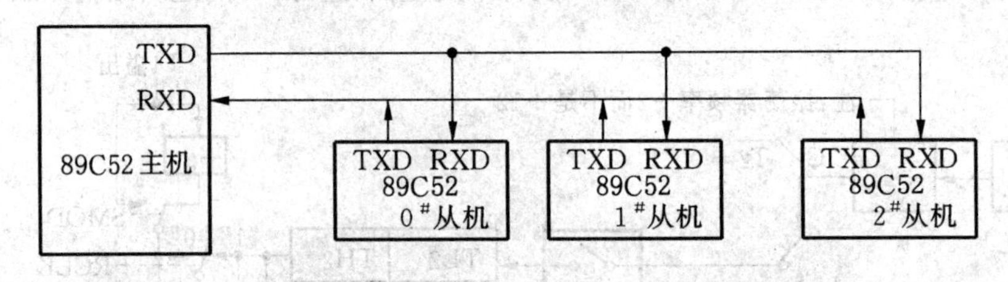

图5-46 51系列多机通信系统结构框图

根据89C52的I/O特性,主机串行口上的信息发送到各个从机,各个从机的发送端(TXD)都是1时,主机才收到1,有一个为0时则收到0。因此,在任意时候只允许一个从机向主机发送信息。

设从机的地址分别定义为0、1、2,各个从机的初始化程序(或有关的通信处理程序)将串行口编程为9位异步通信方式(方式2或方式3),置位多机通信标志SM2,允许接收和串行口中断。

在主机和系统中某一个从机通信时,先发出通信联络命令,与指定的从机相互确认以后才进行正式的通信。

主机发送联络命令时,第9位数据TB8为1,各个从机收到的RB8为1,置位RI,请求CPU处理,各个从机都判断所收到的命令是否正确。若命令格式正确,联络的从机地址和本机地址符合,则清"0"SM2,回答主机"从机已作好通信准备";若命令格式不正确或地址不符合,则保持SM2为1。

当主机收到一个从机(只可能是一个)回答后,则可以和该从机正式通信,主机向从机发送命令、数据,从机向主机回送数据、状态等信息。在通信过程中,主机发送的信息第9位数据TB8为0,各从机收到的RB8为0,只有一个联络好的指定从机(SM2=0)才会收到主机的命令或数据,并作相应处理,其他的从机由于SM2保持1,对主机的通信命令或数据不作任何处理。这样便实现主机和从机之间的一对一通信。当一次通信结束以后,从机的SM2恢复1,主机可以发送新的联络命令,以便和另一个从机进行通信。

这是一种最简单的主从式多机系统。

5.3.5　串行口的应用和编程

一、串行口应用

串行口主要工作于方式1、2、3,应用于双机或多机通信,其次是方式0扩展移位寄存器。

二、接口电路

若是同一印板内的单片机之间通信,则串行口可以直接相连接,以TTL电平传送信息;若单片机和PC机等主机通信,单片机的串行口必须经电平转换器才能和主机串行口(COM1、COM2等)连接,以RS232电平传送信息。图5-47和图5-48分别为这两种方式的接口电路。

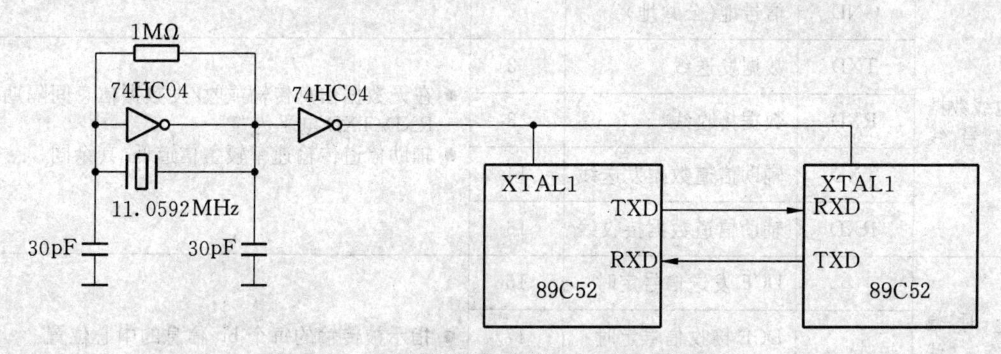

图5-47　两个单片机之间的TTL电平通信接口

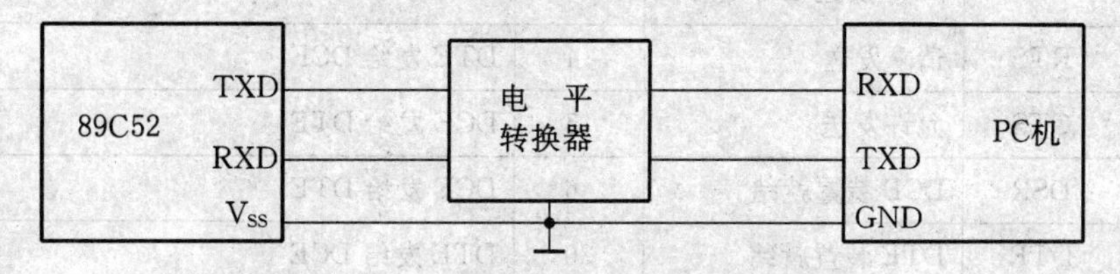

图5-48　单片机和PC机的232电平通信接口

三、串行口编程

串行口编程包括串行口初始化和数据传送、处理程序。初始化程序选择串行口的工作方式、波特率,数据传送可用程序查讯或中断方式实现,数据的处理程序与应用目标、硬件电路和程序设计方法等有关。

5.3.6 串行总线

一、RS-232C 串行总线和连接器

RS-232C 串行总线是美国电气工业协会制订的一种串行通信总线标准,是 DCE(数据通信设备如 PC 机)和 DTE(数据终端设备如 CRT)之间传送数据的串行总线。RS-232C 总线最大传输距离为 15m,最高速率为 20k BIT/S,信号逻辑 0 电平为+3~+15V,逻辑 1 电平为-3~-1.5V。

二、RS-232C 信号线和 RS-232C 连接器 DB-25、DB-9

完整的 RS-232C 总线由 25 根信号线组成,DB-25 是 RS-232C 总线的标准连接器,其上有 25 根插针。表 5-10 和表 5-11 列出了 RS-232C 信号线名称、符号以及对应在 DB-25 和 DB-9上的针脚号。

表 5-10 RS-232C 信号线及其在 DB-25 上的针脚号

分 类	符 号	名 称	脚 号	说 明
		机架保护地(屏蔽地)	1	
地线数据信号线	GND	信号地(公共地)	7	
	TXD	数据发送线	2	● 在无数据信息传输或收/发数据信息间隔期,RXD/TXD 电平为"1" ● 辅助信道传输速率较主信道低,其余同
	RXD	数据接收线	3	
	TXD	辅助信道数据发送线	14	
	RXD	辅助信道数据接收线	16	
定时信号线		DCE 发送信号定时	15	● 指示被传输的每个 bit 信息的中心位置
		DCE 接收信号定时	17	
		DTE 发送信号定时	24	
控制线	RTS	请求发送	4	DTE 发给 DCE
	CTS	允许发送	5	DCE 发给 DTE
	DSR	DCE 装置就绪	6	DCE 发给 DTE
	DTR	DTE 装置就绪	20	DTE 发给 DCE
	DCD	接收信号载波检测	8	DTE 收到一个满足一定标准的信号时置位
	RI	振铃指示	22	由 DCE 收到振铃信号时置位
		信号质量检测	21	由 DCE 根据数据信息是否有错而置位或复位

（续表）

分　类	符　号	名　　　称	脚　号	说　　　明
控制线		数据信号速率选择	23	指定两种传输速率中的一种
	RTS	辅助信道请求发送	19	
	CTS	辅助信道允许发送	13	
	RCD	辅助信道接收检测	12	
备用线			9	未定义 保留供 DCE 装置测试用
			10	
			11	
			18	
			25	

表 5-11　RS-232C 信号线和 DB-9 引脚关系

符　　号	名　　称	引　　脚
DCD	接收信号载波检测	1
RXD	数据接收线	2
TXD	数据发送线	3
DTR	DTE 装置数据就绪	4
GND	公共地	5
DSR	DCE 装置就绪	6
RTS	请求发送	7
CTS	清除发送	8
RI	振铃指示	9

三、RS-232C 电平与 TTL 电平的转换

由于 RS-232C 总线上传输的信号的逻辑电平与 TTL 逻辑电平差异很大，所以就存在这两种电平的转换问题，这里介绍一种常用电路。

常用的 RS-232 电平转换器芯片为 MAX232、HI232，它们的引脚和功能相同，只需单一的＋5V 供电，由内部电压变换器产生±10V。芯片内有 2 个发送器(TTL 电平转换成 RS-232 电平)，2 个接收器(RS-232 电平转换为 TTL 电平)。引脚排列和外接元件线路如图 5-49 所示。

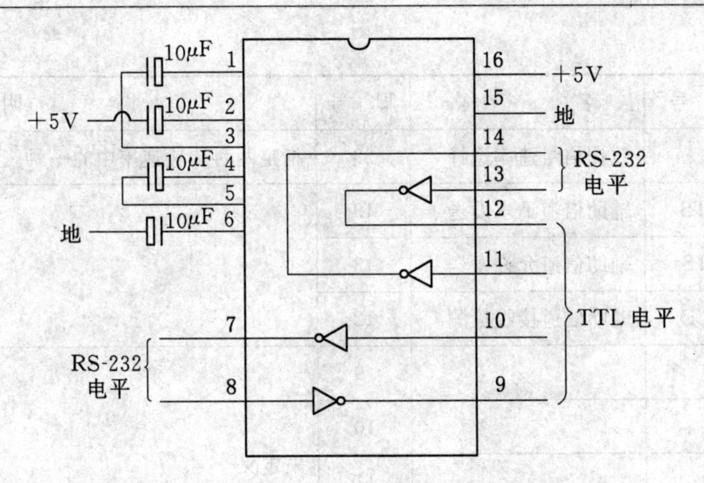

图 5-49 MAX232 引脚排列和外接元件线路

四、RS-422/485 通信总线和发送/接收器

RS-232 采用高电平传送信号，一定程度上提高了抗干扰能力，但它采用不平衡传送方式，当干扰信号较大时，还会影响通信。RS-422/485 采用平衡式传送，输入/输出均采用差动方式，能有效消除共模信号干扰，通信距离可达几千米。RS-422 采用全双工通信方式，RS-485 采用半双工通信方式，允许主机的串行输出接到多个从机的接收器上，实现主从式多机通信。

常用的 RS-485 发送器为 SN75174、接收器为 SN75175，发送接收器 75176。图 5-50 给出了 75176 框图和引脚排列。75176 适用于半双工多机通信，从机平时处于接收状态 (DE = 0、$\overline{\text{RE}}$ = 0)，在接收到主机命令需回答时才转为输出方式 (DE = 1, $\overline{\text{RE}}$ = 1)。

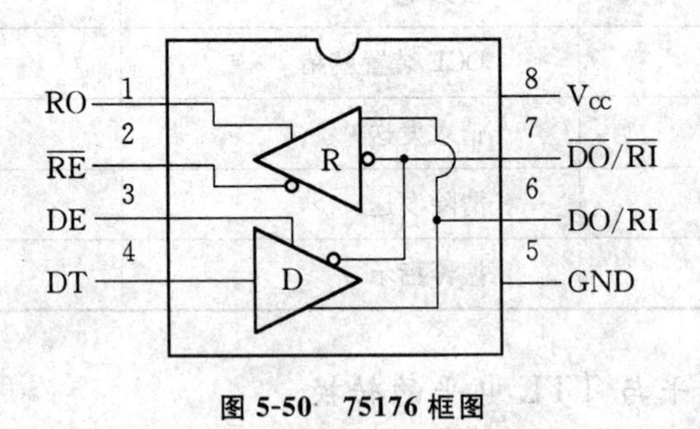

图 5-50 75176 框图

5.3.7 串行口方式 0 应用——8 位静态显示器的接口和编程

一、串行口方式 0 应用

在不需要用串行口和其他微机通信时，可使用串行口方式 0，扩展串行输入并行输出的芯片(74LS164、74HC595 等)，用作显示器、键盘的扫描口、显示器的段数据口、景观灯接口等。

二、接口电路

图5-51是串行口和8位静态显示器的一种接口电路,8片74LS164作为8位静态共阴极显示器的段数据口,由于74LS164负载能力较强,它可直接连显示器的段,这是一种非常规应用,适用于内部发光二极管导通电压在3V以上的共阴极显示器,其优点是亮度大、简单,缺点是芯片稍有点热,不适宜高温环境。正常使用方法是用共阳极显示器,通过限流电阻(200)和74LS164相连。这两种接口的程序相同,只是段数据表内容互为反码。若串行口用于通信,也可以用两个普通I/O引脚接164,软件模拟串行口方式0时序实现相同功能。

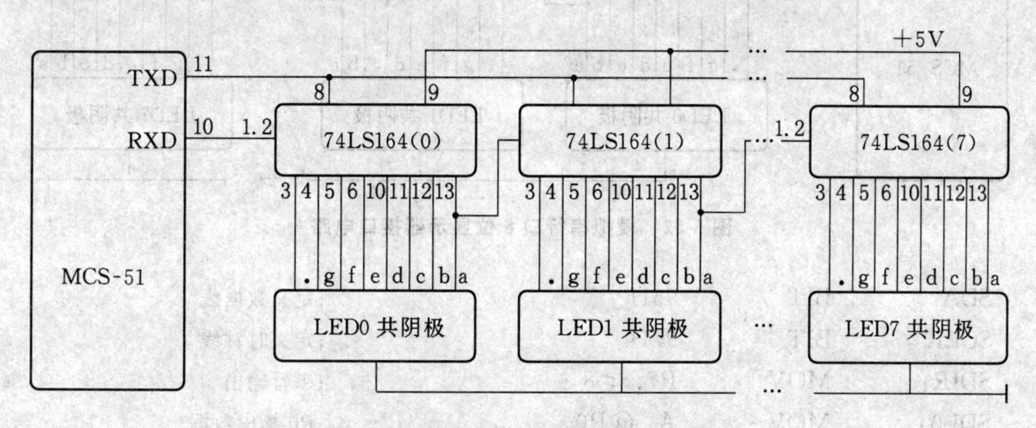

图5-51 8位静态显示器的接口电路

三、程序设计方法

只有在需要更新显示内容时,才需要将显示数据从低位至高位顺序存于内部RAM,用指针R0指出低位的地址,再调用刷新子程序。刷新子程序依次取出数据转换为段数据后串行输出。

例5.15 串行口方式0的8位共阴极静态显示器刷新子程序

```
SDIR:    MOV    R7, #8                ;串行输出
SDL0:    MOV    A, @R0                ;R0指出显示数据
         ADD    A, #(SEGTAB-SDL3)
         MOVC   A, @A+PC              ;转为字形数据
SDL3:    MOV    SBUF, A               ;串行输出
SDL1:    JNB    TI, SDL1
         CLR    TI
         INC    R0
         DJNZ   R7, SDL0
         RET
SEGTAB:  DB     3FH, 06H, 5BH, 4FH    ;0, 1, 2, 3
         DB     66H, 6DH, 7DH, 07H    ;4, 5, 6, 7
```

```
        DB      7FH, 6FH, 77H, 7CH      ;8, 9, A, B
        DB      39H, 5EH, 79H, 71H      ;C, D, E, F
```

例 5.16 模拟串行口方式 0 的 8 位静态显示器刷新子程序

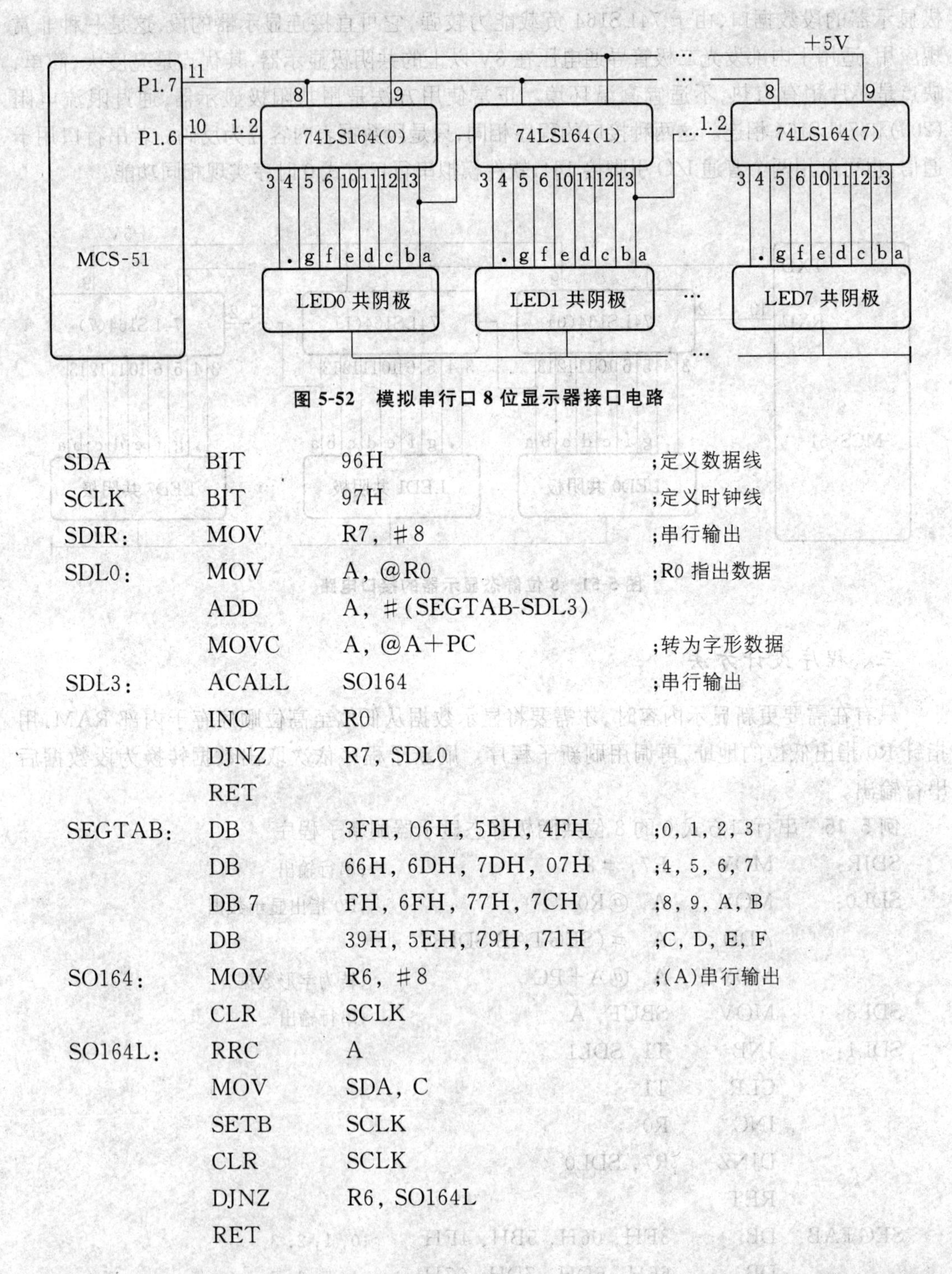

图 5-52 模拟串行口 8 位显示器接口电路

```
SDA       BIT     96H                     ;定义数据线
SCLK      BIT     97H                     ;定义时钟线
SDIR:     MOV     R7, #8                  ;串行输出
SDL0:     MOV     A, @R0                  ;R0 指出数据
          ADD     A, #(SEGTAB-SDL3)
          MOVC    A, @A+PC                ;转为字形数据
SDL3:     ACALL   SO164                   ;串行输出
          INC     R0
          DJNZ    R7, SDL0
          RET
SEGTAB:   DB      3FH, 06H, 5BH, 4FH      ;0, 1, 2, 3
          DB      66H, 6DH, 7DH, 07H      ;4, 5, 6, 7
          DB 7    FH, 6FH, 77H, 7CH       ;8, 9, A, B
          DB      39H, 5EH, 79H, 71H      ;C, D, E, F
SO164:    MOV     R6, #8                  ;(A)串行输出
          CLR     SCLK
SO164L:   RRC     A
          MOV     SDA, C
          SETB    SCLK
          CLR     SCLK
          DJNZ    R6, SO164L
          RET
```

5.3.8　串行口方式 1 应用——字符输入、输出

方式 1 是串行口的主要工作方式之一，用于 51 单片机之间的通信或单片机和 PC 机等其他微机的通信。下面的字符输入、输出程序是单片机和 PC 机之间硬件接口的测试程序，首先向 PC 机输出提示字符串：AT89C52 MICROCOMPUTER（测试 PC 机是否收到，若有问题检查发送电路），再接收主机输入的字符并回送主机（若有问题则检查接收电路）。

例 5.17　串行口字符输入、输出程序

```
        ORG     0
MAIN:   MOV     TMOD, #20H          ;串行口初始化
        MOV     TH1, #0FDH          ;波特率 9600
        MOV     TL1, #0FDH
        SETB    TR1
        MOV     SCON, #52H          ;方式 1 通信
        MOV     DPTR, #T_TAB
MLP_0:  CLR     A                   ;先发字符串
        MOVC    A, @A+DPTR
        INC     DPTR
        JZ      MLP_2
MLP_1:  JNB     TI, $
        CLR     TI
        MOV     SBUF, A
        SJMP    MLP_0
MLP_2:  JNB     RI, $               ;接收字符
        CLR     RI
        MOV     A, SBUF
        JNB     TI, $
        CLR     TI
        MOV     SBUF, A             ;字符发出去
        SJMP    MLP_2
T_TAB:  DB      'AT89C52 MICROCOMPUTER'
        DB      0DH, 0AH, 0
        END
```

5.3.9　串行口方式 1 应用——单字符命令通信

一、功能

单字符命令比较简单，可用于双机通信。设 fosc＝11.0592MHz，波特率为 9600，主

机的合法命令为ASC II字符A、B、C、D、E、F。下面是作为从机的单片机程序，其功能只具有实验意义。单片机首先向主机发送提示符89C52 READY，接着以中断方式接收主机的命令，收到命令后通知主程序处理，主程序首先检查命令的合法性，对于合法命令回答“CMD_命令字符OK!”，非法命令回答“CMD_ERR!”，中断程序将主程序准备的信息回送给主机。

二、程序设计方法

- 设置接收发送缓冲器SBFR；
- 设置接收发送指针PTR；
- 设置下列标志：MCMD中断收到命令，ESO允许发送，ESI允许接收。

图5-53给出了程序框图，从中可以看出其算法和程序设计方法。

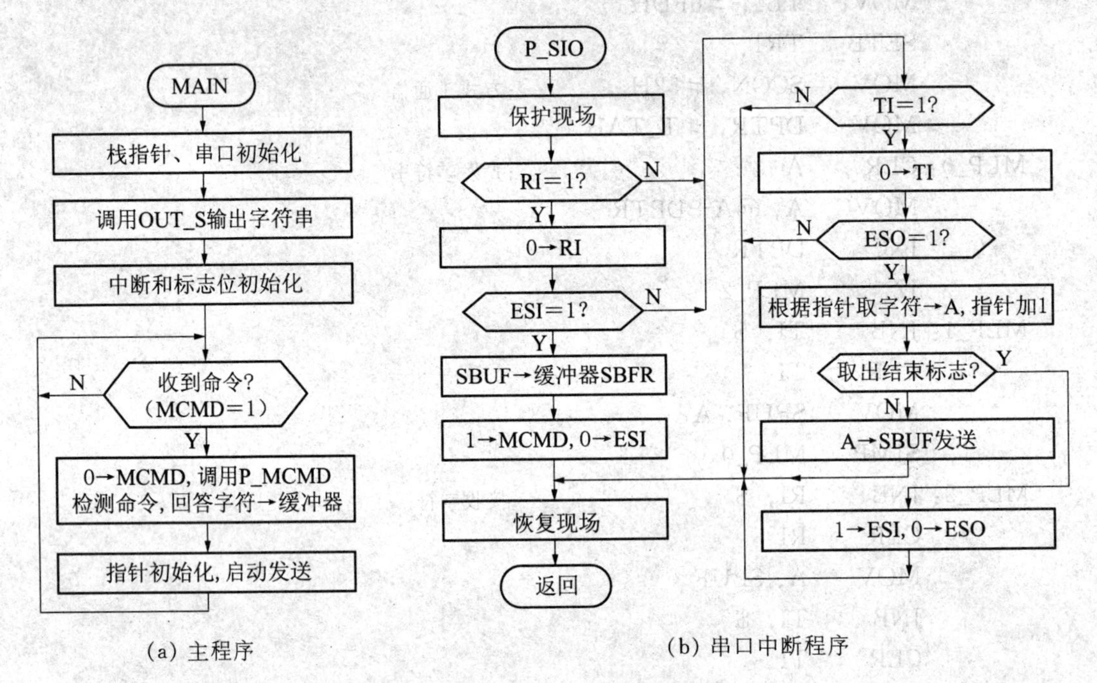

图5-53 单字符命令通信程序框图

例5.18 单字符命令通信程序

```
        SBFR    EQU     30H         ;接收发送缓冲器
        PTR     EQU     40H         ;接收发送指针
        FLG     EQU     20H
        MCMD    BIT 0               ;收到命令标志
        ESO     BIT 1               ;允许发送标志
        ESI     BIT 2               ;允许接收标志
        ORG     0
        LJMP    MAIN
```

```
          ORG     23H
          LJMP    P_SIO
MAIN:     MOV     SP, #0EFH
          MOV     TMOD, #20H           ;串口初始化
          MOV     TH1, #0FDH
          MOV     TL1, #0FDH
          SETB    TR1
          MOV     SCON, #52H
          MOV     PCON, #80H
          LCALL   OUT_S                ;发字符串
          MOV     IE, #90H             ;中断初始化
          MOV     FLG, #4
          MOV     PTR, #SBFR
MLP_0:    JNB     MCMD, MLP_0          ;循环判命令标志
          CLR     MCMD
          LCALL   P_MCMD               ;调用命令处理程序
          MOV     PTR, #SBFR
          CLR     ESI
          SETB    ESO
          SETB    TI
          SJMP    MLP_0
OUT_S:    MOV     DPTR, #S_TAB
OUT_0:    CLR     A                    ;发字符串
          MOVC    A, @A+DPTR
          INC     DPTR
          JNB     TI, $
          CLR     TI
          JZ      OUT_1
          MOV     SBUF, A
          SJMP    OUT_0
OUT_1:    RET
S_TAB:    DB      '89C52 READY', 0DH, 0AH, 0
P_MCMD:   MOV     A, SBFR              ;命令处理
          CJNE    A, #'A', $+3         ;判命令合法性
          JC      P_ERR
          CJNE    A, #'G', $+3
          JNC     P_ERR
          CLR     C
          SUBB    A, #'A'
```

```
          MOV     B, #6
          MUL     AB
          MOV     DPTR, #PM_A
          JMP     @A+DPTR
P_ERR:    MOV     DPTR, #RPY_ERR   ;非法命令处理
R_RDY:    LCALL   L_RDY_S
          RET

PM_A:     MOV     DPTR, #RPY_A     ;合法命令处理
          LJMP    R_RDY
PM_B:     MOV     DPTR, #RPY_B
          LJMP    R_RDY
PM_C:     MOV     DPTR, #RPY_C
          LJMP    R_RDY
PM_D:     MOV     DPTR, #RPY_D
          LJMP    R_RDY
PM_E:     MOV     DPTR, #RPY_E
          LJMP    R_RDY
PM_F:     MOV     DPTR, #RPY_F
          LJMP    R_RDY
L_RDY_S:  MOV     R0, #SBFR
L_S0:     CLR     A
          MOVC    A, @A+DPTR
          INC     DPTR
          MOV     @R0, A
          INC     R0
          JNZ     L_S0
          RET
RPY_ERR:  DB      'CMD_ERR!', 0DH, 0AH, 0
RPY_A:    DB      'CMD_A_OK!', 0DH, 0AH, 0
RPY_B:    DB      'CMD_B_OK!', 0DH, 0AH, 0
RPY_C:    DB      'CMD_C_OK!', 0DH, 0AH, 0
RPY_D:    DB      'CMD_D_OK!', 0DH, 0AH, 0
RPY_E:    DB      'CMD_E_OK!', 0DH, 0AH, 0
RPY_F:    DB      'CMD_F_OK!', 0DH, 0AH, 0

P_SIO:    PUSH    PSW              ;串口中断
          PUSH    ACC
          JNB     RI, P_TI
          CLR     RI
```

```
            JNB     ESI, P_TI
            MOV     SBFR, SBUF          ;接收处理
            SETB    MCMD
            CLR     ESI
            SJMP    P_SIO_R
P_TI:       JNB     TI, P_SIO_R
            CLR     TI                  ;发送处理
            JNB     ESO, P_SIO_R
            MOV     R0, PTR
            MOV     A, @R0
            INC     PTR
            JNZ     P_TI_0              ;以 0 为结束标志
            SETB    ESI
            CLR     ESO
            SJMP    P_SIO_R
R_TI_0:     MOV     SBUF, A
P_SIO_R:    POP     ACC
            POP     PSW
            RETI
            END
```

5.3.10　串行口方式1应用——字符串命令通信

一、功能

字符串命令可用于双机通信。设 fosc=11.0592MHz，波特率为9600，主机的合法命令为ASCII字符串"RESET"、"READ_DATA"、"READ_STATE"、"READ_AD"、"BEGIN"、"STOP"。

下面是作为从机的单片机程序，其功能也只具有实验意义。单片机首先向主机发送提示符89C52 READY，接着以中断方式接收主机的命令，收到命令后通知主程序处理，主程序首先检查命令的合法性，对于合法命令回答"CMD_序号_OK!"(序号为0～5)，非法命令回答"CMD_ERR!"，中断程序将主程序准备的信息回送给主机。

二、程序设计方法

- 每个合法命令以回车符作为结束标志，它们以表格形式存于ROM；
- 设置接收发送缓冲器SBFR；
- 设置接收发送指针PTR；
- 设置下列标志：MCMD中断收到命令，ESO允许发送，ESI允许接收。

从功能和程序设计方法中可见，它和例5.18相类似，只是命令格式不同，从而检测命令合法性的方法不一样，图5-54给出了字符串命令检测程序框图。

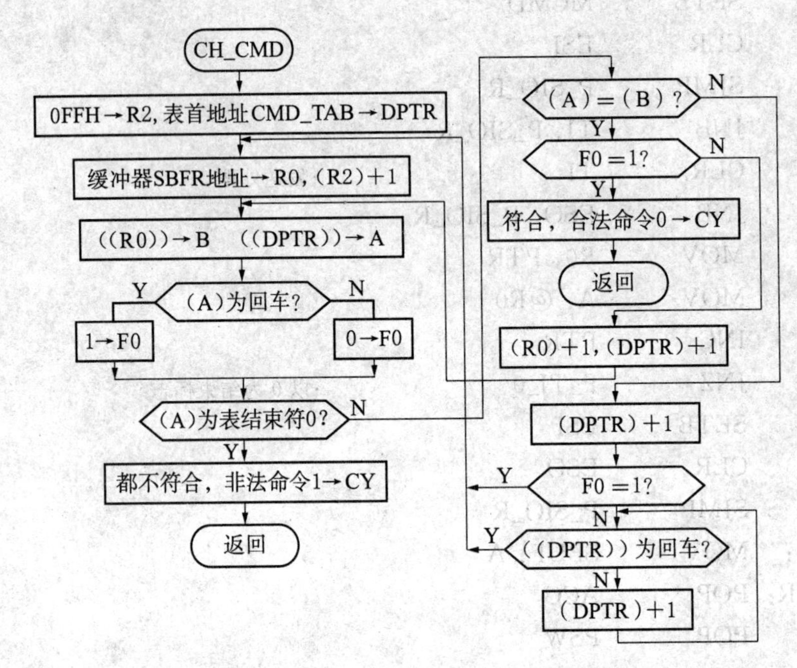

图5-54 字符串命令检测程序框图

例5.19 字符串命令通信程序

```
FLG      EQU    20H
MCMD     BIT    0                    ;收到命令标志
ESO      BIT    1                    ;允许发送标志
ESI      BIT    2                    ;允许接收标志
SBFR     EQU    30H                  ;接收发送缓冲器
PTR      EQU    40H                  ;接收发送指针
         ORG    0
         LJMP   MAIN
         ORG    23H
         LJMP   P_SIO
MAIN:    MOV    SP, #0EFH
         MOV    TMOD, #20H           ;串口初始化
         MOV    TH1, #0FDH
         MOV    TL1, #0FDH
         SETB   TR1
         MOV    SCON, #52H
         MOV    PCON, #80H
```

```
          LCALL   OUT_S            ;发送字符串
          MOV     IE, #90H         ;中断标志初始化
          MOV     FLG, #4
          MOV     PTR, #SBFR
MLP_0:    JNB     MCMD, MLP_0      ;循环判断处理
          CLR     MCMD             ;收到的命令
          LCALL   P_MCMD
          MOV     PTR, #SBFR       ;启动发送
          CLR     ESI
          SETB    ESO
          SETB    TI
          SJMP    MLP_0
OUT_S:    MOV     DPTR, #S_TAB     ;程控发字符串
OUT_0:    CLR     A                ;子程序
          MOVC    A, @A+DPTR
          INC     DPTR
          JNB     TI, $
          CLR     TI
          JZ      OUT_1
          MOV     SBUF, A
          SJMP    OUT_0
OUT_1:    RET
S_TAB:    DB      '89C52 READY', 0DH, 0AH, 0
P_MCMD:   LCALL   CH_CMD           ;调用命令校验
          JC      P_ERR            ;CY=1 转出错处理
          MOV     A, R2            ;合法命令散转
          MOV     B, #6            ;取回答字符串
          MUL     AB
          MOV     DPTR, #PM_0
          JMP     @A+DPTR
P_ERR:    MOV     DPTR, #RPY_ERR   ;取非法回答字符串
R_RDY:    LCALL   L_RDY_S          ;回答字符串
          RET
PM_0:     MOV     DPTR, #RPY_0
          LJMP    R_RDY
PM_1:     MOV     DPTR, #RPY_1
          LJMP    R_RDY
```

```
PM_2:       MOV     DPTR, #RPY_2
            LJMP    R_RDY
PM_3:       MOV     DPTR, #RPY_3
            LJMP    R_RDY
PM_4:       MOV     DPTR, #RPY_4
            LJMP    R_RDY
PM_5:       MOV     DPTR, #RPY_5
            LJMP    R_RDY
L_RDY_S:    MOV     R0, #SBFR                  ;字符串装缓冲器
L_S0:       CLR     A                          ;为中断发字符串准备
            MOVC    A, @A+DPTR
            INC     DPTR
            MOV     @R0, A
            INC     R0
            JNZ     L_S0
            RET
RPY_ERR:    DB  'CMD_ERR!', 0AH, 0DH           ;回答字符串表
RPY_0:      DB  'CMD_0_OK!', 0AH, 0DH
RPY_1:      DB  'CMD_1_OK!', 0AH, 0DH
RPY_2:      DB  'CMD_2_OK!', 0AH, 0DH
RPY_3:      DB  'CMD_3_OK!', 0AH, 0DH
RPY_4:      DB  'CMD_4_OK!', 0AH, 0DH
RPY_5:      DB  'CMD_5_OK!', 0AH, 0DH
CH_CMD:                                        ;字符串命令校验
            MOV     R2, #0FFH                  ;命令号置初值
            MOV     DPTR, #CMD_TAB
CH_CMDL:    MOV     R0, #SBFR
            INC     R2                         ;命令号加1
CH_CMD0:    MOV     A, @R0
            MOV     B, A
            CLR     A
            MOVC    A, @A+DPTR
            CLR     F0
            CJNE    A, #0DH, CH_CMD1
            SETB    F0                         ;一条命令校验完
CH_CMD1:    JZ      CH_CMDN                    ;都不符合转错误处理
            CJNE    A, B, CH_CMD2
```

```
            JB      F0, CH_CMDY          ;符合某命令转合法处理
            INC     R0
            INC     DPTR
            SJMP    CH_CMD0
CH_CMD2:    INC     DPTR
            JB      F0, CH_CMDL
CH_CMD3:    CLR     A
            MOVC    A, @A+DPTR
            INC     DPTR
            CJNE    A, #0DH, CH_CMD3
            SJMP    CH_CMDL
CH_CMDY:    CLR     C
            RET
CH_CMDN:    SETB    C
            RET
CMD_TAB:    DB      'RESET', 0DH         ;合法命令表
            DB      'READ_DATA', 0DH
            DB      'READ_STATE', 0DH
            DB      'READ_AD', 0DH
            DB      'BEGIN', 0DH
            DB      'STOP', 0DH, 0
P_SIO:      PUSH    PSW                  ;串口中断程序
            PUSH    ACC
            SETB    RS0
            JNB     RI, P_TI
            CLR     RI                   ;接收处理
            JNB     ESI, P_TI
            MOV     R0, PTR
            MOV     A, SBUF
            MOV     @R0, A
            INC     PTR
            CJNE    A, #0DH, P_SIO_R     ;判结束符
            SETB    MCMD
            CLR     ESI
            SJMP    P_SIO_R
P_TI:       JNB     TI, P_SIO_R          ;发送处理
            CLR     TI
            JNB     ESO, P_SIO_R
```

```
            MOV     R0, PTR
            MOV     A, @R0
            INC     PTR
            MOV     SBUF, A
            CJNE    A, #0DH, P_SIO_R      ;判结束符
            SETB    ESI
            CLR     ESO
            MOV     PTR, #SBFR
            SJMP    P_SIO_R
P_SIO_R:    POP     ACC
            POP     PSW
            RETI
            END
```

* §5.4 8XC552 的 A/D 转换器

在单片机的应用中,经常处理一些连续变化的物理量,例如电流、电压等,这些连续变化的物理量通常称为模拟量。计算机只能对数字量(如二进制数)进行各种运算,对于模拟量必须先转换成数字量以后才能送给 CPU 处理,这种将模拟量转换成数字量的器件称为模数转换器,简称 A/D。有些单片机内部没有 A/D 转换器,应用中如需要 A/D 则必须外接,这类应用系统成本高,软硬件研制的工作量大。

目前很多新型的单片机内部有 A/D 模块。例如 Intel 的 8XC51GB、Philips 的 8XC552 和 ATmel 的 AT89C51AC2 等许多单片机内都有 8～12 位的 A/D 转换器,它们的结构和工作原理相似。本节以 8XC552 为例说明单片机内部 A/D 模块的功能和使用方法。

5.4.1 A/D 转换器功能和使用方法

一、8XC552 A/D 模块结构

8XC552 A/D 转换器由 8 路模拟量输入多路开关、10 位线性的逐次逼近 A/D 转换器所构成。模拟参考电压和模拟电路电源分别通过相应引脚接入,1 次转换需 50 个机器周期,即振荡频率为 12MHz 时转换时间等于 50μs,输入模拟量电压范围为 0～+5V。图 5-55 给出了模数转换电路的框图。

图 5-56 给出了逐次逼近式模数转换器的部件(ADC)。ADC 内含有 1 个数模转换器(数字量转换为电压)DAC,它将逐次逼近寄存器中的数字量转换为 1 个电压,该电压和输入的模拟电压相比较,比较器的输出反馈到逐次逼近的控制逻辑,并控制逐次逼近寄存器各位的值。

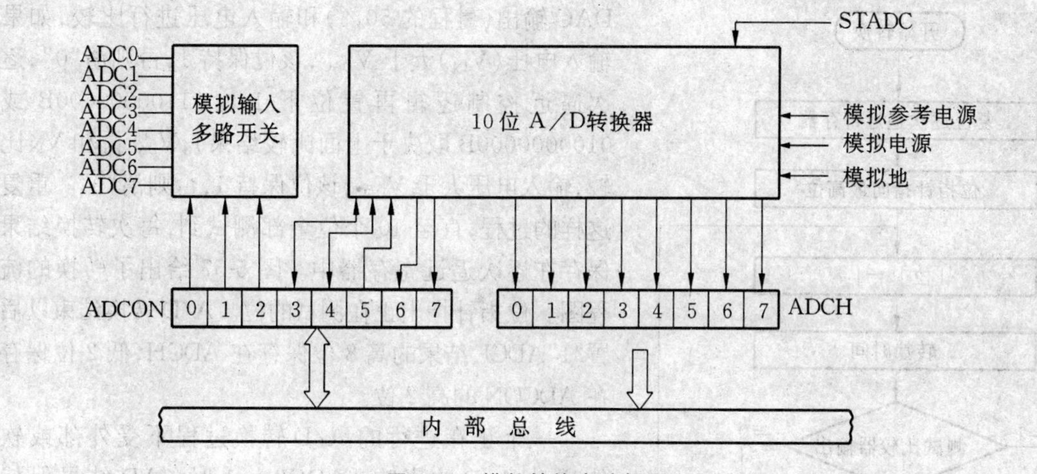

图 5-55　模数转换电路框图

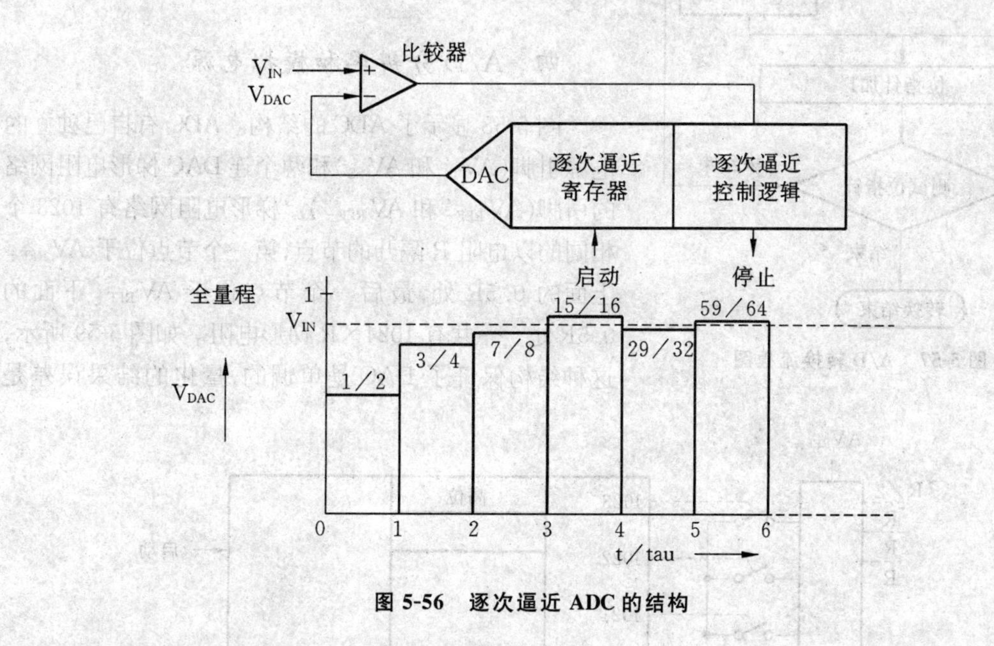

图 5-56　逐次逼近 ADC 的结构

二、A/D 的启动

由置位 ADCS 来启动 A/D，ADCS 由两种方式置位：

- 软件置位：ADEX = 0 时为软件启动方式，仅由软件置“1”ADCS；
- 软件或硬件置位：ADEX = 1 时，可以由软件或硬件启动 A/D，即可由软件置“1”ADCS，也可由 STADC 引脚的正跳变置“1”ADCS。

置“1”ADCS 后便启动 A/D，在 A/D 转换期间输入电压应稳定。

三、逐次逼近式 A/D 转换原理

逐次逼近控制逻辑首先置位逐次逼近寄存器的最高位，清“0”其他的位(1000000000B)，

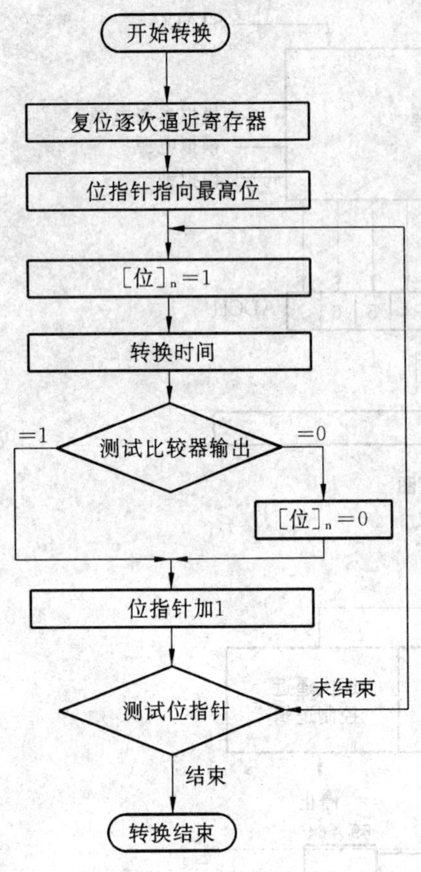

图 5-57 A/D 转换流程图

DAC 输出(量程的 50%)和输入电压进行比较,如果输入电压(V_{IN})大于 V_{DAC},该位保持 1,否则清"0",逐次逼近控制逻辑再置位下 1 位(1100000000B 或 0100000000B 取决于上面比较结果),V_{DAC}再和 V_{IN}比较,输入电压大于 V_{DAC},该位保持 1,否则清"0"。重复这样的过程,直至 10 个位全部测试到,每次转换结果保存在逐次逼近寄存器中。图 5-57 给出了转换的流程图。位指针指出正在测试的位。A/D 转换结束以后置"1"ADCI,结果的高 8 位保存在 ADCH,低 2 位保存在 ADCON 的高 2 位。

一个正在进行的 A/D 转换过程不受外部或软件启动 A/D 的影响。ADCI = 1 时,AD 结果保持不变。

四、A/D 分辨率和模拟电源

图 5-58 显示了 ADC 的结构。ADC 有自己独立的电源引脚(AV_{DD}和 AV_{SS})和两个连 DAC 梯形电阻网络的引脚(AV_{REF+}和 AV_{REF-})。梯形电阻网络有 1023 个相同的以电阻 R 隔开的节点,第一个节点位于 AV_{REF-}上面的 0.5R 处,最后一个节点位于 AV_{REF+} 下面的 0.5R处。一共有 1024×R 梯形电阻。如图 5-59 所示,这种结构保证了 DAC 是单调的,量化的结果误差是

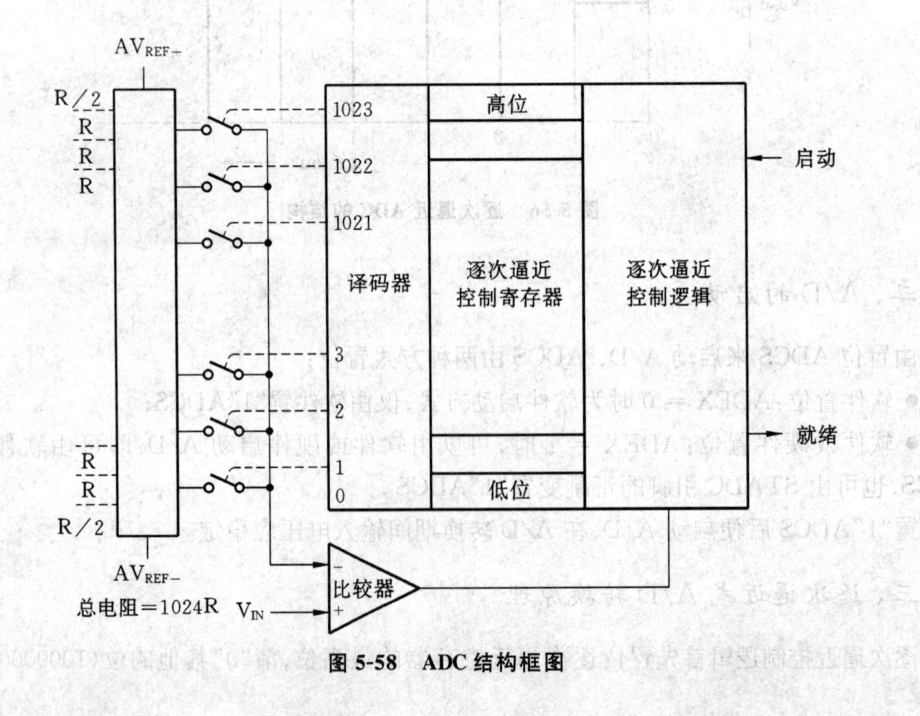

图 5-58 ADC 结构框图

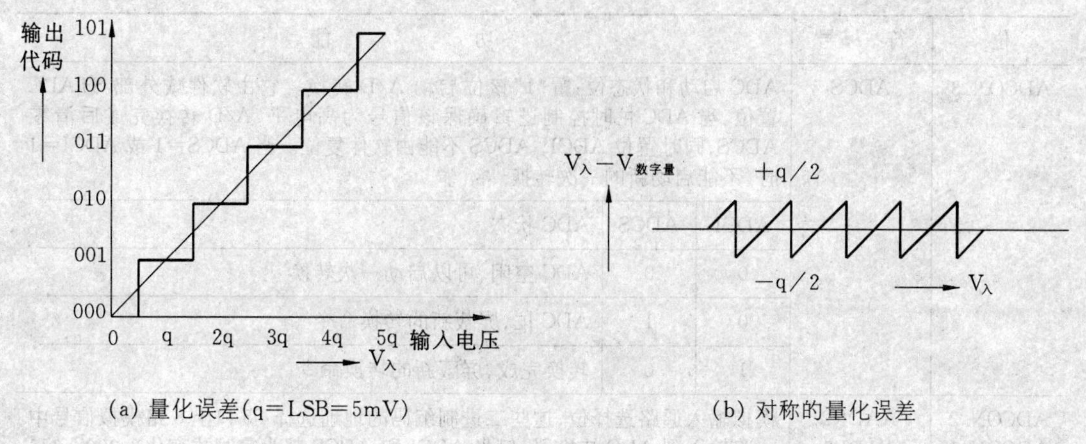

(a) 量化误差(q=LSB=5mV)　　(b) 对称的量化误差

图 5-59　实际转换特性

对称的。对于 AV_{REF-} 和 $AV_{REF-}+1/2$ LSB 之间的输入电压,A/D 转换结果为 0000000000B,对于(AV_{REF+})−3/2 LSB 和 AV_{REF+} 之间的输入电压,A/D 转换的结果为 1111111111B=3FFH。AV_{REF+} 和 AV_{REF-} 可以在 $AV_{DD}+0.2V$ 和 $AV_{SS}-0.2V$ 之间。AV_{REF+} 相对于 AV_{REF-} 应是正的,而输入电压应在 AV_{REF+} 和 AV_{REF-} 之间。如果模拟输入电压范围为 2~4V,对于 $AV_{REF+}=4V$、$AV_{REF-}=2V$,则将得到该区间的 10 位 A/D 结果。A/D 结果可以由下式计算:

$$结果 = 1024\times(V_{IN}-AV_{REF-})/(AV_{REF+}-AV_{REF-})$$

五、A/D 状态控制寄存器

8XC552 的 A/D 模块有一个特殊功能寄存器 ADCON,其格式如表 5-12 所示。

表 5-12　ADC 控制寄存器 ADCON

	D7	D6	D5	D4	D3	D2	D1	D0
ADCON(C5H)	ADC.1	ADC.0	ADEX	ADCI	ADCS	AADR2	AADR1	AADR0

位	符　号	功　　能
ADCON.7	ADC.1	ADC 结果位 1
ADCON.6	ADC.0	ADC 结果位 0
ADCON.5	ADEX	允许外部引脚 STADC 上输入信号启动 A/D 转换 0:仅由软件启动 A/D 转换(置 ADCS) 1:可以由软件或外部启动(STADC 上升沿)
ADCON.4	ADCI	ADC 中断标志,A/D 转换结果准备好时置位该标志,如果允许,引起中断。该标志由中断服务程序清"0"(0→ADCON)。该标志为 1 时,不能启动 ADC 转换。ADCI 不能由软件置位。

（续表）

<table>
<tr><th>位</th><th>符　号</th><th colspan="3">功　　能</th></tr>
<tr><td rowspan="5">ADCON. 3</td><td rowspan="5">ADCS</td><td colspan="3">ADC 启动和状态位：置“1”该位启动 A/D 转换。它由软件或外部 STADC 置位，当 ADC 忙时控制逻辑确保该信号为高电平，A/D 转换完成后清零 ADCS，同时置位 ADCI，ADCS 不能由软件复位。当 ADCS=1 或 ADCI=1 时，不能启动新的一次转换</td></tr>
<tr><td>ADCI</td><td>ADCS</td><td>ADC 状态</td></tr>
<tr><td>0</td><td>0</td><td>ADC 空闲，可以启动一次转换</td></tr>
<tr><td>0</td><td>1</td><td>ADC 忙，屏蔽新的转换命令</td></tr>
<tr><td>1</td><td>0</td><td>转换完成，屏蔽新的转换命令</td></tr>
<tr><td>ADCON. 2
ADCON. 1
ADCON. 0</td><td>AADR2
AADR1
AADR0</td><td colspan="3">模拟输入通路选择位，这些二进制编码的地址选择 P5 口上 8 路模拟信号中一路输入到 ADC 转换器，仅当 ADCI 和 ADCS 都为零时才变化。000～111 对应于 ADC0(P5.0)～ADC7 (P5.7)</td></tr>
</table>

5.4.2 A/D 的应用和编程

一、A/D

在冰箱、空调、电饭煲等家用电器中对温度的测量和控制，电子秤中对物体重量的测量，气象测量系统对温度、气压等气象要素的测量，炉窑控制器对酸度等参数的测量与控制等，都要用到 A/D 转换器，将温度、气压、酸度等模拟量转换为数字量，再经计算处理，显示或控制这些物理量。模拟量输入电路的结构如图 5-60 所示。

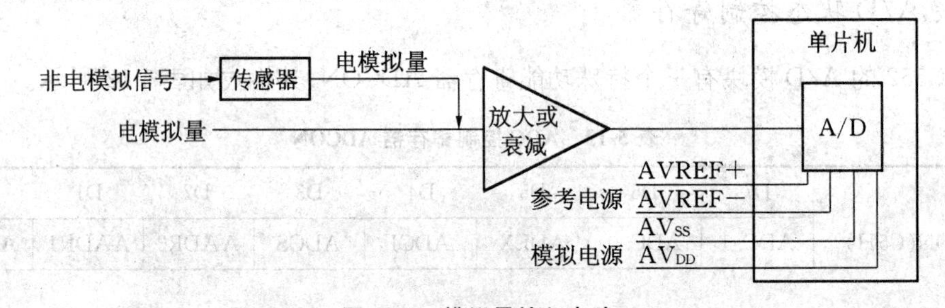

图 5-60　模拟量输入电路

在图 5-60 中，对于温度、压力等非电的模拟量，需经热敏电阻、压力应变片电路等传感器转换为电信号，经放大或衰减为 0～5V 电压信号后再输入至单片机内的 A/D 模块，转换为数字信号。单片机中的 A/D 都采用逐次逼近方法，速度比较高，分辨率为 8～12 位。程序简单，只要对 A/D 模块中的特殊功能寄存器操作，就能启动 A/D、读出 A/D 结果。图 5-38 中介绍的双积分 A/D，速度低，程序复杂，但精度可以做得较高，常用在电子秤等慢速变化的模拟量测量系统中。

二、A/D 编程

对单片机内部 A/D 模块编程比较简单，启动 A/D 后，一般采用查询方式(因 A/D 速度很快)确认 ADCI 为 1 时分别读 ADCH 和 ADCON 的高 2 位,即可得到相应通道的 A/D 结果。注意的是仅当对 ADCON 写入 0 时才能清零 ADCI,启动另一次 A/D。对 A/D 转换结果的处理方法随应用系统硬件特性和需求而定,算法确定后,就可方便地设计出计算程序。

例 5.20　A/D 转换程序

下面是一个实验程序,只说明了如何启动 A/D 对各输入通路转换,如何读取 A/D 结果高位和低位数据的方法。其功能为循环地启动 A/D、读结果存入缓冲器。

```
ADCON     EQU    0C5H                  ;定义新 SFR
ADCH      EQU    0C6H
AD_BUF    EQU    30H                   ;1 次结果缓冲器
AD_CNT    EQU    32H                   ;通路计数器
DIR_BUF   EQU    40H                   ;8 路结果缓冲器
          ORG    0
MAIN:     MOV    SP, #0EFH
          MOV    AD_CNT, #0
          MOV    R0, #DIR_BUF
MLP_0:    ACALL  S_R_AD                ;启动 A/D
          MOV    @R0, AD_BUF           ;存缓冲器
          INC    R0
          MOV    @R0, AD_BUF+1
          INC    R0
          MOV    A, R0
          CJNE   A, #50H, MLP_0
          MOV    R0, #40H
          SJMP   MLP_0
S_R_AD:   MOV    A, AD_CNT             ;启动并读 A/D
          INC    AD_CNT                ;通路加 1
          ANL    AD_CNT, #7            ;计算启动命令
          SETB   ACC.3
          MOV    ADCON, A              ;写入 ADCON
          MOV    AD_BUF, #0
          MOV    AD_BUF+1, #0
S_R_W:    MOV    A, ADCON              ;等 AD 完成
          JNB    ACC.4, S_R_W
          ANL    A, #0C0H
          RL     A                     ;计算结果
          RL     A                     ;存缓冲器
          MOV    AD_BUF+1, A
          MOV    A, ADCH
```

```
        CLR     C
        RLC     A
        XCH     A, AD_BUF
        RLC     A
        XCH     A, AD_BUF
        CLR     C
        RLC     A
        XCH     A, AD_BUF
        RLC     A
        XCH     A, AD_BUF
        ADD     A, AD_BUF+1
        MOV     AD_BUF+1, A
        MOV     ADCON, #0           ;清"0"ADC
        RET
```

* §5.5 其他外围模块简介

*5.5.1 液晶显示器(LCD)驱动器

液晶是一种有机化合物,它具有液体的流动性和晶体的一些光学特性。液晶显示器本身不发光,而只是调制环境光,越是亮的地方显示越清晰,它具有体积小、功耗低等优点。

一、结构和工作原理

在内表面刻有对称电极 FiBi 的两块平板玻璃内注入 7～10μm 厚的液晶层(见图 5-61)就构成单色液晶显示屏,上玻璃片的电极称为段 Fi,下玻璃片的电极称为背景 Bi,段的形状和数量确定它的显示功能。液晶显示器有彩色和黑白两类,对于黑白显示屏,在电极 Fi 和 Bi 之间加上一定幅度的电压方波,使液晶顺着电场方向排列则不透明而显示黑色,要求方波的直流分量越小越好,否则容易老化。

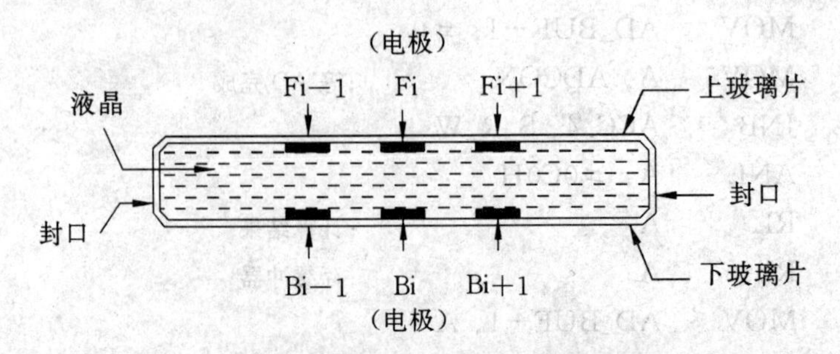

图 5-61 液晶显示屏结构示意图

二、单片机的液晶显示器驱动模块

液晶显示器的显示控制比较复杂，显示屏较大的点阵式液晶显示器，一般带有专用驱动电路，单片机将显示数据输出至驱动电路，数据便显示在 LCD 显示屏上。目前许多单片机内有 LCD 驱动模块，但段的数量很有限，只能驱动笔画式的 LCD。如 Philips 的 P83C434/834，它的 LCD 驱动模块可工作于静态或占空比为$\frac{1}{2}$、$\frac{1}{3}$、$\frac{1}{4}$的动态扫描方式，可驱动4×22或 3×13 或 2×24 或 24 个段，适用于笔画式的 LCD 数字显示，最多可以驱动 12 位 7 段显示器。

*5.5.2　串行外围接口 SPI

AT89S53 等许多 51 系列单片机具有串行外围接口 SPI(serial peripheral interface)，可用于单片机之间或单片机和外围器件之间的串行高速通信，具有如下特点：

- 全双工的同步数据传送；
- 可编程为主方式或从方式；
- 最高速率为 6M bit；
- 可编程为从高位或低位开始传送；
- 同步时钟可编程为正脉冲或负脉冲；
- 数据可以在时钟的上升沿或下降沿移位。

SPI 具有 4 个 I/O 引脚：

- MISO：主方式时为数据输入引脚，从方式时为数据输出引脚；
- MOSI：主方式时为数据输出引脚，从方式时为数据输入引脚；
- SCK：同步时钟引脚，主方式时为时钟输出引脚，从方式时为时钟输入引脚；
- $\overline{SS}$：主方式时接高电平，从方式时作为主机对从机选择引脚，低电平有效。

图 5-62 为两个 89S53 单片机通过 SPI 通信的连接示意图。图中甲机工作于主方式，乙机工作于从方式，甲机$\overline{SS}$接+5V，乙机$\overline{SS}$接地(因系统中无其他从器件)，甲机产生同步时钟经 SCK 送至乙机，数据从高位开始传送。

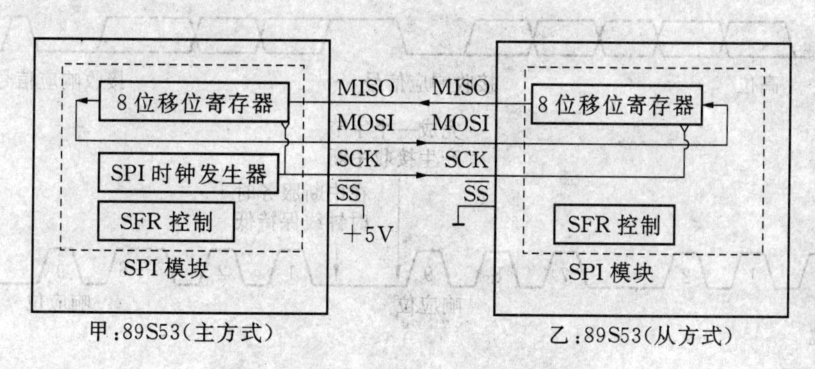

图 5-62　两个单片机的 SPI 通信示意图

对 SPI 中的 SFR 寄存器初始化以后，甲机将数据写入移位寄存器后，启动 SPI 数据传送，甲机产生同步时钟送至甲、乙两机的 SPI 移位寄存器，通过 MISO、MOSI 串行数据线，将这两个 8 位移位寄存器串接成 16 位移位寄存器，在同步时钟控制下从高位开始左环移，经 8 次移位后，甲机和乙机中 SPI 的移位寄存器内容相互交换，停止同步时钟，产生中断，这样实现 SPI 全双工同步通信。

*5.5.3 I²C 串行总线口

I²C 总线是通过两根线(SDA 串行数据线和 SCL 串行时钟线)实现器件之间通信的总线。总线上的器件可以主动联络和其他器件通信，称为主方式(一般是单片机)，也可以被呼叫以后和其他器件通信称为从方式(单片机或外围器件)。典型的 I²C 结构如图 5-63 所示。图 5-64 给出了 I²C 总线上数据传送过程。

Philips 公司的 51 系列单片机大多数产品具有 I²CBUS 串行口。

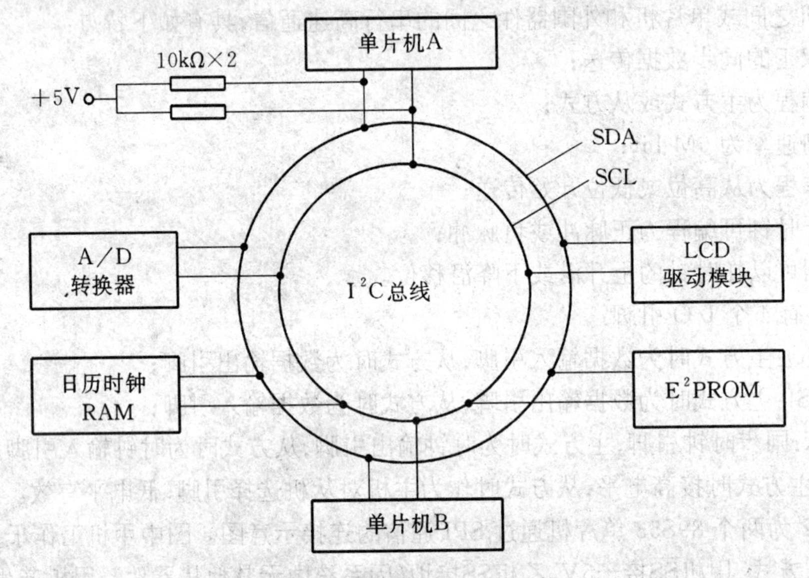

图 5-63 典型的 I²C 总线结构

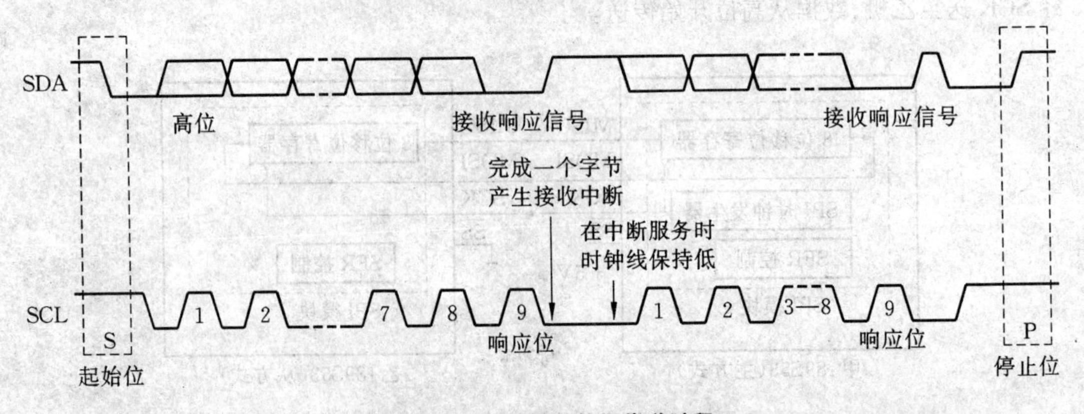

图 5-64 I²C 总线上数据传送过程

*5.5.4 控制器局域网(CAN)接口

控制器局域网(controller area network, CAN)原先是Bosch公司为汽车应用开发的一种多路网络系统,后来许多半导体厂商生产CAN接口器件和带有集成CAN接口的单片机,它们被广泛地应用于工业自动化生产线、汽车、医疗设备、智能化大楼、环境控制等分布式实时系统。

在51系列单片机中,Philips公司的P8XC592、P8XC598等带有CAN接口。

*5.5.5 其他

单片机的功能模块还有E^2PROM数据存储器、屏幕字符显示接口OSD、双音频电话接口DTMF、电机控制模块PWMMC等。

小　　结

本章介绍了51单片机主要的外围模块功能和应用电路、程序设计。通过本章学习,必须掌握以下内容:

- 平行口方式选择:只能在第一功能输入或输出、第二功能输入或输出之间选择一种;
- 准双向口特性:作为第一功能输入或第二功能使用时,相应位的口锁存器必须保持1,以及在程序中保持某些口锁存器为1的方法;
- 并行口字节、位操作程序设计方法;
- 七段显示器结构、动态和静态显示原理、接口技术和程序设计方法;
- 键盘结构、工作原理、接口技术,行翻转法识别闭合键的原理和程序设计方法;
- 拨码盘结构、工作原理、接口技术,扫描法读拨码盘数据的原理、程序设计方法;
- 程控与定时扫描显示器、键盘的原理及程序设计方法、特点;
- 定时器T0、T1、T2及计数阵列PCA结构、功能特性、使用方法;
- 定时操作中的主程序和中断程序设计方法及特点;
- 串行口结构、功能特性和使用方法,串行通信中主程序和中断程序的设计方法及特点;
- 8XC552A/D的结构、功能特性、编程方法;
- 程序设计中使用到的状态转移法:将系统工作过程分为若干状态,用状态计数器指出当前状态,根据状态数执行不同操作;
- 程序设计中使用标志和缓冲器实现中断和主程序之间信息交换的方法。

习　　题

1. P1口中作为第一功能输入或第二功能使用时,为什么相应位的口锁存器必须保持“1”? 在例5.1和例5.2中是如何保持某些口锁存器为“1”的?

2. 指出图 5-65 程序框图的功能,并编写出相应程序。

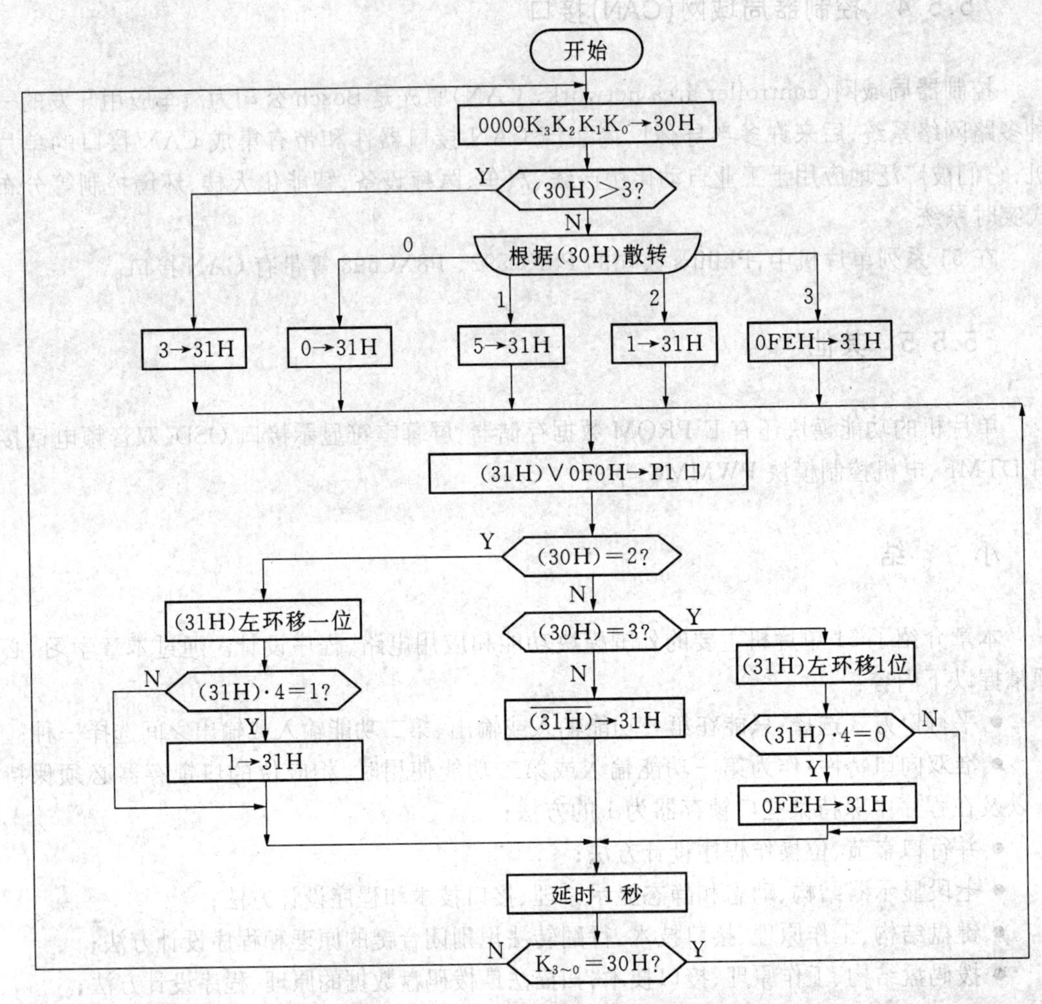

图 5-65 P1 口上的开关指示灯控制程序框图

3. 例 5.5 中,若 2 位显示器改为共阳极显示器,则如何修改接口电路和程序?

4. 请画出 6 位共阳极显示器和 P1、P2 的接口电路,并编写 1 个动态扫描子程序。

5. 根据图 5-11 编一个子程序,功能为读 2 位 BCD 码并转为二进制数存于 R7。

6. P2.0 上接一个指示灯 Ls,请编写一个程序使 Ls 以 1s 速率闪亮(亮暗各 0.5s,输出“1”暗“0”亮)。

7. 若 P1.0、P1.1 上分别接一个开关 K0、继电器 J0 的驱动电路,试编写一个程序,实时地使 K0 闭合(输入“0”)时,P1.1 输出“1”,驱动继电器 J0 动作;反之 K0 断开,J0 动作停止。

8. 如附录 3 中附图 1 所示 P0、P2 上接指示灯 L1～L16,编写 1 个程序,使用程控(延时 1s 子程序)方法实现 L1～L16 中有 1 个灯亮,并以 1s 速率左环移(建议使用简单的状态、查表法)。

9. 修改例 5.7 中程序,使按一下键,蜂鸣器响一下。

10. 请画出 4×8 键盘和 P1、P2 的接口电器,并编写判断键盘状态和行翻转法识别闭合键的子程序。

11. 请使用习题 10 的子程序,设计程控扫描键盘的程序,功能为实时读键盘,键号存 RAM 缓冲器。

12. 根据计数器的结构不同,T0 有哪些工作方式?根据计数脉冲不同,又有哪些工作方式?

13. 若 fosc=24MHz，T0 工作于方式 1，最大定时时间为多少？

14. 若 fosc=24MHz，T0 工作于方式 2，最大定时时间为多少？

15. 请编写一个程序使 T2 产生 50ms 定时中断，由中断程序控制秒定时，并由主程序对时钟计数。

16. 如附录 3 中附图 1 所示 P0、P2 上接指示灯 L1～L16，编写 1 个程序，用 T0 定时（产生 50ms 定时中断）方法，实现 L1～L16 中相间的 4 个灯亮 4 个灯暗，并以 1s 速率定时求反。

17. 请根据习题 4 设计的接口电路，设计 1 个程序，使用 T0 产生 1ms 定时中断，定时扫描 6 位显示器。

18. 请设计串行口和 2 个 74LS164、16 个指示灯 L0～L15 的接口电路，并分别用程控方法（延时 1s 子程序）和定时方法编写 1 个程序，使 L0～L16 中只有 1 个灯亮，并以 1s 速率右环移。

19. 修改图 5-51，改为 8 位共阳极显示器，相应地修改例 5.15 程序。

20. 请编写两个子程序，一是对串行口初始为方式 1、波特率 19200，另一个为将 30H～32H 中以压缩 BCD 码存储的时钟以格式 It is XX：XX：XX 回车在串行口上串行输出。

21. 请修改例 5.18 程序，使之用方式 3 通信，TB8、RB8 作奇偶校验位，接收中奇偶错作命令错处理。

22. 请修改例 5.19 程序，使之删去“RESET”命令，增加 CHECK、OPEN_CHANNEL1、CLOSE_CHANNEL2 命令。

23. 请修改例 5.20 程序，使 T0 产生 50ms 定时中断，由中断程序启动 A/D 对 0 通路转换并读结果存缓冲器。（第 1 次只启动，以后读前次结果并启动下次转换。）

24. 如附录 3 中附图 1 所示，P0、P2 上接指示灯 L1～L16，P3 口上接有开关 K0～K3 和蜂鸣器，试编写 1 个程序，其功能为 K0=0 时响应外部中断 0，中断程序读到 K3K2 的值等于 n(n=0～3)，通知主程序使蜂鸣器响 n 次，L1～L8 中有 n 个灯（从 L1 算起）亮，其余暗，L9～L16 中有 n 个灯暗（从 L9 算起），其余亮。K0=1 时，L1～L16 的状态不变。

25. 若 fosc=12MHz，编写一个程序，用 PCA 高速输出使 P1.7 输出 1KHz 方波脉冲。

实　验

一、模拟仿真实验

实验一　T0 方式 2 应用（时钟计数）实验

（一）实验目的

熟悉 Keil C51 操作，掌握 T0 方式 2 应用及模拟仿真方式的程序调试方法。

（二）实验内容和功能

参见例 5.11。

（三）实验步骤

(1) 建立项目，并在 Keil C51 平台上编辑例 5.11 程序，生成 A51 文件 D:\b5_ex\b5_ex1\b5_ex1.A51；

(2) 将 b5_ex1.A51 加入项目后编译，若有错误修改程序后再编译，直至正确为止；

(3) 正确选择模拟仿真方式，然后进入调试环境；

(4) 打开 T0、中断、存储器窗口，使周期性刷新窗口，在存储器窗口上输入存储器类型和地址；

(5) 在标号 P_TF0 和指令 MOV T0_CNT，#0FH 处分别设断点 1、2，连续运行程序应碰到断点 1，多次连续运行，反复碰到断点 1，取消断点 1，再连续运行应碰到断点 2，再单步运行，观察 CLK_BUF(RAM 30H～32H)内容变化，测试 P_TF0 流程和子程序 CLK_CNT 的正确性；

(6) 若在第 5 步调试中发现错误，停止运行后退出调试环境，程序修改、编译后再进入调试环境测试；

(7) 若在第 5 步中未发现错误,取消所有断点连续运行,观察 CLK_BUF 内容变化是否符合时钟计数规律,发现错误,停止运行后退出调试环境,程序修改、编译后再进入调试环境测试。

(四) 思考与实验

1. 时钟是以什么数据格式存储的?

2. 若时钟以单字节 BCD 码形式存于 30H~35H 单元,请修改子程序 CLK_CNT 和符号 T0_CNT 定义,并实验验证时钟计数的正解性。

实验二　8XC51FA PCA 应用实验(高速输出、PWM 输出)

(一) 实验目的

熟悉 Keil C51 操作,掌握 PCA 应用及模拟仿真方式的程序调试方法。

(二) 实验内容和功能

参见例 5.14。

(三) 实验步骤

(1) 建立项目(单片机选 80C51FA),并在 Keil C51 平台上编辑例 5.14 程序,生成 A51 文件 D:\b5_ex\b5_ex2\b5_ex2.A51;

(2) 将 b5_ex2.A51 加入项目后编译,若有错误修改程序后再编译,直至正确为止;

(3) 正确选择模拟仿真方式,然后进入调试环境;

(4) 打开 PCA、P1、中断窗口,使周期性刷新窗口;

(5) 从 MAIN 开始单步运行至指令 SJMP $ 处,观察 PCA、P1、中断窗口变化;

(6) 在标号 P_PCA 处设断点 1,连续运行程序应碰到断点 1,再单步运行至返回,观察 PCA、P1、中断窗口变化;

(7) 若在第 6 步调试中发现错误,停止运行后退出调试环境,程序修改、编译后再进入调试环境测试;

(8) 若在第 6 步中未发现错误,取消所有断点连续运行,观察 PCA、P1、中断窗口变化,若发现错误,停止运行后退出调试环境,程序修改、编译后再进入调试环境测试。

(四) 思考与实验

1. 若在 P3.4、P3.5 上接开关 K1K0,由 K1K0 控制 PWM 的占空比:K1K0 为 00~11 时,占空比分别为 10%、25%、50%、90%,请问如何修改程序?

2. 验证修改的程序(模拟调试时点击 P3.4、P3.5 引脚)。

实验三　串行口单字符命令通信实验

(一) 实验目的

熟悉 Keil C51 操作,掌握串行口应用及模拟方式的通信程序调试方法。

(二) 实验内容和功能

参见例 5.18。

(三) 实验步骤

(1) 建立项目,并在 Keil C51 平台上编辑例 5.18 程序,生成 A51 文件 D:\b5_ex\b5_ex3\b5_ex3.A51;

(2) 将 b5_ex3.A51 加入项目后编译,若有错误修改程序后再编译,直至正确为止;

(3) 正确选择模拟仿真方式,然后进入调试环境;

(4) 打开 SERIAL#1、存储器、中断、串行口窗口,并使窗口周期性刷新;

(5) 从 MAIN 开始单步运行至指令 LCALL OUT_S 处,观察窗口内容变化;

(6) 在主程序中的指令 MOV IE, #90H 处设断点 1,连续运行程序应碰到断点 1,观察 SERIAL#1

窗口内容变化，再单步运行至标号 MLP_0，观察窗口内容变化；

(7) 取消断点 1，在标号 P_SIO 处设断点 2，连续运行程序，不会碰到断点 2；

(8) 光标指向 SERIAL＃1 窗口，PC 机键盘输入大写 A 后应碰到断点 2，单步运行至返回，再在标号 MLP_0 设断点 3，连续运行程序后应碰到断点 3，单步运行观察子程序 P_MCMD 的处理流程，再连续运行，应碰到断点 2，单步运行至返回，进一步观察 P_SIO 处理流程；

(9) 若在第 8 步调试中发现错误，停止运行后退出调试环境，程序修改、编译后再进入调试环境测试；

(10) 若在第 8 步中未发现错误，取消所有断点连续运行，光标指向 SERIAL＃1 窗口，PC 机键盘输入各个命令，观察窗口内容变化，若发现错误，停止运行后退出调试环境，程序修改、编译后再进入调试环境测试。

(四) 思考与实验

1. 程序中是如何判断命令正确与否的？对不同命令又是如何区分和处理的？

2. 若合法命令改为 A、H、Z、X、Y 这些非连续的 ASCII 字符，如何修改程序？

3. 验证修改的程序。

实验四　串行口字符串命令通信实验

(一) 实验目的

熟悉 Keil C51 操作，掌握串行口应用及模拟方式的通信程序调试方法。

(二) 实验内容和功能

参见例 5.19。

(三) 实验步骤

(1) 建立项目，并在 Keil C51 平台上编辑例 5.19 程序，生成 A51 文件 D:\b5_ex\b5_ex4\b5_ex4. A51；

(2) 将 b5_ex4. A51 加入项目后编译，若有错误修改程序后再编译，直至正确为止；

(3) 正确选择模拟仿真方式，然后进入调试环境；

(4) 打开 SERIAL＃1、存储器、中断窗口，使周期性刷新窗口；

(5) 从 MAIN 开始单步运行至指令 LCALL OUT_S 处，观察窗口内容变化；

(6) 在指令 MOV IE，＃90H 处设断点 1，连续运行程序应碰到断点 1，观察 SERIAL＃1 窗口内容变化，再单步运行至标号 MLP_0，观察窗口内容变化；

(7) 取消断点 1，在标号 P_SIO 处设断点 2，连续运行程序，不会碰到断点 2；

(8) 光标指向 SERIAL＃1 窗口，PC 机键盘输入命令字符后应碰到断点 2，单步运行至返回，取消断点 2，再在主程序的指令 CLR MCMD 处设断点 3，连续运行程序，光标指向 SERIAL＃1 窗口，输入完整命令(回车)后应碰到断点 3，单步运行观察子程序 P_MCMD、CH_CMD 的处理流程后，再在标号 P_SIO 处设断点 2，连续运行，应碰到断点 2，单步运行至返回，进一步观察 P_SIO 处理流程；

(9) 若在第 8 步调试中发现错误，停止运行后退出调试环境，程序修改、编译后再进入调试环境测试；

(10) 若在第 8 步中未发现错误，取消所有断点连续运行，光标指向 SERIAL＃1 窗口，输入合法或非法命令后，观察窗口内容变化，若发现错误，停止运行后退出调试环境，程序修改、编译后再进入调试环境测试。

(四) 思考与实验

1. 程序中是如何判断命令正确与否的？对不同命令又是如何区分和处理的？

2. 按习题 22 修改并验证程序。

3. 若命令 READ_DATA 的回答改为先输出 DATA，接着输出 40H～42H 内容的 6 位 ASCII 码(1 字节高低 2 位十六进制数分别转为 2 个 ASCII 码)和回车。请修改并验证实验程序。

实验五　循环采样 8 路输入 A/D 实验

(一) 实验目的

熟悉 Keil C51 操作，掌握 A/D 模块应用及模拟方式的程序调试方法。

(二) 实验内容和功能

参见例 5.20。

(三) 实验步骤

(1) 建立项目(单片机选 Philips 的 80C552)，并在 Keil C51 平台上编辑例 5.20 程序，生成 A51 文件 D:\b5_ex\b5_ex5\b5_ex5. A51；

(2) 将\b5_ex5. A51 加入项目后编译，若有错误修改程序后再编译，直至正确为止；

(3) 正确选择模拟仿真方式，然后进入调试环境；

(4) 打开 A/D converter、存储器窗口，使周期性刷新窗口，在存储器窗口上输入地址 D:30H；在 A/D converter 窗口的 AIN0～AIN7 分别输入电压(小于 5V)；

(5) 从主程序开始单步运行，进入子程序 S_R_AD，在指令 ANL A, #0C0H 处设断点 1，连续运行程序应碰到断点 1，再单步运行至返回，观察 RAM 窗口内容变化；

(6) 取消断点 1，在标号 S_R_W 处设断点 2，连续运行程序应碰到断点 2 后，观察 RAM 窗口内容变化；

(7) 多次反复连续运行，每次碰到断点 2 后，观察 RAM 窗口内容变化；

(8) 若在第 7 步调试中发现错误(RAM 中 40H～4FH 内容和 AIN0～AIN7 输入的电压是否对应)，停止运行后退出调试环境，程序修改、编译后再进入调试环境测试；

(9) 若在第 8 步中未发现错误，取消所有断点连续运行，改变 AIN0～AIN7 输入的电压(点击 RAM 窗口)，观察窗口内容变化，若发现错误，停止运行后退出调试环境，程序修改、编译后再进入调试环境测试。

(四) 思考与实验

按习题 23 修改并验证程序。

二、在线仿真实验

涉及外接器件或设备的实验，采用在线仿真方式调试程序比较直观、有效，也能测试出硬件故障和系统动态指标。下面的实验使用附录 3 中附图 1 所示的多功能基础实验模块调试程序。

实验六　P0、P3 口的字节操作和位操作实验

(一) 实验目的

掌握并行口的操作和程序设计，熟悉 Keil C51 操作及在线仿真方式的程序调试方法。

(二) 实验内容和功能

实验内容和功能见例 5.4。

(三) 实验步骤

(1) 建立项目，并在 Keil C51 平台上编辑例 5.4 程序，生成 A51 文件 D:\b5_ex\b5_ex6\b5_ex6. 51；

(2) 将 b5_ex6. 51 加入项目后编译，若有错误修改程序后再编译，直至正确为止；

(3) 选择在线仿真方式(注意监控、串行口、波特率的正确选择)；

(4) 将多功能基础实验模块和 PC 机相连，插上并打开 5V 电源；

(5) 进入调试环境，打开 P0、P3、变量和存储器窗口，在变量窗口上输入 CPU 寄存器名；

(6) 从 MAIN 开始单步运行程序，观察 CPU 寄存器内容和 P0、P3 的状态，同时观察实验模块上开关 K0～K3、指示灯 L1～L8 以及蜂鸣器状态，拨动开关后再单步运行，检测 L1～L8 及蜂鸣器状态的变化；

(7) 连续运行程序,拨动开关 K0～K3,观察开关 K0～K3 与指示灯 L1～L8 以及蜂鸣器状态之间的关系,检测是否和例 5.4 设计功能相一致;

(8) 如有问题,按模块上复位键,停止运行后退出调试环境,程序修改、编译后再进入调试环境测试。

(四) 思考与实验

1. 解释实验中观察到的现象。

2. 按习题 8 要求编写程序,在多功能基础实验模块上验证。

实验七　程控扫描显示器、键盘实验

(一) 实验目的

掌握显示器、键盘的工作原理和程序设计方法,熟悉 Keil C51 操作及在线仿真方式的程序调试方法。

(二) 实验内容和功能

实验内容和功能见例 5.7。

(三) 实验步骤

(1) 建立项目,并在 Keil C51 平台上编辑例 5.7 程序,加入例 5.5、例 5.6 中子程序,生成 A51 文件 D:\b5_ex\b5_ex7\b5_ex7.A51;

(2) 将 b5_ex7.A51 加入项目后编译,若有错误修改程序后再编译,直至正确为止;

(3) 选择在线仿真方式(注意监控、串行口、波特率的正确选择);

(4) 将多功能基础实验模块和 PC 机相连,插上并打开 5V 电源;

(5) 进入调试环境,打开 P1、P2、P3 变量和存储器窗口,并在存储器窗口上输入 RAM 类型、地址,在变量窗口上输入 CPU 寄存器名;

(6) 在标号 DIR_2 和指令 SETB DIR_H 处设断点 1、2,从 MAIN 开始连续运行程序,碰到断点 1 后单步运行 6 条指令,观察 P1、P3 和模块上显示器状态变化,再连续运行程序碰到断点 2,单步运行 6 条指令,观察 P1、P3 和模块上显示器状态变化;

(7) 连续运行程序,反复碰到断点 1 和 2,观察 P1、P3 和模块上显示器状态变化;

(8) 取消断点 1 和 2,在标号 KEY_44_1 处设断点 3,在 MLP_1 处设断点 4,然后连续运行程序,不会碰到断点;在模块的键盘上按下一个键后才碰到断点 3,按下的键不放,单步运行至断点 4,观察 RAM 中 30H、31H 单元内容变化,再放开键连续运行,观察模块上显示器状态变化;反复地连续运行和按一下键盘便会碰到断点 3 和 4,如此检测程序是否有错误;

(9) 若在第 8 步调试中发现错误,停止运行后退出调试环境,程序修改、编译后再进入调试环境测试;

(10) 若第 8 步调试中未发现错误,取消所有断点后连续运行,在键盘上按下不同键,观察模块上显示器状态变化,检测是否达到例 5.7 的设计功能;

(11) 如有问题,按模块上复位键,停止运行后退出调试环境,程序修改、编译后再进入调试环境测试。

(四) 思考与实验

1. 取消所有断点后连续运行时,若按下一键不放,显示器会出现什么现象? 为什么?

2. 根据现象和原因,稍微修改一下程序(提示:用调用显示子程序作为键输入程序中的去抖动和等待键释放延时),避免上述现象,提高程序性能。

3. 按习题 9 要求修改和验证程序(按一下键,蜂鸣器响一下)。

实验八　定时扫描显示器、键盘实验

(一) 实验目的

掌握定时扫描显示器、键盘的工作原理和程序设计方法,熟悉 Keil C51 操作及在线仿真方式的程序调试方法。

(二) 实验内容和功能

实验内容和功能见例 5.10。

(三) 实验步骤

(1) 建立项目,并在 Keil C51 平台上编辑例 5.10 程序和例 5.7 中 KEY_S、KEY_44 子程序,生成 A51 文件 D:\b5_ex\b5_ex8\b5_ex8.A51;

(2) 将 b5_ex8.A51 加入项目后编译,若有错误修改程序后再编译,直至正确为止;

(3) 选择在线仿真方式(注意监控、串行口、波特率的正确选择);

(4) 将多功能基础实验模块和 PC 机相连,插上并打开 5V 电源;

(5) 进入调试环境,打开 P1、P2、P3 变量和存储器窗口,并在存储器窗口上输入 RAM 类型、地址,在变量窗口上输入 CPU 寄存器名;

(6) 在标号 P_TF0_4 处设断点 1,从 MAIN 开始连续运行程序,碰到断点 1 后单步运行至中断返回,观察 CPU 寄存器和显示器状态变化;

(7) 连续运行程序,反复碰到断点 1 观察 P1、P3 和模块上显示器状态变化,测试 DIR_BIT 子程序功能;

(8) 取消断点 1 在标号 P_TF0 处设断点 2,在指令 MOV T0_CNT, #10 处设断点 3,然后连续运行程序,碰到断点后单步运行,测试 T0 中断程序流程;

(9) 取消断点 2、3 在中断程序的指令 LCALL KEY_S 处设断点 4,在指令 MOV K_BUF, A 处设断点 5,然后连续运行程序,在键盘上按一个键不放,则碰到断点 4,单步运行不会碰到断点 5,运行到 P_TF0_4,再连续运行碰到断点 4,单步运行会碰到断点 5,观察读到的数据和 30H 单元内容变化;

(10) 取消断点 4、5,在标号 P_TF0_3 处设断点 6,连续运行,直到放开键后碰到断点 6,这样进一步测试 T0 中断程序流程的正确性;

(11) 取消所有断点后连续运行,在键盘上按下不同键,观察模块上显示器状态变化,检测是否达到例 5.10 的设计功能;

(12) 如有问题,按模块上复位键,停止运行后退出调试环境,程序修改、编译后再进入调试环境测试。

(四) 思考与实验

1. 取消所有断点后连续运行时若按下一键不放,显示器会出现实验七中的现象吗?为什么?

*2. 修改并验证程序,使按一下键蜂鸣器响一下。

3. 按习题 16 编写并验证程序。

*4. 修改程序,使在键盘上按一下键(0～9)后蜂鸣器响一个长音(约 1s),n 个短音(响停均约 0.2s, n 为键号 0～9。

第6章 单片机接口技术

由于单片机型号和片内资源的增多，只要选择恰当，单片机的片上资源能满足绝大多数应用系统的需求。在特殊应用场合，若需要补充一些资源，则可用51单片机的P0、P2口作为并行扩展总线口，直接在外部扩展程序存储器（最多64K）或数据存储器（包括I/O接口，最大64K）。实际应用中往往只扩展I/O接口或设备。本章介绍51单片机的并行扩展原理，重点是典型I/O扩展器件和设备的接口技术，以及相应的程序设计方法。学习时不应仅仅着眼于某一器件或设备的接口电路和程序细节，而应学会如何使用一个新器件、新设备的方法。除课堂教学外，应特别重视动手实验，使学生在实践中掌握本章内容。

§6.1 51系列单片机并行扩展原理

6.1.1 大系统的扩展总线和扩展原理

一、大系统(large)

对于硬件需求量大，外部存储器空间被充分利用的应用系统，其系统结构规模大，我们称之为大系统。

在大系统中，P0口和P2口都作为总线口使用，不能作为第一功能的I/O接口连接外部设备。DPTR、R0、R1都可以作为访问外部数据存储器的地址指针。

二、大系统总线时序

大系统中P0口、P2口作为扩展总线口时，P2口输出高8位地址A8～A15，P0口输出低8位地址A0～A7，同时作为双向数据总线口D0～D7，控制总线有外部程序存储器读选通信号线$\overline{PSEN}$，外部数据存储器的读信号线$\overline{RD}$(P3.7)、写信号线$\overline{WR}$(P3.6)，以及低8位地址A0～A7的锁存信号线ALE。图6-1给出了大系统中CPU访问外部存储器的时序波形。

三、大系统扩展总线

由图6-1可见，P0口是地址/数据复用的总线口，地址信息A0～A7在ALE上升以后有效，在ALE下降以后消失，因此必须使用ALE的负跳变将地址信息A0～A7打入外部的地址锁存器。图6-2(a)是用74HC573作为地址锁存器的系统扩展总线图。图6-2(b)为74HC573的结构框图，图中$\overline{E}$为Q0～Q7上接的三态门允许输出控制输入端，$\overline{E}$接地，则Q0～Q7总是允许输出至OUT。G为锁存信号输入端，高电平时Q0～Q7＝D0～D7，负跳变时将D0～D7上输入信息打入Q0～Q7。图6-2(a)中，74HC573的G接ALE，$\overline{E}$接地，这样 ALE 为高电平时，P0 口输出的地址信息直接通过 74HC573 输出，使 P2 口和 P0 口输出的地址信息同时到达地址总线 A0～A15，ALE 负跳变时，P0 口上的地址信息打入 74HC573，使地址总线上地址信息保持不变，接着 P0 口便作为数据总线传送数据 D0～D7。

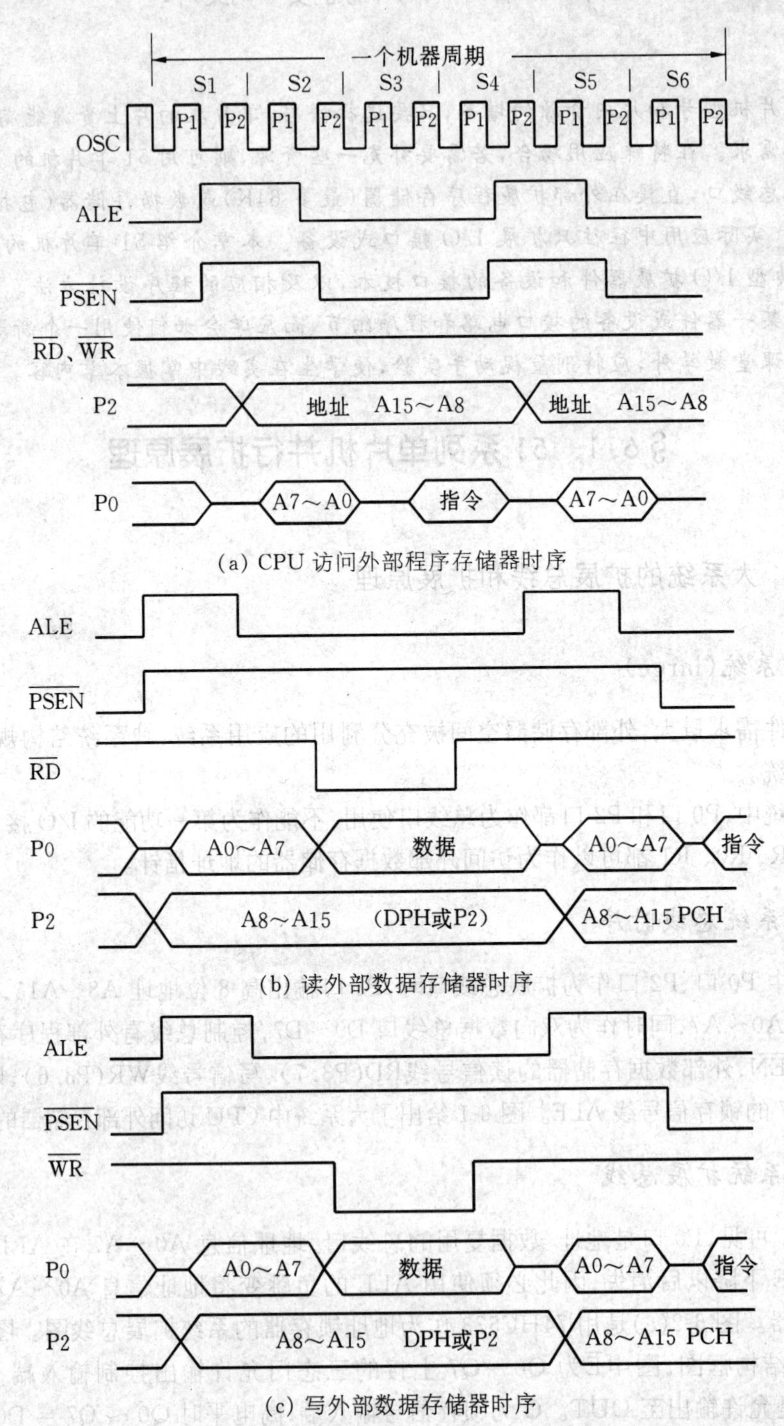

图 6-1 大系统 CPU 访问外部存储器时序

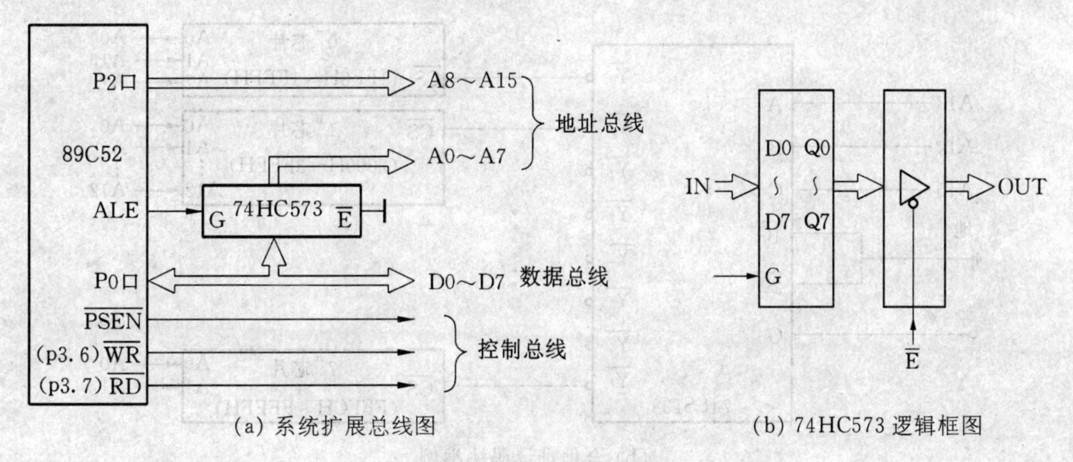

(a) 系统扩展总线图 (b) 74HC573 逻辑框图

图 6-2 大系统扩展总线图

四、大系统地址译码方法

单片机中 CPU 是根据地址访问外部存储器的，即由地址总线上地址信息选中某一芯片的某个单元进行读或写。在逻辑上，芯片选择信号线一般是由高位地址线译码产生的，而芯片中的单元选择是由低位地址确定。地址译码方法有线选法和全地址译码法两种。

1. 线选法

所谓线选法就是用某一位地址线作为选片线，一般芯片的选片信号为低电平有效(如：$\overline{CS}$、$\overline{CE}$)，只要这一位地址线为低电平，就选中该芯片进行读写。若外部扩展的芯片中最多的单元地址线为 A0～Ai，则可以作为选片的地址线为 A15～Ai＋1。例如：i＝12，则只有 A15、A14、A13 可以作为选片线。图 6-3(a)中 A15 作为$\overline{CS0}$、A14 作为$\overline{CS1}$、A13 作为$\overline{CS2}$，分别接到 0#、1#、2# 芯片的选片端。不管芯片中有多少个单元，所占的地址空间一样大，可以用如下方法确定芯片中单元地址：芯片中未用到的地址线为 1，用到的地址线由所访问的芯片和单元确定。在图 6-3(a)中，0# 芯片的单元地址为 7FF8H～7FFFH，1# 芯片中单元地址为 0A000H～0BFFFH，2# 芯片中单元地址为 0DFFCH～0DFFFH。

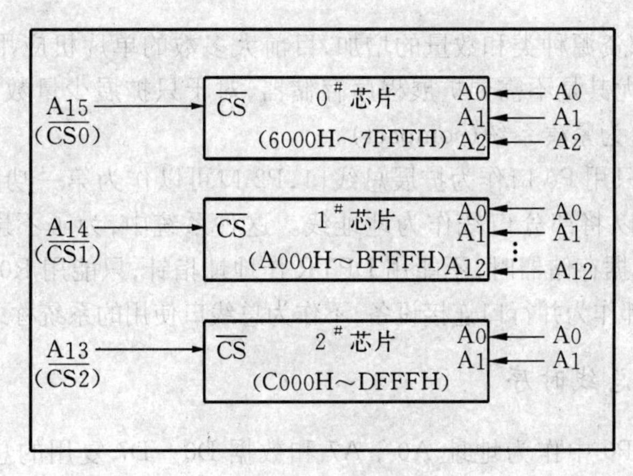

(a) 线选法举例

图 6-3

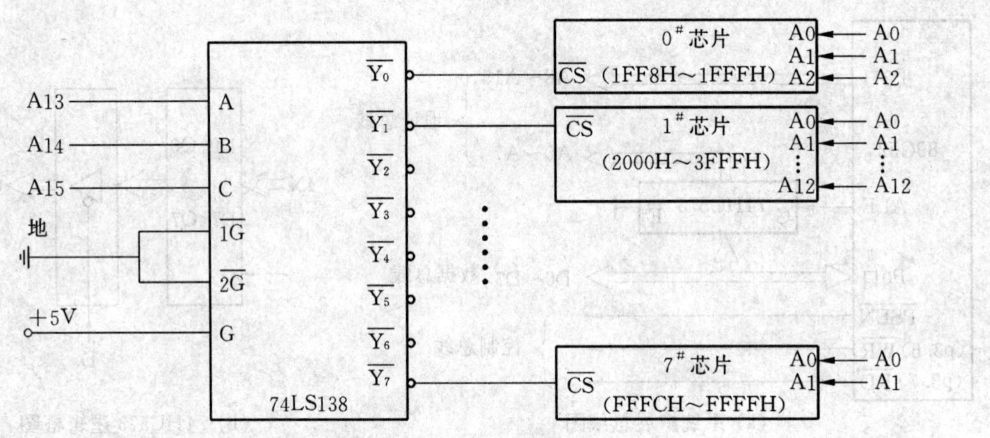

(b) 全地址译码法举例

图 6-3 大系统地址译码示意图

2. 地址译码法

线选法的优点是接线简单,缺点是外部存储器的地址空间没有被充分利用,可以接的芯片少。如在图 6-3(a)中,3 个芯片总共有(8192 + 4 + 8)个单元,却占用了 64K 空间。可以用对高位地址译码方法克服这个缺点。常用地址译码器为:

2—4 译码器 74HC139 对 A15、A14 译码产生 4 个选片信号,接 4 个芯片,每个芯片占 16K 字节空间;

3—8 译码器 74HC138 对 A15、A14、A13 译码产生 8 个选片信号,可接 8 个芯片,每个芯片占 8K 字节空间(见图 6-3(b))。

实际使用中常常将线选法和译码法结合起来使用。

6.1.2 紧凑系统的扩展总线和扩展原理

一、紧凑系统(compact)和小系统(small)

由于单片机内部资源种类和数量的增加,目前大多数的单片机应用系统不需要大规模地扩展外部存储器,尤其是不需要扩展程序存储器,对于只扩展少量数据存储器(RAM/IO 口)的系统,我们称之为紧凑系统(compact)。

在紧凑系统中,只用 P0 口作为扩展总线口,P2 口可以作为第一功能的准双向口使用,连接 I/O 设备,也可以将部分口线作为地址线。这种系统中,为了不影响 P2 口所连的设备,CPU 访问外部数据存储器时,不能用 DPTR 作地址指针,只能用 R0、R1 作地址指针。

把 P2 口、P0 口都作为并行口连接设备,不作为总线口使用的系统称之为小系统(small)。

二、紧凑系统总线时序

在紧凑系统中,P0 中作为地址 A0～A7 和数据 D0～D7 复用的总线口,$\overline{WR}$(P3.6)、$\overline{RD}$(P3.7)作为外部数据存储器的写信号线和读信号线,ALE 作为地址 A0～A7 的锁存信号。图 6-4 给出了紧凑系统中 CPU 访问外部数据存储器的时序波形。

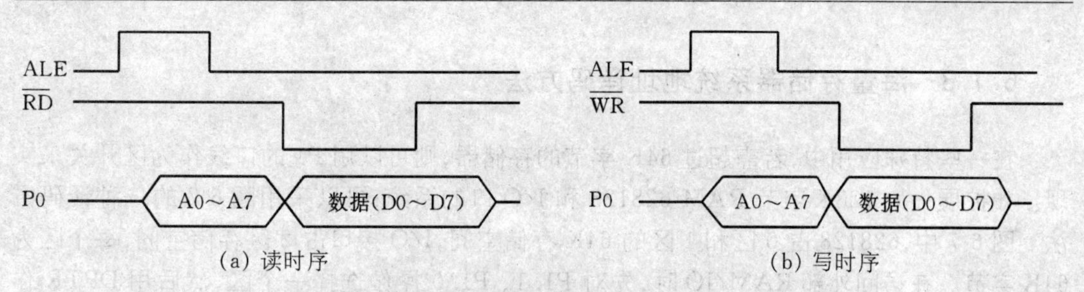

图 6-4 紧凑系统 CPU 访问外部数据存储器时序

三、紧凑系统的扩展总线

在紧凑系统中，P0 口输出的地址信息也必须由 ALE 打入外部的地址锁存器，控制总线只有外部数据存储器的读信号线$\overline{RD}$、写信号线$\overline{WR}$。图 6-5 给出紧凑系统的扩展总线图，它实际上是图 6-2 中裁去了地址线 A8～A15 和程序存储器读选通信号线$\overline{PSEN}$后的剩余部分。

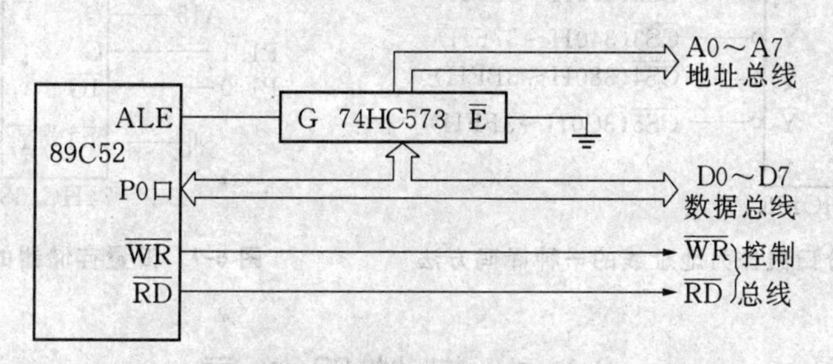

图 6-5 紧凑系统扩展总线图

四、紧凑系统地址译码方法

1. 线选法

这种方法适用于只扩展少量 I/O 接口芯片的应用系统。对于 I/O 接口芯片，内部的寄存器一般不大于 8 个，可以用 A0～A2 作为芯片中寄存器的地址选择线，A3～A7 作为选片信号线，则可以外接 5 个 I/O 接口芯片。按线选法的地址分配方法，这 5 个芯片的地址分别为:78H～7FH、0B8H～0BFH、0D8H～0DFH、0E8H～0EFH、0F0H～0F7H。

2. 地址译码法

若 A0～A3 作为芯片中寄存器地址选择线，A4～A7 用 4—16 译码器产生选片信号线，则最多可以接 16 片 I/O 接口芯片，地址分别为 0～0FH，10～1FH，…… 0F0H～0FFH。

3. P2 口部分口线作为地址线的译码方法

对于扩展 256 字节 RAM 和 I/O 口的系统，可以用 P2 口的部分口线作为地址线，剩余的 P2 口线连 I/O 设备，这种系统也称为紧凑系统。在访问外部数据存储器时，先对作为地址线的 P2 口位操作，选中外部数据存储器某一页，然后用 R0 或 R1 作为页内地址指针，对外部数据存储器进行读或写。P20、P21 作为地址线的一种地址译码方法如图 6-6 所示。图 6-6 中采用了线选法和译码法相结合的方法。$\overline{CS0}$、$\overline{CS1}$用线选法产生，在$\overline{CS0}$、$\overline{CS1}$都为高电平时，3—8 译码器输出的$\overline{CS4}$、$\overline{CS5}$、$\overline{CS6}$、$\overline{CS7}$中有一个选片信号线有效，这样可外接 6 个芯片。

6.1.3 海量存储器系统地址译码方法

在一些特殊应用中,若需超过64K字节的存储器,则可以用P1的口线作为区开关来实现。如扩展一片128K字节RAM 628128和I/O口的系统,可以采用图6-7的一种译码方法。图6-7中,628128占0区和1区的64K存储空间,I/O接口占2区存储空间,每个区为64K字节。在访问外部RAM/IO时,先对P1.1、P1.0操作选择一个区,然后用DPTR作指针,对所选区中的单元操作。也可以用扩展I/O口作为地址线(如3个8位口产生24位地址),将地址写入扩展口以后再对存储器读写。

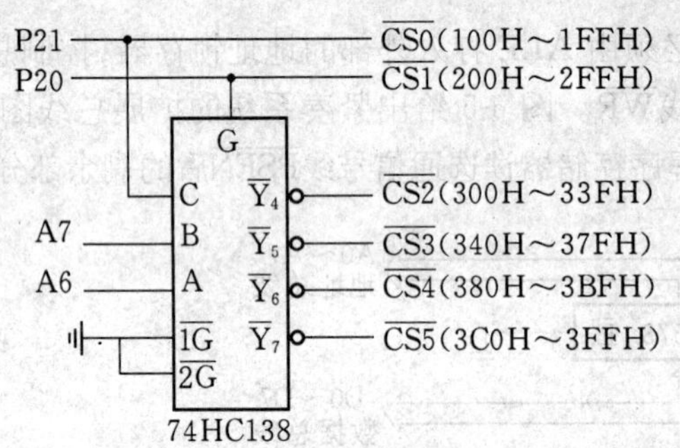

图6-6 P2部分口线作为地址线的一种译码方法

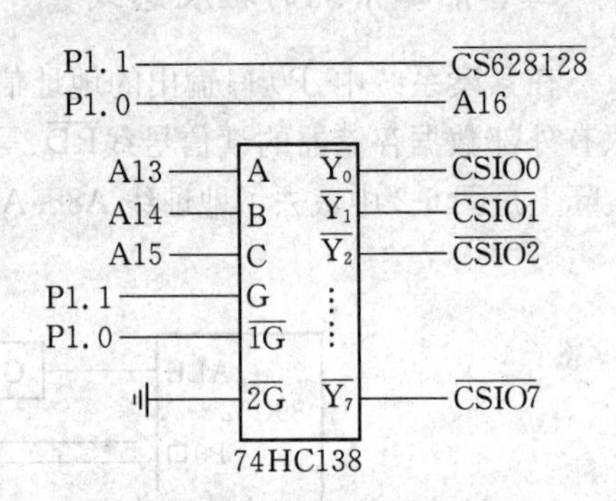

图6-7 海量存储器的一种译码方法

§6.2 存储器扩展

6.2.1 程序存储器扩展

目前大多数单片机内部都有程序存储器,因此在应用中已很少扩展程序存储器。只有在需要大量常数(如字库)存储器时,才在外部扩展一片EPROM或FLASH只读存储器,这种系统都是大系统。

一、常用EPROM存储器

EPROM是紫外线可擦除(有窗口)电可编程的只读存储器,掉电以后信息不会丢失。图6-8给出了27C128、27C256、27C512的引脚图。由图可见,这些EPROM仅仅是地址线数目(容量)不同和编程信号引脚有些差别。

1. 引脚说明

- A0～Ai: 地址输入引脚,i=13～15;
- O0～O7: 三态数据总线引脚(常用D0～D7表示),读或编程校验时为数据输出线,编程时为数据输入线。维持或编程禁止时,O0～O7呈高阻抗;
- $\overline{CE}$: 选片信号输入引脚,“0”(低电平)有效;
- $\overline{PGM}$: 编程脉冲输入引脚(负脉冲有效);

- $\overline{OE}$：　读选通信号输入引脚，“0”有效；
- V_{PP}：　编程电源输入引脚，V_{PP}的值因芯片型号和制造厂商而异；
- V_{CC}：　主电源输入引脚，V_{CC}一般为+5V；
- GND：　线路地。

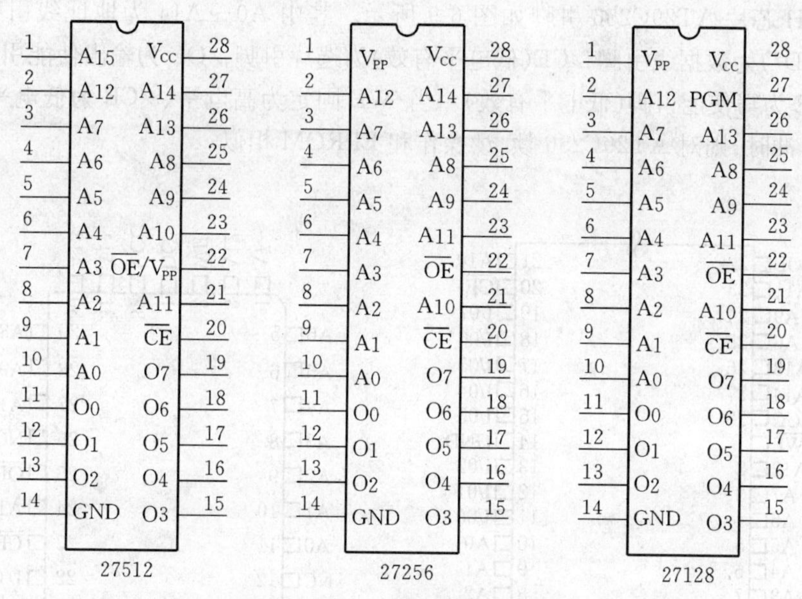

图 6-8　常用 EPROM 芯片引脚图

2. 操作方式

对 EPROM 的主要操作方式有：

- 编程方式：　把程序代码(机器指令、常数)固化到 EPROM 中；
- 编程校验方式：　读出 EPROM 中的内容，检验编程操作的正确性；
- 读出方式：　CPU 从 EPROM 中读取指令或常数(单片机应用系统中的工作方式)；
- 维持方式：　不对 EPROM 操作，数据端呈高阻；
- 编程禁止方式：　用于多片 EPROM 并行编程。

表 6-1 给出了 27256 不同操作方式下控制引脚的电平。

表 6-1　27256 的操作控制

方式 \ 引脚	$\overline{CE}$ (20)	$\overline{OE}$ (22)	V_{PP} (1)	V_{CC} (28)	O0～O7 (11～13)(15～19)
读	V_{IL}	V_{IL}	V_{CC}	5V	数据输出
禁止输出	V_{IL}	V_{IH}	V_{CC}	5V	高　阻
维　持	V_{IH}	任意	V_{CC}	5V	高　阻
编　程	V_{IL}	V_{IH}	V_{PP}	V_{CC}^*	数据输入
编程校验	V_{IH}	V_{IL}	V_{PP}	V_{CC}^*	数据输出
编程禁止	V_{IH}	V_{IH}	V_{PP}	V_{CC}^*	高　阻

注：V_{PP}与型号有关，一般为 12V，V_{CC}^*与编程方式有关(5V 或 6V)。

二、典型的 FLASH 存储器

FLASH 存储器具有擦写方便、速度快、掉电后内容不丢失等优点,可以用专用工具编程(擦除或写入),也可以在系统编程。可用作程序存储器,也可用为数据存储器。典型的 32K FLASH 芯片 AT29C256 引脚如图 6-9 所示。其中 A0～A14 为地址线引脚,I/O0～I/O7(D0～D7)为数据线引脚,/CE(低电平有效)为选片引脚,/OE 为输出使能引脚(低电平有效),/WE 为写使能引脚(低电平有效)。当/WE 固定为高电平、/CE 为低电平、/OE 引脚输入负脉冲时,则对 AT29C256 读,读操作和 EPROM 相似。

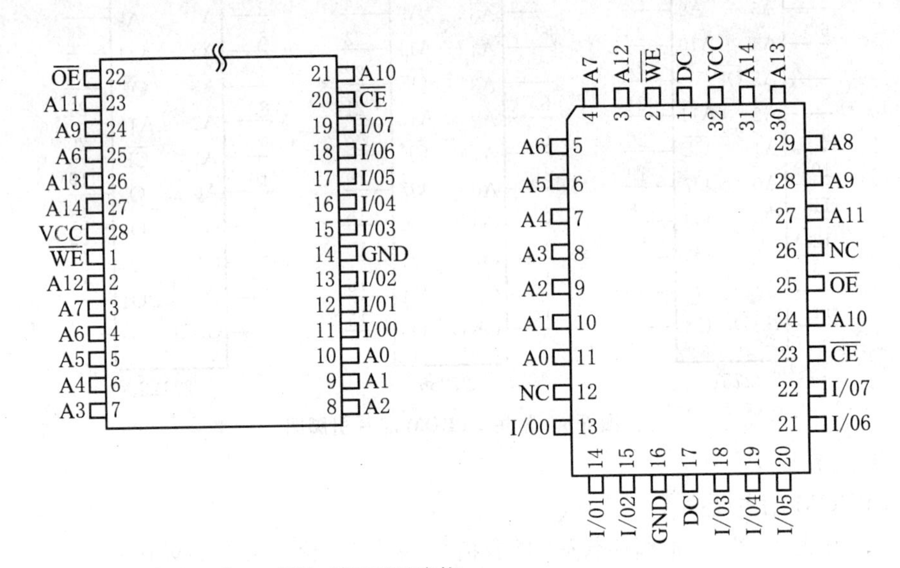

注:PLCC 封装器件的 1 脚、17 脚和 NC 不要连接。

图 6-9　AT29C256 引脚图

三、程序存储器扩展方法

外部程序存储器一般为一片 EPROM 或 FLASH 芯片,选片引脚可以接地。图 6-10 为 89C52 扩展一片 27256(或 29C256)芯片的电路。图中 89C52 的/EA 接 5V,CPU 在取指令或执行查表指令时,若地址小于 1FFFH 则访问内部程序存储器,地址大于 1FFFH 则访问

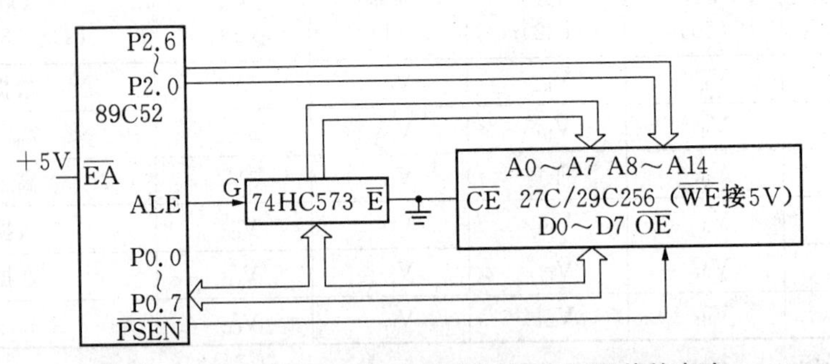

图 6-10　89C52 扩展一片 27256(或 29C256)芯片的电路

外部程序存储器,为有利于程序加密,程序代码尽可能存于内部,外部存放常数。在对 89C52 烧写时不要对 LB3 编程,从而允许 CPU 访问外部程序存储器。

6.2.2　数据存储器 RAM 的扩展

数据存储器一般用于存储现场数据,通常使用能随机读写的 RAM(或 FLASH)存储器。89C52 等大多数单片机内部有 256 字节 RAM,有的还有几 K 的 XRAM(占用外部数据存储器空间),通常能满足应用需求。在数据采集等特殊应用中,需要时可在外部扩展 RAM 或 FLASH 存储器。

一、常用 RAM 芯片

图 6-11 为常用 RAM 芯片 6116(2K)、6264(8K)、62256(32K)的引脚图,这些芯片的引脚符号和使用方法相似。

引脚说明:

- A0～Ai:　地址输入引脚,i=10(6116),12(6264),14(62256);
- O0～O7:　双向三态数据引脚,有时用 D0～D7 表示;
- $\overline{CE}$:　选片信号输入引脚,低电平有效;
- $\overline{OE}$:　读选通信号输入引脚,低电平有效;
- $\overline{WE}$:　写选通信号输入引脚,低电平有效;
- V_{CC}:　工作电源+5V;
- GND:　线路地。

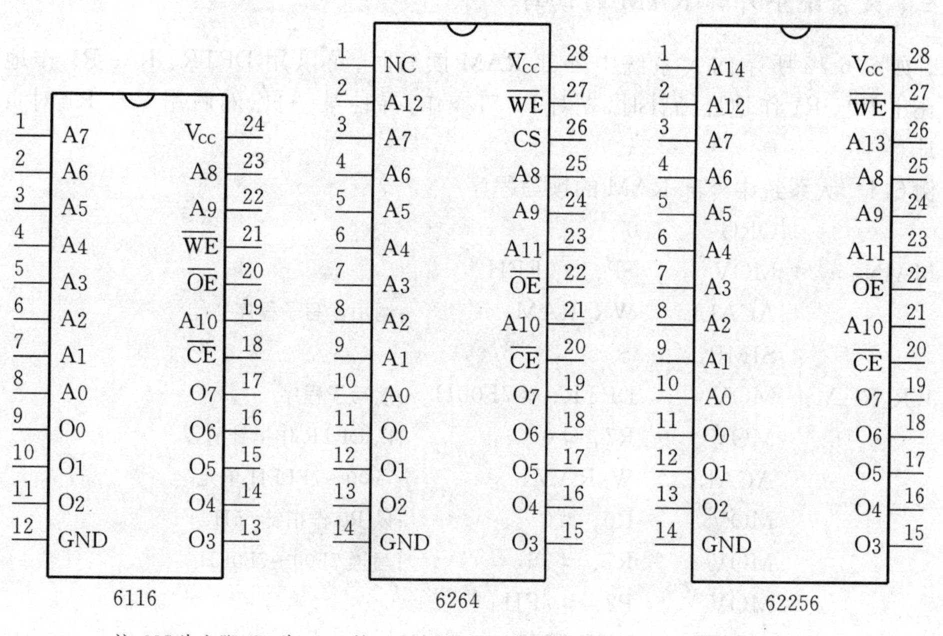

注:NC 为空脚;CS 为 6264 第二选片信号脚,高电平有效,CS = 1 $\overline{CE}$ = 0 选中。

图 6-11　常用 RAM 芯片引脚图

二、RAM 存储器的扩展和读写操作

51 系列单片机外部的 RAM、I/O 接口共占一个 64K 地址空间，在并行扩展 RAM 的系统中，多数还要扩展 I/O 接口电路。图 6-12 为 89C52 扩展一片 RAM 的一种接口方法，62256 占用的地址空间为 0～7FFFH，若还要扩展多片 I/O 接口，可采用图 6-13 对 8000H～FFFFH 的地址空间译码产生 I/O 接口的选片信号 $\overline{CS0}$～$\overline{CS7}$。

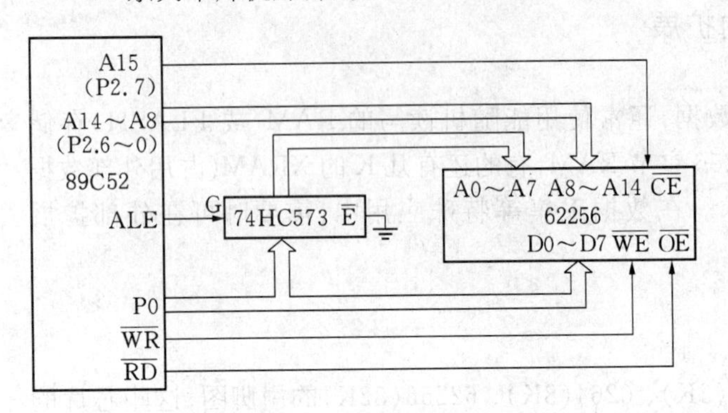

图 6-12　89C52 扩展一片 RAM 电路

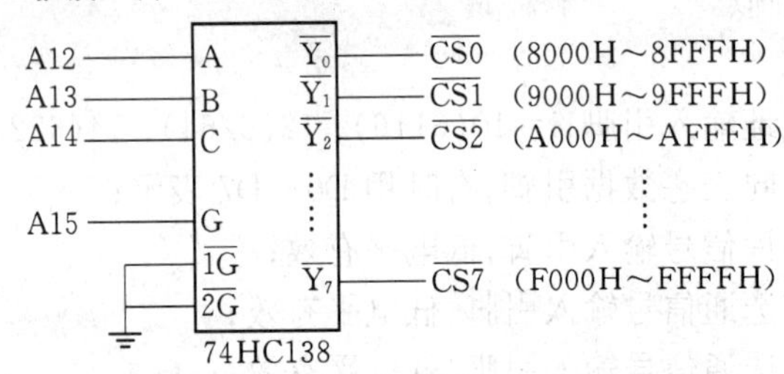

图 6-13　对 8000H～0FFFFH 地址空间译码方法

三、大系统中外部 RAM 的读写

对如图 6-12 所示的大系统中外部 RAM 读写时，可以用 DPTR、R0、R1 作地址指针。在用 R0、R1 作地址指针时，先对 P2 口操作，寻址某一页，然后用 R0、R1 对页内单元寻址。

例 6.1　大系统中外部 RAM 的读写程序

```
         ORG     0
MAIN:    MOV     SP, #0EFH
         ACALL   WR_RAM          ;调用读写子程序
         SJMP    $
WR_RAM:  MOV     DPTR, #7F00H    ;读写子程序
         MOV     R7, #0          ;以 DPTR 作指针清零
         ACALL   W_RAM1          ;7F00～7FFFH 单元
         MOV     R0, #0          ;以 R0 作指针 55H
         MOV     R7, #16         ;写入 7F00～7F0FH
         MOV     P2, #7FH
         ACALL   W_RAM2
         MOV     DPTR, #7F20H
```

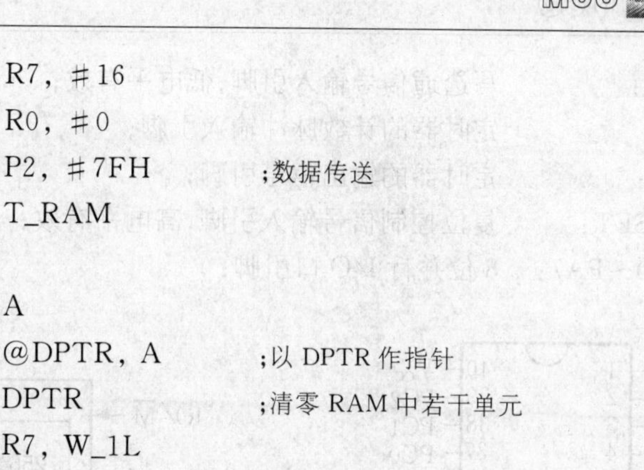

```
          MOV     R7, #16
          MOV     R0, #0
          MOV     P2, #7FH            ;数据传送
          ACALL   T_RAM
          RET
W_RAM1:   CLR     A
W_1L:     MOVX    @DPTR, A            ;以 DPTR 作指针
          INC     DPTR                ;清零 RAM 中若干单元
          DJNZ    R7, W_1L
          RET
W_RAM2:   MOV     A, #55H             ;以 R0 作指针
W_2L:     MOVX    @R0, A              ;55H 写入 RAM 中
          INC     R0                  ;若干单元
          DJNZ    R7, W_2L
          RET
T_RAM:    MOVX    A, @R0              ;以 R0 作指针读
          MOVX    @DPTR, A            ;以 DPTR 作指针写
          INC     R0
          INC     DPTR
          DJNZ    R7, T_RAM
          RET
```

§6.3 RAM/IO 扩展器 8155 的接口技术和应用

6.3.1 RAM/IO 扩展器 8155 的接口技术

8155 有 256 字节 RAM、2 个 8 位并行口、1 个 6 位并行口、1 个 14 位定时器。是 51 系列单片机扩展中常用的外围器件之一。

一、结构和引脚功能

图 6-14 给出了 8155 的引脚分布和内部逻辑结构框图。8155 的引脚功能如下：

- AD0～AD7： 地址/数据总线引脚；
- IO/$\overline{M}$： IO 和 RAM 选择信号输入引脚，高电平选择 IO 口，低电平选择 RAM；
- $\overline{CE}$： 选片信号输入引脚，低电平有效；
- ALE： 地址允许锁存信号输入引脚，ALE 端电平负跳变时把总线 AD0～AD7 的地址以及$\overline{CE}$，IO/$\overline{M}$的状态锁入片内锁存器；
- $\overline{RD}$： 读选通信号输入引脚，低电平有效；

- $\overline{WR}$：　写选通信号输入引脚，低电平有效；
- TI：　定时器的计数脉冲输入引脚；
- TO：　定时器的输出信号引脚；
- RESET：　复位控制信号输入引脚，高电平有效；
- PA0～PA7：　8 位并行 I/O 口引脚；

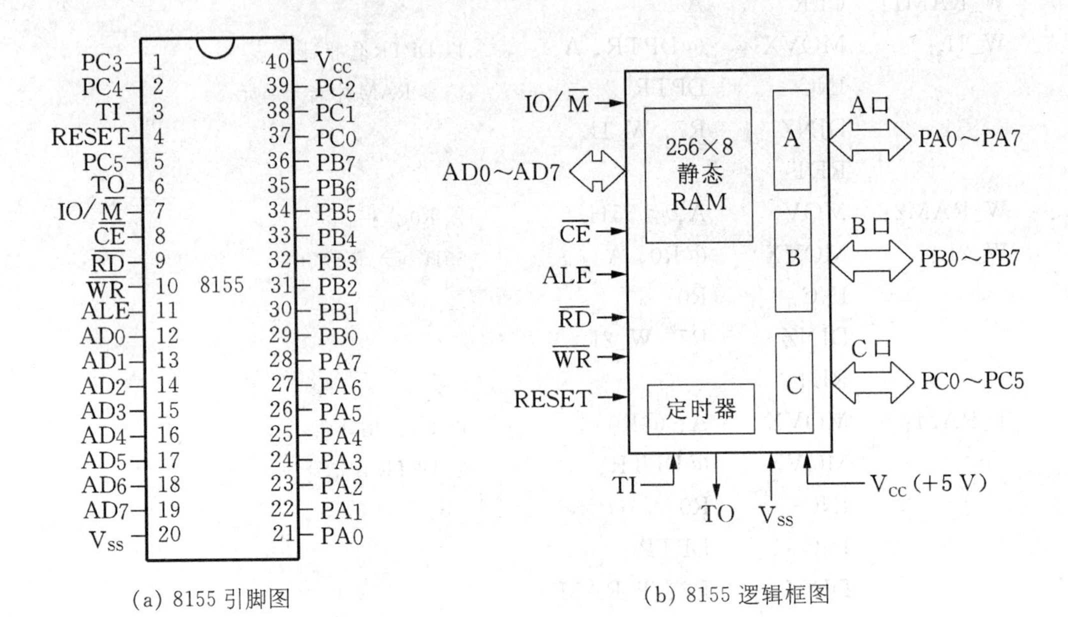

(a) 8155 引脚图　　(b) 8155 逻辑框图

图 6-14　8155 引脚图和逻辑框图

- PB0～PB7：　8 位并行 I/O 口引脚；
- PC0～PC5：　6 位并行 I/O 口引脚；
- V_{CC}：　电源引脚，+5V；
- V_{SS}：　线路地引脚。

二、内部寄存器及其操作

8155 内部有 6 个 I/O 寄存器，IO/$\overline{M}$为高电平时，A0～A7 为 I/O 寄存器地址，寄存器编址见表 6-2。CPU 对 8155 的 I/O 寄存器的读写操作如表 6-3 所示。

表 6-2　8155 内部 IO 寄存器编址

名　　称	地　　址	名　　称	地　　址
命令字寄存器、状态字寄存器	×××××000	PC 口寄存器	×××××011
PA 口寄存器	×××××001	定时器/计数器低字节寄存器	×××××100
PB 口寄存器	×××××010	定时器/计数器高字节寄存器	×××××101

表 6-3　CPU 对 8155 的操作控制

控制信号				操作
$\overline{CE}$	IO/$\overline{M}$	$\overline{RD}$	$\overline{WR}$	
0	0	0	1	读 RAM 单元(地址为 00H～FFH)
0	0	1	0	写 RAM 单元(地址为 00H～FFH)
0	1	0	1	读内部 IO 寄存器
0	1	1	0	写内部 IO 寄存器
1	—	—	—	无操作

三、命令字和状态字

1. 8155 的命令字格式

8155 的并行口和定时器的逻辑结构是可编程的，即 CPU 通过把命令字写入命令寄存器来控制它们的逻辑功能。命令寄存器只能写不能读。格式如下：

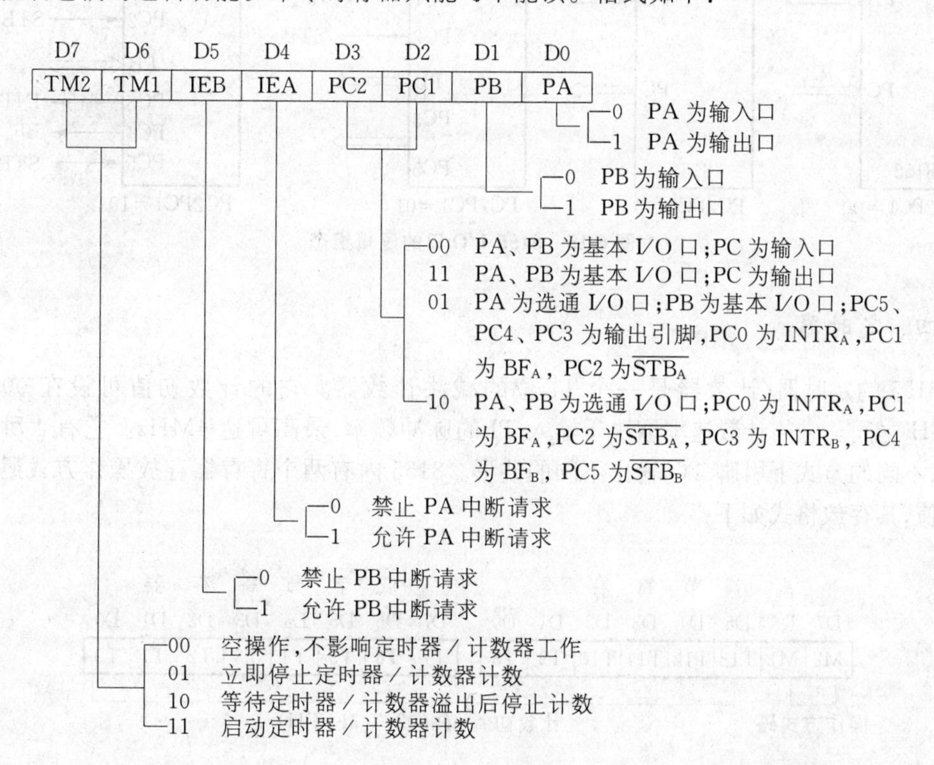

8155 的 PA 口、PB 口可编程为无条件的基本输入/输出方式和应答式的选通输入/输出方式(关于这两种方式的含义与时序波形请参阅 6.4 节 8255A 的操作方式)，图 6-15 给出了 PC2、PC1 和 I/O 口逻辑组态的对应关系。

2. 状态字

状态字寄存器存放 8155 并行口、定时器的当前方式和状态，供 CPU 查询，状态字只能读不能写，它和命令字寄存器共用一个地址。状态字格式如下：

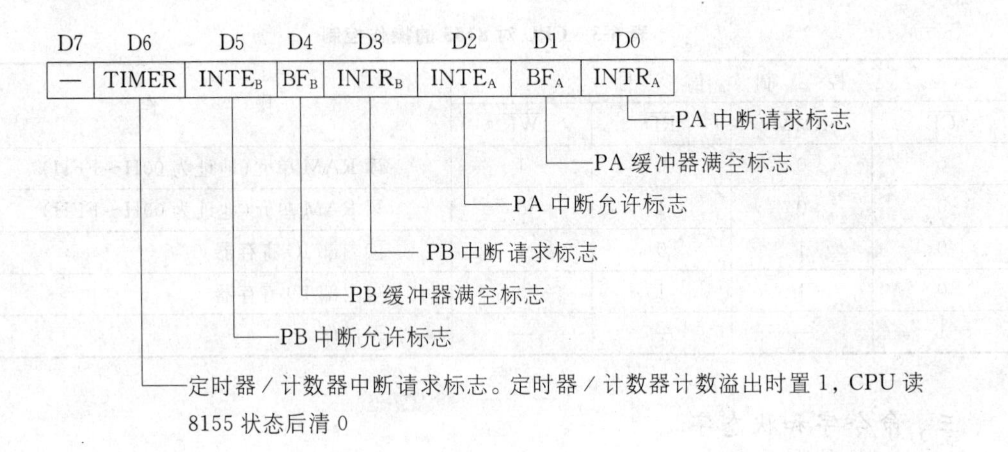

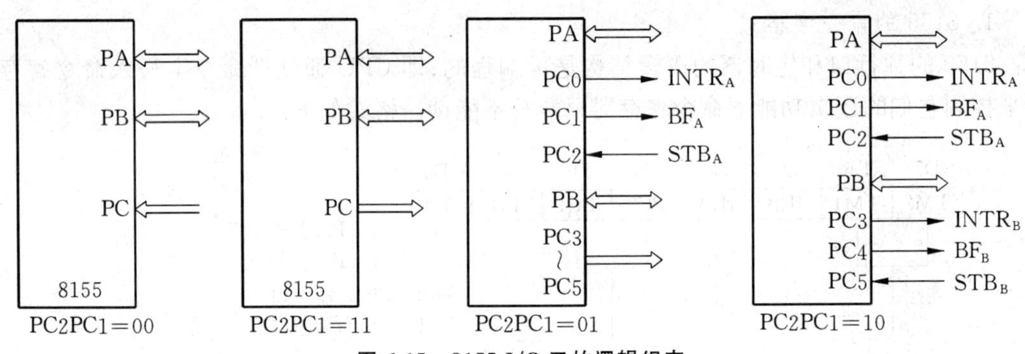

图 6-15　8155 I/O 口的逻辑组态

四、定时器

8155 的定时器/计数器是一个 14 位的减法计数器。它的计数初值可设在 0002～3FFFH 之间。它的计数速率取决于输入 TI 的脉冲频率，最高可达 4MHz。它有 4 种操作方式，不同的方式下引脚 TO 输出不同的波形。8155 内有两个寄存器存放操作方式码和计数初值，其存放格式如下：

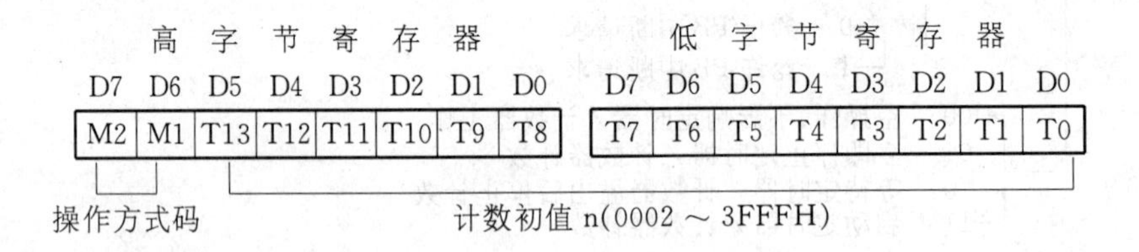

表 6-4 给出了 4 种操作方式的选择及相应的 TO 引脚输出波形。初始化时，应先对定时器的高、低字节寄存器编程，设置方式和计数初值 n。然后对命令寄存器编程（命令字最高两位为 1，启动定时器/计数器计数）。注意硬件复位并不能初始化定时器/计数器为某种操作方式，不影响计数。

若要停止定时器/计数器计数，需通过对命令寄存器编程（最高两位为 01 或 10），使定时器/计数器立即停止计数或待定时器/计数器溢出后停止计数。

8155在计数过程中，定时器/计数器的值并不直接代表从TI引脚输入的时钟个数，必须通过下列步骤来获得TI上输入的时钟数：

(1) 停止计数。

(2) 读定时器/计数器的高、低字节寄存器并取其低14位信息。

(3) 若这14位值为偶数，则当前计数值等于此偶数除2；若为奇数，则当前计数值等于此奇数除2后加上计数初值的一半的整数部分，得当前计数值。

(4) 初值和当前计数值之差即为TI引脚输入的时钟个数。

表6-4 8155定时器/计数器的四种操作方式

M_2 M_1	方式	TO脚输出波形	说明
0 0	单负方波		宽为n/2个(n偶)或(n－1)/2个(n奇)TI时钟周期
0 1	连续方波		低电平宽n/2个(n偶)或(n－1)/2(n奇)TI时钟周期；高电平宽n/2个(n偶)或(n＋1)/2个(n奇)TI时钟周期。
1 0	单负脉冲		计数溢出时输出一个宽为TI时钟周期的负脉冲
1 1	连续脉冲		每次计数溢出时输出一个宽为TI时钟周期的负脉冲

五、8155的接口技术与编程

8155常用在紧凑系统中，可以直接和51系列单片机接口。若89C52外部只扩展一片8155，则图6-16是一种最简单的接口电路，图中8155选片端/CE接地，IO/$\overline{M}$接P2.0，P2.1～P2.7可作为准双向口使用(此时不能用DPTR作指针对8155读写)。8155占据了外部数据存储器的64K地址空间。用R0或R1作指针对8155读写前，若清“0”P2.0，是对RAM读写，置“1”P2.0则对IO读写。因此8155地址可以看作0～105H(P2.1～P2.7全0)，也可以是0FE00H～0FF05H(P2.1～P2.7全1)。当然8155也可以作为大系统中的扩展器件，地址由译码方法确定。

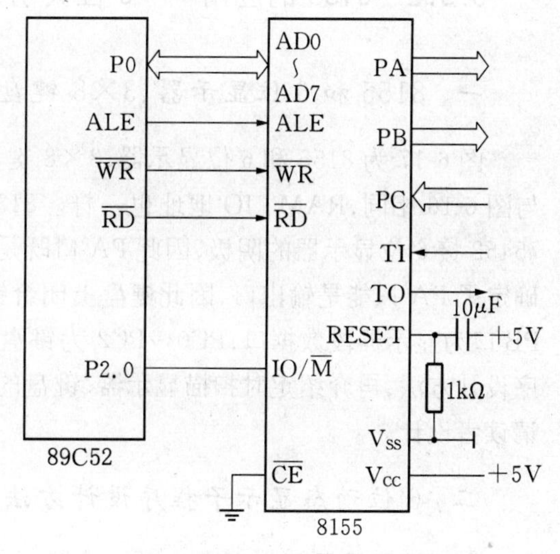

图6-16 89C52和8155的一种接口电路

8155的编程包括对IO口、定时器的初始化(写入命令),对 RAM 读写操作,以及输入/输出操作。这里先介绍对 RAM 读写程序。

*例 6.2　紧凑系统中 8155 RAM 的读写程序

```
              ORG     0
MAIN:         MOV     SP, #0EFH
              ACALL   WR_8155_RAM
              SJMP    $
WR_8155_RAM:
              CLR     P2.0          ;选 8155 RAM
              MOV     R0, #0        ;写读写操作
              MOV     R1, #20H
              MOV     R7, #10H
              MOV     B, #055H
WR_8_L:       MOV     A, B
              MOVX    @R0, A        ;以 R0 作指针写
              MOVX    A, @R0        ;以 R0 作指针读
              CPL     A
              MOVX    @R1, A        ;以 R1 作指针写
              MOV     B, A
              INC     R0
              INC     R1
              DJNZ    R7, WR_8_L
              RET
              END
```

6.3.2　8155 的应用——6 位共阴极显示器、3×8 键盘的接口和编程

一、8155 和 6 位显示器、3×8 键盘的接口电路

图 6-17 为 8155 和 6 位显示器、3×8 键盘的一种接口电路,图中 8155 和 89C52 的接口与图 6-16 相同,RAM、IO 地址也一样。8155 的 PA 口接键盘的列线,同时经反相驱动器 75452 接 6 位显示器的阴极,因此 PA 口既是键盘扫描口,也是 6 位显示器的扫描口,由硬件确定了 PA 只能是输出口,因此键盘上闭合键的识别只能用逐行扫描法,不能用行翻转法。PB 口为显示器段数据口,PC0～PC2 为键盘输入线。下面先介绍显示器、键盘的一些子程序设计方法,再介绍定时扫描显示器、键盘的程序设计方法。程控扫描程序和例 5.7 相似,请读者设计。

二、6 位动态显示子程序设计方法

下面的显示子程序 DIR_6 的功能是对 6 位显示器扫描一遍,使每位显示器显示 1ms,

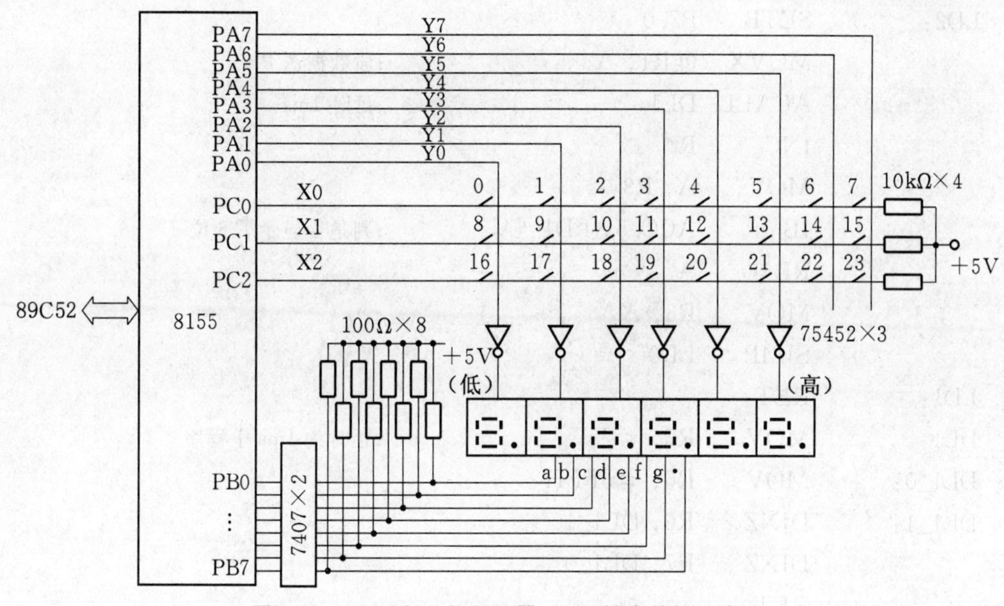

图 6-17　8155 和 6 位显示器、3×8 键盘的接口电路

使用了 1ms 延时程序，因此它只能被主程序调用，用于程控扫描，而不能被中断程序调用，所以不能用于定时扫描。

对于图 6-16 中的显示器接口电路，在 8155RAM 中设置 6 字节的显示数据缓冲器 DIR_BUF。显示程序使 PA.0～5 中有 1 位为高电平（使 1 位显示器的阴极为低电平），PB 口输出相应位显示数据的段数据，则对应的 1 位显示出该位数据，其他位为暗。DIR_6 从低位开始显示，每隔 1ms 换一位，直至显示了最高位后返回。若主程序循环地调用 DIR_6，则显示器稳定地显示出缓冲器的内容。图 6-18 给出了动态显示子程序框图。

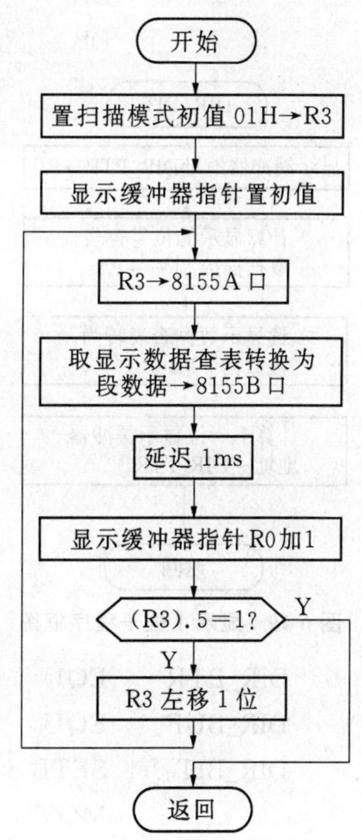

图 6-18　6 位动态显示子程序框图

例 6.3　6 位动态显示子程序

```
DIR_BUF   EQU    0                 ;位于 8155RAM
DIR_6:    SETB   P2.0              ;选 8155I/0
          MOV    R3, ＃1           ;(R3)存扫描控制字
          MOV    A, R3
          MOV    R0, ＃DIR_BUF
LD0:      MOV    R1, ＃1
          MOVX   @R1, A            ;控制字送 PA
          INC    R1
          CLR    P2.0              ;选 8155RAM
          MOVX   A, @R0            ;取显示数据
          ADD    A, ＃(SEG_TAB－LD2)
          MOVC   A, @A＋PC
```

```
LD2:      SETB   P2.0
          MOVX   @R1, A              ;段数据送 PB
          ACALL  DL1                 ;延时 1ms
          INC    R0
          MOV    A, R3
          JB     ACC.5, LD1          ;判是否显示了 6 位
          RL     A
          MOV    R3, A
          SJMP   LD0
LD1:      RET
DL1:      MOV    R7, #2              ;延时约 1ms 子程序
DL1_0:    MOV    R6, #0FFH
DL1_1:    DJNZ   R6, DL1_1
          DJNZ   R7, DL1_0
          RET
SEG_TAB:  DB     3FH, 06H, 5BH, 4FH  ;字形表 0123
          DB     66H, 6DH, 7DH, 07H  ;4567
          DB     7FH, 6FH, 77H, 7CH  ;89AB
          DB     39H, 5EH, 79H, 71H  ;CDEF
          DB     0                   ;暗码
```

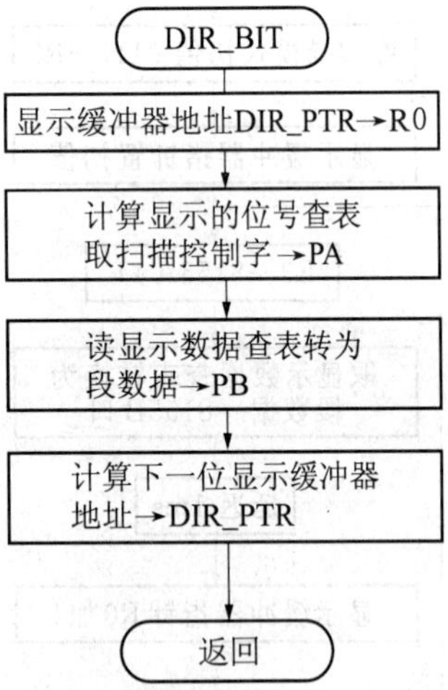

DIR_BIT
显示缓冲器地址DIR_PTR→R0
计算显示的位号查表取扫描控制字→PA
读显示数据查表转为段数据→PB
计算下一位显示缓冲器地址→DIR_PTR
返回

图 6-19 显示 1 位子程序框图

三、显示 1 位子程序设计方法

与例 6.3 相同,在 8155RAM 中设置 6 字节的显示数据缓冲器 DIR_BUF。同时设置指针 DIR_PTR,指出当前显示位的显示数据缓冲器地址,取出显示数据查表转为段数据写入 PB 口,并根据 DIR_PTR 计算出显示哪一位,通过查表取出扫描控制字写入 PA 口。显示 1 位子程序只控制显示哪一位和显示内容,不控制显示时间,不用延时,因此它可被主程序或定时中断程序调用,显示时间由主程序或定时器控制,只要每 1ms 调用一次,显示器则稳定地显示出缓冲器的内容。图 6-19 为显示 1 位子程序框图。

例 6.4 6 位显示器显示 1 位子程序

```
DIR_PTR    EQU    38H              ;定义指针
DIR_BUF    EQU    0H               ;定义显示缓冲器
DIR_BIT:   SETB   P2.0
           MOV    R0, DIR_PTR
           MOV    R1, #1
```

```
          MOV     A, R0                      ;计算当前
          CLR     C                          ;显示位序号
          SUBB    A, #DIR_BUF
          MOV     DPTR, #BIT_TAB             ;取扫描控制字
          MOVC    A, @A+DPTR
          MOVX    @R1, A                     ;写入PA口
          INC     R1
          CLR     P2.0                       ;选8155RAM
          MOVX    A, @R0                     ;取显示数据
          MOV     DPTR, #SEG_TAB             ;转为段数据
          MOVC    A, @A+DPTR
          SETB    P2.0
          MOVX    @R1, A                     ;写入PB口
          MOV     A, DIR_PTR                 ;计算下位
          INC     DIR_PTR                    ;显示数据指针
          CJNE    A, #DIR_BUF+5, $+3
          JC      DIR_R
          MOV     DIR_PTR, #DIR_BUF
DIR_R:    RET
BIT_TAB:  DB      1, 2, 4, 8, 10H, 20H
SEG_TAB:  DB      3FH, 06H, 5BH, 4FH         ;字形表0, 1, 2, 3
          DB      66H, 6DH, 7DH, 07H         ;4, 5, 6, 7
          DB      7FH, 6FH, 77H, 7CH         ;8, 9, A, B
          DB      39H, 5EH, 79H, 71H         ;C, D, E, F
          DB      40H, 00                    ;一,暗码
```

四、键盘状态判别

键盘上有无闭合键的判别方法和例5.7相似,扫描口PA(键盘列线)输出全0,读行线状态若为全1则无闭合键,反之有闭合键。

例6.5 3×8键盘状态判别子程序

```
KEY38_S:  SETB    P2.0
          MOV     R1, #1            ;0写入扫描口PA
          CLR     A
          MOVX    @R1, A
          MOV     R1, #3
          MOVX    A, @R1            ;读键输入上PC
          ANL     A, #7             ;取低3位
          CJNE    A, #7, K_S_Y
          SETB    C                 ;全1无闭合键
```

```
            RET
K_S_Y:      CLR     C               ;非全1有闭合键
            RET
```

五、扫描法判键号程序的设计方法

根据5.1.3节介绍的键盘工作原理,逐行扫描法中对键盘的列线进行扫描,并逐行判别行线状态中是否有为0的位,若有则根据为0的行和列计算出闭合键键号。对于图6-17,使扫描口PA依次输出0FEH、0FDH、0FBH、0F7H、0EFH、0DFH、0BFH、07FH(即依次使PA.0、PA.1……PA.7为0而其他位为1)。每次输出后,读PC.0~PC.2若为全1,PA输出中为0的这一列上没有键闭合;再判下一列,若PC.0~PC.2中有一位为0,根据PA输出中为的0列号j和PC.0~PC.2为0的行i首键号n,则可得闭合键号=n+j。例如PA输出0FDH时PC.0~PC.2为101,则1行1列相交的键处于闭合状态,第1行首键号为8,加列号1便得到闭合键键号9。图6-20为逐行扫描法判键号程序框图。

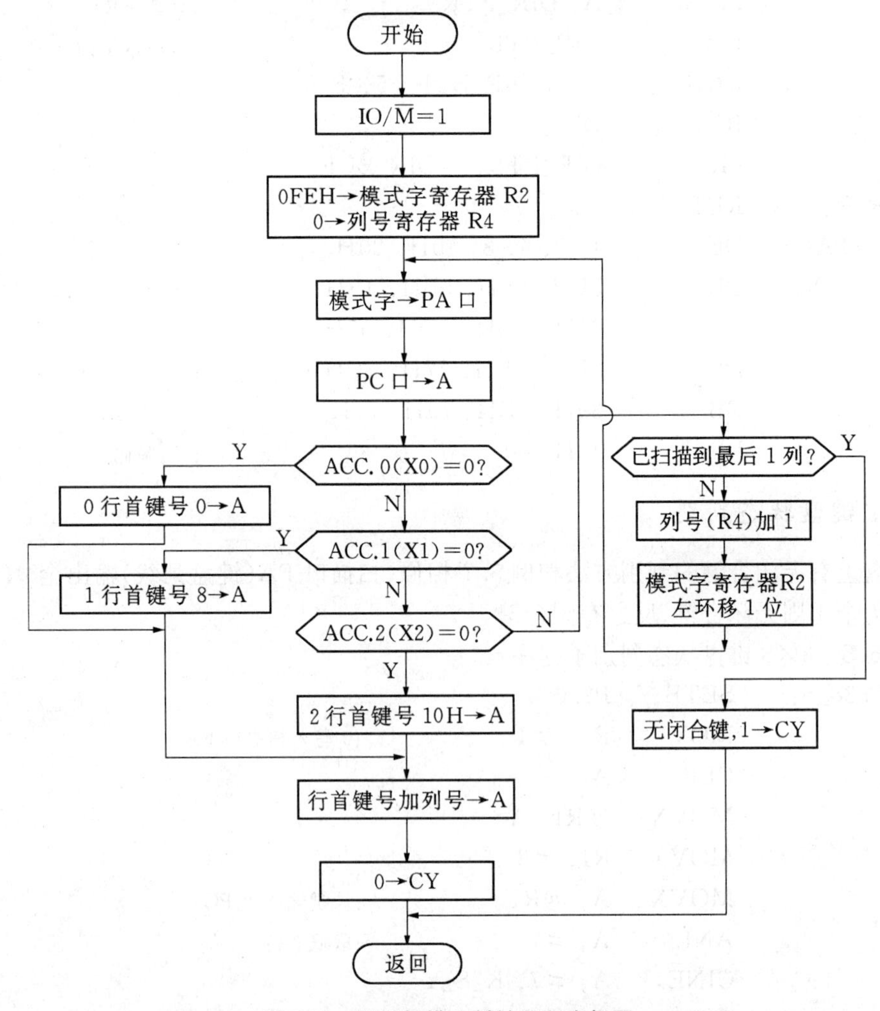

图6-20 逐行扫描法判键号程序框图

例 6.6 3×8 键盘的逐行扫描法判键号子程序

```
KEY38_N:    SETB    P2.0                ;选 8155I/O
            MOV     R2, #0FEH           ;扫描控制字初值存 R2
            MOV     R4, #0              ;列号初值为 0
K_N_0:      MOV     R1, #1
            MOV     A, R2
            MOVX    @R1, A              ;扫描控制字写入 PA
            MOV     R1, #3
            MOVX    A, @R1              ;读键入口 PC
            JB      ACC.0, K_N_1
            MOV     A, #0               ;0 行有闭合键
            SJMP    K_N_P
K_N_1:      JB      ACC.1, K_N_2
            MOV     A, #8               ;1 行有闭合键
            SJMP    K_N_P
K_N_2:      JB      ACC.2, K_N_NEXT
            MOV     A, #16              ;2 行有闭合键
K_N_P       ADD     A, R4               ;行首键号加列号得键号
            CLR     C                   ;判断到键号(A)
            RET
K_N_NEXT:   CJNE    R4, #7, K_N_GO
            SETB    C                   ;未判断到键号
            RET
K_N_GO:     INC     R4                  ;列号加 1
            MOV     A, R2               ;求下列控制字
            RL      A
            MOV     R2, A
            SJMP    K_N_0               ;继续扫描
```

六、定时扫描 6 位显示器和 3×8 键盘程序

定时扫描 8155 上 6 位显示器和 3×8 键盘程序设计思想、方法见 5.2.4 节和例 5.10，这里只给出程序，程序中用到上面的子程序也未重复列出。程序的功能为读键盘，输入键的键号显示在显示器低 2 位。

* **例 6.7** 定时扫描 8155 上 6 位显示器和 3×8 键盘程序

```
FLAG        EQU     20H
KD          BIT     0
KIN         BIT     1
KP          EQU     2
DIR_BUF     EQU     0                   ;显示缓冲器设在 8155RAM
```

```
T0CNT       EQU     36H
KBUF        EQU     37H
DIR_PTR     EQU     38H
COM_8155    EQU     0
PA_8155     EQU     1
PB_8155     EQU     2
PC_8155     EQU     3
AUXR        EQU     8EH                     ;定义仿真模块单片机的 SFR
            ORG     0
            LJMP    MAIN
            ORG     0BH
            LJMP    P_T0
MAIN:       MOV     SP, #0EFH
            LCALL   INIT_SYS
MLP_0:      MOV     A, FLAG
            ANL     A, #6
            CJNE    A, #2, MLP_0
            LCALL   P_KIN
            SJMP    MLP_0
INIT_SYS:   MOV     AUXR, #2                ;系统初始化程序
            MOV     T0CNT, #10
            MOV     DIR_PTR, #DIR_BUF
            SETB    P2.0
            MOV     R0, #COM_8155           ;命令字写入 8155
            MOV     A, #0C3H
            MOVX    @R0, A
            CLR     P2.0
            MOV     R0, #DIR_BUF            ;显示缓冲器初始化
            MOV     R7, #2
            MOV     A, #0
I_0:        MOVX    @R0, A
            INC     R0
            DJNZ    R7, I_0
            MOV     R7, #4
            MOV     A, #10H
I_1:        MOVX    @R0, A
            INC     R0
```

```
        DJNZ    R7, I_1
        MOV     TH0, #0FCH          ;T0 初始化
        MOV     TL0, #18H
        MOV     TMOD, #1            ;方式 1、1ms 中断
        SETB    TR0
        SETB    ET0
        SETB    EA
        RET
P_KIN:  CLR     P2.0                ;键处理子程序
        MOV     A, KBUF             ;键入数据换成十进制
        MOV     B, #0AH             ;写入低 2 位
        DIV     AB                  ;显示缓冲器
        MOV     R0, #DIR_BUF
        XCH     A, B
        MOVX    @R0, A
        XCH     A, B
        INC     R0
        MOVX    @R0, A
        SETB    KP
        RET
P_T0:   MOV     TH0, #0FCH          ;T0 中断程序
        MOV     TL0, #18H
        MOV     C, P2.0             ;保护 P2.0
        MOV     F0, C
        PUSH    PSW                 ;保护现场
        PUSH    ACC
        PUSH    DPL
        PUSH    DPH
        DJNZ    T0CNT, P_T0_3       ;不到 10ms 转调用显示
        MOV     T0CNT, #10          ;10ms 扫 1 次键盘
        LCALL   KEY38_S             ;调用判键状态子程序
        JC      P_T0_2              ;无闭合键转清键标志
        JNB     KD, P_T0_1          ;未延时去抖动,转去抖动
        JB      KIN, P_T0_3         ;KIN=1 是原闭合键未释放转显示
        LCALL   KEY38_N             ;新键判键号
        MOV     KBUF, A             ;键号写缓冲器、置位标志,转显示
        SETB    KIN
        SJMP    P_T0_3
```

```
P_T0_1:     SETB    KD              ;置去抖动标志
            SJMP    P_T0_3
P_T0_2:     MOV     FLAG, #0        ;清键标志
P_T0_3:     LCALL   DIR_BIT         ;1ms 扫描 1 次显示器
            POP     DPH             ;恢复现场
            POP     DPL
            POP     ACC
            POP     PSW
            MOV     C, F0
            MOV     P2.0, C
            RETI
            END
```

§6.4 并行接口 8255A 的接口技术和应用

6.4.1 8255A 的功能和接口技术

一、8255A 的结构

8255A 是 Intel 公司经典的可编程的并行接口电路,它具有 3 个 8 位并行口 PA、PB、PC。8255A 的引脚图和逻辑结构框图见图 6-21。CPU 对 8255 的端口寻址和操作见表 6-5。

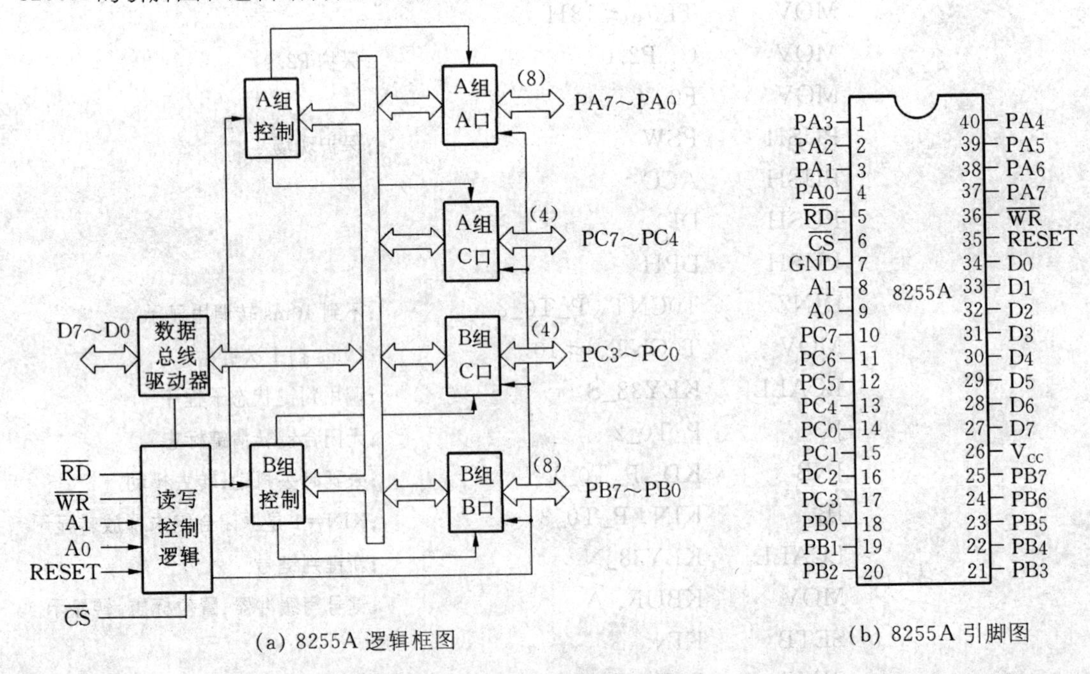

(a) 8255A 逻辑框图 (b) 8255A 引脚图

图 6-21 8255A 逻辑框图和引脚图

表 6-5　8255A 的端口寻址和操作

$\overline{CS}$	$\overline{RD}$	$\overline{WR}$	A1　A0	操　　作
0	1	0	0　0	D0～D7→PA 口
0	1	0	0　1	D0～D7→PB 口
0	1	0	1　0	D0～D7→PC 口
0	1	0	1　1	D0～D7→控制口
0	0	1	0　0	PA 口→D0～D7
0	0	1	0　1	PB 口→D0～D7
0	0	1	1　0	PC 口→D0～D7
1	×	×	×　×	D0～D7 呈高阻
0	1	1	×　×	D0～D7 呈高阻
0	0	0	×　×	非法操作

8255A 的引脚功能如下：

- $\overline{CS}$：　选片信号输入引脚，低电平有效；
- RESET：　复位信号输入引脚，高电平有效。复位后，PA、PB、PC 均为输入方式；
- D0～D7：　双向三态数据总线引脚；
- PA、PB、PC：　3 个 8 位 I/O 口引脚；
- $\overline{RD}$：　读选通信号输入引脚，低电平有效；
- $\overline{WR}$：　写选通信号输入引脚，低电平有效；
- A1、A0：　端口地址输入引脚，用于选择内部端口寄存器；
- V_{CC}：　电源＋5V；
- GND：　线路地。

二、8255A 的操作方式

8255A 有 3 种操作方式，分别为：方式 0、方式 1、方式 2。

1. 方式 0（基本 I/O 方式）

8255A 的 PA、PB、PC4～PC7、PC0～PC3 可分别被定义为方式 0 输入或方式 0 输出。方式 0 输出具有锁存功能，输入没有锁存。

方式 0 适用于无条件传输数据的设备，如读一组开关状态、控制一组指示灯，不需要应答信号，CPU 可以随时读出开关状态，由 CPU 控制把数据送指示灯显示。

图 6-22 是 8255A 方式 0 的输入/输出时序波形图。

2. 方式 1（应答 I/O 方式）

PA 口、PB 口定义为方式 1 时，工作于应答方式的输入输出（也称选通方式）。PC 口的某些引脚作为应答（选通）信号线，其余的引脚作 I/O 线。

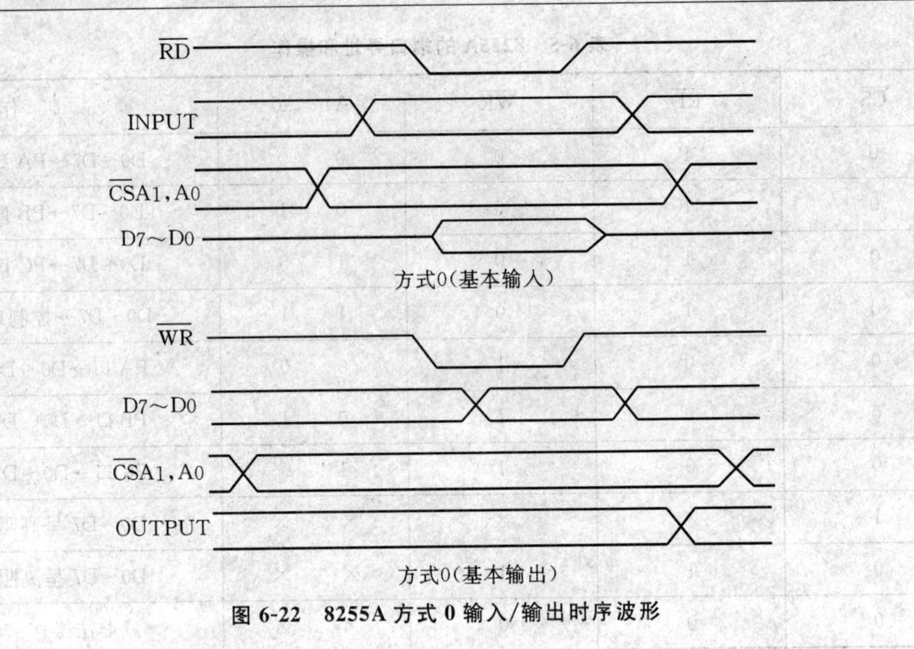

图 6-22 8255A 方式 0 输入/输出时序波形

● 方式 1 输入和时序

若 PA 口、PB 口定义为方式 1 输入，则 8255A 的逻辑结构如图 6-23 所示，相应的状态控制信号的意义如下：

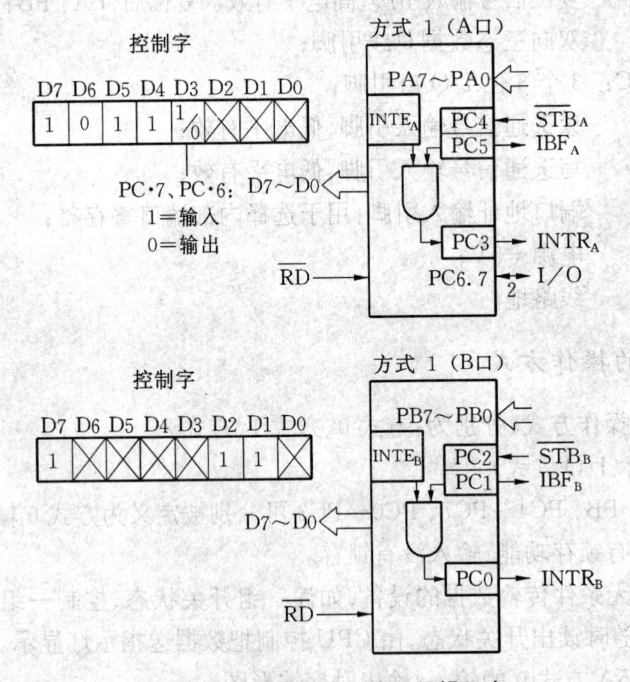

图 6-23 8255A 方式 1 输入逻辑组态

$\overline{\text{STB}}$：设备的选通信号输入引脚，低电平有效。$\overline{\text{STB}}$的下降沿将端口数据引脚上信息打入端口锁存器；

IBF： 端口锁存器满空标志输出引脚。IBF为高电平表示设备已将数据打入端口锁存器，但CPU尚未读取。当CPU读取端口数据后，IBF变成低电平，表示端口锁存器空；

INTE：8255A端口内部的中断允许触发器。只有当INTE为高电平时才允许端口中断请求。$INTE_A$，$INTE_B$分别由PC口的第四、第二位置位/复位控制(见后面8255A控制字)；

INTR：中断请求信号引脚，高电平有效。

8255A方式1的输入时序见图6-24。

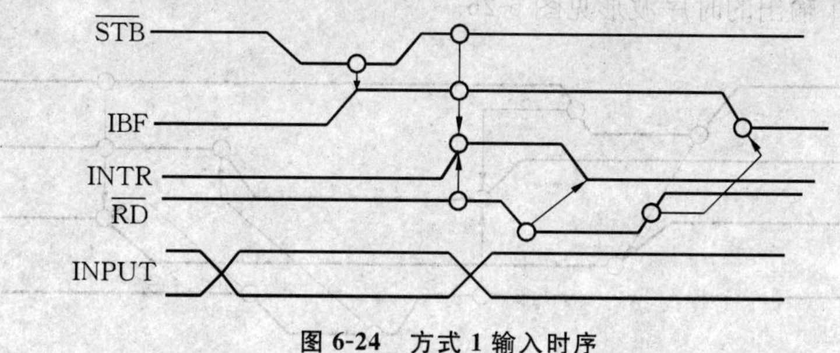

图6-24 方式1输入时序

● 方式1输出和时序

PA口、PB口定义为方式1输出时的逻辑组态如图6-25所示。图中的状态控制信号的意义如下：

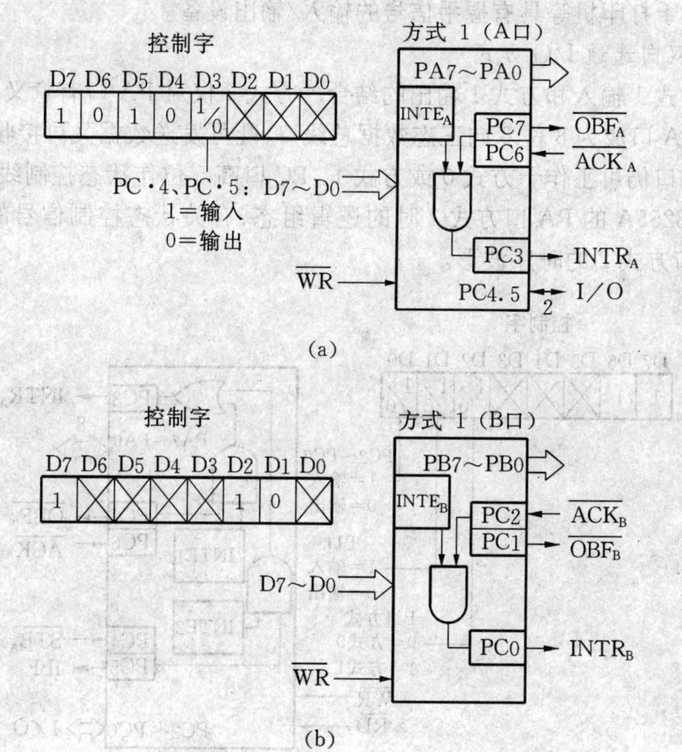

图6-25 8255A方式1输出逻辑组态

$\overline{OBF}$：输出锁存器满空状态标志输出引脚。$\overline{OBF}$为低电平表示 CPU 已将数据写入端口，输出数据有效。设备从端口取走数据后发来的响应信号使$\overline{OBF}$升为高电平；

$\overline{ACK}$：设备响应信号输入引脚。$\overline{ACK}$上出现设备送来的负脉冲，表示设备已取走了端口数据；

INTE：端口内部的中断允许触发器。INTE 为高电平时才允许端口中断请求。$INTE_A$和 $INTE_B$ 分别由 PC 口第六位、第二位置位/复位控制；

INTR：中断请求信号输出引脚，高电平有效。

8255A 方式 1 输出的时序波形见图 6-26。

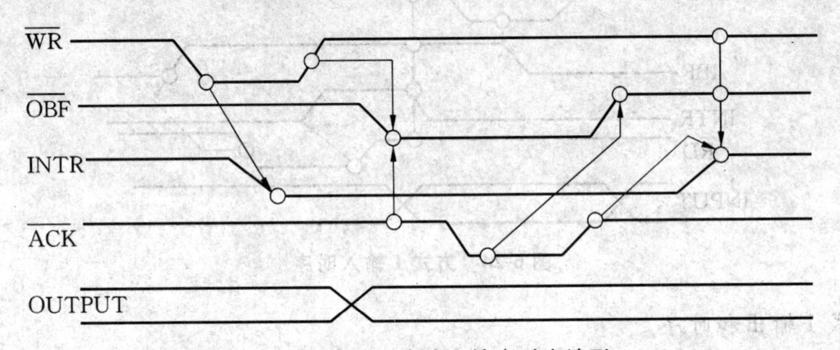

图 6-26 8255A 方式 1 输出时序波形

方式 1 适用于打印机等具有握手信号的输入/输出设备。

3. 方式 2(双向选通 I/O 方式)

方式 2 是方式 1 输入和方式 1 输出的结合。方式 2 仅对 PA 口有意义。

方式 2 使 PA 口成为 8 位双向三态数据总线口，既可发送数据又可接收数据。PA 口方式 2 工作时，PB 口仍可工作于方式 0 或方式 1，PC 口高 5 位作状态控制线。

图 6-27 是 8255A 的 PA 口方式 2 时的逻辑组态，有关状态控制信号的意义同方式 1。图 6-28 是 PA 口方式 2 的时序波形。

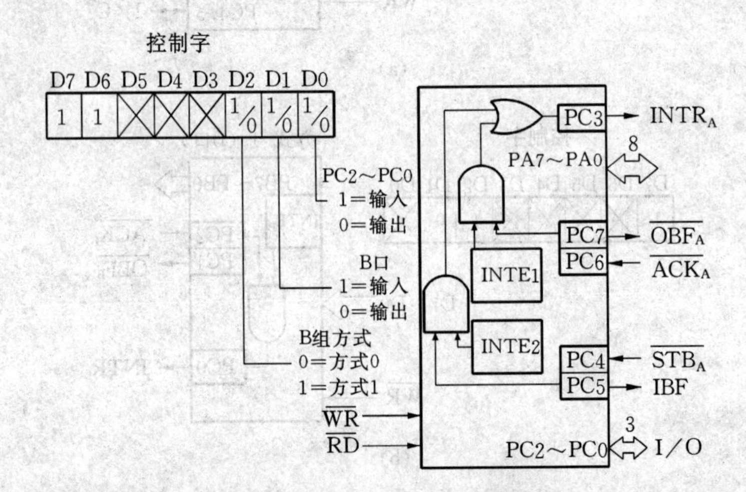

图 6-27 8255A PA 口方式 2 逻辑组态

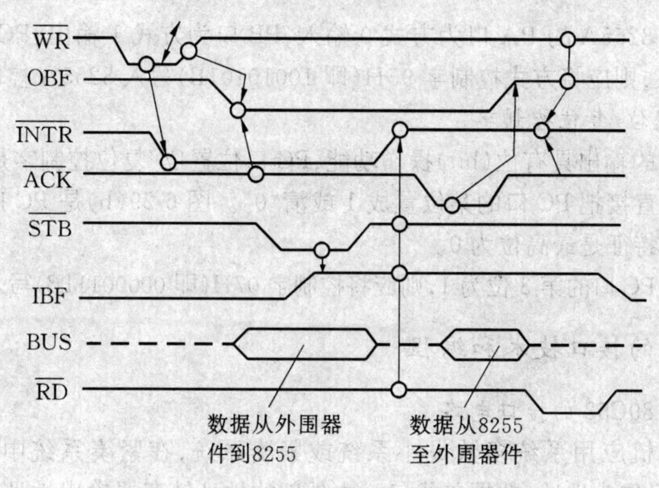

图 6-28 8255A PA 口方式 2 时序波形

三、8255A 的控制字

8255A 有两种控制字,即方式控制字和 PC 口位的置位/复位控制字。

1. 方式控制字

方式控制字控制 8255A 3 个口的工作方式,其格式见图 6-29(a),方式控制字的特征是最高位为 1。

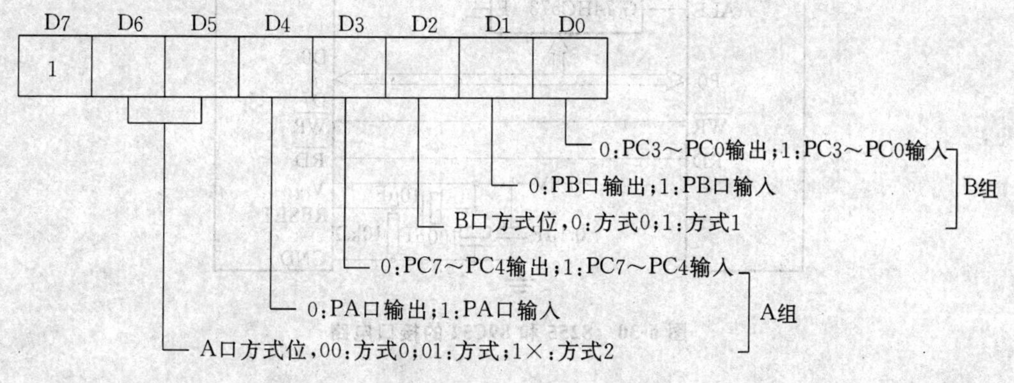

(a) 8255A 方式控制字格式

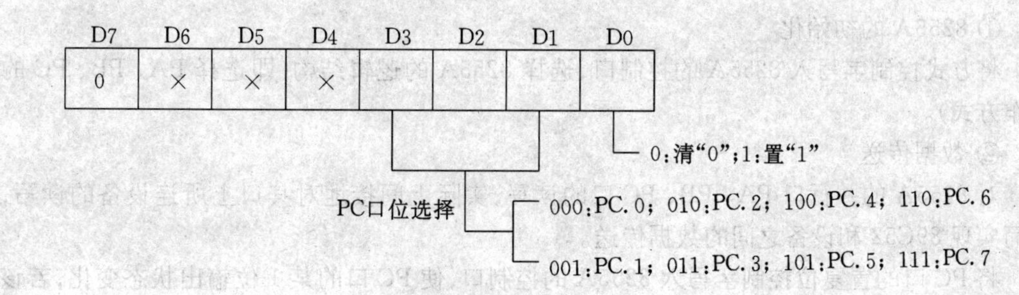

(b) PC 口位置位/复位控制字格式

图 6-29 控制字格式

例如:若要使8255A的PA口为方式0输入、PB口为方式1输出、PC4～PC7为输出、PC0～PC3为输入,则应将方式控制字95H(即10010101B)写入8255A控制口。

2. PC口位置位/复位控制字

8255A PC口的输出具有位(bit)操作功能,PC口位置位/复位控制字是一种对PC口输出的位操作命令,直接把PC口的某位置成1或清“0”。图6-29(b)是PC口位的置位/复位控制字格式,它的特征是最高位为0。

例如:若要使PC口的第3位为1,则应将控制字07H(即00000111B)写入8255A控制口。

四、8255A的接口技术和编程

1. 8255A和89C52的接口电路

51系列单片机应用系统多数是小系统或紧凑系统,在紧凑系统中,P2口可以直接连I/O设备,P0口作为地址/数据总线口。由外部的地址锁存器输出地址A7～A0,若采用线选法可以扩展6片8255。图6-30为8255A和89C52的一种接口方法。

8255A和设备之间的接口电路随所选设备特性和工作方式变化。

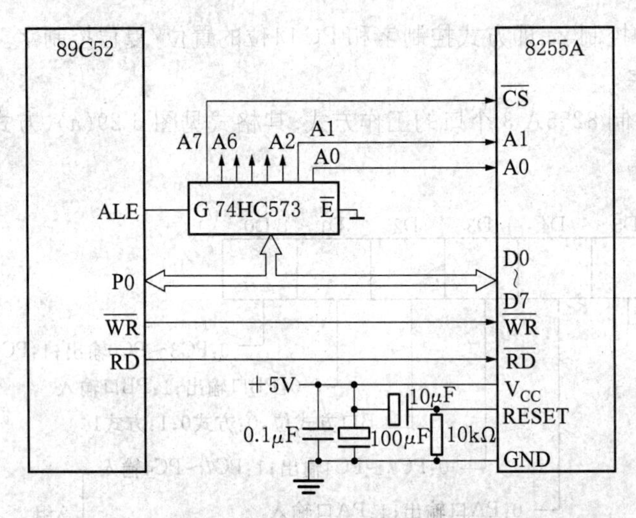

图6-30 8255和89C52的接口电路

2. 8255A的编程

① 8255A的初始化

将方式控制字写入8255A的控制口,选择8255A的逻辑结构(即选择PA、PB、PC的工作方式)。

② 数据传送

对8255A的并行口PA、PB、PC口的读写,实际上间接地对其口上所连设备的读写,从而实现89C52和设备之间的数据传送。

将PC口的置复位控制字写入8255A的控制口,使PC口的某1位输出状态变化,若该位接一个继电器,则使它在开/关之间变化,这也是一种数据输出。

数据输入/输出方式与8255A的工作方式有关。

五、8255A 的应用

1. 方式 0 应用

8255A 的方式 0 应用很广,前面介绍的开关指示灯、拨码盘、键盘、显示器等都可以和 8255A 的并行口连接,以方式 0 工作,相应的程序只需很小改动。作为一种练习,读者可以自行设计其接口电路,编写并调试其程序。PC 口置位/复位功能可以实现位输出操作,除作为一般的 I/O 口线使用外,还可以模拟一些特殊电路、设备的并行或串行读写时序,实现特定时序的数据输入输出。

2. 方式 1 和 2 应用

一些输出设备(如打印机)仅当空闲或处理完先前的命令、数据后,才可以接受处理新的命令、数据,另有一些输入设备只有准备就绪时才可以读出其有效数据。8255A 方式 1 和 2 适用于这类设备,通过选通(握手)信号,CPU 和设备之间相互确认以后,才进行数据的传送。

*6.4.2　8255 的应用——点阵式发光显示器的接口和编程

一、8×8 点阵式 LED 模块

图 6-31 为 1 种 8×8 点阵式 LED 发光显示器模块的外形和结构示意图。模块的每 1 个发光点对应于 1 个发光二极管,行线 A1～A8 为 1 行发光管阳极连线,列线 K1～K8 为 1 列发光管阴极连线。由 4 个这样的模块可拼接成 16×16 点阵式显示器,能显示 1 个汉字。

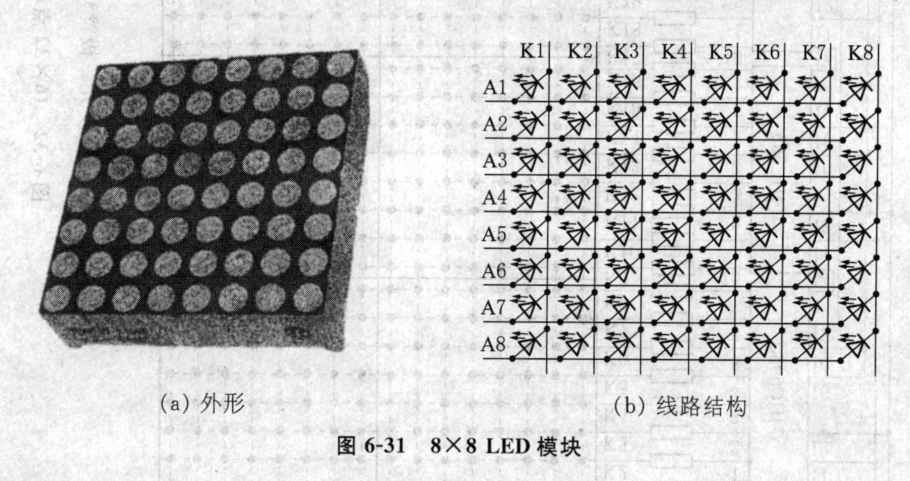

(a) 外形　　(b) 线路结构

图 6-31　8×8 LED 模块

二、16×32 点阵式显示器接口电路

图 6-32 为 16×32 点阵式发光显示器的一种接口电路,8 个 8×8 LED 模块拼接成 16×32 点阵式发光显示器,行线为 32 个发光二极管的阳极连线 A1～A16,列线为 16 个发光二极管阴极连线 K1～K32。列线由 4 片 74HC595 驱动,行线由 8255A PA 口、PB 口上的反向驱动器驱动,8255A 的 PC.0、PC.1、PC.2 模拟 74HC595 串行输出时序,输出点阵数据,8255A 的 PA、PB 口为动态显示扫描口。8255A 和 89C52 的接口电路和图 6-30 相同。

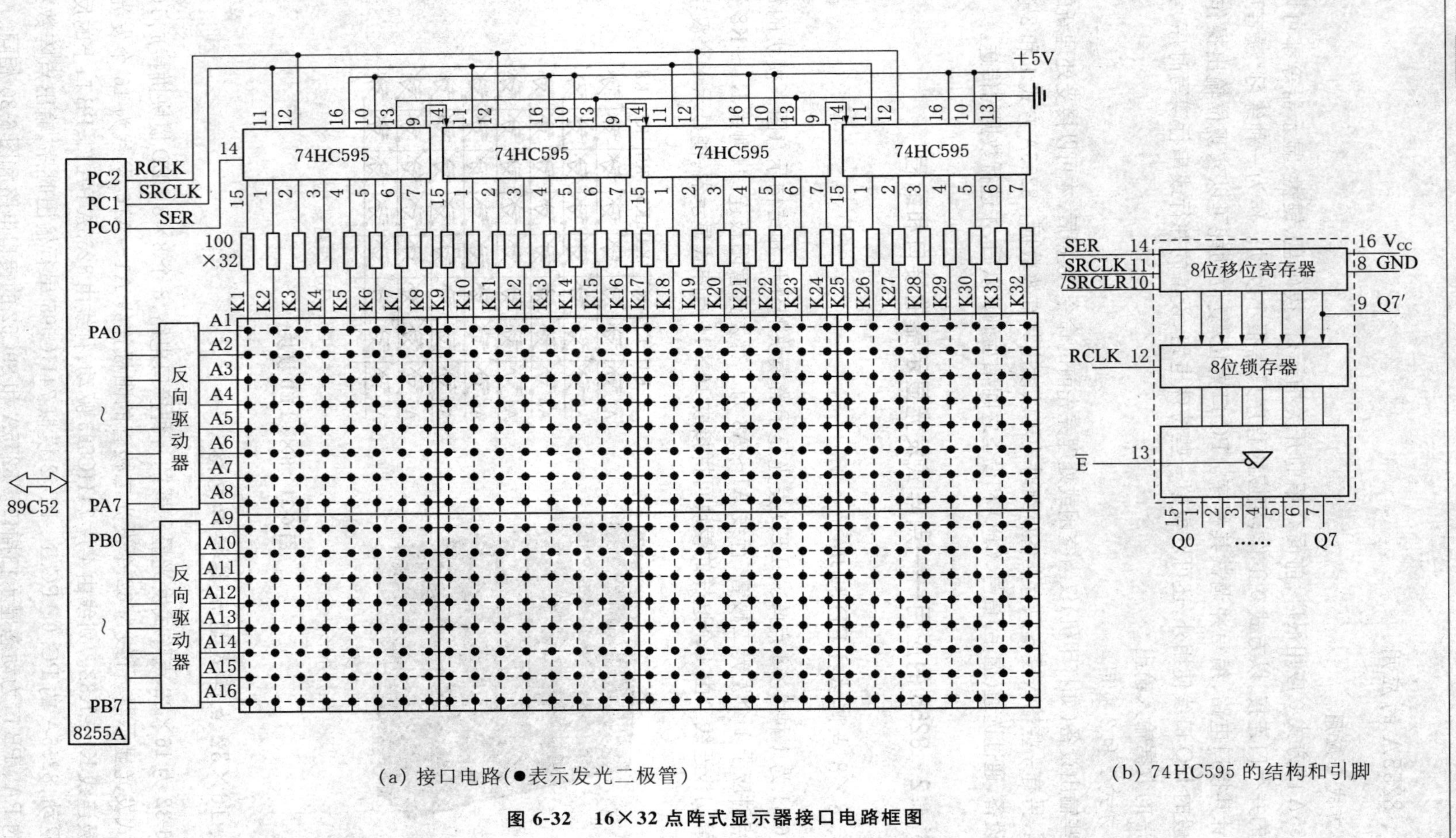

(a) 接口电路(●表示发光二极管)

(b) 74HC595 的结构和引脚

图 6-32 16×32 点阵式显示器接口电路框图

用74LS164串行扩展平行口时，在移位过程中输出的数据不稳定。图6-32(a)中采用移位寄存器和平行输出锁存器相互独立的芯片74HC595，其结构和引脚排列如图6-32(b)所示。

引脚功能如下：

- SER(有的名为DS或Sin)：移位寄存器串行数据输入线；
- Q7′(有的名为Sout)：移位寄存器串行数据输出线；
- Q0～Q7：并行数据输出线；
- SRCLK(有的名为SCLK或SHCP)：移位寄存器的移位时钟(↑有效)；
- RCLK：移位寄存器内容打入锁存器时钟(↑有效)；
- $\overline{E}$(有的名为$\overline{OE}$或$\overline{EN}$)：输出三态门使能信号(低电平有效)；
- SRCLR(有的名为$\overline{MR}$)：移位寄存器清零信号(低电平有效)。

51单片机串行口的方式0是从低位开始串行移出至外部移位寄存器的，为统一起见，本书中的串行移位输出均从数据的低位开始，这样使74LS164和74HC595的输出端Q0～Q7当作D7～D0使用，读者在看图和读程序时应注意这一点。

三、点阵式显示器动态扫描程序设计方法

点阵式显示器可以显示汉字、字母、数字和一些符号，程序设计方法既与接口电路有关，也与点阵数据结构、显示形式有关。下面以汉字的显示为例，介绍动态扫描程序设计方法。

1. 汉字的点阵数据结构

图6-33为常用的几种汉字点阵数据结构，其中汉字“显”横排的点阵数据如下：

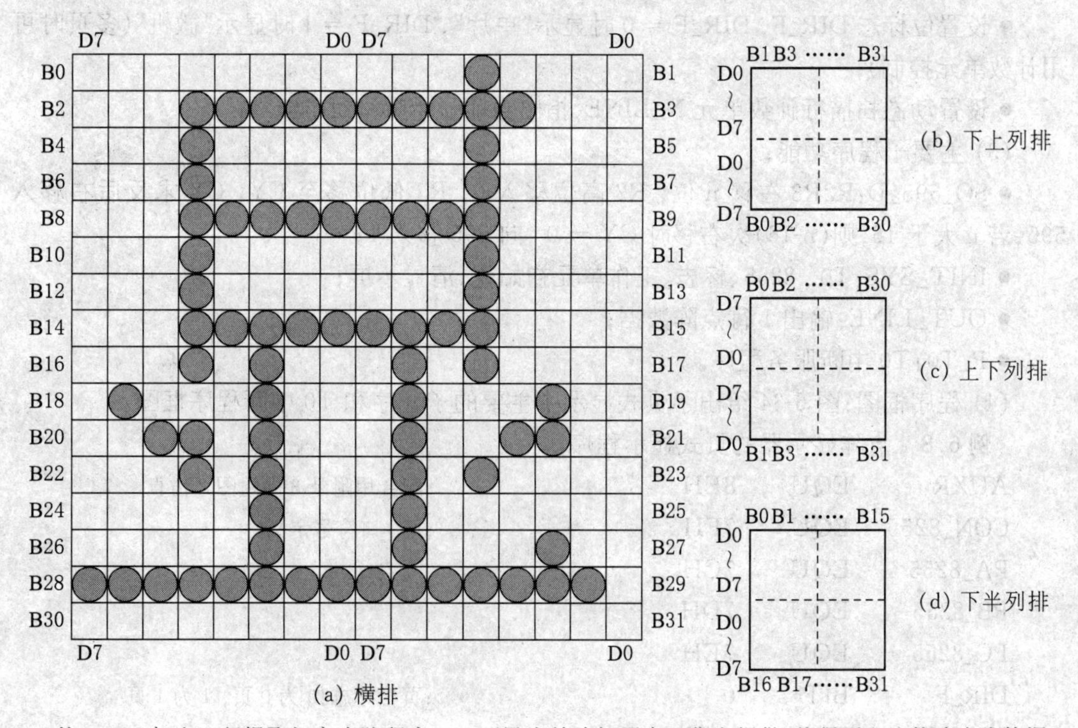

注：* PC机上运行提取汉字点阵程序V1.0(昆虫单片机开发工作室提供)能得到上述格式点阵数据。

图6-33 汉字常用的点阵数据结构

00H, 10H,1FH, 0F8H, 10H, 10H, 10H, 10H, 1FH, 0F0H, 10H, 10H, 10H, 10H, 1FH, 0F0H, 14H, 50H, 44H, 44H, 34H, 4CH, 14H, 50H, 04H, 40H, 04H, 44H, 0FFH, 0FEH, 00H, 00H。

2. 点阵式显示器显示方式

常见方式有页式显示和滚动式显示,前者是以一定速度一页一页地显示不同内容,后者是以一定速度将新的内容一点点移入显示屏,而旧的内容一点点移出显示屏,又分左移和右移。

3. 页式显示程序设计方法

(1) 功能:以 2s 速率轮流显示"单片"和"微机"。

(2) 算法:

- "单片微机"的点阵数据(横排)以字节常数表形式存于标号为 CHAR_0～CHAR_3 的 ROM 中。图 6-32(a)中的 74HC595 作为点阵数据输出口,输出"0"相应点亮,输出"1"相应点暗,这和汉字点阵数据定义相反,必须由程序控制将点数据取反后输出;
- "片、单"点阵数据地址以字常数表形式存于标号为 STR_0 的 ROM 中,"机、微"点阵数据地址以字常数表形式存于标号为 STR_1 的 ROM 中;
- 采用 1/16 动态扫描方式逐行显示,行控制字以常数表形式存于标号为 C_TAB 的 ROM 中;
- 由 T0 产生 1ms 定时中断,定时扫描显示器,并用软件计数器 T0_CNT 产生 2s 定时,切换显示内容(翻页);
- 设置位标志 DIR_F, DIR_F = 0 时显示"单片", DIR_F = 1 时显示"微机"(多页时可用计数单元控制);
- 设置动态扫描行计数单元 N_LINE,指出当前显示哪一行。

(3) 主要子程序功能:

- SO_595_D:R2R3 右移 n 位, R2 高位移入 0, R3 低位移至 CY, CY 求反后右移入 595,若 n 大于 16,则(n-16)次右移时 CY = 0 ,向 595 移入 1;
- INIT_SYS:T0、8255、标志、工作单元初始化,清显示屏;
- OUT_LINE:输出 1 行点阵数据;
- P_T0:T0 中断服务程序。

(4) 程序框图:图 6-34 给出了页式显示中主要的子程序和 T0 中断程序框图。

*例 6.8　点阵显示器的页式显示程序

```
AUXR        EQU     8EH             ;配合用附录 3 中附图 2 仿真
CON_8255    EQU     7FH             ;I/O 口符号定义
PA_8255     EQU     7CH
PB_8255     EQU     7DH
PC_8255     EQU     7EH
DIR_F       BIT     0               ;页号标志:0 为 0 页, 1 为 1 页
N_LINE      EQU     30H             ;扫描行计数器
T0_CNT      EQU     31H             ;翻页定时的软件计数器(双字节)
```

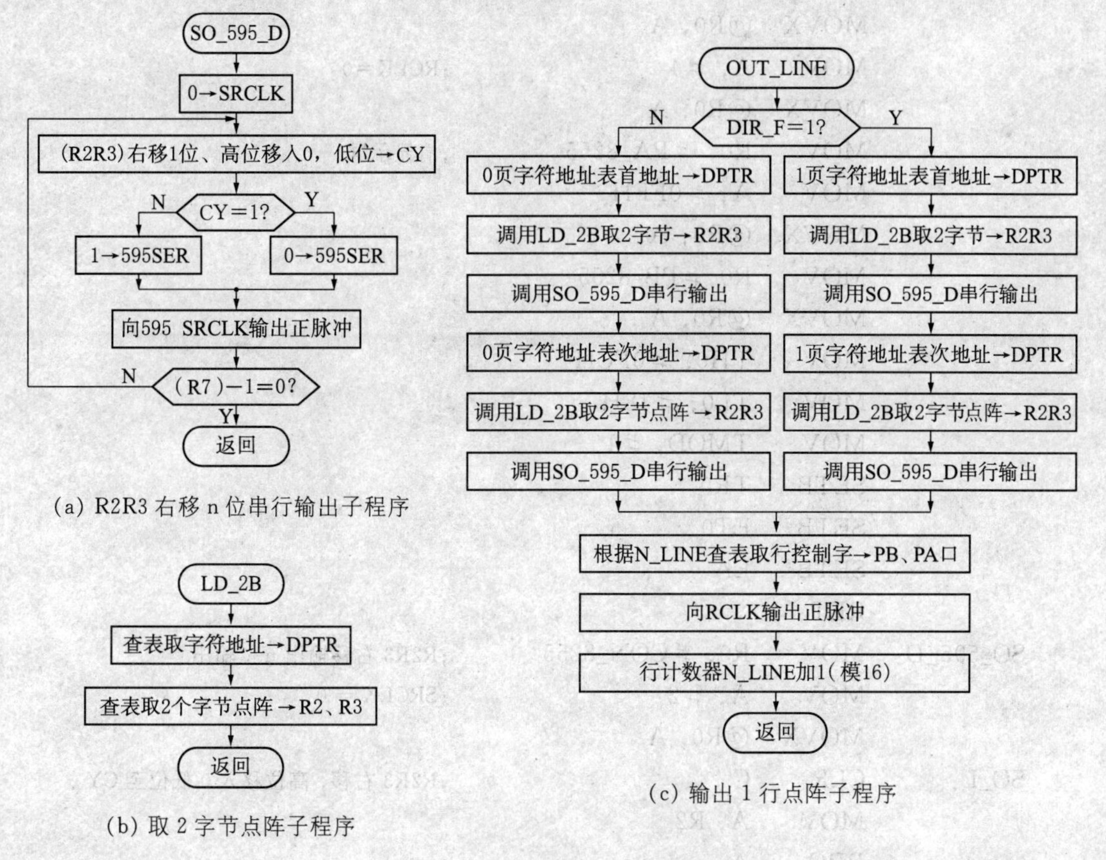

(a) R2R3 右移 n 位串行输出子程序

(b) 取 2 字节点阵子程序

(c) 输出 1 行点阵子程序

图 6-34　页式显示程序框图

```
           ORG     0
           LJMP    MAIN
           ORG     0BH
           LJMP    P_T0
MAIN:      MOV     SP, #0EFH
           LCALL   INIT_SYS                ;初始化后踏步
           SJMP    $
INIT_SYS:  MOV     AUXR, #2                ;配合用附录 3 中附图 2 仿真，可删去
           MOV     N_LINE, #0              ;初态 0 行 0 页
           CLR     DIR_F
           MOV     T0_CNT, #8              ;约 2s 翻页
           MOV     T0_CNT+1, #0
           MOV     A, #80H                 ;PA、PB、PC 方式 0 输出
           MOV     R0, #CON_8255
           MOVX    @R0, A
           MOV     A, #2                   ;SRCLK=0
```

```
            MOVX   @R0, A
            MOV    A, #4                 ;RCLK=0
            MOVX   @R0, A
            MOV    R0, #PA_8255          ;清显示屏
            MOV    A, #0FFH
            MOVX   @R0, A
            MOV    R0,#PB_8255
            MOVX   @R0, A
            MOV    TH0, #0FCH
            MOV    TL0, #18H
            MOV    TMOD, #1
            SETB   TR0
            SETB   ET0
            SETB   EA
            RET
SO_595_D:   MOV    R0, #CON_8255         ;R2R3 右移输出 n 位输出
            MOV    A, #2                 ;SRCLK = 0
            MOVX   @R0, A
SO_L:       CLR    C                     ;R2R3 右移，高位移入 0 低位至 CY
            MOV    A, R2
            RRC    A
            MOV    R2, A
            MOV    A, R3
            RRC    A
            MOV    R3, A
            JC     SO_0
            MOV    A, #1                 ;CY = 0 输出 1
            SJMP   SO_1
SO_0:       MOV    A,#0                  ;CY = 1 输出 0
S0_1:       MOVX   @R0, A
            MOV    A, #3                 ;SRCLK = 1
            MOVX   @R0, A
            MOV    A, #2                 ;SRCLK = 0
            MOVX   @R0, A
            DJNZ   R7, SO_L
            RET
OUT_LINE:   JB     DIR_F, OUT_S1
OUT_S0:     MOV    DPTR, #STR_0
```

```
            LCALL   LD_2B                   ;取"片"点阵存 R2R3
            MOV     R7, #16                 ;R2R3 串行输出
            LCALL   SO_595_D
            MOV     DPTR, #STR_0+2
            LCALL   LD_2B                   ;取"单"点阵存 R2R3
            MOV     R7, #16
            LCALL   SO_595_D                ;R2R3 串行输出
            SJMP    OUT_C
OUT_S1:     MOV     DPTR, #STR_1
            LCALL   LD_2B                   ;取"机"点阵存 R2R3
            MOV     R7, #16                 ;R2R3 串行输出
            LCALL   SO_595_D
            MOV     DPTR, #STR_1+2
            LCALL   LD_2B                   ;取"微"点阵存 R2R3
            MOV     R7, #16
            LCALL   SO_595_D                ;R2R3 串行输出
OUT_C:      MOV     DPTR, #LINE_C           ;取行显示控制字
            MOV     A, N_LINE
            RL      A
            MOV     B, A
            MOVC    A, @A+DPTR
            MOV     R0, #PB_8255
            MOVX    @R0, A                  ;高字节输出至 PB 口
            MOV     A, B
            INC     A
            MOVC    A, @A+DPTR              ;低字节输出至 PA 口
            MOV     R0, #PA_8255
            MOVX    @R0, A
            MOV     R0, #CON_8255
            MOV     A, #5                   ;RCLK 输出正脉冲
            MOVX    @R0, A
            MOV     A, #4
            MOVX    @R0, A
            INC     N_LINE                  ;行计数器加 1(模 16)
            ANL     N_LINE, #0FH
            RET
LD_2B:      CLR     A                       ;根据 DPTR 算字符点阵首地址
            MOVC    A, @A+DPTR
```

```
        MOV     B, A
        INC     DPTR
        CLR     A
        MOVC    A, @A+DPTR
        MOV     DPL, A
        MOV     DPH, B
        MOV     A, N_LINE               ;根据 DPTR、N_LINE 取 2 字节点阵
        RL A
        MOV     B, A                    ;存 R2R3
        MOVC    A, @A+DPTR
        MOV     R2, A
        MOV     A, B
        INC A
        MOVC    A, @A+DPTR
        MOV     R3, A
        RET
P_T0:   MOV     TH0, #0FCH              ;恢复 T0 初值
        MOV     TL0, #18H
        PUSH    B                       ;保护现场
        PUSH    ACC
        PUSH    PSW
        PUSH    DPH
        PUSH    DPL
        SETB    RS0
        DJNZ    T0_CNT+1, P_T01
        DJNZ    T0_CNT, P_T01
        MOV     T0_CNT, #16             ;2s 到翻页
        CPL     DIR_F
P_T01:  LCALL   OUT_LINE                ;扫描 1 行
        POP     DPL                     ;恢复现场
        POP     DPH
        POP     PSW
        POP     ACC
        POP     B
        RETI
LINE_C: DW      0FFFEH, 0FFFDH, 0FFFBH, 0FFF7H          ;扫描控制
        DW      0FFEFH, 0FFDFH, 0FFBFH, 0FF7FH
        DW      0FEFFH, 0FDFFH, 0FBFFH, 0F7FFH
```

```
                DW      0EFFFH, 0DFFFH, 0BFFFH, 07FFFH
    CHAR_0:     DB      10H, 10H, 08H, 20H, 04H, 48H, 3FH, 0FCH      ;单
                DB      21H, 08H, 21H, 08H, 3FH, 0F8H, 21H, 08H
                DB      21H, 08H, 3FH, 0F8H, 21H, 00H, 01H, 04H
                DB      0FFH, 0FEH, 01H, 00H, 01H, 00H, 01H, 00H
    CHAR_1:     DB      00H, 80H, 20H, 80H, 20H, 80H, 20H, 80H       ;片
                DB      20H, 84H, 3FH, 0FEH, 20H, 00H, 20H, 00H
                DB      3FH, 0C0H, 20H, 40H, 20H, 40H, 20H, 40H
                DB      20H, 40H, 20H, 40H, 40H, 40H, 80H, 40H
    CHAR_2:     DB      12H, 10H, 12H, 10H, 2AH, 90H, 4AH, 0A4H      ;微
                DB      8AH, 0BEH, 1FH, 0C4H, 20H, 24H, 7FH, 0A8H
                DB      0A0H, 28H, 2FH, 28H, 29H, 10H, 29H, 50H
                DB      29H, 0A8H, 29H, 28H, 30H, 46H, 20H, 84H
    CHAR_3:     DB      10H, 00H, 10H, 10H, 11 H, 0F8H, 11H, 10H     ;机
                DB      0FDH, 10H, 11H, 10H, 31H, 10H, 39H, 10H
                DB      55H, 10H, 51H, 10H, 91H, 10H, 11H, 10H
                DB      11H, 12H, 12H, 12H, 14H, 0EH, 18H, 00H
    STR_0:      DW      CHAR_1, CHAR_0          ;0 页字符地址表
    STR_1:      DW      CHAR_3, CHAR_2          ;1 页字符地址表
                END
```

4. 滚动式显示程序设计方法

(1)功能:以 0.1s 速率向右滚动显示"单片机"3 个字。

(2) 算法:

- "单片机"的点阵数据以字节常数表形式存于标号为 CHAR_0、CHAR_1、CHAR_3 的 ROM 中,由程序控制将点数据取反后输出;
- "机、片、单"的点阵数据地址以字常数表形式存于标号为 STR_0 的 ROM 中;
- 采用 1/16 动态扫描方式逐行显示,行控制字以常数表形式存于标号为 C_TAB 的 ROM 中;
- 由 T0 产生 1ms 定时中断,定时扫描显示器,并用软件计数器 T0_CNT 产生 0.1s 定时,对 N_BIT 计数,使显示内容移动;
- 设置位计数单元 N_BIT,显示状态有 80 个,分为 3 类:1～16 为输出"机"的移动过程,17～32 为输出"片机"的移动过程,33～80 为输出"单片机"的移动过程;
- 设置动态扫描行计数单元 N_LINE,指出当前显示哪一行。

(3) 主要子程序功能:

- SO_595_D:同页式显示中的 SO_595_D;
- SO_595_1:向 595 移入若干位 1(相应点暗);
- INIT_SYS:T0、8255、标志、工作单元初始化,清显示屏;
- OUT_LINE:输出 1 行点阵数据;

● LD_2B:同页式显示中的 LD_2B;

● P_T0:T0 中断服务程序。

(4) 程序框图:子程序 SO_595_D、LD_2B 和页式显示程序相同,下面的程序中不再列出,图 6-35 给出了滚动式显示中的输出 1 行子程序框图。

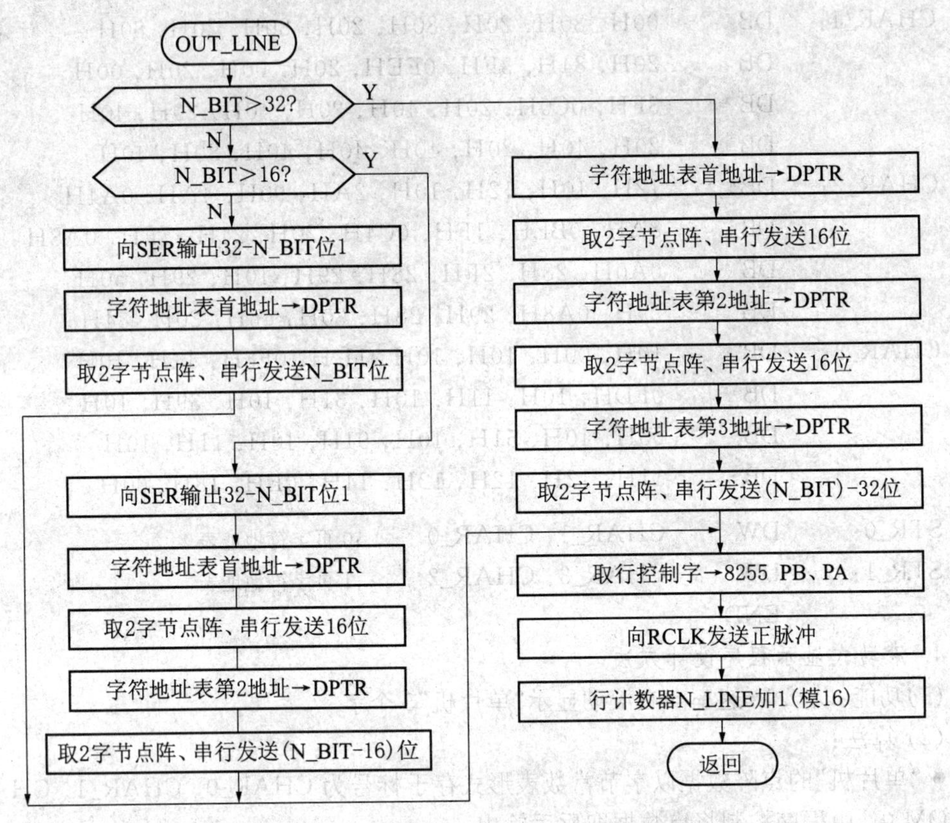

图 6-35 滚动式显示中输出 1 行子程序框图

* **例 6.9** 点阵显示器的滚动式显示程序

```
AUXR        EQU         8EH         ;符号定义
CON_8255    EQU         7FH
PA_8255     EQU         7CH
PB_8255     EQU         7DH
PC_8255     EQU         7EH
N_LINE      EQU         30H
N_BIT       EQU         31H         ;显示位计数器
T0_CNT      EQU         32H
            ORG     0
            LJMP    MAIN
```

```
            ORG     0BH
            LJMP    P_T0
MAIN:       MOV     SP, #0EFH
            LCALL   INIT_SYS            ;调用初始化子程序
            SJMP    $
INIT_SYS:   MOV     AUXR, #2            ;对于 89C52 可删去
            MOV     N_BIT, #1
            MOV     N_LINE, #0
            MOV     T0_CNT, #0          ;256ms 移 1 位
            MOV     A, #80H             ;方式 0 输出
            MOV     R0, #CON_8255
            MOVX    @R0, A
            MOV     A, #2               ;SRCLK=0
            MOVX    @R0, A
            MOV     A, #4               ;RCLK=0
            MOVX    @R0, A              ;清屏
            MOV     R0, #PA_8255
            MOV     A, #0FFH
            MOVX    @R0, A
            MOV     R0, #PB_8255
            MOVX    @R0, A
            MOV     TH0, #0FCH          ;T0 初始化
            MOV     TL0, #18H
            MOV     TMOD, #1
            SETB    TR0
            SETB    ET0
            SETB    EA
            RET
SO_595_1:   MOV     R0, #CON_8255       ;串行输出 N(R7)位 1
            MOV     A, #1               ; SER = 1
            MOVX    @R0, A
SO_1_L:     MOV     A, #3               ;SRCLK 发脉冲
            MOVX    @R0, A
            MOV     A, #2
            MOVX    @R0, A
            DJNZ    R7, SO_1_L
            RET
```

```
OUT_LINE: MOV     A, N_BIT
          CJNE    A, #33, $ +3
          JNC     OUT_3
          CJNE    A, #17, $ +3
          JNC     OUT_2
          MOV     A, #32                   ;N_BIT 为 1 至 16 处理
          CLR     C
          SUBB    A, N_BIT                 ;输出(32-N_BIT)位 1
          MOV     R7, A
          LCALL   SO_595_1
          MOV     DPTR, #STR_0
          LCALL   LD_2B                    ;取"机"点阵存 R2R3
          MOV     R7, N_BIT                ;串行输出 N_BIT 位
          LCALL   SO_595_D
          SJMP    OUT_4
OUT_2:    MOV     A, #32                   ;N_BIT 为 16 至 32 处理
          CLR     C
          SUBB    A, N_BIT
          MOV     R7, A
          LCALL   SO_595_1                 ;输出(32-N_BIT)位 1
          MOV     DPTR, #STR_0
          LCALL   LD_2B                    ;取"机"点阵存 R2R3
          MOV     R7, #16                  ;串行输出 16 位
          LCALL   SO_595_D
          MOV     DPTR, #STR_0+2
          LCALL   LD_2B                    ;取"片"点阵存 R2R3
          MOV     A, N_BIT
          CLRC
          SUBB    A, #16
          MOV     R7, A                    ;输出(N_BIT-16)位
          LCALL   SO_595_D
          SJMP    OUT_4
OUT_3:    MOV     DPTR, #STR_0
          LCALL   LD_2B                    ;取"机"点阵存 R2R3
          MOV     R7, #16                  ;串行输出 16 位
          LCALL   SO_595_D
          MOV     DPTR, #STR_0+2
          LCALL   LD_2B                    ;取"片"点阵存 R2R3
```

```
            MOV     R7, #16             ;输出16位
            LCALL   SO_595_D
            MOV     DPTR, #STR_0+4
            LCALL   LD_2B               ;取"单"点阵存R2R3
            MOV     A, N_BIT            ;输出N_BIT-32位
            CLR     C                   ;N_BIT-32大于16的补输出1
            SUBB    A, #32
            MOV     R7, A
            LCALL   SO_595_D
OUT_4:      MOV     DPTR, #LINE_C       ;取行显示控制字
            MOV     A, N_LINE
            RL      A
            MOV     B, A
            MOVC    A, @A+DPTR
            MOV     R0, #PB_8255
            MOVX    @R0, A              ;高字节输出至PB口
            MOV     A, B
            INC     A
            MOVC    A, @A+DPTR          ;低字节输出至PA口
            MOV     R0, #PA_8255
            MOVX    @R0, A
            MOV     R0, #CON_8255
            MOV     A, #5               ;RCLK输出正脉冲
            MOVX    @R0, A
            MOV     A, #4
            MOVX    @R0, A
            INC     N_LINE              ;行计数器加1(模16)
            ANL     N_LINE, #0FH
            RET
P_T0:       MOV     TH0, #0FCH          ;恢复T0初值
            MOV     TL0, #18H
            PUSH    B                   ;保护现场
            PUSH    ACC
            PUSH    PSW
            PUSH    DPH
            PUSH    DPL
            SETB    RS0
            INC     T0_CNT              ;250ms移位
```

```
          MOV     A, T0_CNT
          CJNE    A, #100, P_T01
          MOV     T0_CNT, #0
          INC     N_BIT
          MOV     A, N_BIT
          CJNE    A, #81, P_T01
          MOV     N_BIT, #1
P_T01:    LCALL   OUT_LINE
          POP     DPL                            ;恢复现场
          POP     DPH
          POP     PSW
          POP     ACC
          POP     B
          RETI
LINE_C:   DW      0FFFEH, 0FFFDH, 0FFFBH, 0FFF7H
          DW      0FFEFH, 0FFDFH, 0FFBFH, 0FF7FH
          DW      0FEFFH, 0FDFFH, 0FBFFH, 0F7FFH
          DW      0EFFFH, 0DFFFH, 0BFFFH, 07FFFH
CHAR_0:   DB      10H, 10H, 08H, 20H, 04H, 48H, 3FH, 0FCH    ;单
          DB      21H, 08H, 21H, 08H, 3FH, 0F8H, 21H, 08H
          DB      21H, 08H, 3FH, 0F8H, 21H, 00H, 01H, 04H
          DB      0FFH, 0FEH, 01H, 00H, 01H, 00H, 01H, 00H
CHAR_1:   DB      00H, 80H, 20H, 80H, 20H, 80H, 20H, 80H
          DB      20H, 84H, 3FH, 0FEH, 20H, 00H, 20H, 00H    ;片
          DB      3FH, 0C0H, 20H, 40H, 20H, 40H, 20H, 40H
          DB      20H, 40H, 20H, 40H, 40H, 40H, 80H, 40H
CHAR_3:   DB      10H, 00H, 10H, 10H, 11H, 0F8H, 11H, 10H    ;机
          DB      0FDH, 10H, 11H, 10H, 31H, 10H, 39H, 10H
          DB      55H, 10H, 51H, 10H, 91H, 10H, 11H, 10H
          DB      11H, 12H, 12H, 12H, 14H, 0EH, 18H, 00H
STR_0:    DW      CHAR_3, CHAR_1, CHAR_0                      ;字符串地址表

          END
```

注:子程序:LD_2B、SO_595_D 见页式显示,这里未重复列出,实验时需补上。

§6.5 74 系列器件接口技术

74 系列的三态门电路和各种 8 位锁存器芯片也是 51 系列单片机应用中常用的扩展器

件，作为固定的1个输入口或输出口，这一节以典型的74HC245和74HC377为例介绍它们的接口技术。

6.5.1　用74HC245扩展并行输入口

74HC245是一种三态门电路，逻辑符号如图6-36(a)所示。DIR为数据传送方向选择端，DIR = 1，(A1 ~ A8) → (B1 → B8)，DIR = 0，(B1 ~ B8) → (A1 ~ A8)。$\overline{\mathrm{G}}$为使能端，$\overline{\mathrm{G}}$ = 1禁止传送，$\overline{\mathrm{G}}$ = 0允许传送。图6-37上方是89C52紧凑系统中扩展一片74HC245的一种接口电路。采用线选法，口地址为0BFH。对0BFH读(只能读不能写)即读出输入设备(如开关)的数据。

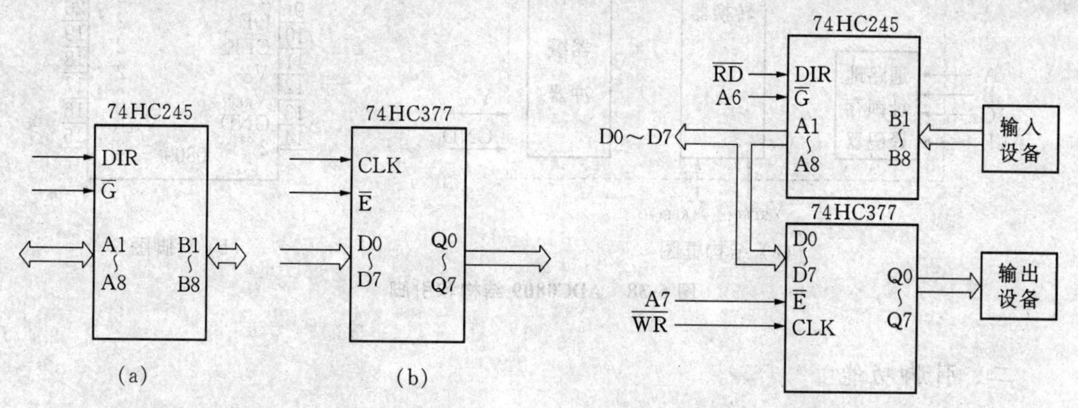

图6-36　74HC245和74HC377逻辑符号　　图6-37　74HC245和74HC377的一种接口电路

6.5.2　用74HC377扩展并行输出口

74HC377是一种8D锁存器，逻辑符号如图6-36(b)所示。$\overline{\mathrm{E}}$为使能端，CLK为时钟端。当$\overline{\mathrm{E}}$为低电平，CLK端上升沿将D0～D7上数据打入锁存器Q0～Q7。图6-37下方是89C52紧凑系统中扩展一片74HC377的一种接口电路。$\overline{\mathrm{E}}$端接A7，CLK接$\overline{\mathrm{WR}}$。口地址是7FH，对7FH写即将数据输出到输出设备(如指示灯)。

除口的输入输出功能固定外，245和377相当于8155或8255A工作于非选通(基本方式)的一个8位平行口，与设备的接口方法和数据传送也类似。

* §6.6　A/D器件接口技术

6.6.1　8路8位A/D ADC0809/0808的接口和编程

一、ADC0809/0808结构

ADC0809(或0808)是8路8位逐次逼近式A/D转换器，适用于精度要求不高(分辨率

1/256)的多路 A/D 转换,具有三态数据总线,可以直接和 MCU 接口。0809/0808 由 8 路模拟开关、通路地址锁存器、8 位 A/D 转换器和三态锁存器缓冲器等组成。图 6-38 为 0809 的结构框图和管脚图。

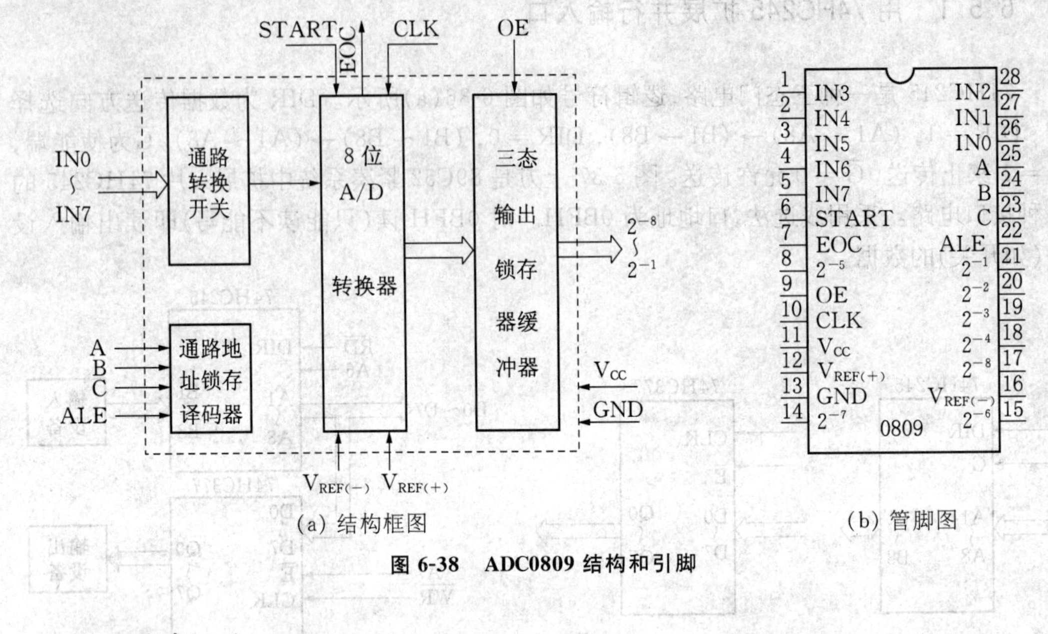

(a) 结构框图　　(b) 管脚图

图 6-38　ADC0809 结构和引脚

二、引脚功能

- IN0～IN7:8 路模拟信号输入引脚;
- A、B、C:通路地址输入引脚,CBA=0～7,分别选择 IN0～IN7 对应一路;
- ALE:通路地址锁存信号输入引脚,ALE 的上升沿锁存通路地址;
- START:启动信号输入引脚,START 上升沿清内部寄存器,下降沿启动 A/D;
- CLK:时钟输入引脚,不高于 640kHz, 500kHz 转换时间为 128μs;
- EOC:状态输出引脚,A/D 转换结束,EOC 上升为高电平;
- OE:数据允许输出线,高电平有效;
- 2^{-8}～2^{-1}:三态数据输出线 D0～D7, OE 为高电平时 A/D 结果输出到 2^{-8}～2^{-1},OE 为低电平时 2^{-8}～2^{-1}呈高阻抗(浮空)。

三、0809 操作过程和接口方法

0809 完成一次 A/D 转换的操作过程如下:

IN0～7、ABC 输入稳定——→ALE 上升锁存通路地址——→START 上升清零内部寄存器——→START 下降启动 A/D——→EOC 下降——→A/D 结束 EOC 上升——→OE 上的正脉冲读 A/D 结果。

根据以上操作过程(时序),图 6-39 给出了一种 89C52 紧凑系统中 0809 的一种接口电路。设 fosc = 6MHz, ALE 经 2 分频后约 500kHz,作为 0809 的时钟信号。通路地址分别为 78H ～ 7FH。EOC 的连接根据程序设计方法确定。

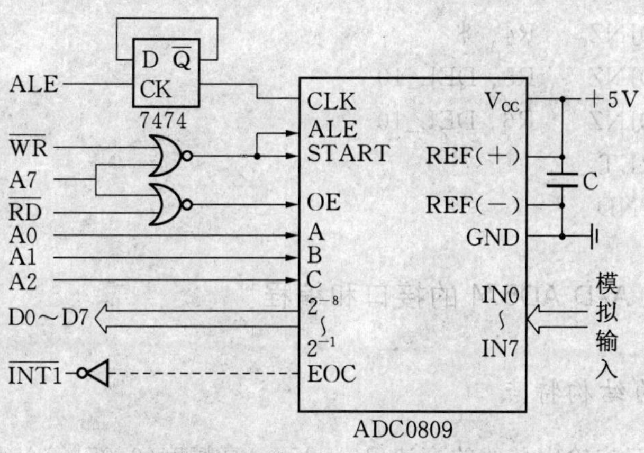

图 6-39　ADC0809 的一种接口电路

例 6.10　ADC0809 的启动和读结果程序

```
AD_0809    EQU     78H
AUXR       EQU     8EH              ;对于 89C52 可删去
AD_BUF     EQU     30H
           ORG     0
MAIN:      MOV     SP, #0EFH
           MOV     AUXR, #2         ;对于 89C52 可删去
MLP_0:     LCALL   SR_0809
           LCALL   DEL_1
           SJMP    MLP_0

SR_0809:   MOV     R0, #AD_BUF      ;读 0809 的 8 路输入
           MOV     R2, #0           ;存入 RAM
SR_L:      MOV     A, #AD_0809      ;启动 AD
           ADD     A, R2
           MOV     R1, A
           MOVX    @R1, A
           MOV     R7, #80H         ;延时
           DJNZ    R7, $
           MOVX    A, @R1           ;读 ADi
           MOV     @R0, A           ;存 RAM
           INC     R0
           INC     R2
           CJNE    R2, #8, SR_L
           RET
DEL_1:     MOV     R6, #20
           MOV     R5, #0
           MOV     R4, #0
```

```
DEL_10:   DJNZ   R4, $
          DJNZ   R5, DEL_10
          DJNZ   R6, DEL_10
          RET
          END
```

6.6.2 12位A/D AD574的接口和编程

一、AD574的结构特点

AD574是具有三态输出总线的高速(10～35μs)高精度(0.05%)A/D转换器,可以直接和MCU接口。AD574内部含有12位逐次逼近式A/D转换器、时钟电路、基准电源电路、三态数据锁存器缓冲器等,外部几乎不需接什么器件就可以工作。AD574可工作于单极性或双极性输入方式,12位数字量结果可以一次并行输出(适合16位MCU),也可以分两个字节输出(适合8位MCU)。图6-40给出了AD574的管脚图,相应的单极性和双极性方式连线图见图6-41。

引脚	名称	名称	引脚
1	V_{LG}	STS	28
2	12/$\overline{8}$	DB11	27
3	$\overline{CS}$	DB10	26
4	A0	DB9	25
5	R/$\overline{C}$	DB8	24
6	CE	DB7	23
7	V_{CC}	DB6	22
8	REFOUT	DB5	21
9	AG	DB4	20
10	REFIN	DB3	19
11	V_E	DB2	18
12	BIPOFF	DB1	17
13	10VIN	DB0	16
14	20VIN	GND	15

图6-40 AD574管脚图

二、引脚功能

- $\overline{CS}$:选片端;
- R/$\overline{C}$:读或启动转换的选择输入引脚;
- A0:字节选择输入引脚;
- 12/$\overline{8}$:A/D结果输出方式选择输入引脚;
- CE:启动A/D转换或启动读信号输入端;

以上控制信号的有效组合如表6-6所示。

表6-6 AD574操作控制

CE	$\overline{CS}$	R/$\overline{C}$	12/$\overline{8}$	A0	功能说明
1	0	0	×	0	启动结果为12位的A/D转换
1	0	0	×	1	启动结果为8位的A/D转换
1	0	1	5V	×	12位数字量一次并行输出
1	0	1	GND	0	输出DB11～DB4
1	0	1	GND	1	输出DB3～DB0

- DB0～DB11:三态数字量输出引脚;
- STS:状态引脚,启动A/D后上升为高电平,转换结束后降为低电平;
- 10VIN:量程为10V的模拟量输入引脚,单极性0～10V,双极性±5V;
- 20VIN:量程为20V的模拟量输入引脚,单极性0～20V,双极性±10V;
- REFOUT:10V基准电压输出引脚;

- REFIN:基准电压输入引脚;
- BIPOFF:双极性偏置及零点调整引脚;

图 6-45 给出了这 3 个引脚的使用和输入极性选择方法。

- V_{LG}: 逻辑电路电源正端接+5V;
- GND 逻辑地;
- V_{CC}: 模拟电路电源正端接+15V;
- V_E 模拟电路负端接-15V;
- AG: 模拟电路地。

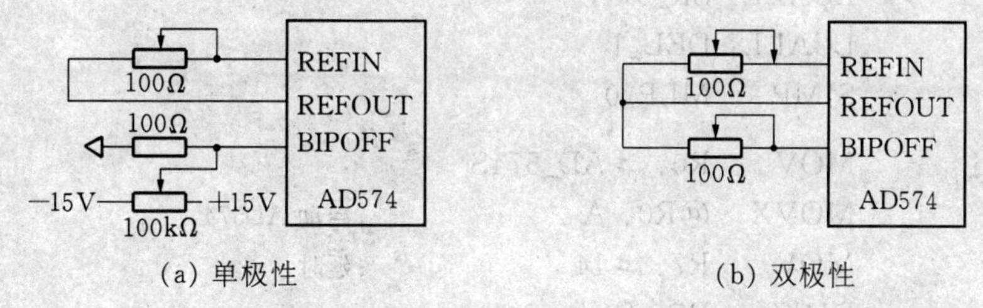

图 6-41 AD574 单极性和双极性方式连线图

三、AD574 的操作时序和接口方法

AD574 完成一次 A/D 转换的操作时序如下:

$\overline{CS}=0$、$R/\overline{C}=0$、A0=0 或 1、STS=0 ⟶ CE 上升(↑)启动 A/D 转换⟶ STS 上升(↑)⟶ A/D 转换结束 STS 下降(↓)⟶ $\overline{CS}=0$、$R/\overline{C}=1$、A0=0 ⟶ CE 上升(↑)读出 DB4~DB11 ⟶ $\overline{CS}=0$、$R/\overline{C}=1$、A0=1 ⟶ CE 上升(↑)读出 DB0~3。

根据这个操作时序,图 6-42 给出了在 89C52 紧凑系统中 AD574 的一种接口电路。图中采用双极性输入方式,若模拟信号变化在±5V 内接 V_{10VIN},V_{20VIN} 浮空,若超过±5V,接 V_{20VIN},V_{10VIN} 浮空。STS 浮空或接 $\overline{INT1}$,由程序设计的方法确定。

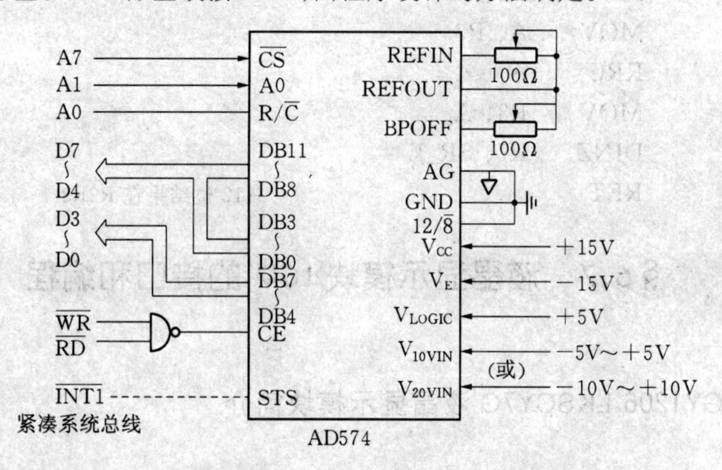

图 6-42 AD574 的一种接口电路

例 6.11 AD574 的启动和读结果程序

```
AD_574S     EQU    7CH
AD_574DH    EQU    7DH
```

```
AD_574DL    EQU    7FH
AUXR        EQU    8EH                ;对于 89C52 可删去
            ORG    0
MAIN:       MOV    SP,#0EFH
            MOV    AUXR, #2           ;对于 89C52 可删去
MLP_0:      LCALL  SR_574
            LCALL  DEL_1
            SJMP   MLP_0
SR_574:     MOV    R0, #AD_574S
            MOVX   @R0, A             ;启动 AD574
            MOV    R7, #14            ;延时
            DJNZ   R7, $
            MOV    R1, #AD_574DH      ;读高 8 位 R2
            MOVX   A, @R1
            MOV    R2, A
            MOV    R1, #AD_574DL
            MOVX   A, @R1             ;读 D0～D3 存(R3)的 4～7 位
            MOV    R3, A
            MOV    R7, #4
SR _L:      CLR    C                  ;R2R3 右移 4 位
            MOV    A, R2
            RRC    A
            MOV    R2, A
            MOV    A, R3
            RRC    A
            MOV    R3, A
            DJNZ   R7, SR_L
            RET                       ;12 位结果在 R2R3
```

*§6.7 液晶显示模块 LCM 的接口和编程

6.7.1 GY1206 LKSCY7G 液晶显示模块简介

液晶显示器(LCD)具有功耗低、体积小、显示信息量大等优点,但驱动比较复杂。市售的液晶显示模块(LCM)是将 LCD 显示屏和驱动电路组合在一起的产品。LCM 和单片机之间接口有并行和串行两种接口方式。本节以串并接口方式可选的 128×64 点阵的 GY1206 LKSCY7G(以下简称 GY1206)为例介绍 LCM 的接口和编程方法。

一、特性

① GY1206 可以和 Intel 并行总线时序的 51 等单片机直接相连,这种方式中,CPU 可以对 GY1206 读或写。

② GY1206 也能以串行接口方式连接单片机,此时 CPU 对 GY1206 只能写不能读。

二、结构框图

GY1206 的结构如图 6-43 所示。液晶屏含有 128×64 点阵。可以显示汉字、字母、图形。CPU 将显示的格式指令和点阵数据写入 GY1206,便显示出相应的信息。

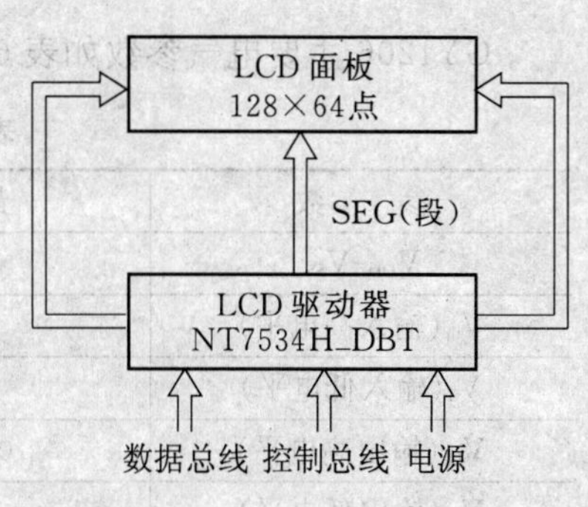

图 6-43　GY1206 结构框图

三、接口信号

GY1206 提供 32 芯接口电缆线,其引脚信号排列如表 6-7 所示。

表 6-7　GY1206 接口信号

引脚	名称	功 能 说 明	引脚	名称	功 能 说 明
1	IRS	工作方式选择:1 并行,0 串行	17	V_{SS}	地
2	P/S		18	V_{DD}	电源(+)典型值为 3.3 V
3	C86		19	D7	并行数据线或串行数据线 SDA
4	V_R	内部电源输入输出	20	D6	并行数据线或串行时钟线 SCL
5	V_0		21	D5	并行数据线或浮空
6	V_4		22	D4	
7	V_3		23	D3	
8	V_2		24	D2	
9	V_1		25	D1	
10	$CAP2^-$		26	D0	
11	$CAP2^+$		27	$\overline{RD}$	并行读信号线,低电平有效
12	$CAP1^+$		28	$\overline{WR}$	并行写信号线,低电平有效
13	$CAP1^-$		29	RS	选择线,1 数据,0 为命令/状态
14	$CAP3^+$		30	$\overline{RST}$	复位线,低电平有效
15	$CAP4^+$		31	$\overline{CS}$	选片线,低电平有效
16	Vout		32	NC	备用

四、GY1206 电气参数

GY1206 主要电气参数如表 6-8 所示，硬件设计时应满足这些参数要求。

表 6-8　GY1206 主要电气参数

参　数	最小值	典型值	最大值
V_{DD}-V_{SS}	1.8V	3.3V	3.6V
V_{ih}（输入高电平）	0.8V		V_{DD}
V_{il}（输入低电平）	V_{SS}		$0.2V_{DD}$
V_{oh}（输出高电平）	$0.8V_{DD}$		V_{DD}
V_{ol}（输出低电平）	V_{SS}		$0.2V_{DD}$

五、时序

图 6-44 为 GY1206 的 Intel 总线时序和串行接口时序。

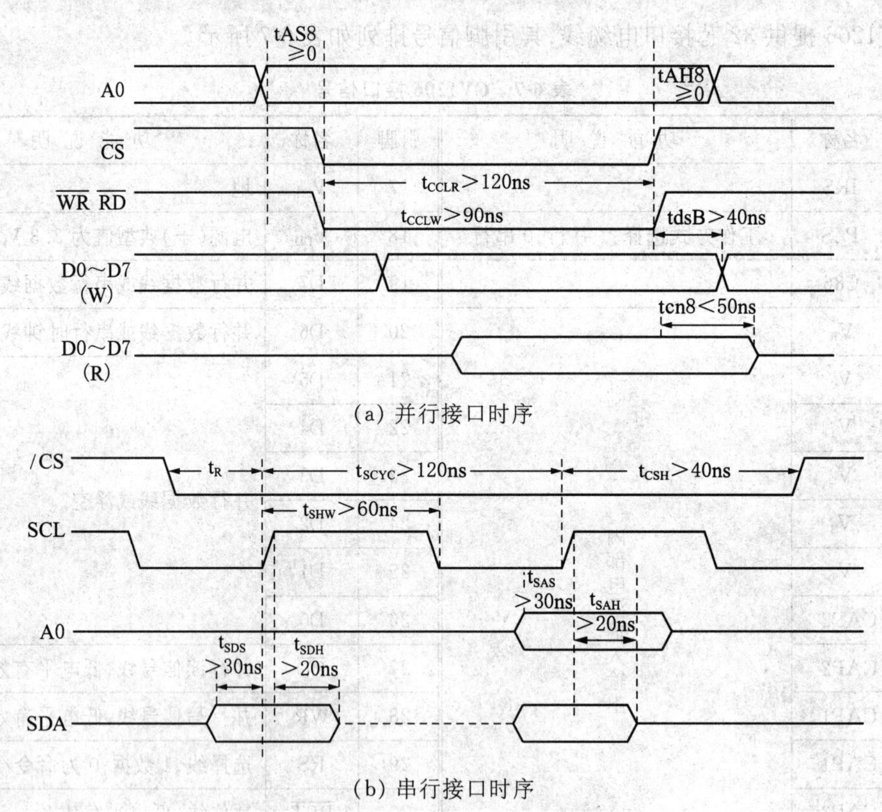

图 6-44　GY1206 LKSCY7G 的数据传送时序

六、GY1206 的操作

1. 若 RS=1，对 GY1206 读写，则读出或写入点阵数据。
2. 若 RS=0，对 GY1206 读，则读出 GY1206 的状态字，格式如下：

D7	D6	D5	D4	D3	D2	D1	D0
BUSY	/ADC	OFF/ON	RESET	—	—	—	—

● BUSY＝1:GY1206 正忙于内部操作或复位操作,此时拒绝接受任何命令,仅当 BUSY＝0 时,才能对 GY1206 操作。在串行接口方式中,对 GY1206 写入命令后,通过延时再对 GY1206 操作。

● /ADC:RAM 列地址和段的关系:0 为反向,1 为正向。

● OFF/ON 显示器状态,1 关 0 开。

● RESET:RESET＝1 正在复位。

3. 若 RS＝0,对 GY1206 写,则对 GY1206 写入指令(命令),指令类型和格式如表 6-9 所示。

表 6-9　GY1206 LKSCY7G 主要指令表

	命令代码									功能说明
	D7	D6	D5	D4	D3	D2	D1	D0	HEX	
Dis ON/OFF	1	0	1	0	1	1	1	1/0	AFH/AEH	D0＝1 开显示,D0＝0 关显示
S_Line set	0	1	A5	A4	A3	A2	A1	A0	40H～7FH	设置起始行地址
Page set	1	0	1	1	A3	A2	A1	A0	B0H～B8H	设置显示 RAM 页地址
Column set	0	0	0	1	A7	A6	A5	A4	10H～18H	设置显示 RAM 高位列地址
	0	0	0	0	A3	A2	A1	A0	0～0FH	设置显示 RAM 低位列地址
ADC select	1	0	1	0	0	0	0	1/0	A1H/A0H	选择 RAM 地址和段关系,D0＝0 常规,D0＝1 反向
Normal/Reverse	1	0	1	0	0	1	1	1/0	A7H/A6H	D0＝0 数据 1 点亮,D0＝1 数据 0 点亮
Entire On/OFF	1	0	1	0	0	1	0	1/0	A5H/A4H	D0＝0 常规显示,D0＝1 显示所有点
LCD Bias set	1	0	1	0	0	0	1	1/0	A3H/A2H	设置 LCD 驱动电压比例
R_M_W	1	1	1	0	0	0	0	0	E0H	写数据列地址加 1,读不加 1
END	1	1	1	0	1	1	1	0	EEH	结束 R_M_W 方式,读写数据列地址均加 1
RESET	1	1	1	0	0	0	1	0	E2H	复位 LCD
Output Status	1	1	0	0	0/1	*	*	*	C0H～C8H	D3＝0 常规(从上到下扫描) D3＝1 反向(从下向上扫描)
Power control	0	0	1	0	1	A2	A1	A0	28H～2FH	控制内部电压(跟随器、调节器、倍压器)
V_o requlate	0	0	1	0	0	A2	A1	A0	20H～27H	Small(小)～Large(大)
brigntness adjust (双字节命令)	1	0	0	0	0	0	0	1	81H	使能亮度设置
	*	*	A5	A4	A3	A2	A1	A0	1～3FH	小→大
OSC select	1	1	1	0	0	1	0	1/0	E5H/E4H	振荡频率选择 E4H:31.4kHz,E5H:26.3kHz
Static On/OFF (双字节命令)	1	0	1	0	1	1	0	1/0	ADH/ACH	ADH 开静态显示,ACH 关静态显示
	*	*	*	*	*	*	A1	A0		A1A0＝00 关,01 为 1 秒闪,10 为 0.5 秒闪,11 常开
dis mode set	1	0	0	0	0	0	1	1/0	83H/82H	82H:常规,83H:局部显示

6.7.2 GY1206 LKSCY7G 的接口和编程

一、接口电路

图 6-45 是附录中图 5(A/D 和液晶显示仿真实验块)电路的一部分,这是 89C52 和 GY1206 的 1 种接口方法。图中由跨线 SEL_PS、SEL_SDA、SEL_SCL、SEL_RS、SEL_CS 选择 GY1206 的接口方式,连接到 GY1206 的所有控制线、数据线都由电阻分压、使高电平不超过 3.3V。

(1) 串行方式:P/S 接地、D7 接 P10 * 、D6 接 P11 * 、RS 接 P12 * ,$\overline{\text{CS}}$接地时,GY1206 工作于串行接口方式。此时在程序的控制下,P10 输出串行数据,P11 输出移位时钟,P12 选择写入数据或命令。

(2) 并行方式:P/S 接 3.3 V, D7 接 P07 * , D6 接 P06 * , RS 接地址线 A0 * , $\overline{\text{CS}}$接地址线 A6 * 时,GY1206 工作于并行接口方式,此时 GY1206 的数据口地址为 0xbf,命令状态口的地址为 0xbe。

二、程序设计方法

1. 程序功能

首先显示图 6-46(a)所示的一幅字符,延时约 4 s 后,显示图 6-46(b)所示的与缓冲器 AD_BUF 中数据(A/D 结果)相关的一幅图形。

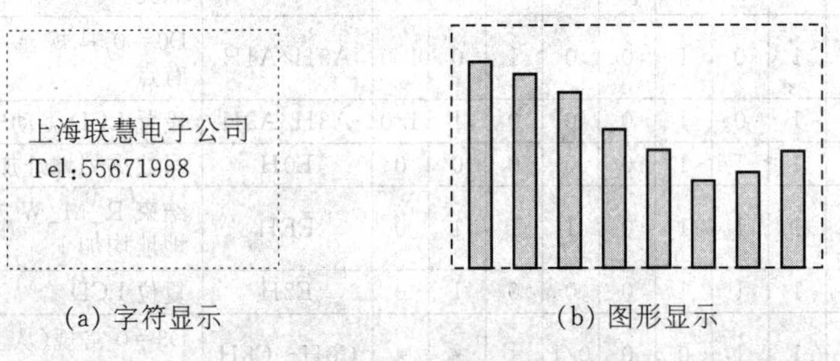

(a) 字符显示　　(b) 图形显示

图 6-46　GY1206 的字符图形显示之例

2. 程序结构

由于 GY1206 内部含有显示数据 RAM、命令寄存器、液晶屏扫描控制器、驱动器,这就简化了对 GY1206 的编程。用户程序中包括两个部分:

(1) 初始化程序:将命令写入 GY1206,设定显示的格式和参数;

(2) 屏幕刷新程序:将显示数据或图形的点阵数据写入显示数据 RAM。

三、串行方式显示程序

1. 主要子程序功能

- LCD_INIT:依次将一些命令写入 GY1206,设定显示的格式和参数;
- CLR_SCR:清显示屏(0 写入显示 RAM);

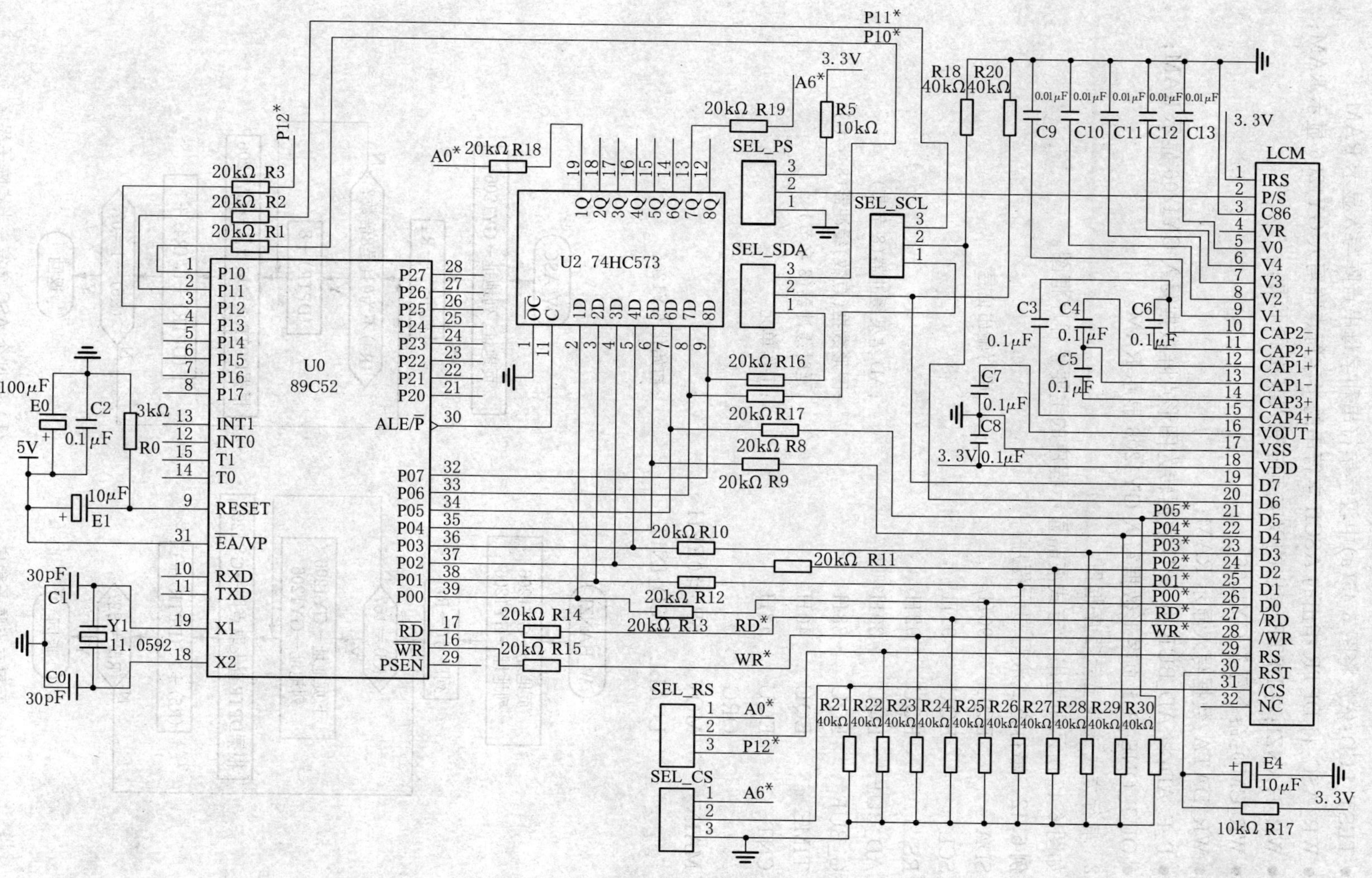

图 6-45 GY1206 的 1 种串行和并行接口方法

- TEST_LCD:依次将图 6-45(a)中汉字字符串和字母串点阵写入显示 RAM;
- WR_ASC:将 DPTR 指出的 ASCII 字符串的半字符点阵写入 GY1206 显示 RAM;
- WR_HANZI:将 DPTR 指出的汉字点阵写入某页和下页;
- WR_CMD:命令写入 GY1206;
- WR_DATA:数据写入显示 RAM;
- P_F_AD:将 AD_BUF 中 A/D 数据转为图形点阵数据写入 GY1206 显示 RAM;
- OUT_ONE_P:1 页图形数据写入 GY1206 显示 RAM。

2. 串行方式液晶显示程序框图

如图 6-47 所示即为串行方式液晶显示程序的主要子程序框图。

例 6.12 串行方式液晶显示程序

```
SDA      EQU    90H              ;串行输出信号
SCL      EQU    91H
RS       EQU    92H
AD_BUF   EQU    30H              ;AD 结果缓冲器(8 字节)
G_BUF    EQU    38H              ;图形数据(点数)缓冲器(8 字节)
TIME     EQU    40H              ;延时缓冲器(3 字节)
CNT      EQU    43H              ;工作单元
         ORG    0
MAIN:    MOV    SP,#0EFH         ;
         LCALL  LCD_INIT         ;初始化 GY1206
```

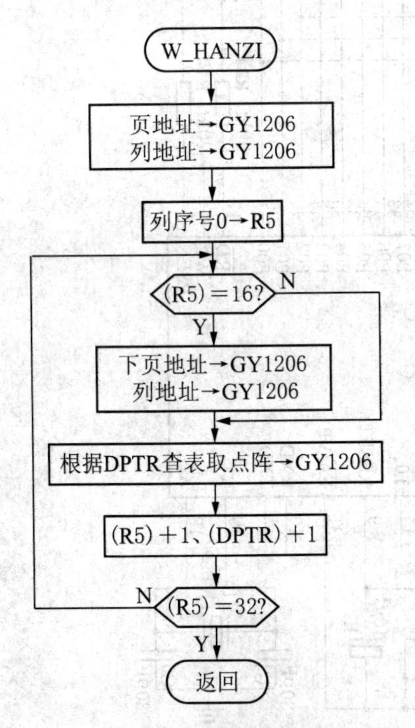

(a) 写汉字点阵子程序

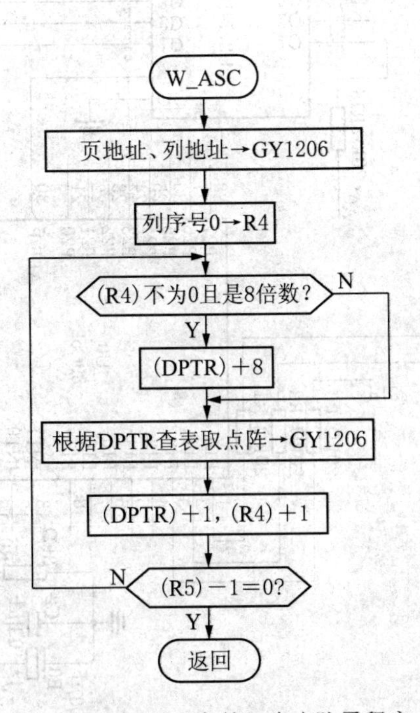

(b) 写 N 个 ASC 字符一半点阵子程序

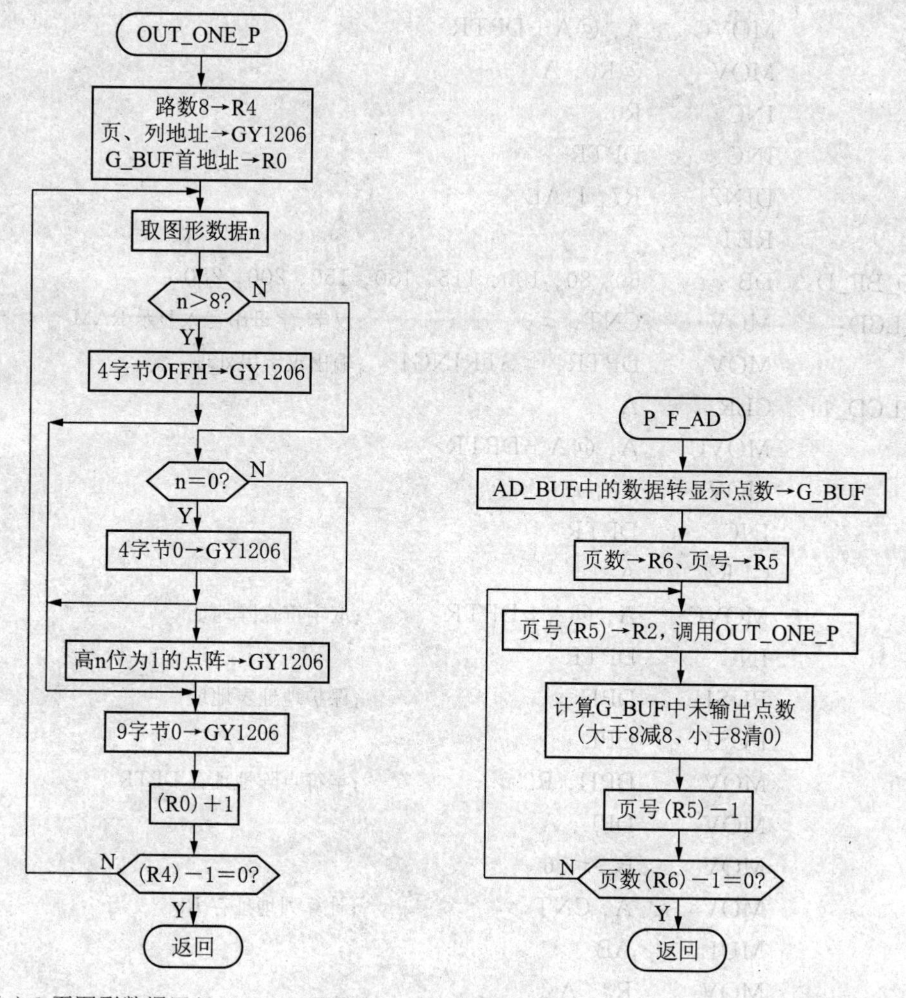

(c) 1 页图形数据写入 GY1206 子程序　　(d) A/D 数据转为图形点阵写入 Gy1206 子程序

图 6-47　串行方式程序框图

```
          LCALL   C_SCR                  ;清屏
          LCALL   T_LCD                  ;汉字、字母串写入显示 RAM
          MOV     TIME, #20
          LCALL   DEL                    ;延时
          LCALL   C_SCR                  ;清屏
          LCALL   I_ADBUF                ;对 AD 缓冲器赋值代替采样
          LCALL   P_F_AD                 ;AD 缓冲器转为图形数据
          SJMP    $                      ;写入显示 RAM
I_ADBUF:  MOV     R7, #8
          MOV     R0, #AD_BUF            ;测试数据写入 AD_BUF
          MOV     DPTR, #AD_BF_D
I_AL:     CLR     A
```

```
           MOVC    A, @A+DPTR
           MOV     @R0, A
           INC     R0
           INC     DPTR
           DJNZ    R7, L_AL
           RET
AD_BF_D:   DB      60, 80, 100, 115, 130, 150, 200, 250
T_LCD:     MOV     CNT, #0              ;汉字、字母串写入显示 RAM
           MOV     DPTR, #STRING1       ;输出汉字串处理
T_LCD_1:   CLR     A
           MOVC    A, @A+DPTR
           MOV     R2, A
           INC     DPTR
           CLR     A
           MOVC    A, @A+DPTR           ;取字符点阵地址
           INC     DPTR
           PUSH    DPH                  ;保护地址表地址
           PUSH    DPL
           MOV     DPH, R2              ;字符点阵地址存 DPTR
           MOV     DPL, A
           MOV     B, #16
           MOV     A, CNT               ;计算列地址存 R3
           MUL     AB
           MOV     R3, A
           MOV     R2, #2               ;汉字显示在第 2, 3 页
           LCALL   W_HANZI
           INC     CNT
           POP     DPL
           POP     DPH
           MOV     A, CNT
           CJNE    A, #8, T_LCD_1
           MOV     DPTR, #STRING2
           MOV     R2, #6               ;页号存 R2
           MOV     R3, #12              ;列号存 R3
           MOV     R5, #96              ;长度存 R5
           LCALL   W_ASC                ;写 ASC 字符串上半部分
           MOV     DPTR, #STRING2
           MOV     A, #8
```

```
            ADD     A, DPL
            MOV     DPL, A
            CLR     A
            ADDC    A, DPH
            MOV     DPH, A
            MOV     R2, #7              ;页号存 R2
            MOV     R3, #12             ;列号存 R3
            MOV     R5, #96             ;长度存 R5
            LCALL   W_ASC               ;写 ASC 字符串下半部分
            RET
C_SCR:      CLR     A                   ;清屏
WR_SCR:     MOV     B, A                ;保护写入的数据
            MOV     R2, #0B0H           ;(A)写入全屏
W_S_0:      MOV     A, R2               ;写入页号
            LCALL   W_CMD
            MOV     A, #10H             ;写入列号 0
            LCALL   W_CMD
            CLR     A
            LCALL   W_CMD
            MOV     R3, #128
W_S_1:      MOV     A, B
            LCALL   W_DATA              ;写入数据
            DJNZ    R3, W_S_1
            INC     R2
            CJNE    R2, #0B8H, W_S_0
            RET
;写 N 个 ASC 字符的一半,(R2)为页面,(R3)为列,(R5)为长度,(DPTR)为点阵地址
W_ASC:      MOV     A, #0B0H
            ADD     A, R2               ;页地址在 R2
            LCALL   W_CMD               ;写页地址
            MOV     A, R3               ;列地址在 R3
            SWAP    A
            ANL     A, #0FH
            ADD     A, #10H
            LCALL   W_CMD               ;写列地址高 4 位
            MOV     A, R3
            ANL     A, #0FH
            LCALL   W_CMD               ;写列地址低 4 位
```

```
        MOV     R4, #0
WA_L:   MOV     A, R4
        JZ      WA_1
        MOV     B, #8
        DIV     AB
        MOV     A, B
        JNZ     WA_1
        MOV     A, #8              ;R4 不为 0 且是 8 的倍数
        ADD     A, DPL             ;指针加 8
        MOV     DPL, A
        MOV     A, DPH
        ADDC    A, #0
        MOV     DPH, A
WA_1:   CLR     A
        MOVC    A, @A+DPTR         ;查表取点阵
        LCALL   W_DATA             ;写入 LCM RAM
        INC     DPTR
        INC     R4
        DJNZ    R5, WA_L
        RET
;写 1 个汉字,(R2)为页面,(R3)为列,(DPTR)为点阵地址
W_HANZI: MOV    A, #0B0H
        ADD     A, R2              ;页地址在 R2
        LCALL   W_CMD              ;写页地址
        MOV     A, R3              ;列地址在 R3
        SWAP    A
        ANL     A, #0FH
        ADD     A, #10H
        LCALL   W_CMD              ;写列地址高 4 位
        MOV     A, R3              ;列低位命令存 R
        ANL     A, #0FH
        LCALL   W_CMD              ;写列地址低 4 位
        MOV     R5, #0
WH_L0:  CJNE    R5, #16, WH_L1
        INC     R2                 ;页地址加 1
        MOV     A, #0B0H
        ADD     A, R2              ;页地址在 R2
        LCALL   W_CMD              ;写页地址
```

```
        MOV     A, R3               ;列地址在 R3
        SWAP    A
        ANL     A, #0FH
        ADD     A, #10H
        LCALL   W_CMD               ;写列地址高 4 位
        MOV     A, R3               ;列低位命令存 R3
        ANL     A, #0FH
        LCALL   W_CMD               ;写列地址低 4 位
WH_L1:  CLR     A                   ;共写 32 字节点阵
        MOVC    A, @A+DPTR
        LCALL   W_DATA
        INC     R5
        INC     DPTR
        CJNE    R5, #32, WH_L0
        RET
LCD_INIT:                           ;GY1206 初始化
        MOV     A, #0E2H            ;复位
        LCALL   W_CMD
        MOV     A, #0AEH            ;关显示
        LCALL   W_CMD
        MOV     A, #0A0H            ;ADC; normal(从左向右)
        LCALL   W_CMD
        MOV     A, #0C8H            ;SHL 选择从上至下
        LCALL   W_CMD
        MOV     A, #040H            ;扫描起始行
        LCALL   W_CMD
        MOV     A, #0A6H            ;正显
        LCALL   W_CMD
        MOV     A, #0A4H            ;正常显示
        LCALL   W_CMD
        MOV     A, #0A2H            ;LCD bias
        LCALL   W_CMD
        MOV     A, #02FH            ;内部电源
        LCALL   W_CMD
        MOV     A, #024H            ;参考电压调节
        LCALL   W_CMD
        MOV     A, #081H            ;双字节指令
        LCALL   W_CMD
```

```
            MOV     A, #02DH            ;对比度调节
            LCALL   W_CMD
            MOV     A, #0AFH            ;开显示
            LCALL   W_CMD
            MOV     TIME, #1
DEL:        MOV     TIME+1, #50
            MOV     TIME+2, #0
DEL_L:      DJNZ    TIME+2, $
            DJNZ    TIME+1, DEL_L
            DJNZ    TIME, DEL_L
            RET
W_CMD:      CLR     RS                  ;写命令
            SJMP    WRITE
W_DATA:     SETB    RS                  ;写数据
WRITE:      MOV     R7, #8              ;(A)串行输出
W_L:        CLR     SCL
            RLC     A
            MOV     SDA, C
            SETB    SCL
            DJNZ    R7, W_L
            CLR     SCL
            RET
OUT_ONE_P:
            MOV     R4, #8              ;输出一页(R2)为页图形
            MOV     A, #0B0H
            ADD     A, R2
            LCALL   W_CMD               ;输出页地址
            MOV     A, #11H             ;从16列开始
            LCALL   W_CMD               ;输出列地址
            MOV     A, #0
            LCALL   W_CMD
            MOV     R0, #G_BUF
OUT_0_0:    MOV     A, @R0
            CJNE    A, #8, $+3
            JC      OUT_0_2
            MOV     CNT, #4
OUT_0_1:    MOV     A, #0FFH            ;大于8点输出4列全1(8点亮)
            LCALL   W_DATA
```

```
        DJNZ    CNT, OUT_0_1
        SJMP    OUT_0_7
OUT_0_2: JNZ    OUT_0_4
        MOV     CNT, #4             ;0 输出 4 列全 0(8 点暗)
OUT_0_3: MOV    A, #0
        LCALL   W_DATA
        DJNZ    CNT, OUT_0_3
        SJMP    OUT_0_7
OUT_0_4: MOV    CNT, A              ;根据数据计算亮暗点
        CLR     A
OUT_0_5: SETB   C                   ;在 1～8 内计算亮点后输出
        RRC     A
        DJNZ    CNT, OUT_0_5
        MOV     R2, A               ;输出 4 列图形数据
        MOV     CNT, #4
OUT_0_6: MOV    A, R2
        LCALL   W_DATA
        DJNZ    CNT, OUT_0_6
OUT_0_7: MOV    CNT, #9             ;输出 9 列全"0"(暗)
OUT_0_8: CLR    A
        LCALL   W_DATA
        DJNZ    CNT, OUT_0_8
        INC     R0
        DJNZ    R4, OUT_0_0
        RET
P_F_AD: MOV     R0, #AD_BUF         ;数据除 5 得亮的点数
        MOV     R1, #G_BUF          ;存 G_BUF
        MOV     R4, #8
P_F_A0: MOV     A, @R0
        MOV     B, #5
        DIV     AB
        MOV     @R1, A
        INC     R0
        INC     R1
        DJNZ    R4, P_F_A0
        MOV     R6, #7              ;R6 为输出页数
        MOV     R5, #7              ;R5 为页号
P_F_A4: MOV     A, R5
```

```
        MOV     R2, A
        LCALL   OUT_ONE_P           ;输出一页(8 点)
        MOV     R3, #8              ;计算未输出的点数
        MOV     R1, #G_BUF
P_F_A5: MOV     A, @R1
        CJNE    A, #9, $+3
        JC      P_F_A1
        CLR     C
        SUBB    A, #8               ;大于 8 点减 8
        SJMP    P_F_A2
P_F_A1: CLR     A                   ;已小于 8 点清零
P_F_A2: MOV     @R1, A
        INC     R1
        DJNZ    R3, P_F_A5          ;对 8 个单元处理
        DEC     R5                  ;页号减 1
        DJNZ    R6, P_F_A4
        RET
STRING1: DW     CHAR_1_0, CHAR_1_1, CHAR_1_2, CHAR_1_3  ;地址表
         DW     CHAR_1_4, CHAR_1_5, CHAR_1_6, CHAR_1_7
;汉字、字句点阵常数表:
CHAR_1_0: DB 0x00, 0x00, 0x00, 0x00, 0x00, 0x00, 0x00, 0xff, 0x20, 0x20  ;上
          DB 0x20, 0x30, 0x20, 0x00, 0x00, 0x00, 0x40, 0x40, 0x40, 0x40, 0x40
          DB 0x40, 0x40, 0x7f, 0x40, 0x40, 0x40, 0x40, 0x40, 0x60, 0x40, 0x00
CHAR_1_1: DB 0x10, 0x22, 0x64, 0x0c, 0x90, 0x08, 0xf7, 0x14, 0x34, 0x54  ;海
          DB 0x14, 0x14, 0xf6, 0x04, 0x00, 0x00, 0x04, 0x04, 0xfe, 0x01, 0x01
          DB 0x1f, 0x11, 0x11, 0x13, 0x15, 0x51, 0x91, 0x7f, 0x11, 0x01, 0x00;
CHAR_1_2: DB 0x02, 0x02, 0xfe, 0x12, 0x12, 0xfe, 0x02, 0x11, 0x12, 0x16  ;联
          DB 0xf0, 0x14, 0x12, 0x93, 0x00, 0x00, 0x20, 0x20, 0x3f, 0x11, 0x11
          DB 0xff, 0x91, 0x41, 0x21, 0x19, 0x07, 0x19, 0x61, 0xc1, 0x41, 0x00
CHAR_1_3: DB 0x00, 0x22, 0xaa, 0xaa, 0xff, 0xaa, 0xaa, 0x80, 0xaa, 0xaa  ;慧
          DB 0xff, 0xaa, 0xaa, 0x22, 0x00, 0x00, 0x02, 0x42, 0x2a, 0x0a, 0x7a

          DB 0x8a, 0x8a, 0x9a, 0xaa, 0x8a, 0xea, 0x0a, 0x2f, 0x42, 0x02, 0x00
CHAR_1_ 4: DB 0x00, 0x00, 0xF8, 0x48, 0x48, 0x48, 0x48, 0xFF, 0x48, 0x48 ;电
          DB 0x48, 0x48, 0xF8, 0x00, 0x00, 0x00, 0x00, 0x00, 0x0F, 0x04, 0x04
          DB 0x04, 0x04, 0x3F, 0x44, 0x44, 0x44, 0x44, 0x4F, 0x40, 0x70, 0x00
CHAR_1_5: DB 0x80, 0x80, 0x82, 0x82, 0x82, 0x82, 0x82, 0xe2, 0xa2, 0x92  ;子
```

```
          DB  0x8a, 0x86, 0x80, 0xc0, 0x80, 0x00, 0x00, 0x00, 0x00, 0x00, 0x00
          DB  0x40, 0x80, 0x7f, 0x00, 0x00, 0x00, 0x00, 0x00, 0x00, 0x00, 0x00
CHAR_1_6: DB  0x00, 0x00, 0x80, 0x40, 0x30, 0x0E, 0x84, 0x00, 0x00, 0x0E ;公
          DB  0x10, 0x60, 0xC0, 0x80, 0x80, 0x00, 0x00, 0x01, 0x20, 0x70, 0x28
          DB  0x24, 0x23, 0x31, 0x10, 0x10, 0x14, 0x78, 0x30, 0x01, 0x00, 0x00
CHAR_1_7: DB  0x00, 0x10, 0x92, 0x92, 0x92, 0x92, 0x92, 0x92, 0x92, 0x92 ;司
          DB  0x12, 0x02, 0x02, 0xFE, 0x00, 0x00, 0x00, 0x00, 0x1F, 0x04, 0x04
          DB  0x04, 0x04, 0x04, 0x04, 0x0F, 0x00, 0x20, 0x40, 0x3F, 0x00, 0x00
STRING2:  DB  0x08, 0x08, 0x08, 0xF8, 0x08, 0x08, 0x08, 0x00          ;T
          DB  0x00, 0x00, 0x00, 0x3F, 0x00, 0x00, 0x00, 0x00
          DB  0x00, 0xF8, 0x08, 0x08, 0x08, 0x08, 0x08, 0x00          ;E
          DB  0x00, 0x3F, 0x21, 0x21, 0x21, 0x21, 0x20, 0x00
          DB  0xF8, 0x00, 0x00, 0x00, 0x00, 0x00, 0x00, 0x00          ;L
          DB  0x3F, 0x20, 0x20, 0x20, 0x20, 0x20, 0x20, 0x00
          DB  0x00, 0x00, 0x60, 0x60, 0x00, 0x00, 0x00, 0x00          ;:
          DB  0x00, 0x00, 0x18, 0x18, 0x00, 0x00, 0x00, 0x00
          DB  0x00, 0xF8, 0x08, 0x88, 0x88, 0x08, 0x08, 0x00          ;5
          DB  0x00, 0x19, 0x21, 0x20, 0x20, 0x11, 0x0E, 0x00
          DB  0x00, 0xF8, 0x08, 0x88, 0x88, 0x08, 0x08, 0x00          ;5
          DB  0x00, 0x19, 0x21, 0x20, 0x20, 0x11, 0x0E, 0x00
          DB  0x00, 0xE0, 0x10, 0x88, 0x88, 0x18, 0x00, 0x00          ;6
          DB  0x00, 0x0F, 0x11, 0x20, 0x20, 0x11, 0x0E, 0x00
          DB  0x00, 0x38, 0x08, 0x08, 0xC8, 0x38, 0x08, 0x00          ;7
          DB  0x00, 0x00, 0x00, 0x3F, 0x00, 0x00, 0x00, 0x00
          DB  0x00, 0x10, 0x10, 0xF8, 0x00, 0x00, 0x00, 0x00          ;1
          DB  0x00, 0x20, 0x20, 0x3F, 0x20, 0x20, 0x00, 0x00
          DB  0x00, 0xE0, 0x10, 0x08, 0x08, 0x10, 0xE0, 0x00          ;9
          DB  0x00, 0x00, 0x31, 0x22, 0x22, 0x11, 0x0F, 0x00
          DB  0x00, 0xE0, 0x10, 0x08, 0x08, 0x10, 0xE0, 0x00          ;9
          DB  0x00, 0x00, 0x31, 0x22, 0x22, 0x11, 0x0F, 0x00
          DB  0x00, 0x70, 0x88, 0x08, 0x08, 0x88, 0x70, 0x00          ;8
          DB  0x00, 0x1C, 0x22, 0x21, 0x21, 0x22, 0x1C, 0x00
          END
```

四、并行方式显示程序

并行方式显示程序和串行方式的差别是数据、命令写入子程序不同，并用读状命令判GY1206是否忙，因此程序中不需延时。下面为并行方式的数据、命令写入子程序。

例 6.13 并行方式液晶显示程序中的数据、命令写入子程序

```
LCM_D_P     EQU     0BFH            ;数据口定义
LCM_C_P     EQU     0BEH            ;命令状态口定义
W_DATA:     PUSH    ACC             ;写数据,先保护数据
            MOV     A, R0           ;保护 R0(为不改串行方式其他程序)
            MOV     R7, A           ;保护 R0
            MOV     R0, #LCM_C_P
W_D_W:      MOVX    A ,@R0          ;读状态
            JB      ACC.7, W_D_W    ;忙则等待
            MOV     R0, #LCM_D_P    ;数据口地址存 R0
            SJMP    W_LCM
W_CMD:      PUSH    ACC             ;写命令先保护命令
            MOV     A, R0
            MOV     R7, A
            MOV     R0, #LCM_C_P    ;命令口地址存 R0
W_C_W:      MOVX    A, @R0          ;读状态
            JB      ACC.7, W_C_W    ;忙则等待
W_LCM:      POP     ACC             ;对 LCM 写
            MOVX    @R0, A
            MOV     A, R7           ;恢复 R0
            MOV     R0, A
            RET
```

* §6.8 模拟串行扩展技术

I^2CBUS 和 SPI 是最常见的串行扩展接口,对于无这种接口的 89C52 等单片机,可以用软件模拟串行通信时序,用于扩展 EEPROM、RAM、LCD 驱动器、A/D 等串行接口的外围器件,特别适用于 51 系列的最小系统。

6.8.1 I^2C 时序模拟

I^2CBUS 是多主机串行总线,时序较复杂。对于只用于扩展 I^2C 外围器件的单主机系统,没有总线的竞争和同步,主机只对从器件读/写操作,则时序简单得多。

一、单主机 I^2C 时序

由图 5-64(I^2C 总线上数据传送过程)可见,传送中含有启动位、数据位、应答位和停止位。这些位的传送时序如图 6-48 所示。最大速率为 100kbit/s,时钟线 SCL 低电平时间大于 4.7μs,高电平时间大于 4μs。

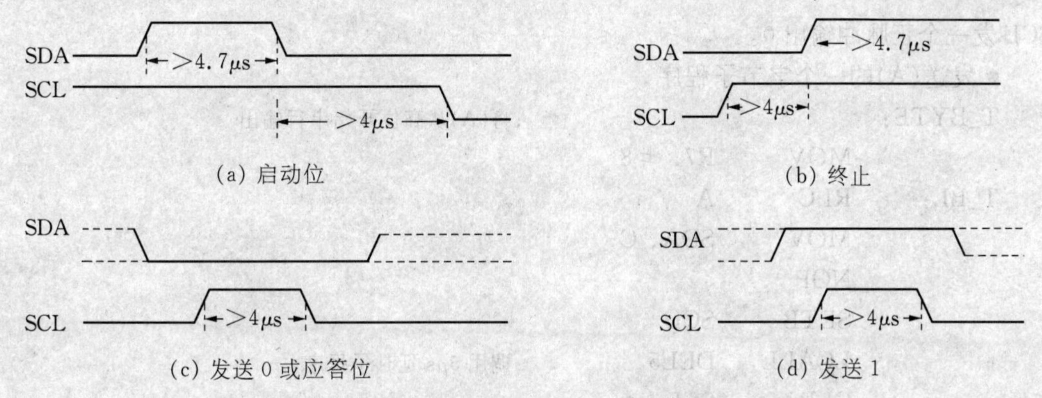

图 6-48 I²C 典型的位传送时序

＊二、I²C 时序模拟子程序设计

在 89C52 最小系统中，P0～P3 口任 2 位引脚都可以作为数据线 SDA、时钟线 SCL(若用 P0 口则必须外接 10K 电阻)。下面以 P1.6、P1.7 为例介绍 I²C 时序模拟子程序。

＊**例 6.14** I²C 总线时序模拟子程序

● 信号定义

```
SDA     BIT     96H          ;数据线
SCL     BIT     97H          ;时钟线
```

● 启动位子程序

当 SCL 为高电平时 SDA 下降，定义为启动位，启动后总线转为忙。

```
STRT:   SETB    SCL
        SETB    SDA
        ACALL   DEL5         ;调用 5μs 延时子程序
        CLR     SDA
        ACALL   DEL5         ;调用 5μs 延时子程序
        CLR     SCL
        RET
```

● 停止位子程序

当 SCL 为高电平时 SDA 上升，定义为停止位，停止后总线转为空闲。

```
STOP:   CLR     SDA
        NOP
        SETB    SCL
        LCALL   DEL5         ;调用 5μs 延时子程序
        SETB    SDA
        RET
```

● 发送一个字节子程序

启动位后，可以传送数据。SDA 为高电平，SCL 发一个正脉冲输出 1，SDA 为低电平，

SCL 发一个正脉冲输出 0。

● 发送(A)的一个字节子程序

```
T_BYTE:                         ;将(A)从高位开始串行输出
        MOV     R7, #8
T_BL:   RLC     A
        MOV     SDA, C
        NOP
        SETB    SCL
        LCALL   DEL5            ;调用 5μs 延时子程序
        CLR     SCL
        DJNZ    R7, T_BL
        SETB    SDA             ;接收应答位
        NOP
        SETB    SCL
        LCALL   DEL5
        MOV     C, #SDA
        CLR     SCL
        RET
```

● 接收一个字节存 A 的子程序

```
R_BYTE: MOV     R7, #8
        SETB    SDA
R_BL:   SETB    SCL
        NOP
        NOP
        MOV     C, SDA
        RLC     A               ;从高位开始
        NOP
        CLR     SCL
        NOP
        DJNZ    R7, R_BL
        CLR     SDA
        NOP
        SETB    SCL
        LCALL   DEL5
        CLR     SCL
        SETB    SDA
        RET
DEL5:   NOP                     ;5μs 延时子程序
        RET                     ;调用返回各 2μs
```

三、I²C 通信

图 6-49 为 89C52 和 I²C 外围器件的一种接口方法。I²C 器件虽都采用 I²C 标准时序，但器件功能、结构是不同的。用 I²C 时序模拟方法，实现 89C52 和从器件通信时，应根据器件说明，89C52 的时钟频率，修改例 6.14 程序中的延时参数，根据硬件的设计，对从器件寻址、控制以及数据传送。若通信出错可以停止后再启动。

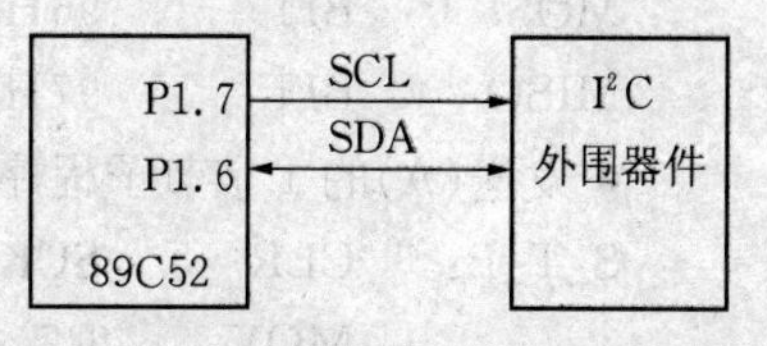

图 6-49　89C52 和 I²C 器件接口电路

6.8.2　SPI 时序模拟

一、SPI 时序

SPI 采用全双工三线同步传送方式，波特率可达 6MHz。数据线 MOSI、MISO 和时钟线 SCK 的时序有图 6-50 所示的 4 种，应用中根据 SPI 器件说明确定一种时序。

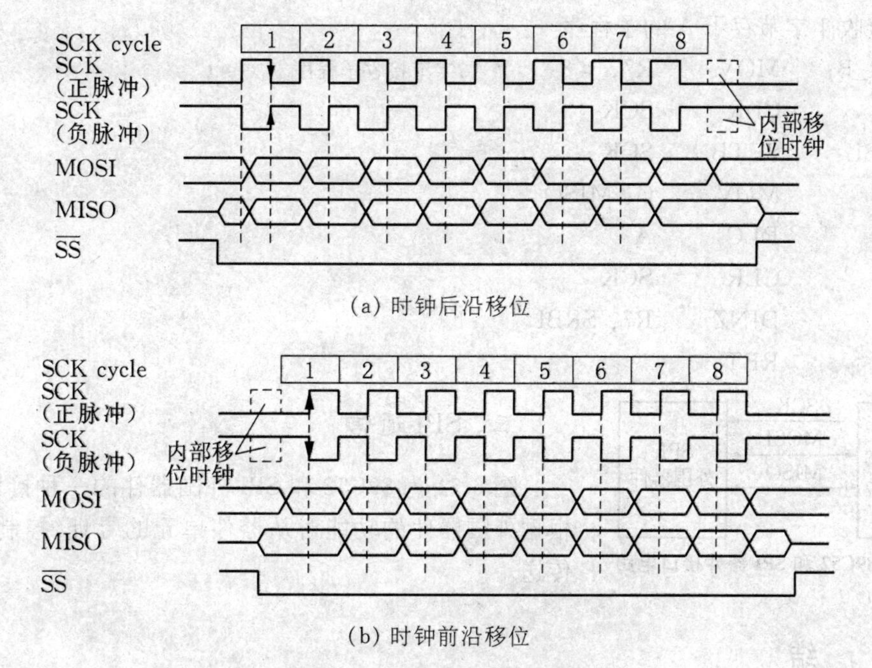

(a) 时钟后沿移位

(b) 时钟前沿移位

图 6-50　SPI 数据传送时序

由图 6-50 可见，模拟 SPI 输出时序时，先将 MOSI 置为 1 或 0 以后，SCK 发一个正脉冲或负脉冲即可。SPI 输入时，参考 SPI 接口器件芯片手册，确定 SCK 脉冲极性，由移位相位确定采样时间。

二、SPI 时序模拟子程序设计

这里以正脉冲上升沿移位的方式为例，介绍用 P1.5～P1.7 模拟 SPI 时序的子程序

例 6.15 SPI 时序模拟程序

● 信号定义

```
SCK      BIT     95H        ;符号定义
MOSI     BIT     96H
MISO     BIT     97H
```

● 发送(A)的 1 字节子程序

```
S_T_B:   CLR     SCK        ;字节发送子程序
         MOV     R7, #8
STBL:    RLC     A
         MOV     MOSI, C
         SETB    SCK
         NOP
         CLR     SCK
         DJNZ    R7, STBL
         RET
```

● 接收 1 字节存于 A 的子程序

```
S_R_B:   MOV     R7, #8     ;字节接收子程序
         CLR     SCK
SRBL:    SETB    SCK
         MOV     C, MISO
         RLC     A
         CLR     SCK
         DJNZ    R7, SRBL
         RET
```

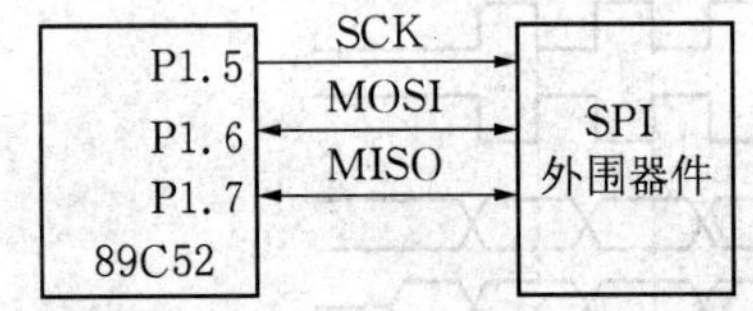

图 6-51 89C52 和 SPI 器件接口电路

三、SPI 通信

图 6-51 为 89C52 和 SPI 外围器件的一种接口电路，根据外围器件的功能对从器件单元的寻址、控制和数据传送。

小　　结

通过本章学习，重点掌握以下内容：

● 51 扩展总线和时序波形特点，应从时序上和有效信号时间宽度(ns 级)两方面判断一个器件能否和 51 总线直接相连；

● 器件的扩展方法：若一个器件能和 51 总线直接相连，应根据总的扩展器件数量、器件内单元字节数来确定是大系统或紧凑系统，以及地址译码和寻址方法；

● 器件编程方法：对于不可编程的器件，仅仅是数据传送；对于逻辑结构可编程的 I/O

器件，除数据传送外，还需要了解内部控制寄存器功能、寻址方法、命令字格式等，在这个基础上，将命令字写入控制寄存器，正确地对I/O口初始化；

● 定时和程控输入/输出方式的选择：这取决于CPU的忙闲和日常事务的多少以及数据输入/输出的特性、速度，一般情况下慢速设备采用定时输入/输出或握手式的中断控制方式，快速设备采用程控输入/输出，还需考虑程序的简单实用；

● 时序模拟：对于不能和51总线直接相连的器件，可以连到51的并行口或扩展并行口，模拟器件的时序，实现数据输入/输出；对于不能和51串口相连的串行器件，也可以连到51的并行口或扩展并行口的一些位，模拟器件的串行传送时序，实现数据或命令、状态传送；模拟时序时必须注意信号极性和时间宽度；

● 数据结构：数据结构选择是否合理(如汉字点阵结构)对程序的质量、效率、影响很大。

习　　题

1. 什么是大系统、紧凑系统、小系统？系统设计时这3种模式的选择原则是什么？

2. 在紧凑系统中若用DPTR作指针访问外部器件会产生什么影响？

3. 一个紧凑系统中，若扩展4个I/O芯片，这些芯片中I/O寄存器最多为3个，请画出该系统扩展电路框图。

4. 试画出两片8155和89C52的接口电路框图。

5. 请画出4位BCD码拨盘和8255 PC口的接口电路，编写两个子程序，功能分别为对8255初始化和读码拨盘数据并转为二进制数存R3R4。

***6.** 若在扩展的两片74LS377和一片74LS245上接8位七段显示器和8×8键盘，请画出该系统的扩展电路，并分别编写出显示子程序、读键盘状态子程序、判闭合键键号子程序，在此基础上编写程控读键盘、扫描显示器的程序，功能为显示器初态全暗，其后读出键号显示在显示器低2位上。

7. 在例6.7程序中补上所用到的子程序和必要符号定义，使之能在附录3中附图2所示模块上仿真运行。

8. 在例6.7程序中主程序和定时中断程序之间有哪些信息交换？

9. 请编写一个程控扫描显示器和键盘程序，其功能和例6.7相同。

10. 根据附录3中附图1 4×4键盘电路编写一个逐行扫描法判键号的子程序。

11. 指出例6.9中屏幕上字符出现的次序，并修改例6.9中程序使屏幕上以“单、片、机”的次序出现。

***12.** 请修改图6-35所示的程序框图，使之能在图6-32的显示屏上滚动显示“单片微机”四个字。

***13.** 请修改图6-35所示的程序框图，使显示屏改为向左滚动显示。

***14.** 请修改例6.8页式显示程序，使之能显示“单片”、“微机”、“接口”、“技术”这4页。

***15.** 根据附录3中附图4的A/D液晶显示模块电路，编写一个程序，其功能为用T0产生ADC0809的时钟(fosc=500kHz)，用T1产生50ms定时中断，定时启动、读ADC0809的8路输入，并以图6-46中图形方式显示在液晶屏上。

16. 根据例6.12、例6.13编写出完整的并行方式显示程序。

实　　验

如前两章实验所示，Keil C51的模拟仿真方式能有效模拟51单片机的片上资源功能，程序调试很方便;但模拟仿真方式不能模拟外接器件、设备的功能,也不能排除器件、设备接口电路故障,不能测试程序的动态性能(如显示器抖动),而在线仿真方式能克服模拟仿真方式的这些缺点。本章实验都与器件、设备接口电路有关,因此都使用附录中的相关实验仿真模块,采用在线仿真方式。

由于实验仿真模块中用 SST89E58RD2A 单片机(利用它的仿真特性)替代 89C52 单片机,SST89E58RD2A 内部含有 768 字节 XRAM,由寄存器 AUXR(地址为 8EH)控制是否使用内部 XRAM。AUXR 初态为 0 使用 XRAM,为了使 SST89E58RD2A 和 889C52 完全兼容,必须使 AUXR = 2,不用内部 XRAM。在下面的实验中,必须在程序头部定义:AUXR　EQU　8EH,并在初始化程序中加入指令:MOV　AUXR, #2。不然就不能对外部 RAM/IO 的 0 页操作,也不能用 R0, R1 寻址。

实验一　定时扫描 6 位显示器和 3×8 键盘实验

一、实验目的

掌握 8155 接口技术、编程方法、逐行扫描法判键号的原理与程序设计、在线仿真调试方法。

二、实验电路

见附录 3 中附图 2。

三、实验内容和功能

详见例 6.7。

四、实验步骤

(1) 建立项目,在 Keil C51 平台上编辑例 6.7 的程序和所调用的子程序,生成 A51 文件 D:\b6_ex\b6_ex1\b6_ex1. A51;

(2) 将 b6_ex1. A51 加入项目后编译,若有错误修改程序后再编译,直至正确为止;

(3) 选择在线仿真方式(注意监控、串行口、波特率的正确选择);

(4) 将 8155 键盘显示器仿真实验模块和 PC 机相连,使 CS_8155 接地,插上并打开 5V 电源;

(5) 进入调试环境,打开 T0、中断、变量和存储器窗口,并在存储器窗口上输入 RAM 类型、地址,在变量窗口上输入 CPU 寄存器名;

(6) 可以先连续运行程序,在模块的键盘上分别按不同键,观察显示器状态,初步测试一下是否实现例 6.7 功能,然后按一下模块上复位键,退出调试环境;

(7) 再进入调试环境,分别测试 INIT_SYS、P_T0、DIR_BIT、KEY38_S、KEY38_N、P_KIN 等子程序的功能;

(8) 从 MAIN 开始单步运行至 MLP_0,测试 INIT_SYS 子程序功能,在 P_T0 设断点 0,连续运行后碰到断点 0,单步运行至返回,观察显示器变化,测试 P_T0、DIR_BIT 流程和功能;

(9) 取消断点 0,在 P_T0 的指令 LCALL　KEY38_S 处设断点 1,连续运行应碰到断点 1,单步运行 KEY38_S 至返回,在模块的键盘上按一键不放,再连续运行碰到断点 1,单步运行 KEY38_S 至返回,测试 KEY38_S 功能;

(10) 取消断点 1,在 P_T0 的指令 LCALL　KEY38_N 处设断点 2,按一键不放,再连续运行碰到断点 2 后,单步运行 KEY38_N 至返回,观察得到键号和所按的键是否对应,从而判断出 KEY38_N 是否正确;

(11) 取消断点 2,在 MLP_0 下的指令 LCALL　P_KIN 处设断点 3,按一键不放,再连续运行碰到断点 3 后,单步运行 P_KIN 至返回,观察计算结果,判断其正确性;

(12) 上述调试过程中若有问题,按模块上复位键,停止运行后退出调试环境,程序修改、编译后再进入调试环境测试;

(13) 若未发现错误或排除错误后再连续运行程序,在模块的键盘上分别按不同键,观察显示器状态,确认是否实现了例 6.7 的功能。

五、思考与实验

1. 按习题9编写并验证程控扫描的6位显示器和3×8键盘程序(CS接地)。

2. 编写并验证CS_8155接P2.7的定时扫描6位显示器和3×8程序。

实验二 点阵显示器的页式显示实验

一、实验目的

掌握8255接口技术、位输出和字节输出的编程方法,点阵显示器的页式显示原理与程序设计、在线仿真调试方法。

二、实验电路

见附录3中附图3。

三、实验内容和功能

详见例6.8。

四、实验步骤

(1) 建立项目,在Keil C51平台上编辑例6.8的程序,生成A51文件D:\b6_ex\b6_ex2\b6_ex2.A51;

(2) 将b6_ex2.A51加入项目后编译,若有错误修改程序后再编译,直至正确为止;

(3) 选择在线仿真方式(注意监控、串行口、波特率的正确选择);

(4) 将8255点阵显示器仿真实验模块和PC机相连,使CS_8255接A7,插上并打开5V电源;

(5) 进入调试环境,打开T0、中断、变量和存储器窗口,并在存储器窗口上输入RAM类型、地址,在变量窗口上输入CPU寄存器名;

(6) 可以先连续运行程序,观察显示器状态,初步测试一下是否实现例6.8的功能,然后按一下模块上复位键,退出调试环境;

(7) 再进入调试环境,分别测试INIT_SYS、SO_595_D、OUT_LINE、P_T0等子程序的功能;

(8) 从MAIN开始单步运行至SJMP $,测试INIT_SYS子程序功能,在P_T01设断点0,连续运行后应碰到断点0,单步运行至返回,测试OUT_LINE、SO_595_D执行流程,观察T0_CNT、显示器变化,判断其正确性;

(9) 取消断点0,在P_T0的指令CPL DIR_F处设断点1,连续运行应碰到断点1后,单步运行至返回,再测试OUT_LINE执行流程,和第8步比较有什么变化,观察显示器状态,判断其正确性;

(10)上述调试过程中若有问题,按模块上复位键,停止运行后退出调试环境,程序修改、编译后再进入调试环境测试;

(11) 若未发现错误或排除错误后再连续运行程序,观察显示器状态,确认是否实现例6.8的功能。

五、思考与实验

1. CS8255接P2.7,修改并调试程序,使其实现上面2页的页式显示功能。

2. 编写并验证习题14的程序,实现点阵显示器4页的页式显示功能。(注:CS接A7)

实验三 点阵显示器的滚动式显示实验

一、实验目的

掌握点阵显示器的滚动式显示原理与程序设计、在线仿真调试方法。

二、实验电路

见附录3中附图3。

三、实验内容和功能

详见例6.9。

四、实验步骤

(1) 建立项目,在 Keil C51 平台上编辑例 6.9 的程序,生成 A51 文件 D:\b6_ex\b6_ex3\b6_ex3. A51;

(2) 将 b6_ex3. A51 加入项目后编译,若有错误修改程序后再编译,直至正确为止;

(3) 选择在线仿真方式(注意监控、串行口、波特率的正确选择);

(4) 将 8255 点阵显示器仿真实验模块和 PC 机相连,使 CS_8255 接 A7,插上并打开 5V 电源;

(5) 进入调试环境,打开 T0、中断、变量和存储器窗口,并在存储器窗口上输入 RAM 类型、地址,在变量窗口上输入 CPU 寄存器名;

(6) 可以先连续运行程序,观察显示器状态,初步测试一下是否实现例 6.9 的功能,然后按一下模块上复位键,退出调试环境;

(7) 再进入调试环境,分别测试 INIT_SYS、P_T0、OUT_LINE 等子程序的功能;

(8) 从 MAIN 开始单步运行至 SJMP $,测试 INIT_SYS 子程序功能和 b6_ex2 有什么不同,在 P_T01 设断点 0,连续运行后碰到断点 0,单步运行至返回,测试 OUT_LINE 执行流程,并和 b6_ex2 比较有什么不同? 观察 T0_CNT、显示器变化,判断其正确性;

(9) 上述调试过程中若有问题,按模块上复位开关,停止运行后退出调试环境,程序修改、编译后再进入调试环境测试;

(10) 若未发现错误或排除错误后再连续运行程序,观察显示器状态,确认是否实现例 6.9 的功能。

五、思考与实验

1. 按习题 11 修改 b6_ex3. A51 程序,使显示次序改为单片机(CS 接 A7)。

2. CS_8255 接 P2.7,修改并调试程序,使其实现上面的 3 字符滚动式显示。

实验四　液晶显示器字符和图形显示实验

一、实验目的

掌握液晶显示模块 GY1206 LKSCY7G 接口技术,掌握字符显示和图形显示原理与程序设计、在线仿真调试方法。

二、实验电路

见附录 3 中附图 4。

三、实验内容和功能

详见例 6.12。

四、实验步骤

(1) 建立项目,在 Keil C51 平台上编辑例 6.12 的程序,生成 A51 文件 D:\b6_ex\b6_ex4\b6_ex4. A51;

(2) 将 b6_ex4. A51 加入项目后编译,若有错误修改程序后再编译,直至正确为止;

(3) 选择在线仿真方式(注意监控、串行口、波特率的正确选择);

(4) 将 A/D 液晶仿真实验模块和 PC 机相连,插上并打开 5V 电源;

(5) 进入调试环境,打开变量和存储器窗口,并在存储器窗口上输入 RAM 类型、地址,在变量窗口上输入 CPU 寄存器名;

(6) 可以先连续运行程序,观察显示器状态,初步测试一下是否实现例 6.12 的功能,然后按一下模块上复位键,退出调试环境;

(7) 再进入调试环境,从 MAIN 开始分别测试 LCD_INIT、C_SCR、T_LCD、I_ADBUF、P_F_AD 等子程序的功能;

(8) 在主程序的 LCALL T_LCD 指令处、LCALL P_F_AD 指令处、SJMP $ 指令处分别设断点 0、1、2;

(9) 连续运行后应先后碰到断点 0、1、2,液晶显示器应从空白到显示 2 行字符,再到显示一幅图形;

(10) 上述调试过程中若有问题,应进一步在 T_LCD、P_F_AD 子程序内部设断点,测试 W_HANZI、W_ASC、W_CMD、W_DATA 等子程序的功能;

(11) 若未发现错误或排除错误后,再连续运行程序,观察显示器状态,确认是否实现了例 6.12 的功能。

五、思考与实验

1. 验证例 6.13 的并行接口液晶显示器字符和图形显示程序。

2. 编写并验证习题 15 程序,以图形方式实时显示 8 路 A/D 结果。

第 7 章 应用系统的设计与调试

单片机应用系统设计包括硬件、软件两个部分：硬件设计包括单片机芯片、扩展的外围器件、I/O 设备的选择和电路设计；软件设计包括各种计算、控制、输入输出程序的算法、结构设计，以及相应程序的编写。由于单片机应用的多样性和技术指标不同，系统的研制方法、步骤也不一样。本章介绍一般的设计内容、设计原则，以例题形式介绍一些设计方法。系统调试方法和所采用的调试工具有关，本章在阐述一般的调试工具性能、方法的基础上，以例题形式介绍在 Keil C51 平台上的一些具体调试内容、方法与操作技巧。

§7.1 应用系统设计

单片机应用系统的研制包括总体设计、硬件设计、软件设计、调试、产品化等阶段。图 7-1 描述了一般的过程。

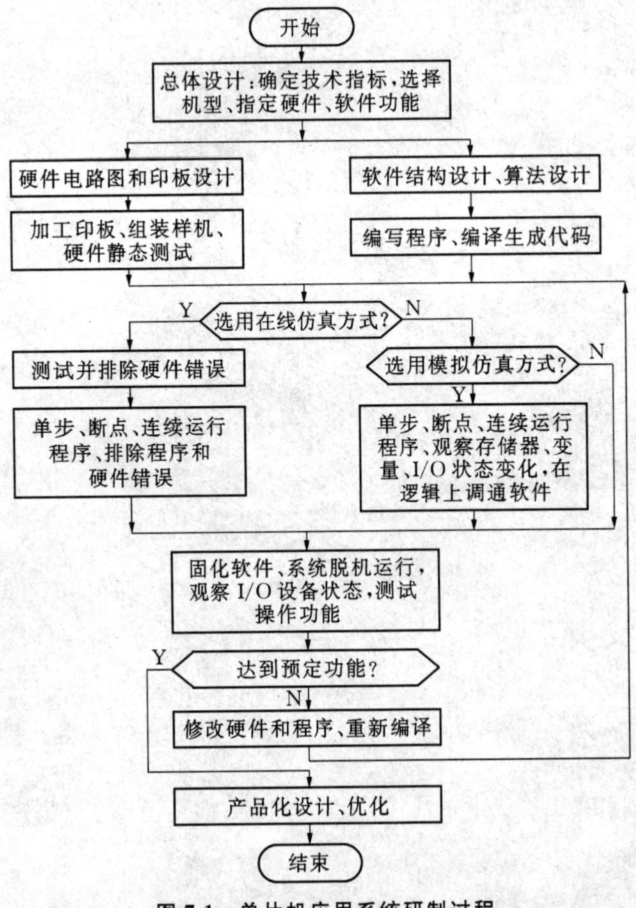

图 7-1 单片机应用系统研制过程

7.1.1 总体设计

一、确定功能技术指标

单片机应用系统的研制是从确定功能技术指标开始的，它是系统设计的依据和出发点，也是决定产品前途的关键。必须根据系统应用场合、工作环境、用途，参考国内外同类产品资料，提出合理、详尽的功能技术指标。

二、机型和器件选择

选择单片机机型的依据是市场货源、单片机性能、开发工具和熟悉程度。根据技术指标，选择容易研制、性能价格比高、有现成开发工具、比较熟悉的一种单片机。选择合适的传感器、执行机构和I/O设备，使它们在精度、速度和可靠性等方面符合要求。

三、硬件和软件功能划分

系统硬件的配置和软件的设计是紧密联系的，在某些场合，硬件和软件具有一定的互换性，有些功能可以由硬件实现也可以由软件实现，如系统日历时钟。对于生产批量大的产品，能由软件实现的功能尽量由软件完成，以利简化硬件结构，降低成本。总体设计时权衡利弊，仔细划分好软、硬件的功能。

7.1.2 硬件设计

硬件设计的任务是根据总体要求，在所选单片机基础上，具体确定系统中每一个元器件，设计出电路原理图，必要时做一些部件实验，验证电路的正确性，进而设计加工印板，组装样机。

一、系统结构选择

根据系统对硬件的需求，确定是小系统、紧凑系统还是大系统。如果是紧凑系统或大系统，进一步选择地址译码方法。

二、可靠性设计

系统对可靠性的要求是由工作环境(湿度、温度、电磁干扰、供电条件等等)和用途确定的。可以采用下列措施，提高系统的可靠性。

1. 采用抗干扰措施

- 抑制电源噪声干扰：安装低通滤波器、减少印板上交流电引进线长度，电源的容量留有余地，完善滤波系统、逻辑电路和模拟电路的合理布局等。
- 抑制输入/输出通道的干扰：使用双绞线、光隔离等方法和外部设备传送信息。
- 抑制电磁场干扰：电磁屏蔽。

2. 提高元器件可靠性

- 选用质量好的元器件并进行严格老化、测试、筛选。
- 设计时技术参数留有一定余量。
- 提高印板和组装的工艺质量。

3. 采用容错技术

- 信息冗余:通信中采用奇偶校验或累加和校验或循环码校验等措施,使系统具有检错和纠错能力。
- 使用系统正常工作监视器(watchdog):对于内部有 watchdog 的单片机,合理选择监视计数器的溢出周期,正确设计清监视计数器的程序。对于内部没有 watchdog 的单片机,可以外接如图 7-2 所示的监视电路,正确调节单稳时间。正常时 P1.2 定时输出脉冲使单稳不翻转,异常时使单稳翻转产生复位信号。图中的 R—S 触发器用于检测正常复位还是异常复位。

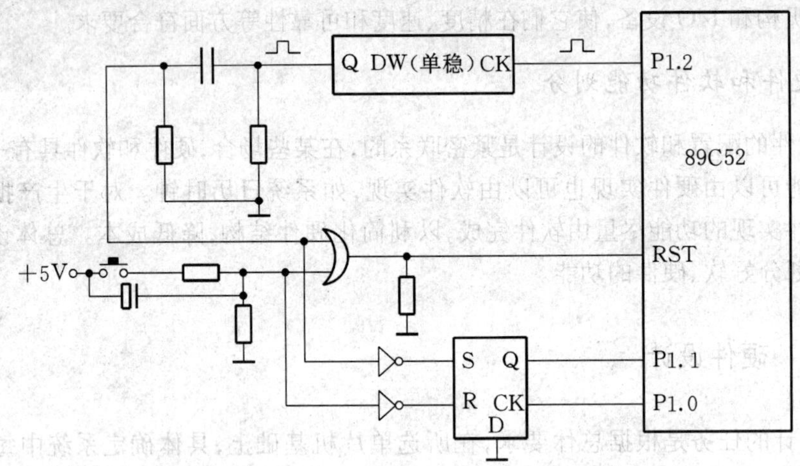

图 7-2 外接的系统监视器电路

三、电路图和印板设计

1. 电路框图设计

在完成总体结构、可靠性设计基础上,基本确定所用元器件后,可用手工方法画出电路框图。图 7-3 给出了一种编程器框图的例子。框图应能看出所用器件以及相互间逻辑关系。

2. 电路原理图设计

在 PC 机上运行辅助电路设计软件 Protel,根据电路框图,进行电路原理图设计,由印板划分、电路复杂性,原理图可绘成一张或若干张。步骤如下:

- 启动原理图编辑器,创建设计文件(*.sch);
- 设置图纸参数(大小、方向);
- 装入电路图元件库,放置元件(指定序号、封装图),调整位置;
- 电路图布线;
- 调整、检查、修改;
- 生成网络表文件(*.NET);

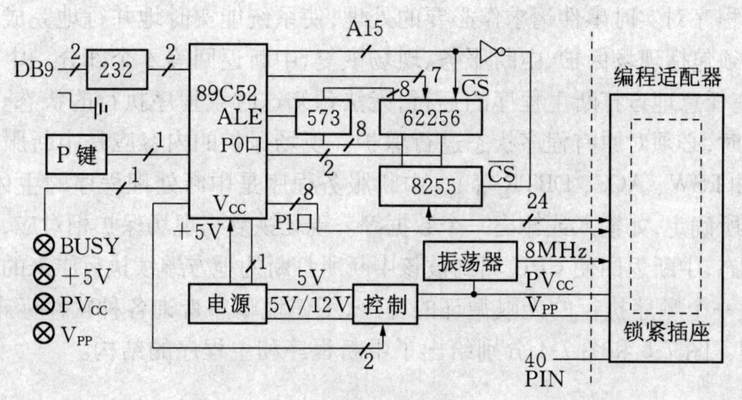

图 7-3 编程器框图

- 保存原理图文件、网络表文件,也可以打印原理图。

对于个别元件可能要启动原理图元件库编辑器制作自己的元件库和元件图,再装入原理图。

3. 印刷电路板设计

印刷电路板(PCB)设计步骤如下:

- 启动 PCB 编辑器;
- 规划电路板(物理外形、尺寸、电气边界);
- 装入 PCB 元件库,装入网络表文件和元件。对于未找到的元件有两种情况:原理图中未指定封装图或元件库中没有指定的封装图,对于后者应启动 PCB 元件库编辑器创建自己的元件库。
- 布局:一般采用自动布局、手工调整;
- 编辑元件标注,使之大小、方向一致;
- 设置布线参数:工作层面(单面、双面、多层),线宽,特殊线宽、间距,过孔尺寸等;
- 自动或手工布线。

在元件布局时,逻辑关系紧密的元件尽量靠近,数字电路、模拟电路、弱电、强电应各自分块集中,滤波电容靠近 IC 器件;布线时电源线和地线尽可能宽(大于 40mil),模拟地和数字地一点相连。对于熟手,人工布线可布出高质量印板,对于新手采用自动布线,然后对不合理处进行人工修改。

- 检查、修改。最后保存文件(*.PCB),送加工厂加工印板,组装样机。

7.1.3 软件设计

一、软件结构设计

合理的软件结构是设计出一个性能优良的应用程序的基础。

对于大多数简单的单片机应用系统,通常采用顺序设计方法,这种系统软件由主程序和若干个中断服务程序所构成。根据系统各个操作的性质,指定哪些操作由中断服务程序完成、哪些操作由主程序完成,并指定各个中断的优先级。

中断服务程序对实时事件请求作必要的处理,使系统能实时地并行地完成各个操作。中断处理程序必须包括现场保护、中断服务、现场恢复、中断返回等 4 个部分。中断的发生是随机的,它可能在任意地方打断主程序的运行,无法预知这时主程序执行的状态。因此,在执行中断服务程序时,必须对原有程序状态进行保护。现场保护的内容应是中断服务程序所使用的有关资源(如 PSW、ACC、DPTR 等)。中断服务程序是中断处理程序的主体,它由中断所要完成的功能所确定,如输入或输出一个数据等。现场恢复与现场保护相对应,恢复被保护的有关寄存器状态,中断返回使 CPU 回到被该中断所打断的地方继续执行原来的程序。

主程序是一个顺序执行的无限循环的程序,不停地顺序查询各种软件标志,以完成对日常事务的处理。图 7-5 和图 7-4 分别给出了中断程序和主程序的结构。

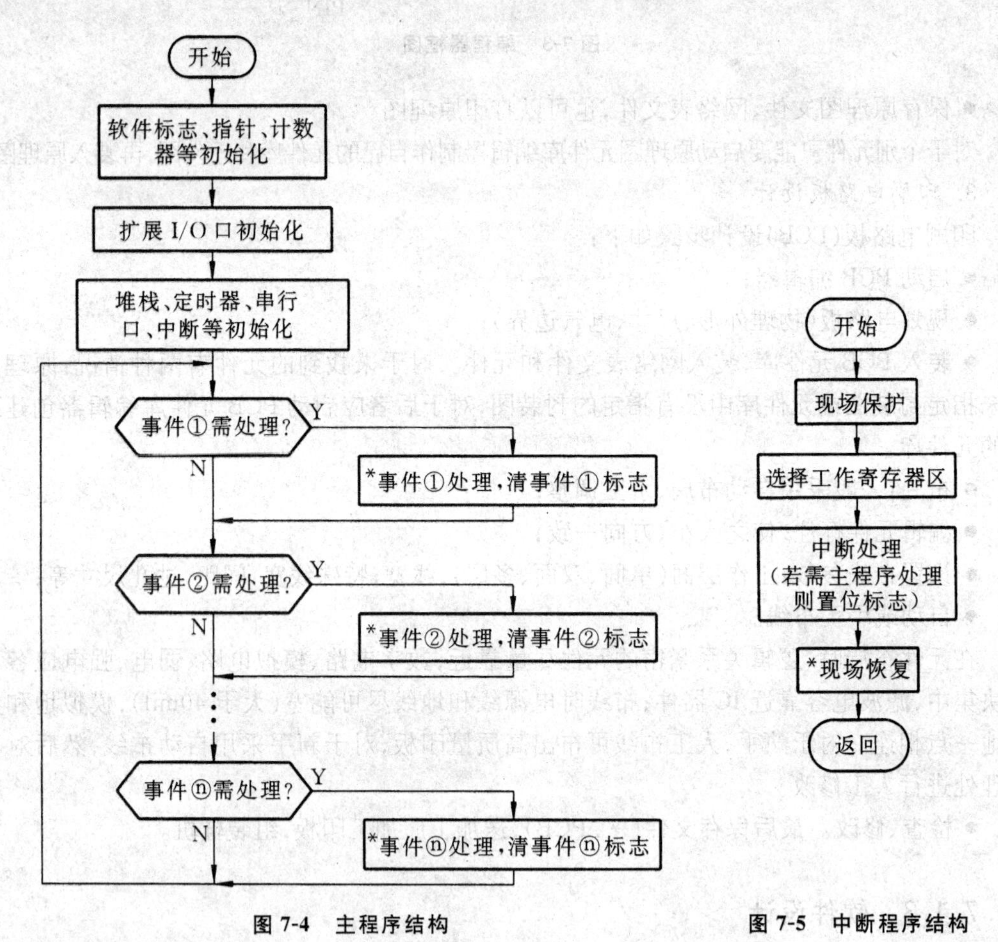

图 7-4 主程序结构　　图 7-5 中断程序结构

* 主程序通过调用一个个子程序完成相应的事件处理。

主程序和中断服务程序间的信息交换一般采用数据缓冲器和软件标志,而 C51 程序中用全局变量(置位或清"0"位寻址区的某一位)方法。例如:定时中断到 1 秒后置位标志 SS,以通知主程序对日历时钟进行计数,主程序查询到 SS = 1 时,清"0"该标志并完成时钟计数。又如:A/D 中断服务程序在读到一个完整数据时将数据存入约定的缓冲器,并置位标志以通知主程序对此数据进行处理。再如:若要打印,主程序判断到打印机空时,将数据装配到打印缓冲器，启动打印机并允许打印中断。打印中断服务程序将一个个数据输出打印，打印完后关打印中断，并置位打印结束标志，以通知主程序打印机已空。

因为顺序程序设计方法容易理解和掌握，也能满足大多数简单的应用系统对软件的功能要求，因此是一种用得很广的方法。顺序程序设计的缺点是软件的结构不够清晰、软件的修改扩充比较困难、实时性能差。这是因为当功能复杂的时候，执行中断服务程序要花较多的时间，CPU 执行中断程序时不响应低级或同级的中断，这可能导致某些实时中断请求得不到及时的响应，甚至会丢失中断信息。如果多采用一些缓冲器和标志，让大多数工作由主程序完成，中断服务程序只完成一些必需的操作，从而缩短中断服务程序的执行时间，这在一定程度上能提高系统实时性，但是众多的软件标志不利于程序的修改、移植，也会给调试带来困难。对于复杂的应用系统，可采用实时多任务操作系统。

二、程序设计方法

1. 自顶向下模块化设计方法

随着单片机应用日益广泛，软件的规模和复杂性也不断增加，给软件的设计、调试和维护带来很多困难。自顶向下的模块化设计方法能有效解决这个问题。程序结构自顶向下模块化，其方法就是把一个大程序划分成一些较小的部分，每一个功能独立的部分用一个程序模块(子程序或 C51 函数)来实现。划分模块的原则是简单性、独立性和完整性，即：

- 模块具有单一的入口和出口；
- 模块不宜过大，应让模块具有单一功能；
- 模块和外界联系仅限于入口参数和出口参数，内部结构和外界无关。

这样各个模块分别进行设计和调试就比较容易实现。

2. 逐步求精设计方法

模块设计采用逐步求精的设计方法，先设计出一个粗的操作步骤，只指明先做什么后做什么，而不回答如何做。进而对每个步骤细化，回答如何做的问题，每一步越来越细，直至可以编写程序时为止。

3. 结构化程序设计方法

按顺序结构、选择结构、循环结构模式编写程序。

三、算法和数据结构

算法和数据结构有密切的关系。明确了算法才能设计出好的数据结构，反之选择好的算法又依赖于数据结构。

算法就是求解问题的方法，一个算法由一系列求解步骤完成。正确的算法要求组成算法的规则和步骤的含义是唯一确定的，没有二义性的，指定的操作步骤有严格的次序，并在执行有限步骤以后给出问题的结果。

求解同一个问题可能有多种算法，选择算法的标准是可靠性、简单性、易理解性以及代码效率和执行速度。

描述算法的工具之一是流程图又称框图，它是算法的图形描述，具有直观、易理解的优点。前面章节中许多程序算法都用流程图表示。流程图可以作为编写程序的依据，也是程序员之间的交流工具。流程图也采用由粗到细,逐步细化,足够明确后就可以编写程序。

数据结构是指数据对象、相互关系和构造方法。不过单片机中数据结构一般比较简单。多数只采用整型数据,少数采用浮点型或构造型数据。

四、程序设计语言选择和编写程序

单片机中常用的程序设计语言为汇编语言和 C 语言。对于熟悉指令系统并且有经验的程序员,喜欢用汇编语言编写程序,根据流程图可以编制出高质量的程序。对于指令系统不熟悉的程序员,喜欢用 C 语言编写程序,用 C 语言编写的结构化程序易读易理解,容易维护和移植。因此程序设计语言的选择是因人而异的。

§7.2 单片机应用系统设计举例

7.2.1 4 相 8 拍步进电机控制器

一、步进电机简介

1. 步进电机的性能和产品类型

步进电机是一种将电脉冲转为角位移的设备,是单片机应用中常见的设备之一。步进电机的机电参数包括额定电压、功率、步距、最高步进频率、负载等,此外还有一个特别重要的参数是相线圈数,简称相数,有 2 相、3 相、4 相等。市售的步进电机产品有两类:一类是将步进电机和步进控制器组合在一起的步进电机模块,一般由开关设定步进频率,加上电源后,由外部输入的方向、启停信号控制电机转动;另一类仅仅是步进电机(裸机),其状态(方向、启停、步速)完全由用户设计的外部控制电路和程序确定。

2. 步进电机的方向控制

步进电机的步进方向由通电次序控制,对于 4 相步进电机,4 相线圈分别称之为 A、B、C、D,一种通电状态称为 1 拍,则工作方式有 4 相 4 拍、4 相 8 拍等。

- 4 相 8 拍的正向通电次序为:→A→AB→B→BC→C→CD→D→DA→
- 4 相 8 拍的反向通电次序为:←A←AB←B←BC←C←CD←D←DA←
- 4 相 4 拍的正向通电次序为:→A→B→C→D→
- 4 相 4 拍的反向通电次序为:←A←B←C←D←

二、实验型控制器功能

- 用 3 个开关设置步进电机的步速:开关都置为 0 时停机,其他的 1～7 为从低至高的 7 档速度;
- 用 1 个开关设置电机的转动方向,置为“0”正转,置为“1”反转。

三、总体方案

- 选择小功率步进电机；
- 采用4相8拍工作方式；
- 根据开关状态，由软件控制通电次序确定电机转动方向，由软件控制步进速率；
- 选择89C52单片机的最小系统，在平行口上接开关设定步速和转动方向；
- 单片机和电机驱动电路之间采用光隔离以防止干扰。

四、控制器电路

图7-6为一种小功率4相控制器电路。

- 在89C52的P1.3接开关K_DIC(K3)，K_DIC=0正转，K_DIC=1反转，P1.2～P1.0接开关K2K1K0，K2K1K0=000停止步进，K2K1K0=001～111时控制从低至高的7种速度；
- P1.4～P1.7输出4相控制电平，经光隔放大后连接输出驱动器，输出级用4个PNP中功率晶体三极管(或P型场效应管)；控制电平低有效，例如：M_A输出低电平时，经7407同相驱动后，光隔TA1导通，使TA2导通，A相通电；M_A输出高电平时，A相断电；
- 电机两端的4个二极管是电机相线由导通转截止时产生的反电动势泄放管，防止驱动晶体管反向击穿；
- 电路中电阻参数根据步进电机型号调整(如附录3中附图5)；
- 为了简洁，避免和前面重复，图7-6中未画出时钟、复位、电源、滤波等电路。

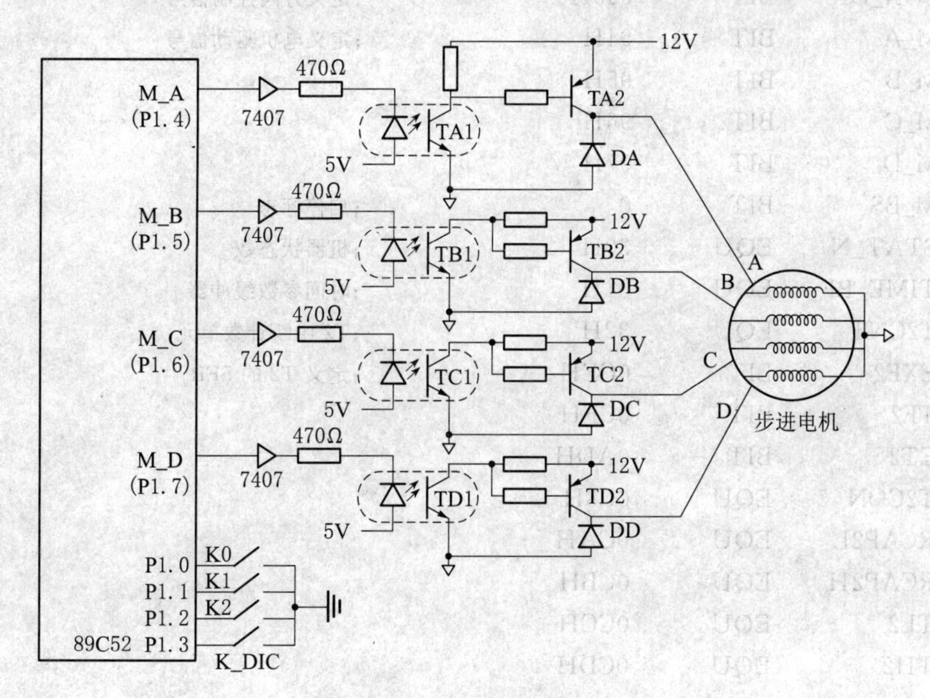

图7-6 实验型步进电机控制器电路

五、程序设计方法

(1) 设计一个 4 相 8 拍步进电机驱动子程序，为了使子程序具有通用性，不影响驱动信号所在平行口的其他位状态，又因为相邻拍只改变一相通电状态，所以采用位操作实现步进；

(2) 由 T2 产生 1ms 定时中断，由软件计数器产生步进定时，即定时调用驱动子程序，实现定时步进；

(3) 各档速度的时间参数以常数表形式存于 ROM 中；

(4) 设置下列标志和变量：

- M_BS：启停标志；
- STAT_N：通电状态计数器；
- TIME_BF：时间参数缓冲器；
- T2CNT：T2 中断的软件计数器(初值为 TIME_BF)，用于步进定时。

六、主要子程序功能和框图

- QM_48：位操作实现的 4 相 8 拍步进子程序；
- P_T2：T2 中断程序，定时调用 QM_48，实现定时步进。

图 7-7 为步进电机控制器主要的程序框图。

例 7.1 步进电机控制器程序

```
V_KIN       EQU     90H        ;定义开关输入接口
CON_DIC     BIT     093H       ;定义方向控制信号
M_A         BIT     94H        ;定义电机驱动信号
M_B         BIT     95H
M_C         BIT     96H
M_D         BIT     97H
M_BS        BIT     0          ;启停标志
STAT_N      EQU     30H        ;机器状态数
TIME_BF     EQU     31H        ;时间参数缓冲器
T2CNT       EQU     32H        ;T2 中断计数单元
EXF2        BIT     0CEH       ;定义 T2 的 SFR
TF2         BIT     0CFH
ET2         BIT     0ADH
T2CON       EQU     0C8H
RCAP2L      EQU     0CAH
RCAP2H      EQU     0CBH
TL2         EQU     0CCH
TH2         EQU     0CDH
            ORG     0
```

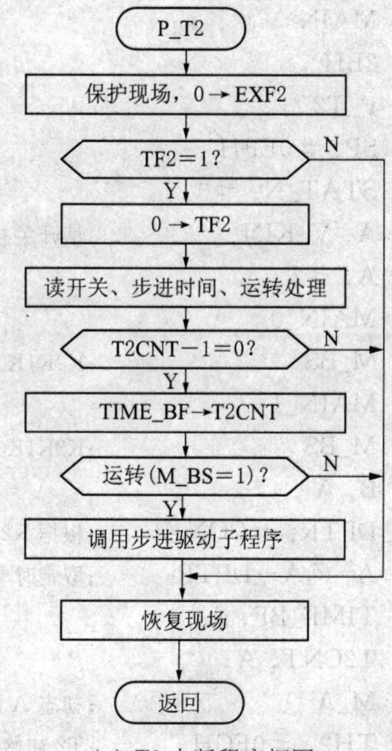

(a) T2 中断程序框图

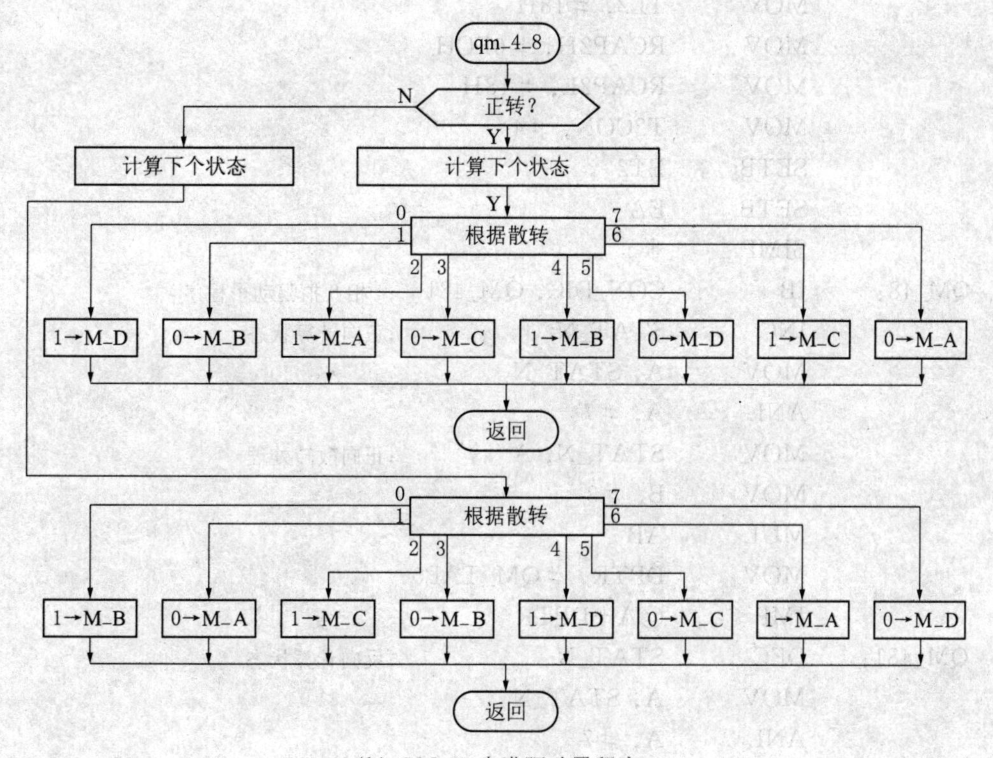

(b) QM_48 步进驱动子程序

图 7-7　步进电机控制器程序框图

```
            LJMP    MAIN
            ORG     2BH
            LJMP    P_T2
MAIN:       MOV     SP, #0EFH
            MOV     STAT_N, #0
            MOV     A, V_KIN            ;读开关初态
            ANL     A, #7
            JNZ     MAIN_0
            CLR     M_BS                ;K2K1K0=0 清“0”M_BS
            SJMP    MAIN_1
MAIN_0:     SETB    M_BS                ;K2K1K0 不为 0 置“1”M_BS
MAIN_1:     MOV     B, A
            MOV     DPTR, #CON_P        ;根据 K2K1K0
            MOVC    A, @A+DPTR          ;取定时参数
            MOV     TIME_BF, A
            MOV     T2CNT, A
            CLR     M_A                 ;初态 A 通电
            MOV     TH2, #0FCH          ;T2 初始化
            MOV     TL2, #18H
            MOV     RCAP2H, #0FCH
            MOV     RCAP2L, #18H
            MOV     T2CON, #4
            SETB    ET2
            SETB    EA
            SJMP    $
QM_48:      JB      CON_DIC, QM_481     ;4 相 8 拍驱动子程序
            INC     STAT_N              ;正向计算状态
            MOV     A, STAT_N
            ANL     A, #7
            MOV     STAT_N, A           ;正向散转处理
            MOV     B, #3
            MUL     AB
            MOV     DPTR, #QM_TAB0
            JMP     @A+DPTR
QM_481:     DEC     STAT_N              ;反向计算状态
            MOV     A, STAT_N
            ANL     A, #7
            MOV     STAT_N, A
            MOV     B, #3
```

```
            MUL     AB
            MOV     DPTR, #QM_TAB1
            JMP     @A+DPTR             ;反向散转处理
QM_TAB0:    SETB    M_D                 ;A通电,正向处理表
            RET
            CLR     M_B                 ;AB通电
            RET
            SETB    M_A                 ;B通电
            RET
            CLR     M_C                 ;BC通电
            RET
            SETB    M_B                 ;C通电
            RET
            CLR     M_D                 ;CD通电
            RET
            SETB    M_C                 ;D通电
            RET
            CLR     M_A                 ;DA通电
            RET
QM_TAB1:    SETB    M_B                 ;A通电,反向处理表
            RET
            CLR     M_A                 ;AB通电
            RET
            SETB    M_C                 ;B通电
            RET
            CLR     M_B                 ;BC通电
            RET
            SETB    M_D                 ;C通电
            RET
            CLR     M_C                 ;CD通电
            RET
            SETB    M_A                 ;D通电
            RET
            CLR     M_D                 ;DA通电
            RET
CON_P:      DB      0, 35, 30, 25, 20, 15, 10, 5
P_T2:       PUSH    ACC                 ;T2中断程序
            PUSH    B                   ;保护现场
```

```
            PUSH    PSW
            PUSH    DPH
            PUSH    DPL
            CLR     EXF2
            JNB     TF2, P_T2_R
            CLR     TF2
            MOV     A, V_KIN            ;读开关状态
            ANL     A, #7
            MOV     B, A
            MOV     DPTR, #CON_P
            MOVC    A, @A+DPTR
            MOV     TIME_BF, A          ;取速度参数
            MOV     A, B
            JNZ     P_T2_1
            CLR     M_BS                ;停止处理
            MOV     T2CNT, #2
            SJMP    P_T2_R
P_T2_1:     SETB    M_BS                ;运转定时处理
            DEC     T2CNT
            MOV     A, T2CNT
            JNZ     P_T2_R
            MOV     T2CNT, TIME_BF
            JNB     M_BS, P_T2_R        ;判启停
            LCALL   QM_48               ;步进
P_T2_R:     POP     DPL                 ;恢复现场
            POP     DPH
            POP     PSW
            POP     B
            POP     ACC
            RETI
            END
```

*7.2.2 直流电机控制器

一、直流电机简介

直流电机的应用也很广,可以用单片机控制电机的转向和转速。直流电机的调速可以通过调节与电枢或与励磁电路串接的电阻大小实现,也可以直接调节电枢电压的方法实现;电机转动方向的控制可通过改变电枢电压或励磁电压的极性来实现。在单片机的应用系统中常用

PWM 信号占空比的变化控制加在电枢上的平均电压来实现电机的调速,称为变频调速。改变电枢电压极性控制电机的转向。图 7-8 给出了由 PWM 信号控制的电枢电压波形示意图。

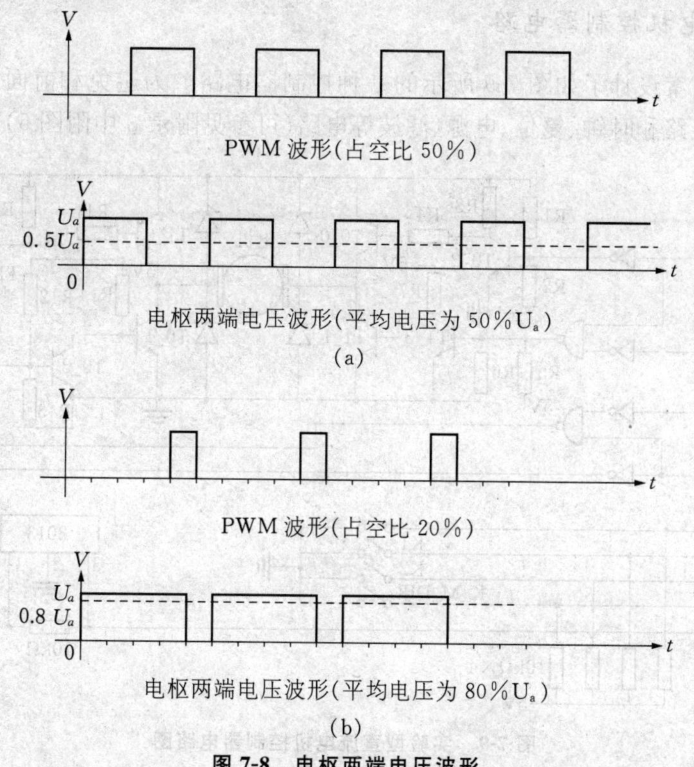

图 7-8　电枢两端电压波形

二、实验型直流电机控制器功能

(1) 用 3 个开关设定电机的转速:开关都置为“0”时停机,其他的 1～7 控制由低至高的 7 档速度;

(2) 1 个开关控制电机的转动方向,置为“0”正转,置为“1”反转;

(3) 测试电机的转速并显示在显示器上。

三、总体方案

(1) 选择 89C52 单片机的最小系统;

(2) 在平行口上接 4 个开关用于设定转速和转动方向;

(3) 采用工作电压为 5～6V 的小功率电机,可以用普通中功率晶体管或场效应管驱动;

(4) 由软件控制在平行口上输出不同占空比的脉冲(PWM)信号,调节电机电枢电压,实现电机的转速控制;由软件控制在平行口上输出控制电平,控制电枢电压的极性,从而控制电机的转动方向;

(5) 在电机的转轴上装一个转盘,转盘上装一个磁粒,在转盘下装一个霍耳器件,电机每转 1 周,霍耳器件在电磁感应下产生 1 个脉冲,利用 T2 的捕捉功能测试脉冲周期,进而

计算出转速(即脉冲频率);

(6) 用 2 位七段显示器显示转速。

四、直流电机控制器电路

根据总体方案设计了如图 7-9 所示的一种控制器电路。为避免和前面重复,图中未画出 2 位显示器电路和时钟、复位、电源、滤波等电路(可参见附录 3 中附图 5)。

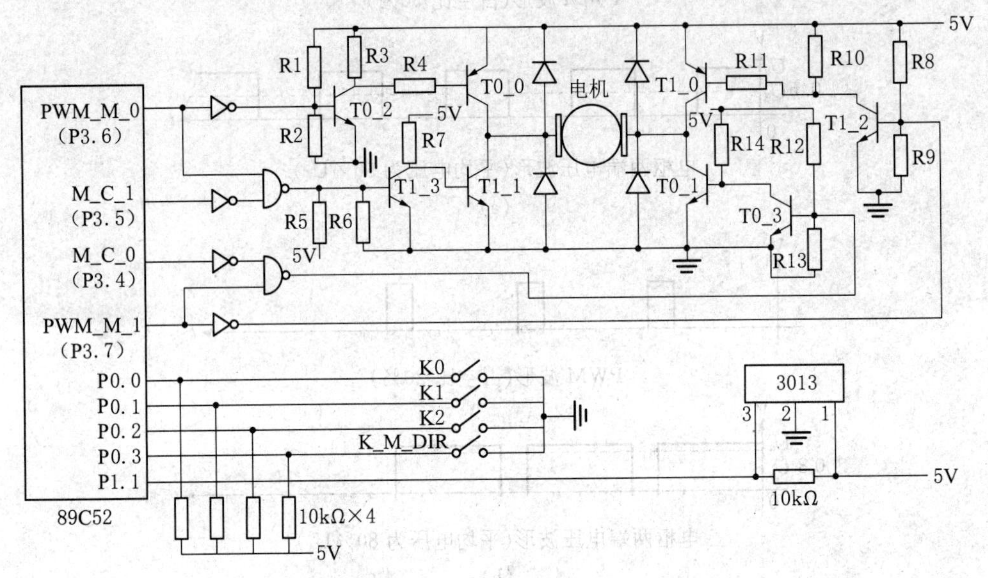

图 7-9　实验型直流电机控制器电路图

(1) 图中 T0_0、T1_0 是 PNP 晶体三极管(也可选 P 型场效应管);T0_1、T1_1 是 NPN 晶体三极管(也可选 N 型场效应管),它们由 P3.4~P3.7 输出电平确定导通与否(实际应用中的控制电路,应根据电机特性、功率、负载的大小设计功率驱动电路,也可用集成驱动模块,如 SGS 公司的 L298);

(2) P3.4~P3.7 上的组合逻辑是保护电路,使 T0_0 和 T1_1、T1_0 和 T0_1 在任意情况下不会同时导通,以防止烧坏晶体管,正常工作状态如表 7-1 所示;

表 7-1　电机与电路状态

状态＼信号	PWM_M_0 (P3.6)	M_C_0 (P3.4)	PWM_M_1 (P3.7)	M_C_1 (P3.5)	T0_0	T0_1	T1_0	T1_1
复　位	1	1	1	1	止	止	止	止
正　转	⊓⊓⊓⊓	0	1	1	止/通	通	止	止
反　转	1	1	⊓⊓⊓⊓	0	止	止	止/通	通

(3) 正转时,P3.6 输出 PWM 信号,P3.4 输出低电平;反转时,P3.7 输出 PWM 信号,P3.5 输出低电平;

(4) 电机两端的 4 个二极管是电机停转或反向时产生的反电动势泄放管,防止驱动晶体管反向击穿;

(5) 图中的 3013 是霍耳器件,它的脉冲输出引脚 3 接 T2 的捕捉输入端 P1.1;

(6) P0.3~P0.0 接开关 K_M_DIR(K3)和 K2K1K0, K2~K0 用于设定速度,K_M_DIR 设定转动方向。

五、程序设计方法

(1) 不同速度的 PWM 信号高电平和低电平时间参数以常数表形式存于 ROM 中;

(2) T0 产生 250μs 定时中断,用一个软件计数器控制 PWM 信号高低电平的定时;

(3) T2 工作于捕捉方式,由 T2 中断程序测试转速脉冲周期(测试方法见 5.2.8 节例 5.13);

(4) T1 产生 1ms 定时中断,定时扫描显示器;

(5) 主程序在系统初始化以后,若判断 T2 已捕捉到脉冲周期,则计算脉冲频率存显示缓冲器,然后再启动 T2 捕捉,再循环判断处理。

1. 设置标志

- FLAG:定义在 RAM 位寻址区的标志字节,可以对它字节操作,也可以位操作;
- F_EN:允许 T2 捕捉标志,1 允许,0 禁止;
- F_ONE:已测到 t1 标志,1 测到,0 未测到;
- F_READY:已测到 t1、t2 标志,1 测到,0 未测到;
- M_RUN:电机启停标志,1 运转,0 停止;
- M_DIR_S:当前电机转动方向标志,1 反转,0 正转;
- PWM_S:当前 PSW 信号电平标志,1 高电平,0 低电平;
- F_DIR:显示位标志,0 显示低位,1 显示高位;

2. 设置变量

- TEMP:开关状态缓冲器,判断有无变化用;
- TEMP_L:当前速度的 PSW 低电平时间缓冲器;
- TEMP_H:当前速度的 PSW 高电平时间缓冲器;
- T0CNT:T0 中断计数器,用于控制 PSW 当前电平维持时间(初值为 TEMP_L 或 TEMP_H);
- BUF_1:时间 t1 缓冲器(2 字节);
- BUF_2:时间 t2 缓冲器(2 字节);
- DIR_BUF:2 字节显示缓冲器;
- OVRCNT:测 t2 时 T2 计数溢出计数单元。

六、主要子程序功能和框图

- MAIN:主程序,初始化后循环判断是否捕捉到新的 t1、t2,若是,则调用 P_DATA 计算转速;
- P_DATA:根据 t1、t2 计算脉冲频率(转速)存显示缓冲器,设 fosc=12Hz,则频率为

f=1000000/(n* 65536+t2-t1)=10000/((n* 65536+t2-t1)/100),这样可通过 2 次调用除法子程序 NDIV1 得到结果;

- NDIV1:(R2R3R4R5)/(R6R7),结果商在 R4R5,余数在 R2R3,详见例 4.17;

- DIR_2:显示 1 位子程序(程序框图类似于例 5.10 的 DIR_BIT);
- P_RS_DIR:读开关和方向、速度处理子程序;
- P_T0:T0 中断程序,控制 PWM 信号输出;
- P_T1:T1 中断程序,定时扫描显示器;
- P_T2:T2 中断程序,捕捉 t1、t2,其流程类似于图 5-30,只是对 TF2、EXF2 判别处理的次序不同,功能完全相同。

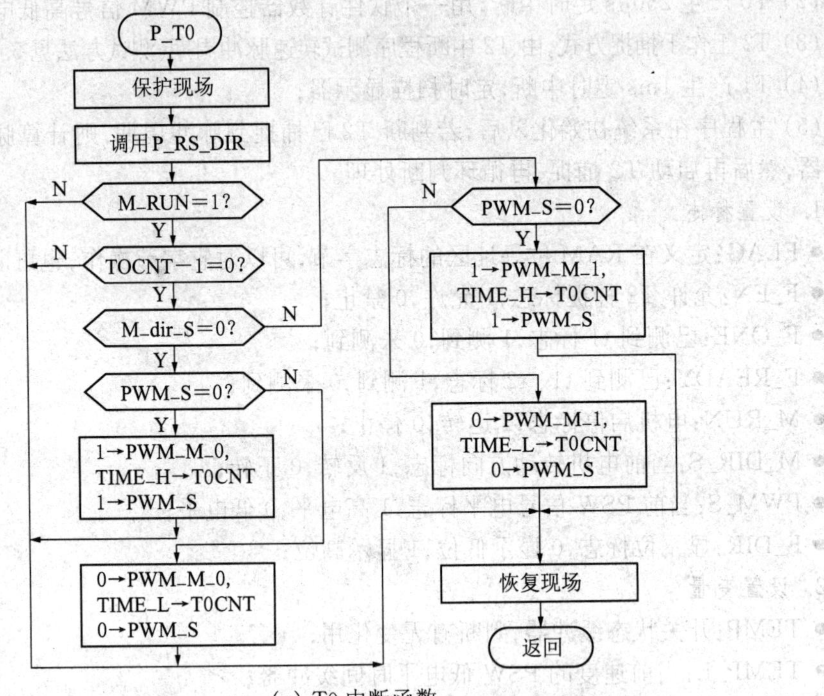

(a) T0 中断函数

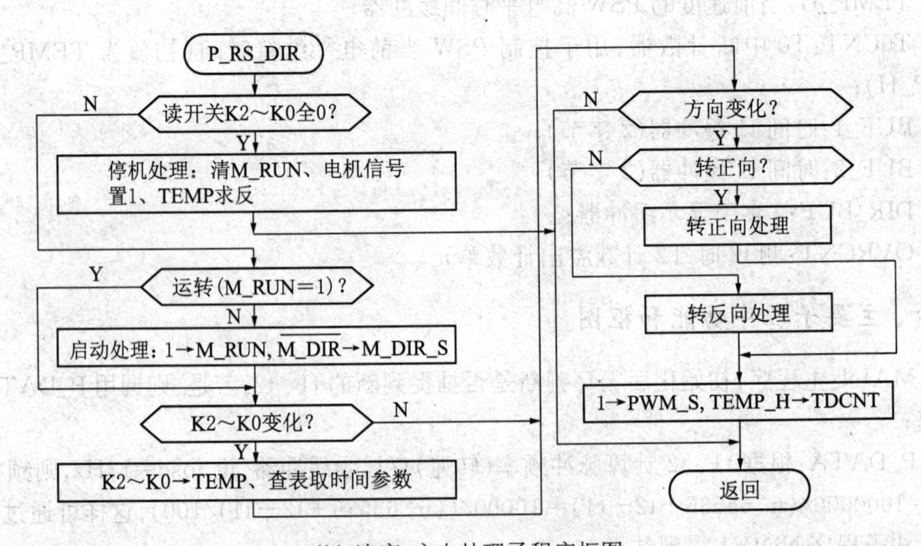

(b) 速度、方向处理子程序框图

图 7-10　直流电机控制程序框图

例 7.2　直流电机控制程序(转速、方向控制与显示)

```
V_KIN       EQU     80H         ;定义开关接口
M_DIR       BIT     83H         ;K3 控制转向
M_CON_O     EQU     0B0H        ;电机信号定义
M_C_0       BIT     0B4H
M_C_1       BIT     0B5H
PWM_M_0     BIT     0B6H
PWM_M_1     BIT     0B7H
DIR_H_C     BIT     93H         ;显示器高位阴极信号
DIR_L_C     BIT     92H         ;显示器低位阴极信号
FLAG        EQU     20H         ;标志字节定义
F_EN        BIT     0           ;允许 T2 测周期
F_ONE       BIT     1           ;已测到 t1 标志
F_READY     BIT     2           ;已测到 t1、t2 标志
M_RUN       BIT     4           ;电机启停标志
M_DIR_S     BIT     5           ;当前方向标志
PWM_S       BIT     6           ;当前 PSW 信号电平
F_DIR       BIT     7           ;显示位标志
TEMP        EQU     30H         ;开关缓冲器,判变化用
TEMP_L      EQU     31H         ;PSW 低电平时间缓冲器
TEMP_H      EQU     32H         ;PSW 高电平时间缓冲器
T0CNT       EQU     33H         ;T0 溢出计数
T2CNT       EQU     34H         ;T2 溢出计数
BUF_1       EQU     35H         ;时间 t1 缓冲器 2 字节
BUF_2       EQU     37H         ;时间 t2 缓冲器 2 字节
DIR_BUF     EQU     39H         ;2 字节速度显示缓冲器
OVRCNT      EQU     3BH

TH2         EQU     0CDH        ;T2 SFR 定义
TL2         EQU     0CCH
RCAP2H      EQU     0CBH
RCAP2L      EQU     0CAH
T2CON       EQU     0C8H
TF2         BIT     0CFH
EXF2        BIT     0CEH

            ORG     0
            LJMP    MAIN
            ORG     0BH
```

```
            LJMP    P_T0
            ORG     1BH
            LJMP    P_T1
            ORG     2BH
            LJMP    P_T2
MAIN:       MOV     FLAG, #1            ;标志初始化
            CLR     M_DIR_S
            MOV     BUF_1, #0           ;工作单元初始化
            MOV     BUF_1+1, #0
            MOV     BUF_2, #0
            MOV     BUF_2+1, #0
            MOV     T2CON, #0DH         ;T0、T1、T2
            MOV     TEMP, #0
            MOV     TMOD, #12H          ;中断初始化
            MOV     TH1, #0FCH
            MOV     TL1, #18H
            MOV     TL0, #6
            MOV     TH0, #6
            MOV     IE, #0AAH
            SETB    TR0
            SETB    TR1
MLP_0       JNB     F_READY, $         ;循环判断是否
            CLR     F_READY             ;捕到 t1、t2
            LCALL   P_DATA              ;计算转速存显示缓冲器
            MOV     OVRCNT, #0          ;清溢出计数单元
            SETB    F_EN                ;再允许 t2 捕捉
            SJMP    MLP_0
P_DATA:     MOV     A, BUF_2+1          ;先计算周期
            CLR     C                   ;n*65536+t2-t1
            SUBB    A, BUF_1+1          ;存 R2R3R4R5
            MOV     R5, A
            MOV     A, BUF_2
            SUBB    A, BUF_1
            MOV     R4, A
            MOV     A, OVRCNT
            SUBB    A, #0
            MOV     R3, A
            CLR     A
```

```
            SUBB    A, #0
            MOV     R2, A
            MOV     R6, #0
            MOV     R7, #100            ;除数 100 存 R6R7
            ACALL   NDIV1               ;NDIV1 见例 4.17
            MOV     A, R4               ;商作为除数
            MOV     R6, A               ;移入 R6R7
            MOV     A, R5
            MOV     R7, A
            MOV     R2, #0              ;被除数 10000
            MOV     R3, #0              ;存 R2R3R4R5
            MOV     R4, #27H
            MOV     R5, #10H
            ACALL   NDIV1               ;NDIV1 见例 4.17
            MOV     A, R5
            MOV     B, #10
            DIV     AB
            MOV     DIR_ BUF, A         ;转速(频率)转十进制
            MOV     DIR_BUF+1, B        ;存显示缓冲器
            RET
P_RS_DIR:   MOV     A, V_KIN            ;速度方向
            ANL     A, #7               ;处理子程序
            MOV     B, A
            JNZ     P_R_D0
            CLR     M_RUN               ;K2K1K0=000
            ORL     M_CON_O, #0F0H      ;停机处理
            CPL     A
            MOV     TEMP, A
            MOV     C, M_DIR
            MOV     M_DIR_S, C
            SJMP    P_R_DR
P_R_D0:     JB      M_RUN, P_R_D1
            MOV     C, M_DIR            ;重新启动处理
            CPL     C                   ;为方向处理准备
            MOV     M_DIR_S, C
            SETB    M_RUN
P_R_D1:     MOV     A, TEMP
            CJNE    A, B, P_R_D2
```

```
            SJMP    P_R_D3
P_R_D2:     MOV     TEMP, B              ;K0K1K2 变化保存
            MOV     DPTR, #PWM_L_TAB     ;调整速度处理
            MOV     A, B                 ;取状态维持参数
            MOVC    A, @A+DPTR
            MOV     TEMP_L, A
            MOV     DPTR, #PWM_H_TAB
            MOV     A, B
            MOVC    A, @A+DPTR
            MOV     TEMP_H, A
P_R_D3:     JB      M_DIR, P_R_D4
            JNB     M_DIR_S, P_R_DR      ;判方向变化否
            CLR     M_DIR_S              ;转正向
            ORL     M_CON_O, #0F0H
            CLR     M_C_0
            SJMP    P_R_D5
P_R_D4:     JB      M_DIR_S, P_R_DR
            SETB    M_DIR_S              ;转反向
            ORL     M_CON_O, #0F0H
            CLR     M_C_1
P_R_D5:     SETB    PWM_S
            MOV     T0CNT, TEMP_H
P_R_DR:     RET
P_T0:       PUSH    ACC                  ;T0 中断
            PUSH    B                    ;PWM 输出处理
            PUSH    PSW
            PUSH    DPH
            PUSH    DPL
            LCALL   P_RS_DIR             ;调用方向速度处理
            JNB     M_RUN, P_T0_R        ;停止转返回
            DEC     T0CNT                ;状态维持时间减 1
            MOV     A, T0CNT
            JNZ     P_T0_R               ;时间不为 0 返回
            JB      M_DIR_S, P_T0_1
            JB      PWM_S, P_T0_00       ;正转处理
            SETB    PWM_S                ;PWM 输出高电平
            SETB    PWM_M_0
            MOV     DPTR, #PWM_H_TAB
```

```
                MOV     A, TEMP             ;取高电平时间
                MOVC    A, @A+DPTR
                MOV     T0CNT, A
                SJMP    P_T0_R
P_T0_00:        CLR     PWM_S               ;PWM 输出低电平
                CLR     PWM_M_0
                MOV     DPTR, #PWM_L_TAB
                MOV     A, TEMP
                MOVC    A, @A+DPTR          ;取高电平时间
                MOV     T0CNT, A
                SJMP    P_T0_R
P_T0_1:         JB      PWM_S, P_T0_10      ;反转处理
                SETB    PWM _S              ;和正转类似
                SETB    PWM_M_1
                MOV     DPTR, #PWM_H_TAB
                MOV     A, TEMP
                MOVC    A, @A+DPTR
                MOV     T0CNT, A
                SJMP    P_T0_R
P_T0_10:        CLR     PWM_S
                CLR     PWM_M_1
                MOV     DPTR, #PWM_L_TAB
                MOV     A, TEMP
                MOVC    A, @A+DPTR
                MOV     T0CNT, A
P_T0_R:         POP     DPL                 ;返回前处理
                POP     DPH                 ;保护现场
                POP     PSW
                POP     B
                POP     ACC
                RETI
P_T1:           PUSH    ACC                 ;T1 中断显示处理
                PUSH    PSW
                PUSH    DPH
                PUSH    DPL
                MOV     TH1, #0FCH          ;恢复 T1 初值
                MOV     TL1, #18H
                LCALL   DIR_2               ;调用显示 1 位子程序
```

```
        POP     DPL
        POP     DPH
        POP     PSW
        POP     ACC
        RETI
DIR_2:      JBC     F_DIR, DIR_2_1          ;显示1位子程序
        SETB    F_DIR
        CLR     DIR_H_C
        SETB    DIR_L_C                 ;显示低位
        MOV     A, DIR_BUF+1
        MOV     DPTR, #SEG_TAB
        MOVC    A, @A+DPTR
        MOV     P2, A
        SJMP    DIR_2_R
DIR_2_1:    CLR     F_DIR                   ;显示高位
        SETB    DIR_H_C
        CLR     DIR_L_C
        MOV     A, DIR_BUF
        MOV     DPTR, #SEG_TAB
        MOVC    A, @A+DPTR
        MOV     P2, A
DIR_2_R:    RET
SEG_TAB:    DB      3FH, 6, 5BH, 4FH        ;段数据表
        DB      66H, 6DH, 7DH, 7
        DB      7FH, 6FH, 77H, 39H
        DB      5EH, 79H, 71H
P_T2        PUSH    ACC                     ;T2中断程序
        PUSH    PSW                     ;捕捉处理
        SETB    RS0
        JNB     EXF2, P_T2_2            ;捕捉标志处理
        CLR     EXF2
        JNB     F_EN, P_T2_2
        JB      F_ONE, P_T2_1
        MOV     BUF_1, RCAP2H           ;捕捉到t1
        MOV     BUF_1+1, RCAP2L
        SETB    F_ONE
        SJMP    P_T2_2
P_T2_1:     MOV     BUF_2, RCAP2H           ;捕捉到t2
```

```
            MOV     BUF_2+1, RCAP2L
            CLR     F_EN                        ;禁止捕捉
            CLR     F_ONE                       ;清零 F_EN, F_ONE
            SETB    F_READY                     ;置 F_READY
P_T2_2:     JNB     TF2, P_T2_R
            CLR     TF2
            JNB     F_ONE, P_T2_R
            INC     OVRCNT                      ;溢出次数加 1
P_T2_R:     POP     PSW
            POP     ACC
            RETI
PWM_H_TAB:                                      ;PWM 输出
            DB      0, 8, 8, 7, 6, 5, 2, 1      ;高电平时间表
PWM_L_TAB:
            DB      0, 1, 2, 3, 4, 5, 8, 9      ;低电平时间表
```

*7.2.3 十字路口交通控制器

交通控制器实际上是一种纯时间顺序控制器,路口(丁字路口、十字路口、五叉路口等)多少及交通规则的变化只影响交通灯的多少、灯的状态类型和数量及每一种状态不同的持续时间,而程序架构、设计方法相同。下面介绍一种十字路口的控制器设计。

一、十字路口交通控制器功能

(1) 交通灯:4 个路口各装 8 个灯;

- 行人穿越道路指示灯:红灯、绿灯;
- 车辆直行指示灯:红灯、黄灯、绿灯;
- 车辆大转弯(左转弯)指示灯:红灯、黄灯、绿灯;

(2) 交通规则:交通规则与路况有关。设按某种交通规则,一个十字路口的交通状态按图 7-11 变化,并规定一条道路相向的两组灯状态相同,若用“1”表示灯亮、“0”表示灯暗,则路口的交通灯状态共有如表 7-2 所示的 8 种。

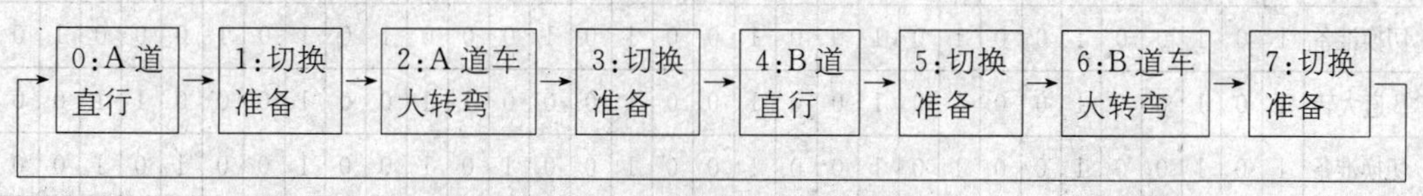

图 7-11 十字路口交通状态图

(3) 每个路口都能观察到当前状态剩余时间。

(4) 具有紧急状况处理功能:碰到众多救护车或救火车等需优先通行时关闭交通,由警

察人工指挥交通。

(5) 交通状态切换时黄灯、绿灯闪亮 5 s。

二、总体方案

- 选择 89C52 单片机的最小系统；
- 为适应路口间距离比较大的环境，采用串行、光隔、电流型信号传送控制信息；
- 各路口用 2 位显示器显示当前状态剩余时间；
- 用一个开关表示是否发生紧急状况(实际应用中也可用遥控信号)。

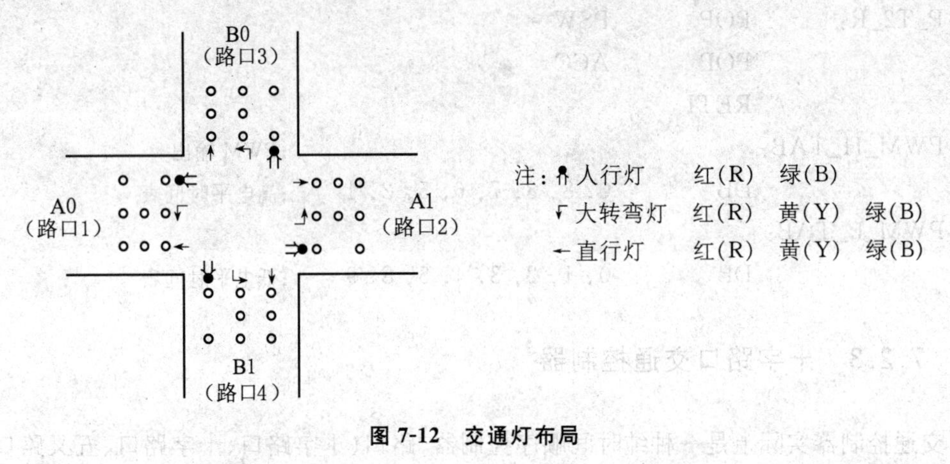

图 7-12　交通灯布局

表 7-2　十字路灯具状态

状态 \ 交通灯	路口 1(A0)								路口 2(A1)								路口 3(B0)								路口 4(B1)							
	D7	D6	D5	D4	D3	D2	D1	D0	D7	D6	D5	D4	D3	D2	D1	D0	D7	D6	D5	D4	D3	D2	D1	D0	D7	D6	D5	D4	D3	D2	D1	D0
	人行	人行	大转	大转	大转	直行	直行	直行	人行	人行	大转	大转	大转	直行	直行	直行	人行	人行	大转	大转	大转	直行	直行	直行	人行	人行	大转	大转	大转	直行	直行	直行
	红	绿	红	黄	绿	红	黄	绿	红	绿	红	黄	绿	红	黄	绿	红	绿	红	黄	绿	红	黄	绿	红	绿	红	黄	绿	红	黄	绿
A道直行	0	1	1	0	0	0	0	1	0	1	1	0	0	0	0	1	1	0	1	0	0	1	0	0	1	0	1	0	0	1	0	0
切换准备	1	0	1	0	0	0	1	0	1	0	1	0	0	0	1	0	1	0	1	0	0	1	0	0	1	0	1	0	0	1	0	0
A道大转	1	0	0	0	1	1	0	0	1	0	0	0	1	1	0	0	1	0	1	0	0	1	0	0	1	0	1	0	0	1	0	0
切换准备	1	0	0	1	0	1	0	0	1	0	0	1	0	1	0	0	1	0	1	0	0	1	0	0	1	0	1	0	0	1	0	0
B道直行	1	0	1	0	0	1	0	0	1	0	1	0	0	1	0	0	0	1	1	0	0	0	0	1	0	1	1	0	0	0	0	1
切换准备	1	0	1	0	0	1	0	0	1	0	1	0	0	1	0	0	1	0	1	0	0	0	1	0	1	0	1	0	0	0	1	0
B道大转	1	0	1	0	0	1	0	0	1	0	1	0	0	1	0	0	1	0	0	0	1	1	0	0	1	0	0	0	1	1	0	0
切换准备	1	0	1	0	0	1	0	0	1	0	1	0	0	1	0	0	1	0	0	1	0	1	0	0	1	0	0	1	0	1	0	0

三、控制器电路

(1) 图 7-13 为一种串行输出的交通灯控制器电路，设置了 5 组交通灯，可用于丁字路口、十字路口、五叉路口等场合(使用时可根据需要裁减灯和显示器)。

(2) P1.7 输出时钟,P1.6 输出串行数据。装在路口的移位寄存器 74LS164 将串行信息转为并行信息驱动一组灯的亮暗,交通灯控制信息串行输出时只能一路一路传送,这由 P1.0～P1.4 控制。P1.6 也串行输出 2 字节时间的字形数据,由 P1.5 控制同时向五个路口显示器传送,路口的 2 个串接的移位寄存器 74LS164 将 16 位串行字形数据转为并行信息驱动 2 位静态显示器。

(3) P3.2(INT0)上的开关 KW 作为紧急请求开关。

(4) 为避免重复,图 7-13 中未画出时钟、复位、电源、滤波等电路,89C52 多余的 I/O 口引脚可用于连接其他器件、设备,以扩展其功能。

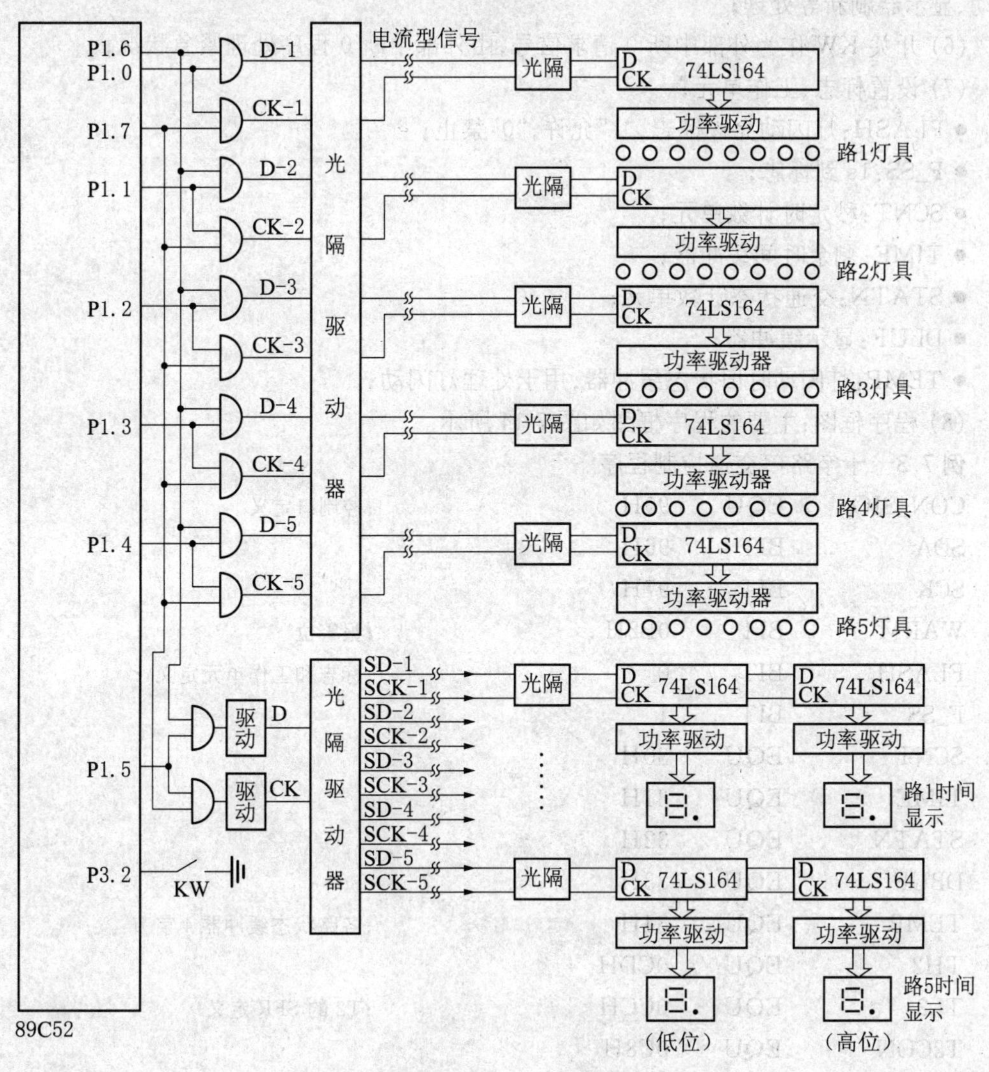

注:显示器高低位由印板排列决定

图 7-13　串行输出的交通灯控制器

四、程序设计方法和程序框图

(1) 每组灯不同的交通灯状态以常数表 STAN_0、STAN_1、STAN_2、STAN_3 的形式存于 ROM 中；

(2) 每个交通状态的持续时间以常数表 TIME_AB 的形式存于 ROM 中；

(3) 每组灯闪动控制字以常数表 FLASH_0、FLASH_1、FLASH_2、FLASH_3 的形式存于 ROM 中；

(4) T2 产生 50ms 定时中断，用一个软件计数器控制秒定时(置秒标志)和闪动处理；

(5) 主程序在初始化以后，循环判断 1s 是否到，若 1s 到作状态是否更新、灯是否开始闪动、显示器刷新等处理；

(6) 开关 KW 作为外部中断 0 请求信号，由外部中断 0 程序处理紧急状况；

(7) 设置标志、工作单元；

- FLASH：灯闪动允许标志，“1”允许，“0”禁止；
- F_SS：1s 到标志；
- SCNT：秒定时计数单元；
- TIME：剩余时间缓冲器；
- STATN：交通状态计数单元；
- DBUF：显示缓冲器；
- TEMP：灯闪动时旧状态缓冲器，用于处理灯闪动；

(8) 程序框图：主要的程序框图如图 7-14 所示。

例 7.3 十字路口交通控制程序

```
CON_SIO    EQU    90H            ;控制口定义
SDA        BIT    96H
SCK        BIT    97H
WARM       BIT    0B2H           ;报警位
FLASH      BIT    0              ;标志和工作单元定义
F_SS       BIT    1
SCNT       EQU    30H
TIME       EQU    31H
STATN      EQU    32H
DBUF       EQU    33H
TEMP       EQU    34H            ;各路状态缓冲器 4 字节
TH2        EQU    0CDH
TL2        EQU    0CCH           ;T2 的 SFR 定义
T2CON      EQU    0C8H
RCAP2H     EQU    0CBH
RCAP2L     EQU    0CAH
TF2        BIT    0CFH
```

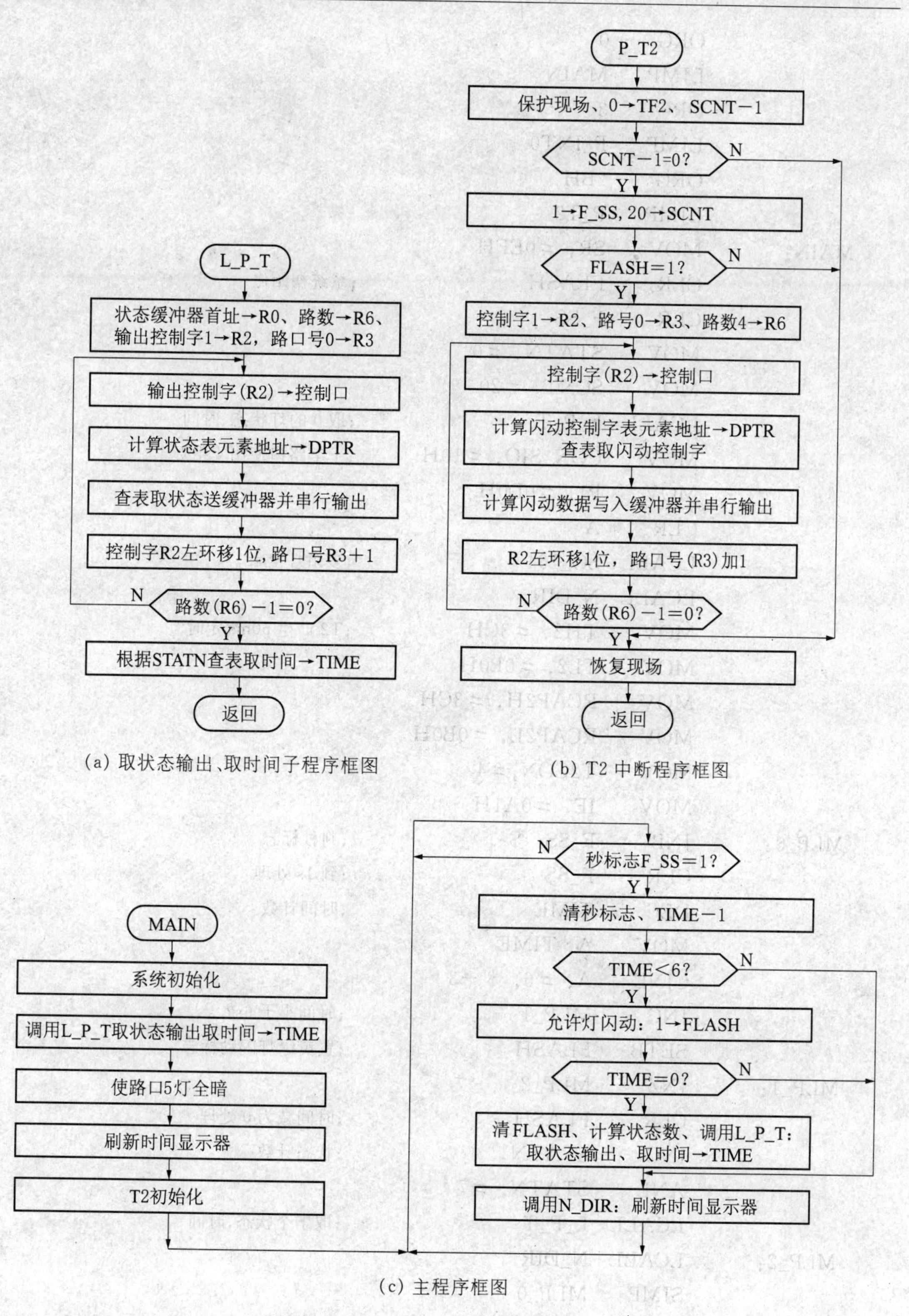

(a) 取状态输出、取时间子程序框图

(b) T2 中断程序框图

(c) 主程序框图

图 7-14　十字路口交通控制程序

```
            ORG     0
            LJMP    MAIN
            ORG     3
            LJMP    P_INT0
            ORG     2BH
            LJMP    P_T2
MAIN:       MOV     SR, #0EFH
            CLR     FLASH               ;系统初始化
            CLR     F_SS
            MOV     STATN, #0
            MOV     SCNT, #20
            LCALL   L_P_T               ;取 0 的灯状态、时间
            MOV     CON_SIO, #10H       ;十字路口使用 4 组灯
            MOV     P1, #0D0H
            CLR     A
            LCALL   SO_164              ;多余灯全暗
            LCALL   N_DIR
            MOV     TH2, #3CH           ;T2 产生 50ms 定时
            MOV     TL2, #0B0H
            MOV     RCAP2H, #3CH
            MOV     RCAP2L, #0B0H
            MOV     T2CON, #4
            MOV     IE, #0A1H
MLP_0:      JNB     F_SS, $             ;判秒标志
            CLR     F_SS                ;到 1s 处理
            DEC     TIME                ;时间计数
            MOV     A, TIME
            CJNE    A, #6, $+3
            JNC     MLP_1               ;时间小于 6s?
            SETB    FLASH               ;置黄绿灯闪动标志
MLP_1:      JNZ     MLP_2
            CLR     FLASH               ;时间减为 0 处理
            INC     STATN               ;状态计数
            ANL     STATN, #7
            LCALL   L_P_T               ;取下个状态,时间
MLP_2:      LCALL   N_DIR
            SJMP    MLP_0
SO_164:     CLR     SCK                 ;串行输出(A)
```

```
            MOV     R7, #8
SO_164L:    RRC     A
            MOV     SDA, C
            SETB    SCK
            CLR     SCK
            DJNZ    R7, SO_164L
            RET
N_DIR:      MOV     A, TIME              ;刷新显示器
            MOV     B, #10
            DIV     AB
            MOV     DPTR, #SEG_TAB
            MOVC    A, @A+DPTR
            MOV     P1, #0E0H
            LCALL   SO_164
            MOV     A, B
            MOVC    A, @A+DPTR
            LCALL   SO_164
            RET
L_P_T:      MOV     R0, #TEMP            ;取状态和时间子程序
            MOV     R6, #4               ;据STATN取4路
            MOV     R2, #1               ;输出控制字
            MOV     R3, #0
L_P_TL:     MOV     CON_SIO, R2          ;控制口置值
            MOV     DPTR, #S_ADR
            MOV     A, R3                ;取相应状态表首地址
            RL      A
            MOV     R5, A
            MOVC    A, @A+DPTR
            MOV     B, A
            INC     DPTR
            MOV     A, R5
            MOVC    A, @A+DPTR
            MOV     DPL, A
            MOV     DPH, B
            MOV     A, STATN             ;根据状态地址取状态
            MOVC    A, @A+DPTR           ;取状态
            MOV     @R0, A               ;送缓冲器(闪动用)
            LCALL   SO_164               ;串行输出状态
```

```
            MOV     A, R2               ;计算下个控制字
            RL      A
            MOV     R2, A
            INC     R3
            INC     R0
            DJNZ    R6, L_P_TL          ;循环 4 次
            MOV     DPTR, #TIME_AB
            MOV     A, STATN            ;根据 STATN 取时间
            MOVC    A, @A+DPTR
            MOV     TIME, A
            RET
P_INT0:     PUSH    ACC                 ;紧急中断程序
            PUSH    PSW
            SETB    RS0
            MOV     R2, #1              ;各路口全亮红灯
            MOV     R6, #4
P_I_L:      MOV     CON_SIO, R2
            MOV     A, #0A4H
            LCALL   SO_164
            MOV     A, R2
            RL      A
            MOV     R2, A
            DJNZ    R6, P_I_L
            JNB     WARM, $             ;等待紧急状态的撤销
            MOV     R6, #0              ;开关抖动延时处理
            MOV     R5, #0
P_I_W:      DJNZ    R5, $
            DJNZ    R6, P_I_W
            MOV     STATN, #0           ;道口初始化
            MOV     SCNT, #20
            LCALL   L_P_T
            CLR     IE0
            POP     PSW
            POP     ACC
            RETI
P_T2:       PUSH    ACC                 ;T2 中断程序
            PUSH    B
            PUSH    PSW
```

```
        SETB    RS0
        CLR     TF2
        DEC     SCNT
        MOV     A, SCNT
        JNZ     P_T2R
        SETB    F_SS                    ;置 1s 到标志
        MOV     SCNT, #20
        JNB     FLASH, P_T2R
        MOV     R2, #1                  ;闪动处理
        MOV     R3, #0
        MOV     R6, #4
P_T2L:  MOV     CON_SIO, R2             ;控制字输出
        MOV     DPTR, #F_ADR
        MOV     A, R3
        RL      A
        MOVC    A, @A+DPTR              ;取闪动控制字表地址
        MOV     B, A
        INC     DPTR
        MOV     A, R3
        RL      A
        MOVC    A, @A+DPTR
        MOV     DPL, A
        MOV     A, B
        MOV     DPH, A
        MOV     A, STATN
        MOVC    A, @A+DPTR              ;查闪动控制字
        MOV     B, A                    ;保护
        MOV     R0, #TEMP
        MOV     A, R3                   ;计算 TEMPi 地址
        ADD     A, R0
        MOV     R0, A
        MOV     A, B                    ;计算闪动数据
        XRL     A, @R0                  ;保护至 TEMPi
        MOV     @R0, A
        LCALL   SO_164                  ;串行输出
        MOV     A, R2
        RL      A
        MOV     R2, A
```

```
         INC    R3
         DJNZ   R6, P_T2L
P_T2R:   POP    PSW
         POP    B
         POP    ACC
         RETI

SEG_TAB:  DB    3FH, 6, 5BH, 4FH, 66H                    ;七段字形表
          DB    6DH, 7DH, 7, 7FH, 6FH
TIME_AB:  DB    30, 8, 20, 8, 30, 8, 20, 8               ;时间表
F_ADR:    DW    FLASH_0, FLASH_1, FLASH_2, FLASH_3       ;闪动控制字地址表
FLASH_0:  DB    41H, 2, 8, 10H, 0, 0, 0, 0               ;闪动控制字表
FLASH_1:  DB    41H, 2, 8, 10H, 0, 0, 0, 0
FLASH_2:  DB    0, 0, 0, 0, 41H, 2, 8, 10H
FLASH_3:  DB    0, 0, 0, 0, 41H, 2, 8, 10H
S_ADR:    DW    STAN_0, STAN_1, STAN_2, STAN_3           ;状态地址表
                                                         ;状态表
STAN_0:   DB    61H, 0A2H, 8CH, 94H, 0A4H, 0A4H, 0A4H, 0A4H
STAN_1:   DB    61H, 0A2H, 8CH, 94H, 0A4H, 0A4H, 0A4H, 0A4H
STAN_2:   DB    0A4H, 0A4H, 0A4H, 0A4H, 61H, 0A2H, 8CH, 94H
STAN_3:   DB    0A4H, 0A4H, 0A4H, 0A4H, 61H, 0A2H, 8CH, 94H
```

§7.3 开发工具与系统调试

7.3.1 单片机开发工具

由图 7-1 可知,源程序的编辑器、汇编语言或 C 语言的编译器,将机器语言程序代码烧写到单片机内的编程器(也称烧写器或固化器)是必不可少的单片机应用开发工具。模拟或在线仿真器是可选的软硬件排错工具。

对于软硬件都十分简单的应用系统,程序正确地编辑、编译好以后,根据功能和硬件电路,再凭经验仔细检查源程序和电路,若未发现错误,就可以直接将编译产生的机器语言程序代码(HEX 文件)烧写到单片机内,再将单片机插到样机中,加电后测试样机功能是否达到总体要求,若有问题可根据现象,凭经验找到问题所在,程序修改、编译、烧写后再测试样机,直至完全符合要求为止。

对于软硬件较复杂的应用系统,单凭经验排错困难时,可借助模拟或在线仿真器排除软硬件设计的错误,大大提高排错效率,加快开发进度。

编辑器、编译器、烧写器的使用方法比较单一,可直接根据产品介绍的方法操作。用仿真器排错,除产品介绍的使用方法外,还有一定的技巧。

一、在线仿真器的性能

目前市场上有很多性能各异的51仿真器，在线仿真器的性能指标大致如下：

(1) 仿真功能：可仿真的单片机品种多少，在线仿真运行程序环境和样机独立运行的环境是否完全一致等；

(2) 调试功能：包括程序运行方式多少、运行前后现场信息的显示是否直观，修改是否方便等；

(3) 用户界面：要求操作界面直观，并且和Windows的窗口界面吻合，操作方法符合惯例、容易理解、容易掌握；

(4) 支持的开发语言：支持汇编语言、C51语言等，并具有单行语句等多种运行方式，能显示修改CPU寄存器、RAM、/IO、变量等，还有反汇编等辅助窗口。

(5) 性价比高：随着内部含有附加FLASH存储器单片机的出现，使单片机自带仿真功能有了可能，实现在系统仿真(仿真器和用户系统合一)，从而大大提高了仿真器的性价比，减小用户的开发成本。

二、在线仿真器的选择

(1) 仿真器的选择不是性能越高越好，而是根据使用的单片机产品、编程语言、系统复杂性，满足使用需求即可；

(2) 在单位内已有设备基础上选择新的工具。

7.3.2　应用系统调试

一、常见的硬件故障

1. 逻辑错误

逻辑错误是由设计错误和样机加工中工艺差错造成的，包括时序不匹配、错线、开路、短路、接插件接触不良等，其中印板质量差往往是一个重要的原因。

2. 元器件失效

一种是器件本身不符合要求，另一种是由安装错误造成。

3. 电源故障

- 包括电压值不符，负载能力不够，电源接插件引脚排列错误造成极性错误或各电源之间的短路，地线未接通等。

- 地线事故：地线是整个硬件电路的电平参考点，亦称电源地线、线路逻辑地。实际应用系统的地电位可能是大地电位、机壳电位、浮空等，对于两眼插头开关电源，异常时(如内部电容漏电等)地电位也可能受到交流电影响，地电位不影响单个系统的工作，但在几个不同电源供电的系统连接时，若地电位差别太大，有可能会引起事故！

二、硬件故障排除方法

(1) 静态测试:加电前用万用表等工具根据电路图仔细测试样机线路,这种方法能排除大多数安装、工艺性错误,应特别注重电源部分测试;

(2) 只装好电源部分元器件,加电测试样机中相关部位电平是否正常;

(3) 装上所有元件加电测试样机中相关部位电平是否正常;

(4) 在连仿真器(无自仿真功能)或连 PC 机(有自仿真功能)情况下,运行简单测试程序或直接运行应用程序进一步排除硬件故障。

三、汇编语言程序中错误

(1) 计算程序错误:包括算法错误、工作单元或工作寄存器分配不当引起冲突、指令使用不当等;

(2) 控制性错误:对于控制程序,控制条件的产生和清除考虑不周造成各种错误;

(3) 输入输出错误:程序和硬件不匹配,也可能由硬件故障引起;

(4) 相关中断不产生或不响应:初始化程序有错或外部中断信号未产生。

四、程序中错误排除方法

(1) 计算、控制或初始化程序:可使用模拟仿真方式,宜采用单步运行程序,观察程序走向、工作单元或工作寄存器内容变化,发现并排除错误,还需用不同的数据类型测试计算程序;

(2) 输入输出错误:一般使用在线仿真方式,宜采用带断点连续运行程序,碰到断点后观察设备状态、工作单元内容、测试电路电位,再单步或带断点连续运行,根据现场信息分析判断是硬件故障还是程序错误引起的不正常现象(对于输入设备还需一定的操作才能碰到断点);

(3) 显示器亮度、稳定性等动态性能宜用连续运行程序方式测试;

(4) 若仿真调试正常,脱机运行不正常,还需用示波器测试复位、时钟电路中故障。

7.3.3 调试举例

下面以在 Keil C51 平台上步进电机控制器调试为例,简要说明系统的调试方法。硬件见附录 3 中附图 5 电机实验仿真模块电路,程序是对例 7.1 中符号 V_KIN、CON_DIC 重新定义后的程序。

(1) 根据附录 3 中附图 5,首先仔细检测印板线路是否正确,接着检测外接的 12V(或 9V)稳压电源是否符合要求。然后在印板上装配好 5V 电源的元器件,接上并打开电源,测试印板上相关电源线电平(12V、5V、地)直至正常为止。

(2) 印板上装上所有元器件,不要接上电机,加电后 P1 口初态为全 1,步进电机的 Q0~Q3 应均为截止,ABCD 为 0 电平。

(3) 用 Keil C51 的模拟调试器在逻辑上调通控制程序:

● 程序在 Keil C51 上编辑、编译正确后，设置为模拟调试方式进入调试环境；

● 打开 P1、P0、T2、存储器、中断窗口，并使窗口周期性刷新，单步运行主程序至指令 SJMP $处，观察窗口内容变化，测试初始化程序的正确性；

● 在 T2 中断程序设断点 0，全速运行程序，应能碰到断点 0，若不能碰到断点 0，则再检查初始化程序和中断入口地址的指令，直至能碰到断点 0 为止；

● 若能碰到断点 0，单步运行中断程序，观察 T2 中断程序执行流程；

● 取消断点 0，在 T2 中断程序的指令 LCALL QM_48 处设断点 1，全速运行程序，应能碰到断点 1；若碰不到断点 1，则 T2 中软件计数器 T2CNT 计数有问题，检查测试相关程序，修改编译后再测试直至能碰到断点 1 为止；

● 若能碰到断点 1，单步运行 QM_48 子程序，观察 QM_48 子程序执行流程，和 P1 口状态变化是否正确；

● 反复连续运行程序，反复碰到断点 1，观察 P1.4～P1.7(对应 ABCD，0 通电)变化是否符合反转的变化规律；如有问题检查 QM_48 子程序的状态计数、方向判断、散转程序是否有问题，排除错误，直至 P1.4～P1.7(ABCD)按反向次序一步一步地变化为止；

● 点击 P0.3 引脚输入 0，反复连续运行程序，反复碰到断点 1，观察 P1.4～P1.7(对应 ABCD，0 通电)变化是否符合正转的变化规律；如有问题检查 QM_48 子程序正反转判断及处理是否有问题，排除错误，直至 P1.4～P1.7(ABCD)按正向次序一步一步地变化为止；

● 取消断点连续运行程序，应能在 P1 窗口观察到 P1.4～P1.7(ABCD)变化规律，并随 P0.3 输入(点击 P0.3 引脚)而正反变化，这样在逻辑上调通了步进电机控制程序。

(4) 电机仿真实验模块的在线仿真调试方法：

因电机仿真实验模块的单片机(SST89C58ERD2)已带有仿真软件，可直接连 PC 机在线仿真调试，排除软硬件故障；

● 退出模拟调试，改为在线调试方式，将电机实验仿真模块和 PC 机上所选串行口相连，插上并打开电源，进入调试环境(步进电机控制器程序代码自动装入单片机内 FLASH 程序存储器)；

● 若已用模拟方式基本排除了程序错误，可接上电机直接连续运行，观察电机转速、方向、启停和开关 K3～K0 间的关系；若已达到设计指标则调试成功，若有问题则主要是硬件故障；

● 若上一步有问题或未用模拟方式基本排除程序错误，可按模拟调试步骤调试，和模拟调试不一样的地方可以直接测试单片机 P1 引脚和电机 ABCD 电平，观察电机是否步进及步进方向；

● 在碰到断点后，分别测试 P1 引脚和电机 ABCD 电平，分析是否正确、是否对应，判断是程序或电路错误造成 ABCD 电位出错，若 ABCD 电位变化正确而电机不步进或步进方向不对，则要检查方向开关 K3 拨动时 P0.3 电平是否变化，还需检查电机相线 ABCD 定义是否有问题、插件接触是否良好，甚至还要考虑电机本身是否有问题，采取软硬件综合修改，直至达到设计指标为止。

(5) 若用其他类型仿真器在线仿真调试，按产品手册上介绍的方法操作，但其调试过程、方法与上面类似。

小　结

通过本章学习应掌握下列内容：

- 了解单片机应用系统的设计过程和所使用的开发工具；
- 根据系统要求，能完成简单系统的总体设计；
- 根据总体要求，能灵活地从市场上选择合适的单片机和其他元件、设备；
- 根据总体要求能完成简单系统硬件电路、样机的设计、组装（印板加工除外）；
- 根据总体要求能完成简单系统软件的结构、算法、框图、程序设计；
- 掌握例题 7.1～7.3 中使用的一些程序设计技巧（如控制参数等的常数表设计、标志、工作单元的设置，主程序和中断程序间的信息交换方法等）；
- 掌握常用的状态转移法：将系统工作过程分为若干状态，用一个状态数单元表示当前的状态号，根据状态号查表或散转执行不同操作；
- 掌握用一个定时器实现多种定时的方法；
- 掌握模块化、结构化、符号化的程序设计方法；
- 了解单片机的开发工具种类、性能和选择方法；
- 了解硬件故障、软件错误的类型和排除方法；
- 通过实验掌握应用系统调试过程、方法和一些技巧。

习　题

1. 根据附录 3 中附图 5，用查表输出方法设计一个 4 相 8 拍的驱动程序（不影响 P1.0～P1.3）。
2. 根据附录 3 中附图 5，能直接用位操作输出方法设计 4 相 4 拍驱动程序吗？为什么？
3. 用查表输出方法设计一个 4 相 4 拍的驱动程序，要求不影响 P1.0～P1.3、不能出现二相通电或 4 相都不通电的瞬态。（提示：对 P1 口所有操作，先对 P1 口映射 RAM 单元操作，然后将该单元内容一次输出至 P1 口。）
4. 根据附录 3 中附图 5，设计一个同时实现例 7.1、例 7.2 功能的程序。
5. 设计一个五叉口交通控制程序。

实　验

本章实验都采用在线仿真方式。

实验一　步进电机（步速、方向控制）实验

一、实验目的

掌握步进电机的工作原理、接口技术以及驱动程序的设计、调试方法。

二、实验电路

见附录 3 中附图 5。

三、实验内容和功能

在开关 K3～K0 控制下电机以不同步速、方向转动，详见例 7.1。

四、实验步骤

(1) 根据实验电路修改例 7.1 中符号 V_KIN、CON_DIC 的定义;

(2) 建立项目,在 Keil C51 平台上编辑修改过的例 7.1 的程序,生成 A51 文件 D:\b7_ex\b7_ex1\b7_ex1. A51;

(3) 将 b7_ex1. A51 加入项目后编译,若有错误修改程序后再编译,直至正确为止;

(4) 选择在线仿真方式(注意监控、串行口、波特率的正确选择);

(5) 将电机仿真实验模块和 PC 机相连,使 K2～K0 不全为 0,插上并打开 9V 或 12V 电源;

(6) 进入调试环境,打开 P1、P0、T2、中断、变量和存储器窗口,并在存储器窗口上输入 RAM 类型、地址,在变量窗口上输入 CPU 寄存器名;

(7) 单步运行主程序至指令 SJMP $ 处,观察窗口内容变化,测试初始化程序的正确性;

(8) 在 T2 中断程序设断点 0,全速运行程序,应能碰到断点 0,若不能碰到断点 0,则再检查测试初始化程序和中断入口地址的指令,直至能碰到断点 0 为止;

(9) 若能碰到断点 0,单步运行中断程序,观察 T2 中断程序执行流程;

(10) 取消断点 0,在 T2 中断程序的指令 LCALL QM_48 处设断点 1,全速运行程序,应能碰到断点 1;若碰不到断点 1,则 T2 中软件计数器 T2CNT 计数有问题,检查测试相关程序,修改编译后再测试直至能碰到断点 1 为止;

(11) 若能碰到断点 1,单步运行 QM_48 子程序,观察 QM_48 子程序执行流程、P1 口及电机状态变化;

(12) 反复连续运行程序,反复碰到断点 1,用示波器观察 P1 口及电机状态变化;若 K3 为 1, P1.4～P1.7 变化是否符合反转规律,电机是否反向步进;如有问题检查 QM_48 子程序的状态计数、方向判断、散转程序及电路是否有问题,排除错误,直至电机能反向步进为止;

(13) K3 拨到 0,再运行测试电机是否正向步进;

(14) 取消断点,连续运行程序,拨动开关 K3～K0,测试电机步进方向和速度的变化是否正确。

五、思考与实验

1. 按习题 1 要求,用查表输出方法设计一个 4 相 8 拍的驱动程序并验证其正确性。

2. 按习题 3 要求,用查表输出方法设计一个 4 相 4 拍的驱动程序并验证其正确性。

*实验二　直流电机(方向转速控制和测量)实验

一、实验目的

掌握直流电机的转速和方向控制、测速原理、接口技术以及驱动程序的设计、调试方法。

二、实验电路

见附录 3 中附图 5。

三、实验内容和功能

在开关控制下电机以不同转速、方向转动,并显示转速,详见例 7.2。

四、实验步骤

(1) 根据实验电路,检查(需要时修改)例 7.2 中的输入输出信号、符号 V_KIN、K_M_DIR、M_C_0、M_C_1、PWM_M_0、PWM_M_1 的定义;

(2) 建立项目,在 Keil C51 平台上编辑修改过的例 7.2 的程序,生成 A51 文件 D:\b7_ex\b7_ex2\b7_ex2. A51;

(3) 将 b7_ex2. A51 加入项目后编译,若有错误,修改程序后再编译,直至正确为止;

(4) 选择在线仿真方式(注意监控、串行口、波特率的正确选择);

(5) 将电机仿真实验模块和 PC 机相连,使 K2～K0 不全为 0,插上并打开 9V 或 12V 电源;

(6) 进入调试环境,打开 P2、P3、T0、T1、T2、中断、变量和存储器窗口,并在存储器窗口上输入 RAM 类型、地址,在变量窗口上输入 CPU 寄存器名;

(7) 可以先连续运行程序,测试一下电机转动方向、速度、显示的内容是否随开关状态而变化、基本功能是否实现,用示波器测量 P11、P3.4～P3.7 电平或波形,然后按一下模块上复位键,退出调试环境;

(8) 再进入调试环境,分别测试电机转速、方向控制、转速测量、显示等功能;

(9) 在 P_T0 的指令 LCALL P_RS_DIR 处设断点 0,连续运行后碰到断点 0,单步运行 P_RS_DIR 程序,测试 P_RS_DIR 流程和结果,改变开关状态,重复上述操作,判断 P_RS_DIR 是否正确;

(10) 取消断点 0,在 P_T0 的指令 JB M_DIR_S, P_T0_1 处设断点 1,若 K2～K0 不为全 0,连续运行应碰到断点 1,单步运行至返回,观察 T0 中断程序流程和电机状态,改变 K3 状态,重复上述操作,观察电机状态变化,判断有无问题;

(11) 取消断点 1,在 T2 中断程序 P_T2_1、P_T2_2 分别设断点 2、3,连续运行碰到断点后单步运行,观察 T2 流程是否正确;

(12) 取消断点 2、3,在 MLP_0:下一条指令 CLR F_READY 处设断点 4,连续运行碰到断点 4 观察捕捉结果,再测试计算结果,和计算器的计算结果比较,判断其正确性;

(13) 上述调试过程中若有问题,按模块上复位键,停止运行后退出调试环境,程序修改、编译后再进入调试环境测试,直至正确为止。

五、思考与实验

按习题 4 要求,编写并验证同时实现例 7.1、例 7.2 功能的程序。

*实验三　十字路口交通控制器实验

一、实验目的

掌握串行输出的交通灯、显示器接口技术、程序设计与调试方法。

二、实验电路

见附录 3 中附图 6。

三、实验内容和功能

见例 7.3。

四、实验步骤

(1) 建立项目,在 Keil C51 平台上编辑例 7.3 的程序,生成 A51 文件 D:\b7_ex\b7_ex3\b7_ex3. A51;

(2) 将 b7_ex3. A51 加入项目后编译,若有错误,修改程序后再编译,直至正确为止;

(3) 选择在线仿真方式(注意监控、串行口、波特率的正确选择);

(4) 将交通控制器仿真实验模块和 PC 机相连,使 K_INT0(KW)为 1,插上并打开 5V 电源;

(5) 进入调试环境,打开 P1、P3、T2、中断、变量和存储器窗口,并在存储器窗口上输入 RAM 类型、地址,在变量窗口上输入 CPU 寄存器名;

(6) 可以先连续运行程序,测试一下实验模块上灯的变化、时间显示、开关 K_INT0 作用等总的功能是否达到例 7.3 的设计要求,按模块上复位键,停止运行后退出调试环境;

(7) 再进入调试环境,从 MAIN 开始单步运行至 MLP_0,观察初始化结果;

(8) 在 P_T2 的指令 CLR TF2 处设断点 0,连续运行碰到断点 0 后,单步运行至返回,重复操作观察 T2 中断程序流程和 SCNT 变化;

(9) 取消断点 0,在 MLP_0 下的指令 CLR F_SS 处设断点 1,连续运行应碰到断点 1,再单步运行观察主程序及 N_DIR 执行流程,重复上述操作,观察模块上显示器的变化,判断程序有无问题;

(10) 取消断点 1,在 MLP_1 下的指令 LCALL L_P_T 处设断点 2,连续运行应碰到断点 2,再单步运行 L_P_T 子程序测试它的功能和正确性;

(11) 取消断点 2,在 P_INT0 处设断点 3,连续运行,开关 K_INT0 拨到 0 时碰到断点 3,单步运行观察 P_INT0 中断程序的处理结果,再将开关 K_INT0 拨到 1,单步或断点运行至返回,测试中断流程;

(12) 取消断点 3,同样用带点运行方法测试 T2 中断的闪动处理部分的程序功能;

(13) 上述调试过程中若有问题,按模块上复位键,停止运行后退出调试环境,程序修改、编译后再进入调试环境测试;若无问题取消所有断点连续运行一段时间,拨动开关 K_INT0,全面地判断其功能是否达到例 7.3 的设计要求。

五、思考与实验

1. 按习题 5 要求,编写并验证五叉口交通控制程序。

2. 多文件程序实验,将一个实验程序(例如第 5 章实验八)分成几个模块,使其功能不变。

附　录

附录1　51指令表

十六进制代码	助记符	功能	对标志影响				字节数	周期数
			P	OV	AC	CY		
		算术运算指令						
28～2F	ADD A, Rn	(A)+(Rn)→A	✓	✓	✓	✓	1	1
25	ADD A, direct	(A)+(direct)→A	✓	✓	✓	✓	2	1
26, 27	ADD A, @Ri	(A)+((Ri))→A	✓	✓	✓	✓	1	1
24	ADD A, #data	(A)+data→A	✓	✓	✓	✓	2	1
38～3F	ADDC A, Rn	(A)+(Rn)+CY→A	✓	✓	✓	✓	1	1
35	ADDC A, direct	(A)+(direct)+CY→A	✓	✓	✓	✓	2	1
36, 37	ADDC A, @Ri	(A)+((Ri))+CY→A	✓	✓	✓	✓	1	1
34	ADDC A, #data	(A)+data+CY→A	✓	✓	✓	✓	2	1
98～9F	SUBB A, Rn	(A)-(Rn)-CY→A	✓	✓	✓	✓	1	1
95	SUBB A, direct	(A)-(direct)-CY→A	✓	✓	✓	✓	2	1
96, 97	SUBB A, @Ri	(A)-((Ri))-CY→A	✓	✓	✓	✓	1	1
94	SUBB A, #data	(A)-data-CY→A	✓	✓	✓	✓	2	1
04	INC A	(A)+1→A	✓	×	×	×	1	1
08～0F	INC Rn	(Rn)+1→Rn	×	×	×	×	1	1
05	INC direct	(direct)+1→direct	×	×	×	×	2	1
06, 07	INC @Ri	((Ri))+1→(R_i)	×	×	×	×	1	1
A3	INC DPTR	(DPTR)+1→DPTR	×	×	×	×	1	2
14	DEC A	(A)-1→A	✓	×	×	×	1	1
18～1F	DEC Rn	(Rn)-1→Rn	×	×	×	×	1	1

注:"✓"表示影响,"×"表示不影响。

(续表)

十六进制代码	助记符	功能	对标志影响				字节数	周期数
			P	OV	AC	CY		
15	DEC direct	(direct) − 1 → direct	×	×	×	×	2	1
16，17	DEC @Ri	((Ri)) − 1 → (Ri)	×	×	×	×	1	1
A4	MUL AB	(A) * (B) → AB	√	√	×	√	1	4
84	DIV AB	(A)/(B) → AB	√	√	×	√	1	4
D4	DA A	对A进行十进制调整	√	√	√	√	1	1
		逻辑运算指令						
58～5F	ANL A，Rn	(A) ∧ (Rn) → A	√	×	×	×	1	1
55	ANL A，direct	(A) ∧ (direct) → A	√	×	×	×	2	1
56，57	ANL A，@Ri	(A) ∧ ((Ri)) → A	√	×	×	×	1	1
54	ANL A，#data	(A) ∧ data → A	√	×	×	×	2	1
52	ANL direct，A	(direct) ∧ (A) → direct	×	×	×	×	2	1
53	ANL direct，#data	(direct) ∧ data → direct	×	×	×	×	3	2
48～4F	ORL A，Rn	(A) ∨ (Rn) → A	√	×	×	×	1	2
45	ORL A，direct	(A) ∨ (direct) → A	√	×	×	×	2	1
46，47	ORL A，@Ri	(A) ∨ ((Ri)) → A	√	×	×	×	1	1
44	ORL A，#data	(A) ∨ data → A	√	×	×	×	2	1
42	ORL direct，A	(direct) ∨ (A) → direct	×	×	×	×	2	1
43	ORL direct，#data	(direct) ∨ data → direct	×	×	×	×	3	1
68～6F	XRL A，Rn	(A) ⊕ (Rn) → A	√	×	×	×	1	1
65	XRL A，direct	(A) ⊕ (direct) → A	√	×	×	×	2	1
66，67	XRL A，@Ri	(A) ⊕ ((Ri)) → A	√	×	×	×	1	1
64	XRL A，#data	(A) ⊕ data → A	√	×	×	×	2	1
62	XRL direct，A	(direct) ⊕ (A) → direct	×	×	×	×	2	1
63	XRL direct，#data	(direct) ⊕ data → direct	×	×	×	×	3	1
E4	CLR A	0 → A	√	×	×	×	1	1
F4	CPL A	$\overline{(A)}$ → A	×	×	×	×	1	1
23	RL A	A循环左移1位	×	×	×	×	1	1
33	RLC A	A带进位循环左移1位	√	×	×	√	1	1

(续表)

十六进制代码	助记符	功能	对标志影响				字节数	周期数
			P	OV	AC	CY		
03	RR A	A 循环右移 1 位	×	×	×	×	1	1
13	RRC A	A 带进位循环右移 1 位	√	×	×	√	1	1
C4	SWAP A	A 半字节交换	×	×	×	×	1	1
		数据传送指令						
E8～EF	MOV A, Rn	(Rn) → A	√	×	×	×	1	1
E5	MOV A, direct	(direct) → A	√	×	×	×	2	1
E6, E7	MOV A, @Ri	((Ri)) → A	√	×	×	×	1	1
74	MOV A, #data	data → A	√	×	×	×	2	1
F8～FF	MOV Rn, A	(A) → Rn	×	×	×	×	1	1
A8～AF	MOV Rn, direct	(direct) → Rn	×	×	×	×	2	2
78～7F	MOV Rn, #data	data → Rn	×	×	×	×	2	1
F5	MOV direct, A	(A) → direct	×	×	×	×	2	1
88～8F	MOV direct, Rn	(Rn) → direct	×	×	×	×	2	1
85	MOV direct1, direct2	(direct2) → direct1	×	×	×	×	3	2
86, 87	MOV direct, @Ri	((Ri)) → direct	×	×	×	×	1	2
75	MOV direct, #data	data → direct	×	×	×	×	3	2
F6, F7	MOV @Ri, A	(A) → (Ri)	×	×	×	×	1	2
A6, A7	MOV @Ri, direct	(direct) → (Ri)	×	×	×	×	2	1
76, 77	MOV @Ri, #data	data → (Ri)	×	×	×	×	2	1
90	MOV DPTR, #data 16	data 16 → DPTR	×	×	×	×	2	1
93	MOVC A, @A+DPTR	((A)+(DPTR)) → A	√	×	×	×	1	2
83	MOVC A, @A+PC	((A)+(PC)) → A	√	×	×	×	1	2
E2, E3	MOVX A, @Ri	((Ri)+(P2)) → A	√	×	×	×	1	2
E0	MOVX A, @DPTR	((DPTR)) → A	√	×	×	×	1	2
F2, F3	MOVX @Ri, A	(A) → (Ri)+(P2)	×	×	×	×	1	2
F0	MOVX @DPTR, A	(A) → (DPTR)	×	×	×	×	1	2
C0	PUSH direct	(SP)+1 → SP (direct) → (SP)	×	×	×	×	2	2
D0	POP direct	((SP)) → direct (SP)−1 → SP	×	×	×	×	2	2

（续表）

十六进制代码	助 记 符	功　　能	对标志影响 P	OV	AC	CY	字节数	周期数
C8～CF	XCH A, Rn	(A)↔(Rn)	√	×	×	×	1	1
C5	XCH A, direct	(A)↔(direct)	√	×	×	×	2	1
C6, C7	XCH A, @Ri	(A)↔((Ri))	√	×	×	×	1	1
D6, D7	XCHD A, @Ri	(A)·0～3↔((Ri))·0～3	√	×	×	×	1	1
		位 操 作 指 令						
C3	CLR　C	0 → cy	×	×	×	√	1	1
C2	CLR bit	0 → bit	×	×	×	×	2	1
D3	SETB　C	1 → cy	×	×	×	√	1	1
D2	SETB bit	1 → bit	×	×	×	×	2	1
B3	CPL　C	$\overline{cy}$ → cy	×	×	×	√	1	1
B2	CPL bit	$(\overline{bit})$ → bit	×	×	×	×	2	1
82	ANL C, bit	(cy) ∧ (bit) → cy	×	×	×	√	2	2
B0	ANL C, /bit	(cy) ∧ $(\overline{bit})$ → cy	×	×	×	√	2	2
72	ORL C, bit	(cy) ∨ (bit) → cy	×	×	×	√	2	2
A0	ORL C, /bit	(cy) ∨ $(\overline{bit})$ → cy	×	×	×	√	2	2
A2	MOV C, bit	(bit) → cy	×	×	×	√	2	1
92	MOV bit, C	cy → bit	×	×	×	×	2	2
		控 制 转 移 指 令						
1	ACALL addrll	(PC)＋2 → PC, (SP)＋1 → SP (PC)L → (SP) (SP)＋1 → SP, (PC)H → (SP) addrll → PC·10～0	×	×	×	×	2	2
12	LCALL addr16	(PC)＋2 → PC, (SP)＋1 → SP (PC)L → (SP), (SP)＋1 → SP (PC)H → (SP), addr16 → PC	×	×	×	×	3	2
22	RET	((SP)) → PCH, (SP)－1 → SP ((SP)) → PCL, (SP)－1 → SP	×	×	×	×	1	2
32	RETI	((SP)) → PCH, (SP)－1 → SP ((SP)) → PCL, (SP)－1 → SP 从中断返回	×	×	×	×	1	2
1	AJMP addrll	addrll → PC·10～0	×	×	×	×	2	2
02	LJMP addr16	addr16 → PC	×	×	×	×	3	2

(续表)

十六进制代码	助 记 符	功 能	对标志影响				字节数	周期数
			P	OV	AC	CY		
80	SJMP rel	(PC) + (rel) → PC	×	×	×	×	2	2
73	JMP @A+DPTR	(A) + (DPTR) → PC	×	×	×	×	1	2
60	JZ rel	(PC) + 2 → PC,若(A) = 0,则转移 (PC) + (rel) → PC	×	×	×	×	2	2
70	JNZ rel	(PC) + 2 → PC,若(A) ≠ 0,则转移 (PC) + (rel) → PC	×	×	×	×	2	2
40	JC rel	(PC) + 2 → PC,若 cy = 1,则转移 (PC) + (rel) → PC	×	×	×	×	2	2
50	JNC rel	(PC) + 2 → PC,若 cy = 0,则转移 (PC) + (rel) → PC	×	×	×	×	2	2
20	JB bit, rel	(PC) + 3 → PC,若(bit) = 1,则转移 (PC) + (rel) → PC	×	×	×	×	3	2
30	JNB bit, rel	(PC) + 3 → PC,若(bit) = 0,则转移 (PC) + (rel) → PC	×	×	×	×	3	2
10	JBC bit, rel	(PC) + 3 → PC,若(bit) = 1,则转移 0 → bit, (PC) + (rel) → PC					3	2
B5	CJNE A, direct, rel	(PC) + 3 → PC,若(A) 不等于(direct),则转移(PC) + (rel) → PC; 若(A) < (direct),则 1 → cy	×	×	×	×	3	2
B4	CJNE A, #data, rel	(PC) + 3 → PC,若(A) 不等于data,则转移(PC) + rel → PC; 若(A) 小于 data,则 1 → cy	×	×	×	×	3	2
B8~BF	CJNE Rn, #data, rel	(PC) + 3 → PC,若(Rn) 不等于data,则转移(PC) + rel → PC; 若(Rn) 小于 data,则 1 → cy	×	×	×	×	3	2
B6, B7	CJNE @Ri, #data, rel	(PC) + 3 → PC,若((Ri)) 不等于data,则转移(PC) + rel → PC; 若(Rn) 小于 data,则 1 → cy	×	×	×	×	3	2
D8~DF	DJNZ Rn, rel	(PC) + 2 → PC,(Rn) − 1 → Rn, 若(Rn) 不等于 0,则转移 (PC) + rel → PC	×	×	×	×	2	2
D5	DJNZ direct, rel	(PC) + 3 → PC, (direct) − 1 → direct,若(direct) 不等于 0, 则转移(PC) + rel → PC	×	×	×	×	3	2
00	NOP	空操作	×	×	×	×	1	1

附录 2 教学光盘内容和使用说明

教学光盘是为教师上机验证例题程序、习题和实验辅导提供方便，帮助老师提高备课效率。光盘上有“单片机 C51 版教学参考资料”和“单片机 A51 版教学参考资料”两个文件夹。在“单片机 A51 版教学参考资料”中又包含例题程序、实验程序、习题程序 3 个文件夹，各程序是以工程项目文件夹存放的，文件名与书中例题、实验、习题的编号对应，可以在 Keil C51 平台上打开、运行。此外还有一些教材、光盘使用说明等文档文件。

附录 3 实验仿真模块简介

一、多功能基础实验仿真模块(电路见附图 1)

模块是由和 89C52 兼容的 SST89E58RD2(含 Keil C51 monitor)监控程序、4×4 键盘、2 位七段显示器、4 个开关、1 个蜂鸣器、16 个指示灯、RS232 接口组成的最小系统。可进行 89C52 外部中断实验、并行口操作实验、七段显示器实验、键盘实验、报警等发声实验、十字路口模拟交通控制器实验、定时操作实验等。

二、8155 和键盘显示器实验仿真模块(电路见附图 2)

模块是由和 89C52 兼容的 SST89E58RD2(含 Keil C51 monitor 监控程序)、8155 RAM/IO 扩展器、3×8 键盘、6 位七段显示器组成的扩展系统，由跨线选择紧凑系统或大系统的结构。可进行大系统或紧凑系统的 8155 实验、逐行扫描键盘实验、七段显示器实验、程控或定时扫描键盘显示器实验。

三、8255 点阵式显示器实验仿真模块(电路见附图 3)

模块是由和 89C52 兼容的 SST89E58RD2(含 Keil C51 monitor 监控程序)、8255、2×16×16 点阵式显示器组成的扩展系统，由跨线选择紧凑系统或大系统的结构，可进行大系统或紧凑系统的 8255 并行口的字节输出、位输出操作实验、页式显示或滚动式字符图形显示实验。

四、A/D 液晶模块实验仿真模块(电路见附图 4)

模块是由和 89C52 兼容的 SST89E58RD2(含 Keil C51 monitor 监控程序)、ADC0808、GY1206 串/并方式液晶模块组成的紧凑系统，由跨线选择液晶模块的串行或并行接口方式，可进行并行和串行接口方式的字符、图形显示实验，以及根据可调的 AD 输入电平以图形或文字方式实时显示 AD 结果等实验。

五、电机实验仿真模块(电路见附图 5)

模块是由和 89C52 兼容的 SST89E58RD2(含 Keil C51 monitor 监控程序)、步进电机、

直流电机、开关、霍耳器件、2位显示器及控制电路组成的小系统，可进行4相8拍或4相4拍步进电机实验、由开关控制的步进电机的启/停、方向、转速控制实验，还可进行由开关控制的直流电机的启/停、方向、转速调节实验，以及直流电机的转速控制和显示实验等。

六、交通控制器实验仿真模块（电路见附图6）

模块是由和89C52兼容的SST89E58RD2（含Keil C51 monitor监控程序）、五叉路口交通灯、时间显示器及控制电路组成的小系统，可进行丁字路口、十字路口、五叉路口交通控制器实验。

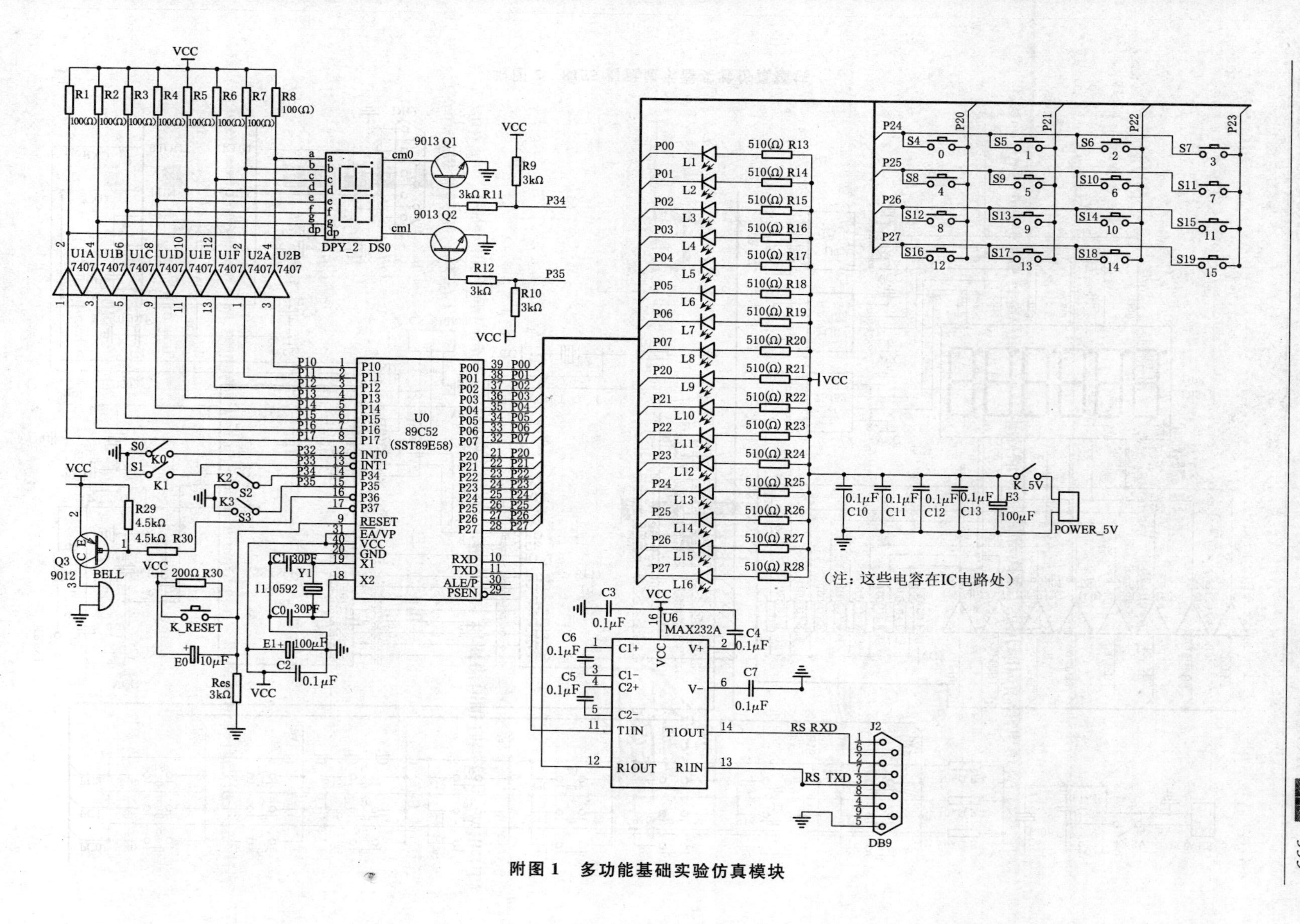

附图 1 多功能基础实验仿真模块

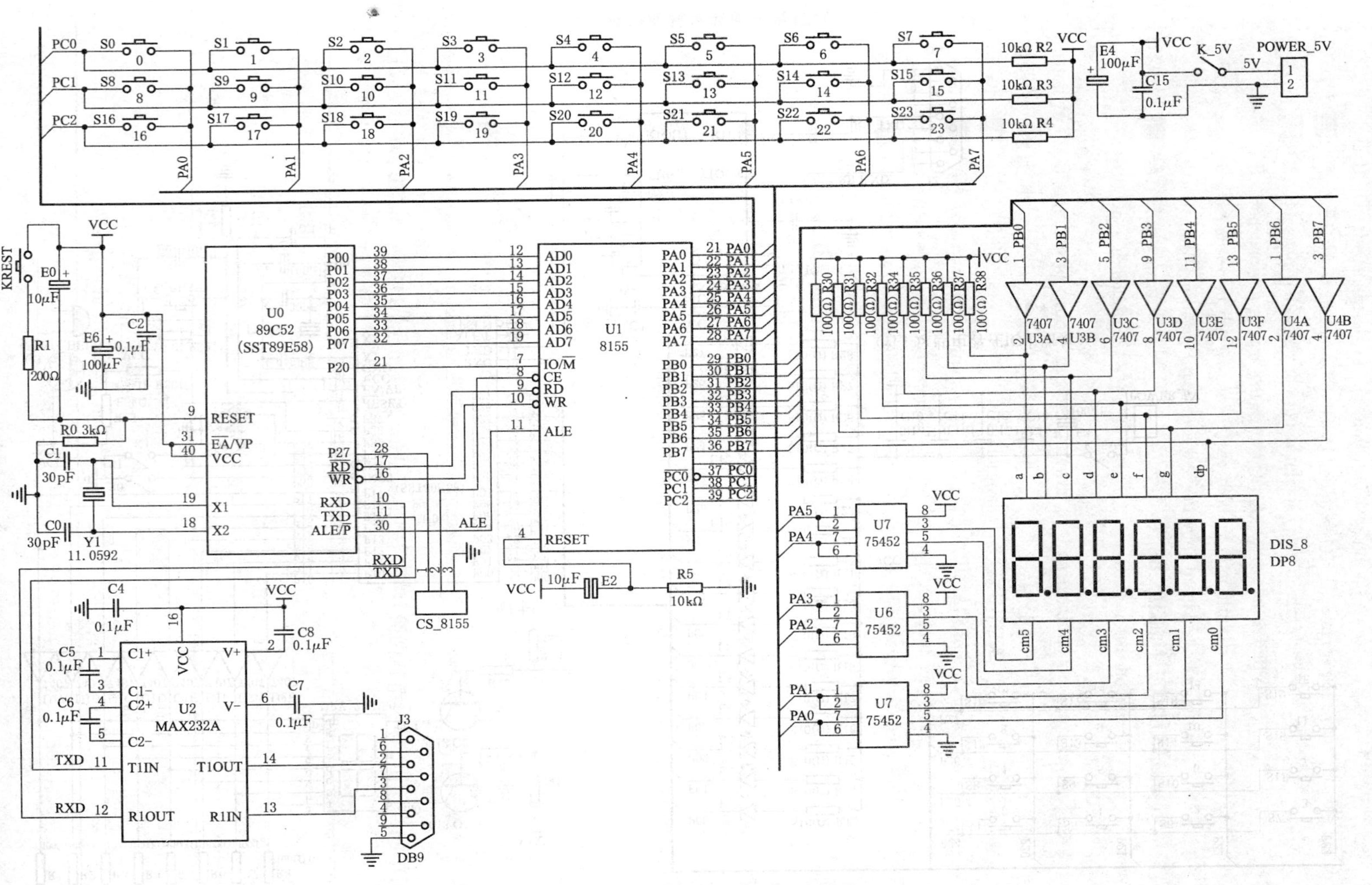

附图 2 8155 键盘显示器实验仿真模块

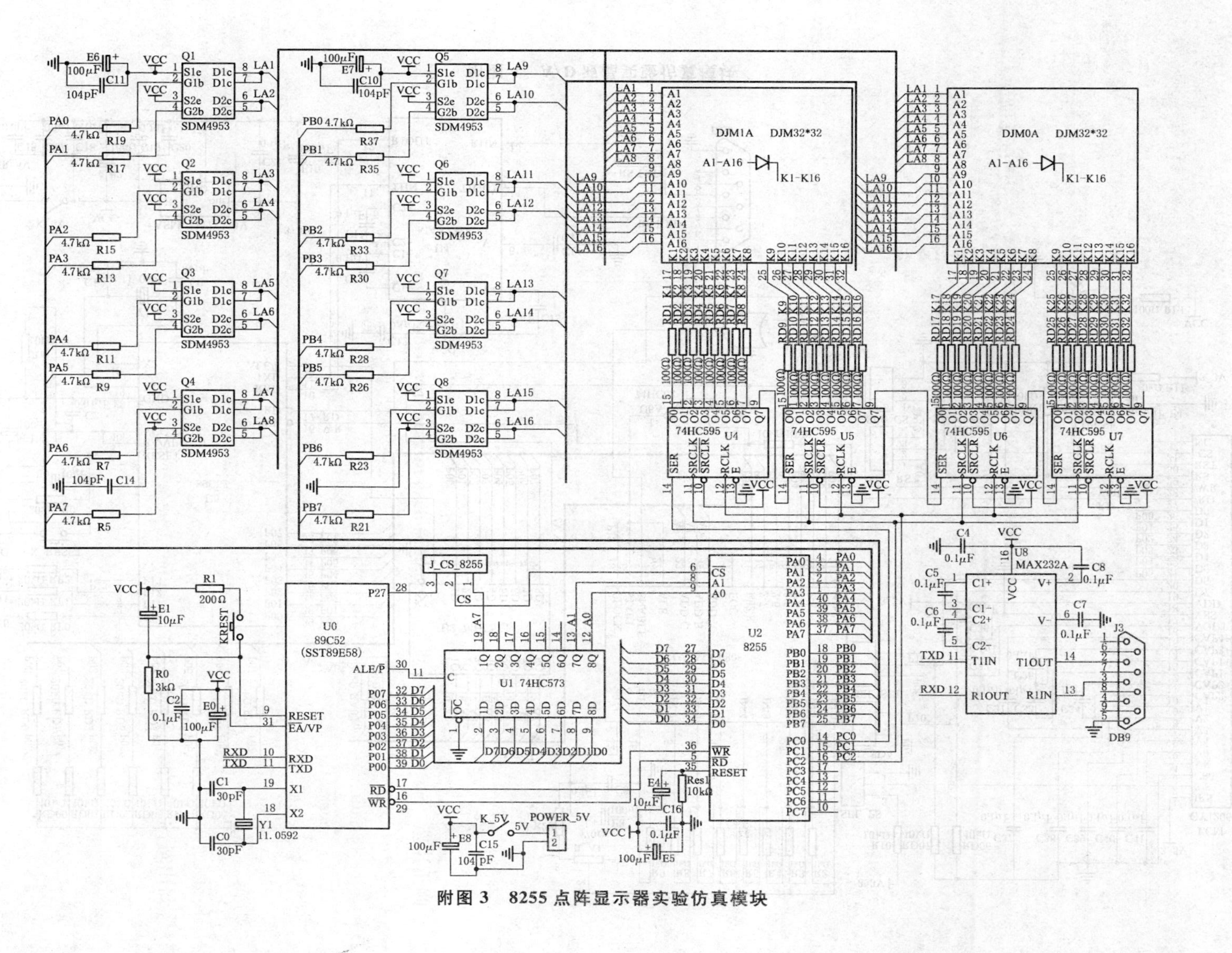

附图 3　8255 点阵显示器实验仿真模块

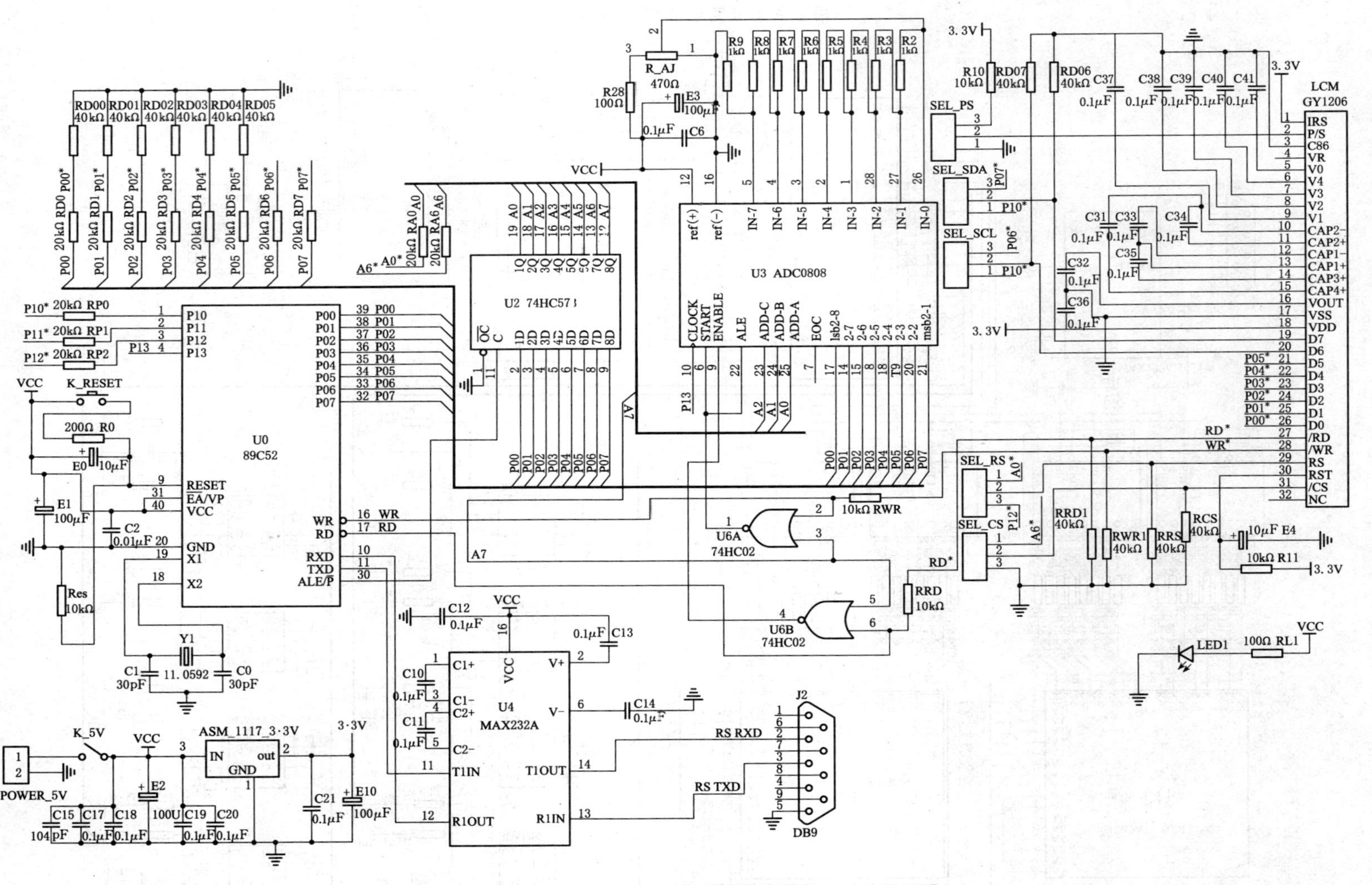

附图 4 A/D液晶实验仿真模块

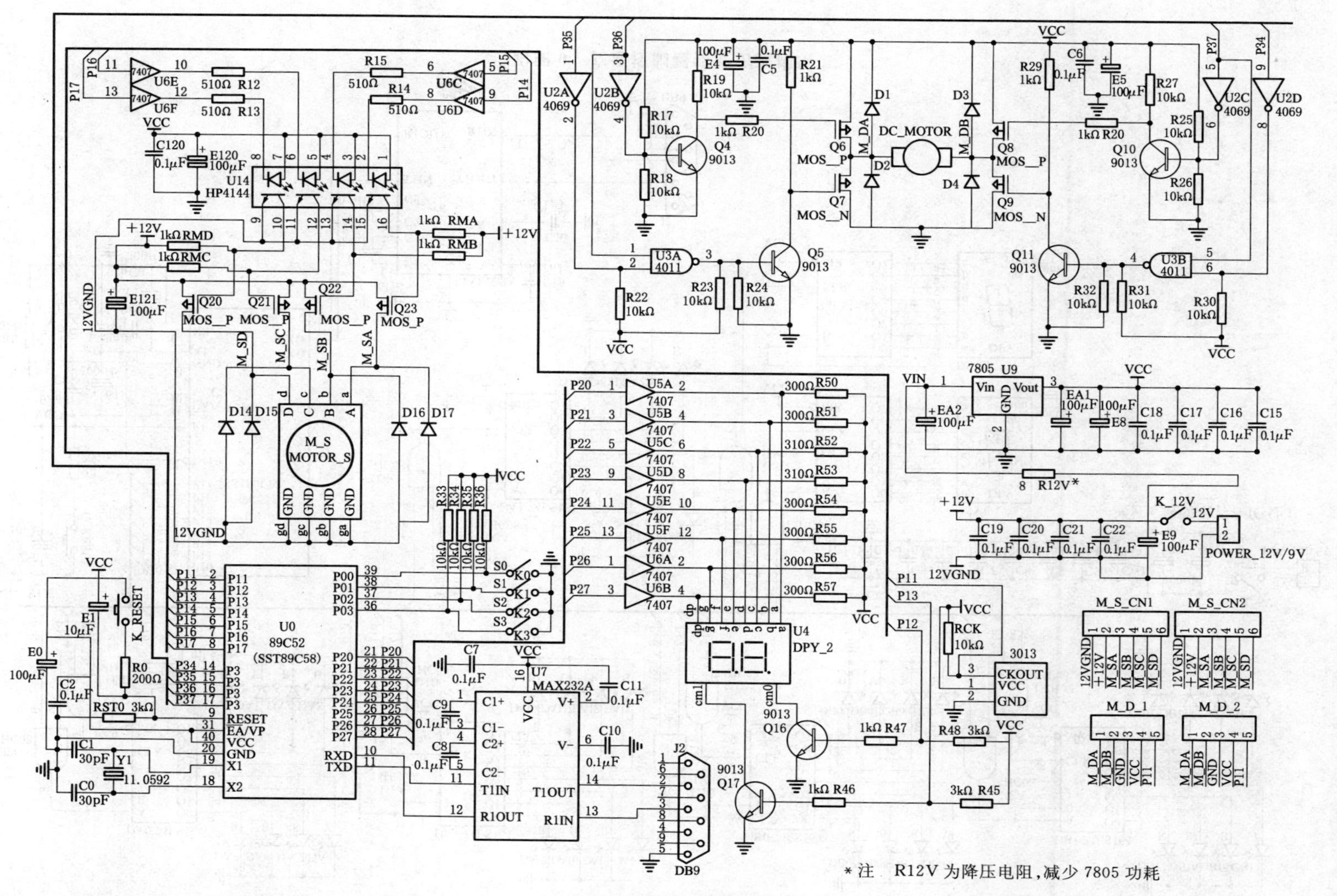

附图 5 电机实验仿真模块

* 注 R12V 为降压电阻,减少 7805 功耗

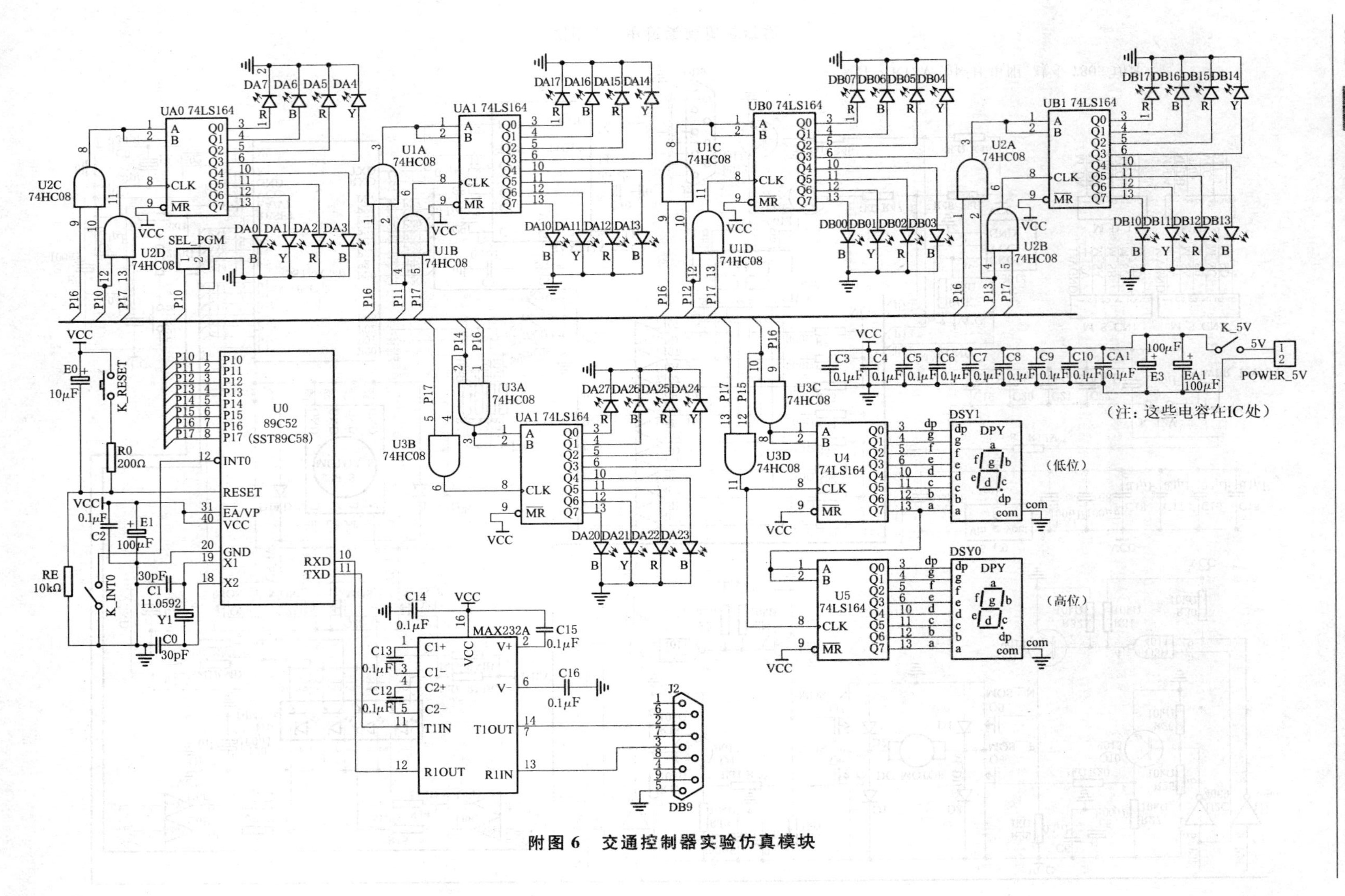

附图 6　交通控制器实验仿真模块

参 考 文 献

[1] 涂时亮等:单片微机软件设计技术.科学技术文献出版社重庆分社,1988 年
[2] 涂时亮、张友德:单片微机控制技术.复旦大学出版社,1994 年
[3] 夏宽理等:程序设计.复旦大学出版社,2000 年
[4] 张友德等:单片微型机原理、应用与实验(C51 版).复旦大学出版社,2010 年

图书在版编目(CIP)数据

单片微型机原理、应用与实验(A51 版)/张友德,涂时亮,赵志英编著.
—上海:复旦大学出版社,2012.3
ISBN 978-7-309-08693-5

Ⅰ.单… Ⅱ.①张…②涂…③赵… Ⅲ.单片微型计算机 Ⅳ.TP368.1

中国版本图书馆 CIP 数据核字(2012)第 007087 号

单片微型机原理、应用与实验(A51 版)
张友德 涂时亮 赵志英 编著
责任编辑/梁 玲

复旦大学出版社有限公司出版发行
上海市国权路 579 号 邮编:200433
网址:fupnet@fudanpress.com http://www.fudanpress.com
门市零售:86-21-65642857 团体订购:86-21-65118853
外埠邮购:86-21-65109143
江苏省句容市排印厂

开本 787×1092 1/16 印张 22 字数 496 千
2012 年 3 月第 1 版第 1 次印刷

ISBN 978-7-309-08693-5/T·441
定价:36.00 元

复旦大学出版社向使用《单片微型机原理、应用与实验(A51 版)》作为教材进行教学的教师免费赠送教学光盘,该光盘含有本书各章例题、习题、实验题的程序和调试现场文件。欢迎完整填写下面表格来索取光盘。

教师姓名:______________________

课程名称:________________________________

学生人数:________________

联系电话:(O)_______________ **(H)**_______________ **(手机)**__________________

E-mail 地址:____________________________________

学校名称:______________________________ **邮政编码:**______________________

学校地址:____

学校电话(带区号):________________ **学校网址:**_____________________________

院系名称:_______________________________ **院系电话:**______________________

每位教师限赠送光盘一个。

邮寄地址:____

邮政编码:____________________

请将本页完整填写后,剪下邮寄到

上海市国权路 579 号　复旦大学出版社　梁玲收

邮政编码:200433　　联系电话:(021)65654718